企
国家知识产

U0638397

专利技术转移

陶鑫良　主　编

赵启杉　副主编

知识产权出版社

内容提要

　　本书以研究、分析企业专利工作中的实际问题及解决实际问题的办法为目标，充分运用实际案例、数据、图表，从知识产权经营、专利检索与评估、技术开发合同、专利权转让合同、专利申请权转让合同、专利实施许可合同、技术秘密转让合同、技术进出口等方面出发，全面实证化、形象化地分析了企业在专利技术转移过程中已经或者即将涉及的专利经营管理策略问题、法律问题，并提供了一些可资借鉴的参考解决方案，是我国企业运用技术及专利资源进行战术性和策略性运营实践的实用指导手册。

读者对象：企业专利管理人员及相关领域工作人员。

责任编辑：卢海鹰	**责任校对：**韩秀天
特邀编辑：王　晶	**责任出版：**卢运霞
版式设计：卢海鹰	

图书在版编目(CIP)数据

专利技术转移/陶鑫良主编 .—北京：知识产权出版社，2011.1
（企业知识产权培训教材）
ISBN 978－7－80247－102－3

Ⅰ.①专… Ⅱ.①陶… Ⅲ.①专利—技术转让—技术培训—教材
Ⅳ.①G306.3

中国版本图书馆 CIP 数据核字（2010）第 236268 号

企业知识产权培训教材
国家知识产权局人事司组织编写

专利技术转移
ZHUANLI JISHU ZHUANYI

陶鑫良　主　编
赵启杉　副主编

出版发行：知识产权出版社

社　　址：	北京市海淀区马甸南村 1 号	邮　编：	100088
网　　址：	http://www.ipph.cn	邮　箱：	bjb@cnipr.com
发行电话：	010－82000860 转 8101/8102	传　真：	010－82005070/82000893
责编电话：	010－82000860 转 8122		
印　　刷：	保定市中画美凯印刷有限公司	经　销：	新华书店及相关销售网点
开　　本：	787mm×1092 mm　1/16	印　张：	30.25
版　　次：	2011 年 1 月第 1 版	印　次：	2011 年 1 月第 1 次印刷
字　　数：	524 千字	定　价：	58.00 元

ISBN 978－7－80247－102－3/D・618（2156）

序　言

　　当今世界，随着知识经济的不断发展和经济全球化趋势的不断加深，知识产权在自主创新和经济发展中的地位日显重要。大力提高知识产权创造、运用、管理、保护能力，已成为促进我国科技进步、经济发展和增强国家核心竞争力的必然选择，也是增强我国自主创新能力、建设创新型国家的迫切需要。

　　提高对知识产权的创造、运用、管理、保护能力，关键在人才，培养和造就一大批知识产权人才是赢得未来知识产权国际竞争的关键所在。胡锦涛总书记在中共中央政治局第 31 次集体学习时指出，要加强知识产权专门人才的培养，加强对企事业管理人员的知识产权培训，提高他们做好知识产权工作的能力和水平。这是总书记对我们知识产权管理部门提出的明确要求和光荣任务，我们一定要身体力行，做好这项工作。

　　"企业知识产权培训教材"是由国家知识产权局人事司组织、专门面向国内企业知识产权培训工作需要而编写的系列教材。这套书立足于企业知识产权管理实际应用，根据修订后的《专利法》及其实施细则、《专利审查指南》以及其他相关知识产权法律的最新规定，结合我国企业知识产权工作的具体实践，以案说法，深入浅出，针对企业知识产权工作中面临的实际问题，生动翔实地提出了切实可行的解决办法、建议和法律依据。相信这套书的出版，将有利于我国广大企业知识产权工作者提高运用有关知识分析问题、解决问题的能力，成为一套学有所得的实用教材。

　　衷心希望企业知识产权培训工作能够深入持久、持之以恒地开展下去，并通过以点带面的示范作用，带动全国企业知识产权工作的深入开展，把我国企业知识产权创造、运用、管理、保护能力提高到一个崭新的水平。

田力普

二〇一〇年十二月

行保护和运营，申请专利的那一部分技术，大多也被闲置，没有充分地商品化。实际上，即使我国企业目前的核心专利存量不多，也并不妨碍企业专利战略的制定。在这种弱势情形下，我国企业更应该从企业实际出发，制定相应的专利战略，否则，不仅无法和跨国公司相抗衡，在本土市场竞争中也可能生存维艰。

1.1.1.2 企业专利战略的类型

根据划分标准，企业专利战略有以下几种类型。

1. 根据专利取得、保护和经营过程进行划分

（1）专利获取战略，主要包括：

◎专利技术研发战略

◎专利申请战略

◎专利引进战略

（2）专利保护战略，主要包括：

◎专利维持战略

◎专利诉讼战略

（3）专利经营战略，主要包括：

◎专利实施战略

◎专利许可战略

◎专利转让战略

◎专利投资战略

2. 根据专利在市场竞争中的定位进行划分

（1）进攻型专利战略，主要包括：

◎基本专利战略

◎外围专利战略

◎专利出售战略

◎专利并购战略

◎专利回授战略

◎专利结合战略

（2）防御性专利战略，主要包括：

◎专利无效战略

◎回避设计战略

◎交叉许可战略

1.1.1.3　企业专利战略的侧重

跨国公司把企业知识产权管理划分为五层金字塔，由高到低分别为远见、综合、利润中心、成本控制和防御，参见图1—1。❶

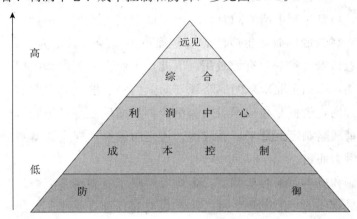

图1—1　企业知识产权管理划分图

在"防御"阶段，知识产权被视为法律资产，因为知识产权是一种法定垄断权。在这一阶段，企业主要是取得知识产权并确保这种法定的垄断权；

在"成本控制"阶段，知识产权仍被视为法律资产，但为了降低知识产权成本，例如专利维持费用，企业需要重新界定并关注知识产权创造和组合方案；

在"利润中心"阶段，知识产权开始被视为企业资产，企业通过转让、许可、投资入股等方法将知识产权货币化以增加利润；

在"综合"阶段，知识产权战略与企业整体战略保持一致，知识产权意识成为企业文化的一部分；

在"远见"阶段，企业能够通过战略性地申请专利，从而创造出新的博弈规则。

上述企业知识产权管理金字塔形的层级划分同样适用于企业专利管理。这五层级的划分并不相互排斥，视企业的专利战略策划，可以同时存在，而且每一层级应为上一层级的基础，例如对专利的成本控制管理必然建立在企业已经拥有大量专利权的基础上。同样，企业专利管理在不同层级的定位上，根据公司技术和经营需要，可以有针对性地采取前述各种专利战略。

❶ SUZANNE HARRISON. 建立企业知识产权战略．［EB/OL］．［20C8－05－20］．http：//www.nipso.cn/gnwzscqzlxx/qyipzlyj/t20070322 _ 84663.asp.

对于我国中小企业而言，专利管理大多处在"防御"阶段。其实，防御和成本控制是密切结合的。企业申请专利并不是越多越好，如果申请无用的专利，只会造成企业专利维持费用的无谓支出。企业在专利申请战略的制定上，鼓励专利申请的同时，应当保证专利的质量，例如，在激励雇员职务发明热情的同时，也应注意有些雇员申请专利只是为了升职加薪，而并未在意该专利对企业有无效用。因此，企业在专利申请的同时应考虑到成本控制，根据企业未来的战略规划期限内（一般是 5 年左右）的产品市场发展方向，进行专利技术研发和组合，从而确定专利申请战略。至于在专利申请战略制定上是采取进攻型，还是防御性，视企业本身的技术实力和研发潜力而定。

在防御和成本控制的基础上，企业应着眼于专利经营战略，除了自己实施外，最重要的是把企业专利"资本化"，传统路径是专利许可，企业可以将所掌握的专利进行不同组合，开拓实施许可的渠道；此外，企业可以通过专利出售、投资入股、质押融资等途径实现专利价值最大化。

对于拥有多种类别知识产权的企业而言，专利管理可以考虑专利结合战略，即将专利权与商标权、技术秘密等相结合，上升到"综合"的高度，例如海尔在其全球化品牌战略的推进过程中，就利用专利技术产品为海尔品牌的提升来提供强有力的支撑。

专利管理的"远见"层次在信息技术领域众多跨国企业为技术标准的制定而群雄逐鹿的场面可见一斑。早先的 3C、6C 即为几大跨国公司以自身专利达成事实标准而为市场接受后，成为当时碟机产业的主导者。专利管理的"综合"和"远见"层级都在偏重进攻型专利战略，这对企业自身专利技术实力有较高要求。

【案例 1】复星医药的专利战略

上海复星医药（集团）股份有限公司（以下简称"复星医药"）在战略转型中，将企业的核心定位于创新和知识产权战略。

复星医药的专利工作，过去是由技术专家负责。后来公司发现，产品技术只是专利权中重要的一部分，企业专利管理策略远远不止这些。因此，在提出创新和知识产权战略后，公司在总部和分支机构专门成立了专利部门，并且使这些专利部门与技术部门既有合作，又相对独立。同时，公司在专利的申请、产业化及保护等方面制定了系统的考核制度，以形成激励和约束机制。

从 2004 年开始，复星医药每年按照销售额的 5%～7.5%进行研发投入，并且投入额每年都在上升。2006年复星医药专利申请量达到了100件。

从创立至今，复星医药通过专利权的应用，得到了快速的发展。在创业初期，复星医药通过国外一种刚获得诺贝尔奖但尚未在中国申请专利的产品打开了市场。公司将这种产品在应用领域做了改进，并申请了专利。由于这种产品在当时市场上的特点是投入小、产出快，并且技术在国际上处于领先水平，复星借此一举奠定了发展的基础。又如在诊断治疗方面，复星医药与美国一家公司进行了专利合作，这家公司将26件专利许可给复星医药开发，用于临床，在应用过程中，复星医药又发展了16件专利，可以用于全球市场，为公司带来了良好的收益。现在公司准备在其他产品、技术上也大力实施这样的模式。而复星医药自主研发的"花红片"在推入市场时，其在专利保护方面也做了精心的准备。公司申请了大量国内和国外的专利，并且对品牌进行了注册，申请了国家中药保护品种，以及对广告著作权进行申请，尽可能地保护了产品在市场上的进一步做大，延长了产品生命周期。据复星医药自己初步估算，目前拥有知识产权的产品为公司带来的利润贡献度达到了40%左右。复星医药认为这还没有充分发挥专利权以及整个知识产权制度的潜力，打算进一步推进公司战略转型。

由案例1可知，复星医药公司初期的专利战略立足于专利引进，并在引进技术的基础上进行再创新。发展到一定规模后，复星医药公司开始注重专利战略的综合性，包括公司内部专利管理部门的改革，以及专利权与商标权、著作权等其他类知识产权的组合运用。复星医药公司对专利战略的重视和逐步推进可以为我国处于起步阶段的高新技术企业借鉴。

1.1.2　企业专利战略与专利技术转移

专利技术转移之于企业专利战略，可以贯穿始终，在专利获取战略实施中，如果涉及委托开发、专利引进等，将发生专利技术转移；在专利保护战略中，有时候在专利侵权诉讼中，可能达成交叉许可的和解协议，发生专利技术转移；在专利经营战略实施中，专利技术转移活动最为频繁，而企业的利润即从这些专利转移中获取。

根据企业进行专利技术转移的动因，可以将企业专利技术转移活动划分为两类，一类是被动型的，另一类是主动型的。被动型的专利技术转移一般是偶发的，典型的如专利侵权诉讼中所发生的专利技术转移，此种转移可能会为企业减少损害，但一般不会给企业带来太大收益；主动型的专利技术转移，主要是指企业为追求利润而有意识地进行的专利技术转移活动。后者才与企业专利战略紧密相关。一方面，企业在制定专利战略时，应当有意识地考虑到专利技术转移活动。专利技术转移在专利经营战略中占主导，但并不仅仅局限于此，如前所述，专利获取战略和专利保护战略也都有可能涉及专利技术转移，例如处在防御阶段的企业缺乏专利，除通过申请获取专利外，也可以考虑通过购买专利或者寻求专利实施许可来获得专利技术。另一方面，专利技术转移活动也影响企业专利战略的实施和推进。在企业确定专利战略后，战略实施期间企业的专利技术转移活动原则上应遵循企业专利战略，否则即与企业发展方向相悖；而专利技术转移活动是直接与市场打交道，企业在其中可以获知最新的市场信息和技术信息，从而修正或推进专利战略的实施。由此可见，企业专利战略指导企业专利技术转移活动，而企业专利技术转移活动则是企业专利战略实现的主要途径之一。

1.2 专利技术合同与技术转移阶段

1.2.1 我国专利权的保护期限

根据我国《专利法》规定，我国发明专利权保护期限为 20 年，实用新型专利权和外观设计专利权保护期限都是 10 年，均从专利申请日起算。但是更确切地讲，我国各类专利权的实际保护期限要比上述年限短一些。例如发明专利申请共经历了三个阶段，先是提出申请，再是专利申请文件早期公开，最后是批准授权与否。在提出申请至早期公开这一阶段，申请专利的技术内容还是保密的，法律只保护专利申请人因"申请在先"而依法产生的"先申请权益"，但对已申请专利的技术内容没有实质的专利权保护，这一阶段对相关技术内容的保护，仍然适用于技术秘密保护的法律规定。在早期公开至批准授权与否这一阶段中，《专利法》规定只给予专利申请人以"临时保护"，即"申请人可以要求实施其发明的单位或者个人支付适当的费用"，但绝不是实质的、完整的专利保护。直到正式授予发明专利权后，专利申请人才"转正"为专利权人，享有真正的、完整的专利权。所以，发明专利权的全面保护期限实际上应当从授予专利权日起开始。同理，实用新型专利权和外观设计专利权的全面保护期限也开始于授予专利权日。我国专利权的保护期限阶段划分参见图 1—2 和图 1—3。

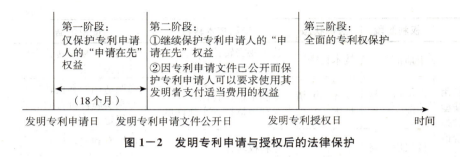

图 1－2　发明专利申请与授权后的法律保护

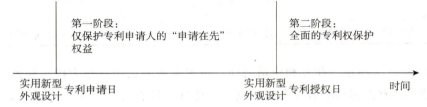

图 1－3　实用新型专利、外观设计专利申请与授权后的法律保护

1.2.2　专利技术合同与专利技术转移阶段划分

根据前述我国专利权的保护期限，从广义上来看，一项专利技术的生命周期可划分为专利申请前、申请中和授权后三个阶段。在专利技术生命周期的三个阶段，均可能发生专利技术转移，但由于各阶段技术法律状态的不同，专利技术合同也有所不同，参见表 1－1。

表 1－1　专利技术转移阶段划分

	权利阶段	法律状态	专利技术转移	适用依据
发明	申请前	技术秘密	技术秘密转让 申请专利的权利转让	适用技术秘密转让合同的有关规定
	申请后—公开前	专利申请技术	专利申请权转让 专利申请技术实施许可	适用技术秘密转让合同的有关规定
	公开后—授权前	专利申请技术	专利申请权转让 专利申请技术实施许可	参照适用专利权转让和专利实施许可合同的有关规定
	授权后—终止前	专利权	专利权转让 专利权实施许可	适用专利权转让和专利实施许可合同的有关规定
	终止后	公知技术	技术服务	按照技术服务合同处理

将其一件或多件专利许可给对方或第三方的协议。专利联营涉及众多专利权和专利实施许可，主要包括内部的交叉许可和对外统一许可。

1.3.1.4 企业并购中的专利技术转移

企业并购中发生的专利技术转移有两种类型，一是基于其他并购动因而顺带获取被并购企业所拥有的专利技术；二是直接以专利技术转移为导向而进行的企业并购。随着技术竞争的日益激烈，企业基于技术需求，会以获取被并购对象的专利技术为直接目的而进行并购活动。在企业并购活动中，实际上发生的是专利权人的变更。

1.3.1.5 特许经营中的专利技术转移

专利权是特许经营权组合中常见经营资源。涉及专利技术的特许经营，其特许经营协议中必然附带专利实施许可。特许经营权组合中的专利技术既可以是专利权，也可以是专利使用权，因此伴随特许经营而发生的专利技术转移可能是专利实施许可，也可能是再许可。

1.3.1.6 专利侵权纠纷中的专利技术转移

在专利侵权纠纷或者侵权诉讼中，有时候会出现当事人双方签订和解协议而解决纠纷或终止诉讼。这种和解协议主要涉及两种专利技术转移活动：专利实施许可和专利交叉许可。

上述专利技术转移的新颖转移模式，本书第九章会进行详述。

1.3.2 不涉及专利权转让和许可的其他专利技术转移模式

除前述专利技术转移模式外，也有一些专利技术转移活动不涉及专利技术的转让和许可，例如专利权的继承和专利权质押等。专利权的继承，实际上仅是专利权人发生变更；而专利质押可以成为专利权人融资的一个途径。

根据我国《担保法》第79条规定："以依法可以转让的商标专用权、专利权、著作权中的财产权出质的，出质人与质权人应当订立书面合同，并向其管理部门办理出质登记。质押合同自登记之日起生效。"可见，用于质押的专利权建立在可以转让的基础之上，只有已获授权的有效专利权才可以进行质押。专利权质押发生的场合，是专利权人以其专利权为自己或第三人的债务作担保，当债务履行不能时，债权人可以依法以该专利权折价或者以拍卖、变卖该专利权的价款优先受偿。与动产质押以转移占有为生效条件不同，专利权质押的"转移占有"体现在，专利权质押合同为要式合同，以当事人将质押合同在国家知识产权局获准登记为生效条件，这也是权利质押的特性所决定的。专利权质押的实质是专利权人对其专利权的处置权利受到限制。专利权一旦出质，质权人即取得对该专利权的支配权，即在质押期间，未经质权人同意，专利权人不得将该专利权向他人进行转让或许可。与其他质押合同一样，专利权质押也不允许流质，即出质人和质权人不得在专利权质押合同中约定，在债务履行期满质权人未受清偿时，该专利权转移为质权人所有。若要取消专利权质押，当事人需向国家知识产权局办理专利权质押合同登记注销手续。

【案例2】上海专利质押第一单❶

2006年9月，上海顺利完成了专利质押融资第一单。在上海浦东新区知识产权中心的协助下，上海中药制药技术有限公司通过专利质押方式，成功向中国工商银行张江支行贷款200万元。

专利权作价评估是专利质押的难点。据银行有关人士透露，为降低经营风险，银行确定了四个把关环节：一是采用组合式小额贷款的模式，在专利质押的同时，辅以个人信用无限责任担保和应收账款质押，就是无形资产和有形资产共担风险；二是为申请企业设定必须符合的前提条件，即要具有良好的信誉、有强大的研发背景、经营管理良好等；三是在专利评估时充分考虑专利技术未来市场前景的问题；四是确定质押后由企业和银行签订质押合同，并向国家知识产权局申请质押登记。

在前期审批时，浦东知识产权中心和中国工商银行张江支行首次尝试由第三方进行信用和专利价值综合评估的方法，委托上海豪格企业信用征信有限公司评估有关企业的经营、信誉、产权、经营者素质等状况及质押专利价值。最终评估结果得到了银行和企业的一致认可。

浦东新区知识产权中心有关负责人介绍，该中心已与工商银行张江支行达成合作协议，将进一步在扶持科技型中小企业自主创新方面进行合作。上海专利质押融资"第一单"完成后，双方将继续合作探索专利质押的科学操作模式。工商银行张江支行有关负责人则表示，专利质押的成功探索，给商业银行主动开辟贷款业务新品种增强了信心。

本章思考与练习

1. 以熟悉的跨国公司为例，说明专利战略在企业经营战略中的作用和地位。

2. 简述在专利技术转移活动中应该注意的问题。

3. 比较专利技术转移的传统模式和新颖模式。

❶ [EB/OL]. [2008—05—20]. http://ask.lawtime.cn/zhuanli/zlnews/2006092133641.html.

第二章　专利技术转移中的检索与评估

本章学习要点

1. 专利信息检索的作用。
2. 用于专利信息检索的主要数据库。
3. 专利族检索的主要方法。
4. 专利法律状态检索的主要方法。
5. 专利技术转移中检索报告的撰写要求。
6. 专利评估在专利技术转移中的作用。
7. 在专利技术转移中进行评估的阶段。
8. 专利评估的内容与基本考量因素。

2.1　专利技术转移与专利信息检索的关系

知己知彼，百战不殆。《孙子兵法》的教义在现代商业竞争中同样具有其意义。专利技术的转让意味着接受转让方资金的支出和专利技术使用权的获取，因而在交易之前，自然需要了解交易的成本以及利益所在。然而，一些转让企业为了获得利益，故意向受让企业隐瞒转让专利的诸多信息，仅仅向受让方出示一张写满专利号的专利列表，而专利本身的情况以及专利与专利之间的关系从该列表中是无法得知的。转让方对受让方隐瞒了受让专利的很多信息，而受让方自己也不通过专利信息检索去获得这些被隐瞒了的信息，致使受让者因为缺乏对这些专利的基本了解，糊里糊涂地掏了钱，最后却发现买了一堆价值很低的专利，从而给受让方带来巨大的经济损失。这样的悲剧在专利技术转移中是很多见的，例如下文所举的"3C专利联营许可案"。

【案例1】3C专利联营许可案

【案情简介】1995年以来，以飞利浦、索尼、先锋3家跨国公司组成的

"3C集团"和日立、东芝、三菱、松下、JVC、时代华纳6家跨国公司组成的"6C集团"为主，对我国DVD行业与企业联合发布DVD规格标准，实施专利联营许可协议，强行推行专利联营模式的"一揽子许可"。2005年12月1日，北京大学知识产权学院张平教授以个人名义，针对3C联盟主要成员飞利浦公司为专利权人的"编码数据的发送和接收方法以及发射机和接收机"中国发明专利，自费提起了专利权无效宣告请求。其发现无效专利的线索就来自于2005年6月15日德国法院就香港东强电子起诉飞利浦专利无效一案作出的一审判决，认定飞利浦的欧洲专利EP0745307在德国范围内无效，而该专利就是被张平教授申请宣告无效的中国专利的同族专利。

除了无效专利，3C专利联营中还包括了许多在不同国家申请的同族专利。表面上，3C专利联营中有数千件专利，但其中中国企业需要得到授权的专利并没有专利联营清单所列举的那么多。

【评析】在专利联营中，不仅包含了大量的同族专利，而且还包含了无效专利，而利益的驱使使得专利权人对被许可人隐瞒了上述信息。如不加检索，被许可人是没有办法获知其真实情况的。而经过专利检索，同族专利或者无效专利其实是可以被比较明显地区分出来的，从而被许可方可以在与专利许可人的谈判中掌握主动权，维护自己的利益不受损害。

另外，中国制造的DVD虽然主要市场在国外，但是每个企业都有自己的主要目标市场，几乎没有将市场定位在全世界的，因此每个企业需要获得授权的专利只有专利族中的几件而非全部。如果通过同族专利检索，将3C专利联营中不需要的专利情况掌握，就可以在谈判中占据主动，不用被动地接受一揽子许可。但是我国DVD企业并没有及时发现上述信息，因为在接收到3C的专利清单后，他们并没有对清单中的专利进行检索，了解这些专利的真实情况，及时发现清单中的猫腻，在许可价格的谈判上获得优势地位，最终的结果是他们在毫无知晓的情况下为无效专利和大量的同族专利埋单。

【案例2】"浮法玻璃"引进案

【案情简介】20世纪90年代，我国为发展玻璃制造业，欲引进国外先进的"浮法玻璃"生产工艺技术。当时，英国的皮尔金顿公司、美国的匹兹堡平板玻璃公司、日本的旭硝子株式会社等较为知名。我方通过检索专利文献分析对比后，决定引进英国皮尔金顿公司的技术。

在开始的谈判中，英方声称拥有137件专利，开口索价2500万英镑，洲的 esp@cenet、epoline 和印度专利局以及美国的专利商标局的网站可以提供专利的引文检索。

在没有限定地区的专利检索时，可以先登录欧洲专利局的网站进行初步检索，进而针对专利的不同国家去相应国家的专利局进行进一步的检索，以获得有用的专利信息。

2.3　同族专利检索

2.3.1　同族专利概述

人们把具有共同优先权的由不同国家公布或颁发的内容相同或基本相同的一组专利申请或专利称为同族专利。尽管对同族专利有明确的定义，但在专利文献检索系统中，同族专利的概念外延很广，有以下几种类型：

（1）简单同族专利（Simple Patent Family）：指一组同族专利中所有专利都以共同的一个专利申请为优先权；

（2）复杂同族专利（Complex Patent Family）：指一组同族专利中所有专利都以一个或几个专利申请为优先权；

（3）扩展同族专利（Extended Patent Family）：指一组同族专利中每件专利至少与另一件专利以一个共同的专利申请为优先权；

（4）国内同族专利（National Patent Family）：指由于增补、继续、部分继续、分案申请等原因产生的由一个国家出版的一组专利文献；

（5）仿同族专利（Artificial Patent Family）：也叫智能同族专利、技术性同族专利或非传统型同族专利，即并非出自同一专利申请，但内容基本相同的一组由不同国家出版的专利文献。在同族专利检索服务中，仿同族专利常作为"其他类型的同族专利"而出现。

同族专利检索的目的有两点：其一，帮助了解专利的地域分布情况；其二，帮助克服语言的障碍。

首先，专利不仅仅是技术概念，更是法律概念，专利权是由于法律的授予而产生，因此由于法律的地域性，专利权也具有地域性，即：要在不同的国家分别受到专利保护，需要在不同的国家分别得到授权。于是，同一个技术方案由于在多个国家的分别申请而产生多个不同的专利权。在接受专利转让或者许可的时候，被许可人对于目标市场有自己的定位和方向，因此需要了解目标技术在哪些国家、地区申请过专利，哪些国家、地区并没有被该技术的专利所覆盖，这样才能有针对性地选择自己需要得到授权

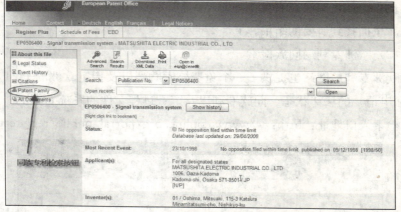

图2—4 欧洲专利局同族检索结果界面

单击左侧框中的 Patent Family 按钮，即可进入该专利的同族列表。

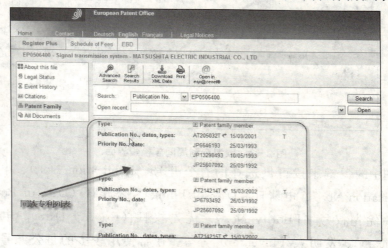

图2—5 欧洲专利局同族检索专利列表

欧洲专利局的检索结果比较全面，漏检率很低，可以保证数据的完整性。此外，欧洲专利局的数据库更新很快，数据的延迟为 2 天，可以更准确地查找欧洲同族专利的检索报告或引用文献。系统将同族专利分类显示，比如相同同族（Equivalent，具有相同优先权的专利申请）、专利族成员（Patent family member，至少有一个相同优先权的专利申请）等，并提供分案申请（Divisional application）的相关数据。系统还提供了每个同族专利的申请号、公开号、优先权号等著录项目数据，使用户对每个同族专利的情况一目了然。另外，系统在公开号字段中还提供了各同族专利在 esp@cenet 系统中的链接。

（3）两个检索系统比较

一般情况下，欧洲专利局的同族检索结果与印度专利局的同族检索结果是基本相同的，只有少数检索出来数量不同，不同之处也仅限于公布时间或是公布级别，本质上还是一样的，而且如果用检索出来的同族专利成员作为检索项再次在两个网站上进行同族检索，得出的结果也是一样的。

印度专利局同族检索结果显示有如下特点：（1）专利族成员排序无规则；（2）每件同族专利只显示基本著录项目信息（10 个著录项目字段）；（3）无法浏览全文。

欧洲专利局同族检索结果显示有如下几个特点：（1）专利族成员按照国别的英文字母顺序排序；（2）检索结果列表显示每件同族专利的基本公布信息；（3）发明名称提供详细的著录项目信息及说明书全文链接；（4）源自同一申请的同族专利进行归类，按照公布级进行排序，能够清楚地了解这些同族专利的相关申请情况。

如果只想了解一项申请有多少个同族专利，并且仅对其著录项目信息感兴趣，可以选择印度专利局网站的同族专利检索。因为欧洲专利局以列表的形式显示专利族的基本信息，要查看每篇同族专利的基本著录项目信息，需要分别进入才能浏览，而印度专利局将所有专利族的著录项目信息以列表形式给出，可以从上到下依次浏览。如果需要了解多个同族专利成员之间的关系以及一份申请有多少公布级及相关公布时间等信息，可以选择欧洲专利局同族检索入口来进一步帮助我们研究。

2.4 法律状态检索

2.4.1 专利法律状态检索概述

专利法律状态检索是指对一项专利或专利申请当前所处的状态进行的检索，其目的是了解专利申请是否授权，授权专利是否有效，专利权人是否变更，以及与专利法律状态相关的信息。

专利法律状态可以分为：专利有效性检索和专利地域性检索。专利有效性检索是指对一项专利或专利申请当前所处的状态进行的检索，其目的是了解该项专利是否有效；专利地域性检索是指对一项发明创造都在哪些国家和地区申请了专利进行的检索，其目的是确定该项专利申请的国家范围。

（1）法律状态的内容

专利的法律状态检索可以获得专利的有效性、专利是否被撤回或者视为撤回、专利的驳回以及专利权的终止、专利的无效、专利权的转移情况。

（2）专利法律状态检索的目的

专利检索，首先需要检索的就是专利法律状态，因为专利只有在得到法律授权之后才能受到保护，并且在专利保护期之后就成为公知技术，任何人都可以免费使用。专利法律状态的检索可以帮助了解所要进行转让的专利是已经得到授权还是依然在申请之中，是否受到过其他人的无效宣告请求，是否已经声明放弃，是否已经转让给他人以及是否已经过了保护期或剩余保护期为多少。这些问题首先就关系到所要接受转让或者授权的专利的存在与否和延续多久的问题，如果尚未授权或者已经过了保护期，则完全可以不用支付任何费用而使用该技术；如果受到过别人的无效宣告请求并且正在审理中，那么在接受转让或者授权的时候要进行无效可能性分析并在谈判时候向对方提出，以要求尽可能降低费用；如果该专利的保护期限即将届满，那么在并不紧迫地需要实施该专利的时候可以选择等待一段时间，等其超过了保护期再无偿使用，或者在接受转让的时候将保护期计算在成本内，做到有所准备。

2.4.2　中国专利的法律状态检索

中国专利的法律状态可以通过国家知识产权局官方网站进行检索，检索地址为：http：//sipo.gov.cn/sipo/zljs/searchflzt.jsp。该检索系统提供1985年至今公告的中国专利法律状态信息。该法律状态信息是国家知识产权局根据《专利法》及其实施细则的规定，在出版的《发明专利公报》《实用新型专利公报》和《外观设计专利公报》上公开和公告的法律状态信息，主要有：实质审查请求的生效，专利权的无效宣告，专利权的终止，权利的恢复，专利申请权、专利权的转移，专利实施许可合同的备案，专利权的质押、保全及其解除，著录事项变更、通知事项等。

图 2—6　国家知识产权局法律状态检索首页

在该页面的左侧"检索输入区"中，检索者可以输入专利的具体信息，输入的格式如"实例区"中所示，在输入完毕后，按"确定"即能获得专利的法律状态信息。

以下，我们即以申请号为 91231422 的专利为例进行检索。

首先在图 2—6 国家知识产权局网站法律状态检索首页中输入该申请号，如图 2—7 所示：

法律状态检索			
申请（专利）号	91231422		例：91231422
法律状态公告日			例：2003.1.22
法律状态			例：授权
	确定	清除	

图 2—7

按确定后，获得如下界面：

申请（专利）号	91231422.2	授权公告号	
法律状态公告日	1996.01.03	法律状态类型	专利权的终止(①未缴年费专利权终止)
专利权的终止(①未缴年费专利权终止)			

申请（专利）号	91231422.2	授权公告号	
法律状态公告日	1993.05.05	法律状态类型	授权
授权			

申请（专利）号	91231422.2	授权公告号	
法律状态公告日	1992.08.19	法律状态类型	公开
公开			

首页　上一页　　下一页　　尾页　　跳转到 _____ 第1页 共(1)页 共3条记录

图 2—8

从上述 3 条专利状态数据中可以获知：申请号为 91231422 的专利在 1992 年 8 月 19 日公开，在 1993 年 5 月 5 日被国家知识产权局授予专利权，但是在 1996 年 1 月 3 日该专利失效，并且在该条状态信息中明确指出失效的原因是专利权人未缴纳专利年费。

当检索者获得该专利状态信息，就可以确定专利权已处于失效状态，该专利技术也已成为公知技术而无需再为此支付任何费用。对于这样的失效专利，专利技术转移中的受让方应当引起足够的重视，以防在技术转移中支付不必要的专利费用。

中国专利状态数据库操作简单，初次检索者对此容易上手，但是中国专利法律状态数据库也存在缺点，即专利法律状态记录过于简单，对专利申请过程、无效过程中的各种数据均不公布，不利于检索者掌握完整的状态信息。

2.4.3 欧洲专利的法律状态检索

欧洲专利的法律状态可以通过两个免费的检索系统获得：esp@cenet

数据库和 epoline 数据库。esp@cenet 数据库中提供了国际专利文献中心（INPADOC）❶的数据链接，检索者可以通过 INPADOC 数据库获得该专利在各国的法律状态，但是 INPADOC 不提供专利审查过程的独立数据，此时就要借助另一个数据库 epoline 数据库来获得审查过程的数据。可将这两个数据库结合，并将综合得到的信息进行整理分析，以获得详细完整的专利审查过程信息。

（1）esp@cenet 数据库：http：//ep. espacenet. com/advancedSearch? locale＝en _ EP

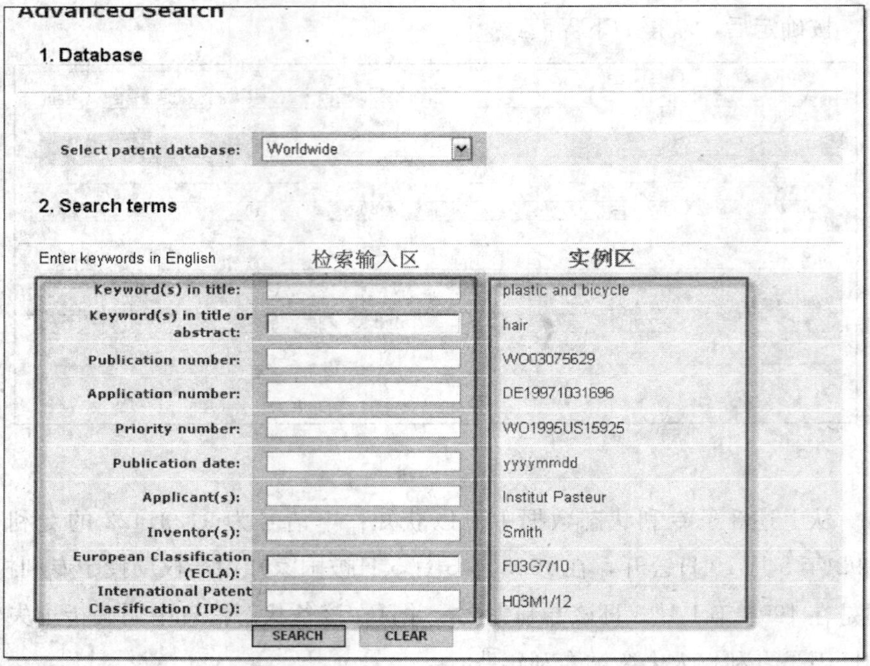

图 2—9

在该页面的左侧"检索输入区"中，检索者可以输入专利的具体信息，输入的格式如"实例区"中所示，在输入完毕后，按"SEARCH"即能获得专利的索引信息。并通过索引信息界面进入 INPADOC 数据库界面。

❶国际专利文献中心（INPADOC）在世界知识产权组织的支持下成立于 1972 年，提供集中的专利文献目录资源。INPADOC 目前是欧洲专利局所属的欧洲专利文献信息系统的一部分。Dialog 收录的 INPADOC 版本独到地集中了所有专利的系列。所有相类似的专利都享有同样的优先级别。专利系列里面包括了超过 4000 万件专利和 4200 万条专利的法律状态。每一条记录都包括了目录、标题、发明者、代理人、专利应用日期和法律状态信息。甚至数据库还可以提供给你 70 个国家（地区）组织中优先应用的号码、国家（地区）、日期和相关专利，提供 22 个国家（地区）的专利法律状态信息。数据每周更新，时间回溯到 1968 年，提供目录格式。

（2）epoline 数据库：http：//www. epoline. org/portal/public/regis-terplus

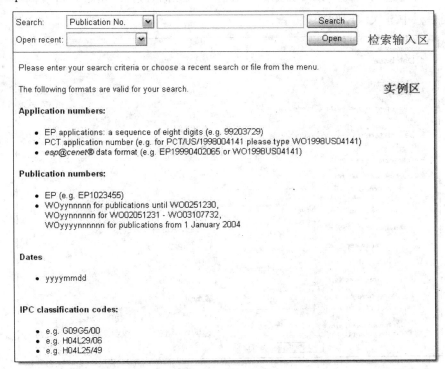

图 2－10

在该页面的上侧"检索输入区"中，检索者可以首先在 Search 后的第一个下拉菜单中选择需要输入的关键词的类别，如图 2－11 所示，在该数据库中提供了公开号检索、申请号检索、文件提交日检索、专利公开日检索、优先级号检索、优先级日期检索、申请者检索等。在选择好关键词类别并输入相应的关键词后，按"Search"即能获得专利的法律状态信息。

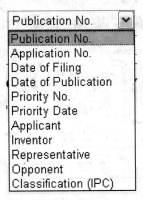

图 2－11

以下，我们即以公开号为 EP963989 的专利为例进行检索。

首先进入 esp@cenet 数据库，并在"Publication number"对应的关键词一栏中键入"EP963989"：

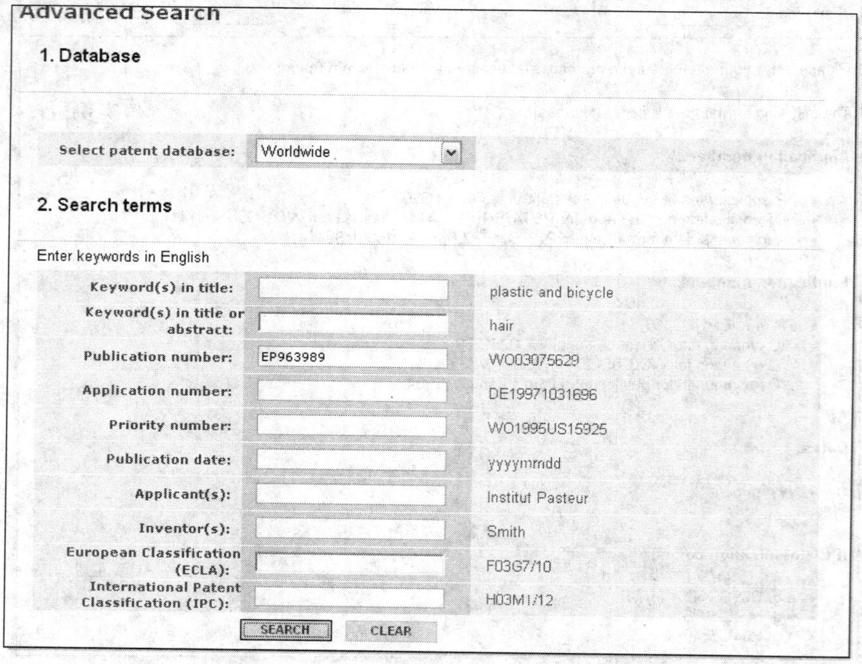

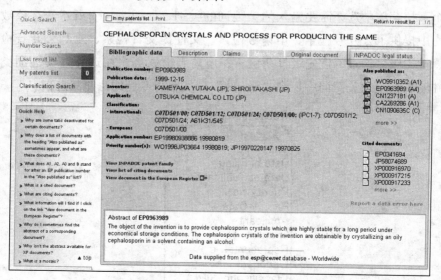

图 2—12

按"SEARCH"，获得如下界面：

图 2—13

在图 2—13 页面中，检索者可以清楚地看到“INPADOC”按钮，以此进入 INPADOC 数据库，如图 2—14 所示：

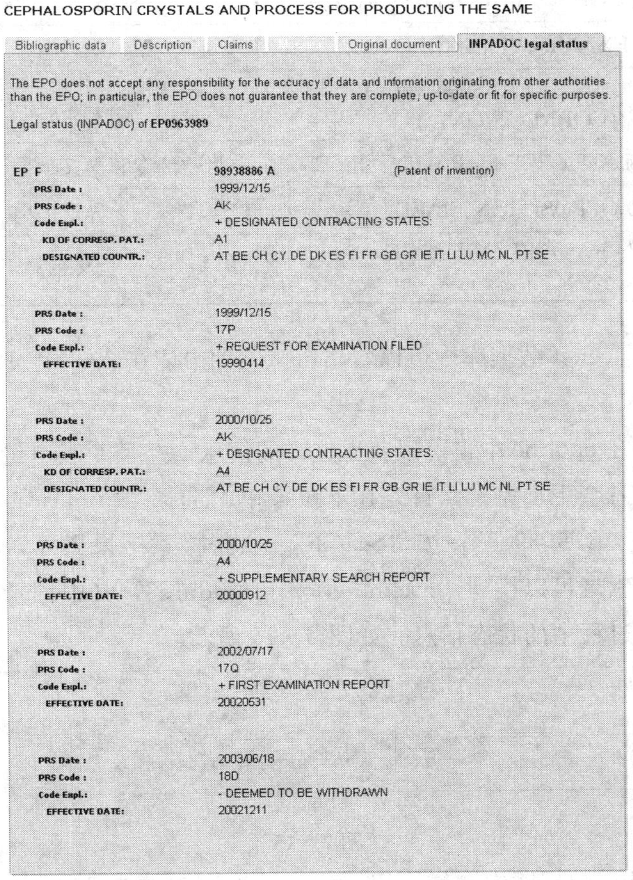
CEPHALOSPORIN CRYSTALS AND PROCESS FOR PRODUCING THE SAME

Bibliographic data | Description | Claims | Original document | INPADOC legal status

The EPO does not accept any responsibility for the accuracy of data and information originating from other authorities than the EPO; in particular, the EPO does not guarantee that they are complete, up-to-date or fit for specific purposes.

Legal status (INPADOC) of **EP0963989**

EP F	**98938886 A**	(Patent of invention)
PRS Date :	1999/12/15	
PRS Code :	AK	
Code Expl.:	+ DESIGNATED CONTRACTING STATES:	
KD OF CORRESP. PAT.:	A1	
DESIGNATED COUNTR.:	AT BE CH CY DE DK ES FI FR GB GR IE IT LI LU MC NL PT SE	
PRS Date :	1999/12/15	
PRS Code :	17P	
Code Expl.:	+ REQUEST FOR EXAMINATION FILED	
EFFECTIVE DATE:	19990414	
PRS Date :	2000/10/25	
PRS Code :	AK	
Code Expl.:	+ DESIGNATED CONTRACTING STATES:	
KD OF CORRESP. PAT.:	A4	
DESIGNATED COUNTR.:	AT BE CH CY DE DK ES FI FR GB GR IE IT LI LU MC NL PT SE	
PRS Date :	2000/10/25	
PRS Code :	A4	
Code Expl.:	+ SUPPLEMENTARY SEARCH REPORT	
EFFECTIVE DATE:	20000912	
PRS Date :	2002/07/17	
PRS Code :	17Q	
Code Expl.:	+ FIRST EXAMINATION REPORT	
EFFECTIVE DATE:	20020531	
PRS Date :	2003/06/18	
PRS Code :	18D	
Code Expl.:	- DEEMED TO BE WITHDRAWN	
EFFECTIVE DATE:	20021211	

图 2—14

由于 INPADOC 中的记录一般采用缩写方式，所以在阅读的时候会碰到一些障碍，以下给出常用的英语缩写的中文解释。

表 2—2　INPADOC 常用的英语缩写的中文解释

英语缩写	中文解释
PRS Date	PRS 日期
PRS Code	PRS 代码
Code Expl.	代码解释
KD OF CORRESP. PAT	专利文献类型
EFFECTIVE DATE	记录有效日期
DESIGNATED CONTRACTING STATES	指定国

续表

英语缩写	中文解释
REQUEST FOR EXAMINATION FILED	提出审查请求
FIRST EXAMINATION REPORT	第一次检索报告
APPLICANT REASSIGNMENT (CORRECTION)	专利权人变更
GB: TRANSLATION OF EP PATENT FILED	将欧洲专利局文献翻译成德文
NO OPPOSITION FILED	无异议提出
EUROPEAN PATENT IN FORCE AS OF ××××−××−××	欧洲专利自××××年××月××日有效

从 esp@cenet 数据库中可以看出：该专利申请在 2002 年 12 月 11 日被视为撤回。

同样，在 epoline 中也可以获得这样的信息，并且专利申请在审查过程中的状态信息会更加完善。首先在下拉菜单中选择 "Publication No."，并输入关键词 "EP963989"，按 "Search"，获得检索结果界面，在检索结果界面中，检索者可以找到 "Examination procedure"，其中记录的就是专利申请在审查过程中的状态信息。如图 2−15 所示。

Examination procedure:	14/04/1999	Request for examination was made [1999/50]
	14/12/1999	Loss of particular right, legal effect: Claims
	08/02/2000	Dispatch of communication of loss of particular right : Claims
	31/05/2002	Dispatch of examination report (Time limit: M06)
	11/12/2002	Application deemed to be withdrawn, legal effect date [2003/25]
	14/01/2003	Dispatch of communication that the application is deemed to be withdrawn, reason: the reply to the examination report was not received in time [2003/25]

图 2−15

从 epoline 数据库中同样可以看出：该专利申请在 2002 年 12 月 11 日被视为撤回。并且 epoline 数据库中提供了多条在 esp@cenet 数据库中不提供的数据，因此将这两个数据库结合能够获得更好的检索效果。

欧洲专利状态数据库提供的专利法律状态数据较国家知识产权局而言详尽得多，但是在 INPADOC 利用代码代表不同法律状态的解读上存在一定困难，需要借助欧洲专利局以及其他各国提供的代码对照表获取详细的代码信息，对语言的要求较高。

2.4.4　美国专利的法律状态检索

在美国，专利的法律状态分为两个数据库，一个是美国专利权转移检索数据库，用于查询专利的转移状态信息；另一个是专利申请信息查询数据库，用于查询美国专利申请的有效性、费用支付情况等法律状态信息。

美国专利商标局的专利申请信息查询（Patent Application Information

Retrieval，PAIR）是在线的美国专利申请法律状态查询数据库。它包括两部分内容：公共 PAIR 和个人 PAIR。

公共 PAIR 只显示美国授权专利（Issued Patents）和申请公开（Published Applications）的法律状态。用专利号、申请号、公开号可以在公共 PAIR 进行法律状态查询。

个人 PAIR 使客户可以从互联网查看最新专利申请法律状态的电子文本。用户使用个人 PAIR 可以安全、即时地从互联网进入美国专利申请的未决阶段，并全程使用美国专利商标局公共密钥机构公布的数字认证。美国专利商标局对专利申请的所有回应，个人 PAIR 都可为用户提供即时的信息。然而，被授权的用户才可以使用个人 PAIR，这些用户即时查看信息的先决条件是：必须是专利代理人、专利律师、独立发明人；必须有用户编号；必须有数字 PKI 证书；必须有相关软件。以下我们仅介绍 PAIR 数据库的检索方法。

（1）美国专利权转移检索数据库

该数据库的入口网址是：http：//assignments.uspto.gov/assignments/q? db＝pat。该数据库可以检索美国专利权转移、质押等变更情况，专利权转移卷宗号，登记日期，让与种类，出让人，受让人，相对应的地址等。界面如下：

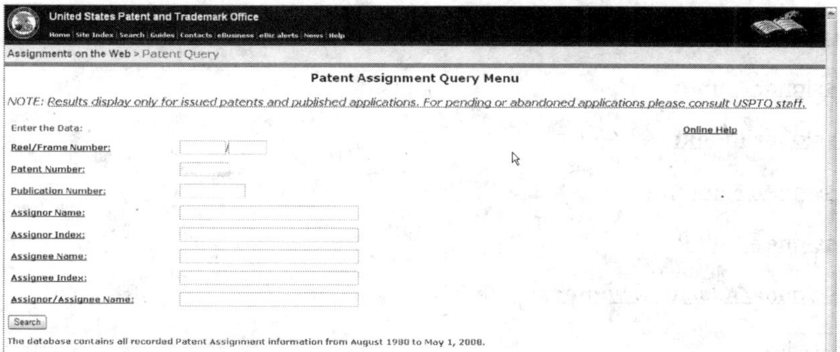

图 2—16

（2）专利申请信息查询数据库

该数据库的入口网址是：http：//portal.uspto.gov/external/portal/pair，在键入验证码后，可以获得如下界面：

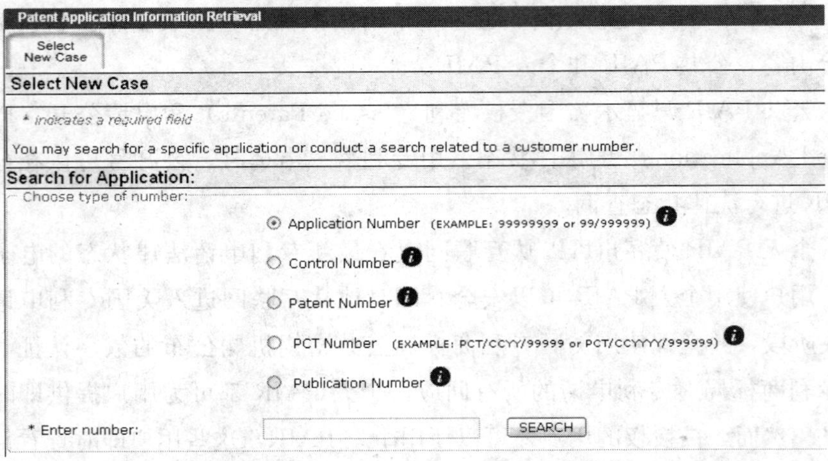

图 2—17

该数据库提供了 5 种检索方式，美国专利局一般常用"申请号检索"方式和"专利号检索"方式。

以下以美国专利号为例，检索该专利的法律状态信息。先从美国专利权转移检索数据库进行检索：

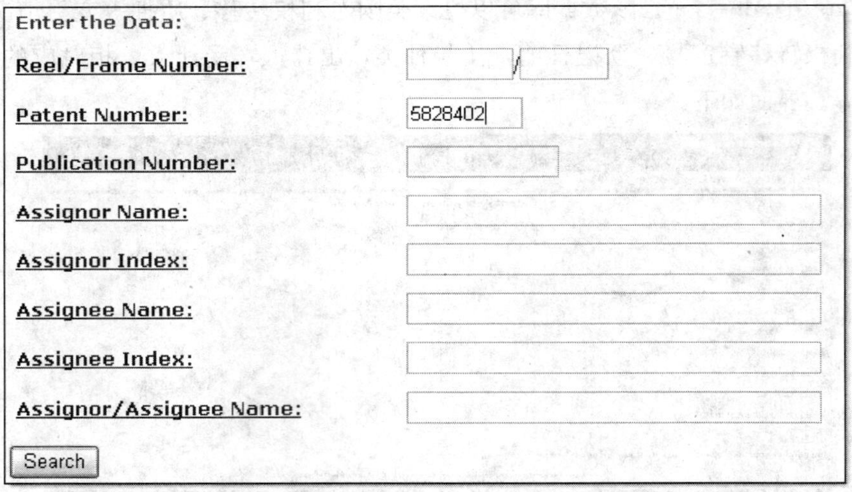

图 2—18

按"Search"后，出现检索结果。

图 2—19

上图中存在一些英语的缩写，为了便于理解，表 2—3 列出了其英语缩写对应的中文解释。

表 2—3

英语缩写	中文解释
Reel/Frame	专利权转移卷宗号
Conveyance	让与种类
Correspondent	联系地址
Assignor	转让人
Assignee	受让人
Exec Dt	执行日
EFFECTIVE DATE	专利权人变更的生效时间

从上述专利转移状态信息中可以看出，专利号为 5828402 的美国专利经过多次转移和质押，目前，该专利属于 TRI - VISION ELECTRONICS，INC. 公司。

接下来，以同样的美国专利为例，利用专利申请信息与状态信息数据库检索其专利的续费状态，确认该专利是否因为未支付专利费而无效。

首先在检索界面中选择"Patent Number"，并且键入专利号"5828402"。

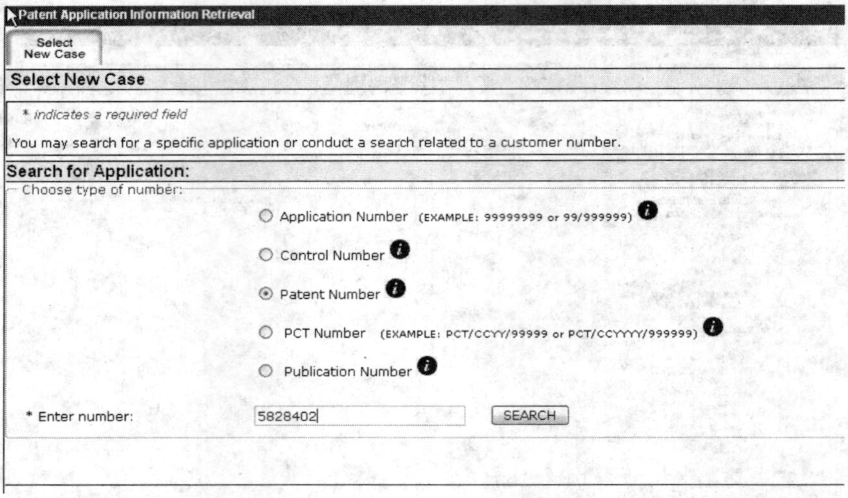

图 2—20

按"SEARCH"后，得到著录项目检索结果界面：

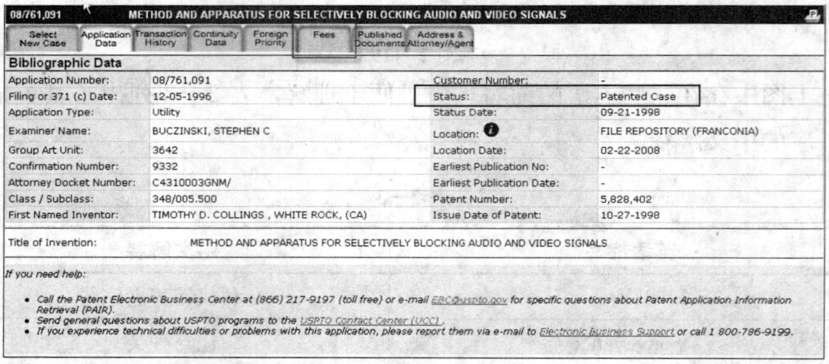

图 2—21

从该界面中可以看出"Status：Patented Case"，表示该专利处于有效状态。按下该界面上部的"Fees"按钮，可以查看该专利的续费状态。检索的局部结果如图 2—22 所示。

在页面中，提供了 4 个进入下一级菜单的选项：

维持费——缴费查询（Retrieve Fees to Pay）：提供维持费的缴纳情况。

进入著录数据（Get Bibliographic Data）：回到专利的著录项目界面。

维持费——查看缴费窗口（View Payment Windows）：提供应该缴费的日期。

维持费情况——缴费年度缴费窗口（View Statement）：其中提供了"第 4 年"缴费年度缴费情况、"第 8 年"缴费年度缴费情况，以及"第 12

年"缴费年度缴费情况。

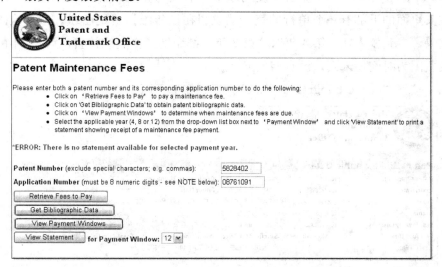

图 2—22

因为 90％以上的美国失效专利是因为未缴付维持费而导致的，通过该选项，可以很方便地查询到这方面的情况。

美国专利维持费分 3 个缴费年度缴纳：从授权日起计第 4 年、第 8 年、第 12 年。具体为：从专利授权日起计算，后推 3 年（如果那天恰是非工作日则顺延）的相应日为"第 4 年"缴费年度开放日（Open Date），以开放日起计 1 年为缴费期限，所以恰在专利授权日后推 4 年的相应日为"第 4 年"缴费年度为关闭日（Close Date）。"第 8 年"缴费年度、"第 12 年"缴费年度情况也同此。例如 5828402 专利的授权日为 1998 年 10 月 27 日，所以"第 4 年"缴费年度的开放日为 2001 年 10 月 29 日（因为 2001 年 10 月 28 为非工作日），关闭日为 2002 年 10 月 28 日。下面是美国 5828402 号专利的查看缴费窗口：

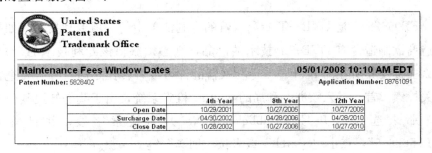

图 2—23

如为了查询 5828402 的维持费的情况，可以逐个打开 3 个"第 4 年"、

"第8年"、"第12年"缴费年度的缴费查看窗口，如果打开某年的窗口时在其页面的下部有一个单行的表，就说明在该年维持费用已缴。根据检索结果，专利权人在"第4年"、"第8年"都缴纳了专利维持费，第12年的续费因为时间还未到，没有相关记录。

按下"Get Bibliographic Data"，得到如下界面：

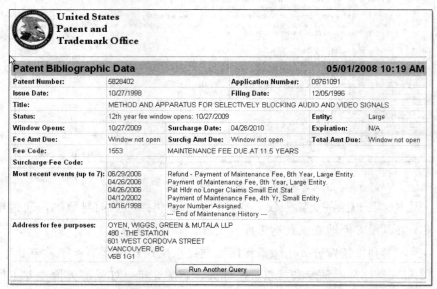

图 2—24

从图2—24可以看出，该专利在"第4年"缴费年度和"第8年"缴费年度均有缴费记录，而"第12年"缴费年度的缴费期还未到，所以该专利目前仍是有效专利。

2.5 检索实例

EP0562875是DVB—T专利联营的专利清单中的一项专利技术，如果制造商欲制造含有DVB—T技术的产品，则必须获得该专利技术的授权，那么在接受其所在的DVB—T专利联营的许可或者转让之前，有必要进行相关检索。首先进入欧洲专利局的epoline检索系统，由于我们知道其公开号，那么选择公开号（Publication No.）为检索字段，并且输入"EP0562875"，点击"Search"或者按"回车"键。

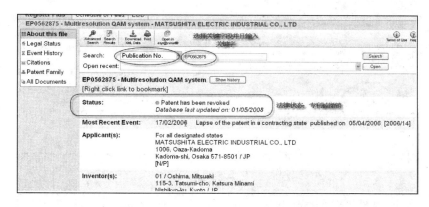

图 2—25　专利法律状态检索

从专利的法律状态（Status）可以很直观地了解到该专利已经被宣告无效（Patent has been revoked），数据最后的更新日期为 2008 年 5 月 1 日。但是具体的法律状态变化过程并没有显示，只有显示被宣告无效的情况，下拉页面可以看见无效请求"Opposition（s）"。

Opposition(s):	Opponent(s):	01 18/02/2005 24/03/2005 ADMISSIBLE
		Interessengemeinschaft für Rundfunkschutzrechte E.V.
		Bahnstrasse 62
		D-40210 Düsseldorf / DE
		Representative of Opponent
		Eichst?dt, Alfred, et al
		Maryniok & Eichst?dt, Kuhbergstrasse 23
		96317 Kronach / DE
		[2005/15]
	04/04/2005	Invitation of proprietor to file observation R.57(1) (Time limit: M04)
	26/07/2005	Reply of the patent proprietor to the notice(s) of opposition
	18/08/2005	Dispatch of the communication that patent will be revoked
	28/08/2005	Legal effect of revocation of the patent [2006/03]

图 2—26

具体的法律状态变化过程可以检索欧洲专利局的 esp@cenet 系统。打开 esp@cenet 网站，在公开号栏输入"EP0562875"，点击"Search"。

图 2—27

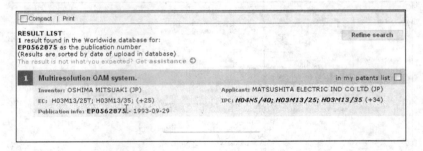

图 2—28

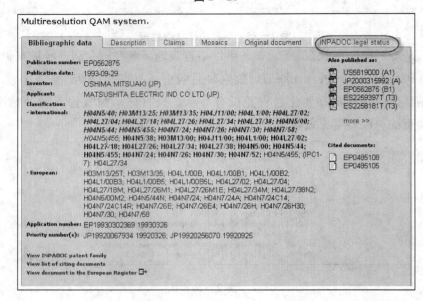

图 2—29

进入专利信息页面，点击右上角的法律状态按钮，进入详细的法律状态界面，其中显示了专利的历次法律状态变更情况。

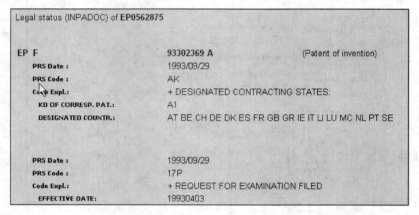

图 2—30

下拉页面，可以看见缴年费的情况以及无效宣告的详细过程。EP0562875 的年费缴到 2005 年为止，之后在 2005 年 4 月 13 日 INTERESSENGEMEINSCHAFTFUER RUNDFUNKSCHUTZRECHTE E. 公司提起无效宣告请求。经过若干次请求的修改以及在荷兰、英国等国家的分别无效宣告请求，最终该专利在多个欧洲国家被宣告无效。

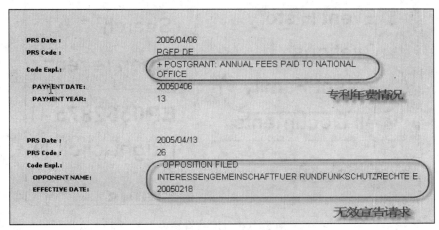

图 2—31

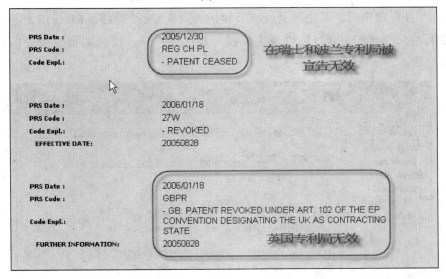

图 2—32

由于该专利已经被宣告无效，意味着该专利的有效性存在问题，那么与其相同或相近的同族专利的法律状态也可能存在一定的问题。回到 eponline 系统页面，单击专利族检索按钮。

图 2—33　同族专利检索

　　检索提供了 3 类结果，其中包括 697 件专利族成员、107 件相同同族以及 19 件分案申请。其中专利族成员和相同同族专利的检索结果提供了同族专利的公开号和公开日期以及优先权号及优先权日，而分案则仅仅提供公开号。

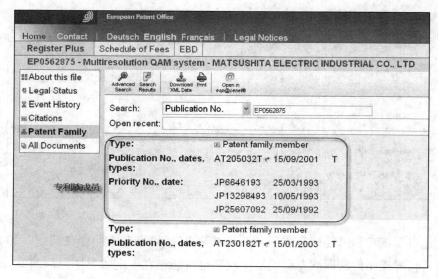

图 2—34　专利族成员

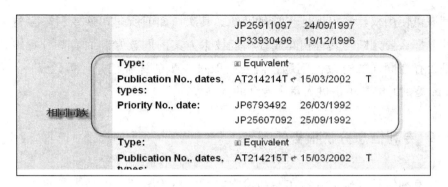

图 2—35 相同同族

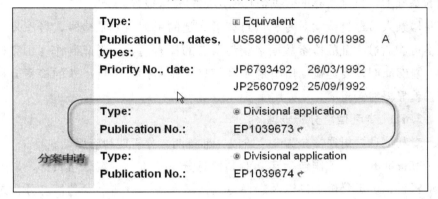

图 2—36 分案申请

在接受专利技术转让或者许可的时候，可以将对方提供的专利列表里面的专利逐个在检索获得的专利列表里进行比较，以确定哪些属于同一个专利族。上述例子中的专利是日本松下公司在 DVB－T 标准专利联营中的一个主要专利，而其同族专利中也有相当一部分被放进了专利联营以进行专利许可收费。由于这些专利的地域覆盖范围相当大，如果购买全部的专

Type:	🅴 Equivalent	
Publication No., dates, types:	US5819000 ↵ 06/10/1998	A
Priority No., date:	JP6793492 26/03/1992	
	JP25607092 25/09/1992	
Type:	🅓 Divisional application	
Publication No.:	EP1039673 ↵	
Type:	🅓 Divisional application	
Publication No.:	EP1039674 ↵ 点击进入	

图 2—37 同族专利详细信息链接

利许可使用权，费用将是非常昂贵的。其次，如前所述，该专利被宣告无效，那么要判断与其有相同或者相近技术方案的同族专利或者其分案申请是否存在同样的有效性问题，需要获取进一步的详细信息，可以从 epon-line 提供的链接单击进入每个专利的状态界面。

2.6 专利信息分析报告的撰写

专利信息分析报告是在专利检索之后，对检索获得的数据信息加以整理的基础上，总结所有的数据信息而形成的分析报告。

检索人员经过检索对专利信息有了一定的了解，但是检索人员以外的人不可能通过凌乱的检索数据来获悉所有的检索内容，因此制作一份完整的、能够简明扼要地概括所有的专利信息、让阅读者一目了然的检索分析报告就显得尤为重要。

2.6.1 专利信息分析步骤

专利信息分析通常分为 3 个阶段：准备期、分析期和应用期。

准备期的主要工作包括建立专利信息分析队伍、确定分析目标、研究背景资料、选定分析工具以及选择专利信息源等。对整个专利信息分析过程而言，准备期是保证专利信息分析达到目的的基础。

分析期包括数据采集和数据分析两个阶段。相对于整个专利信息分析工作而言，分析期是专利信息分析工作的主要阶段，分析期的每一个环节都至关重要，无论哪个环节出现差错，都会影响专利信息分析结论的准确性，因而，谨慎、科学地处理每一个环节，是取得准确的专利信息分析结果的重要保障。

数据采集阶段主要完成对分析目标的原始数据的采集，即拟定专利检索策略、专利检索、确定分析样本数据；数据分析阶段的主要任务在于对分析样本数据进行技术处理和分析解读，其过程包括数据清洗、按专利指标聚集数据、生成工作表和深度分析目标群、分析与解读专利情报及撰写分析报告等。

应用期的主要工作包括对分析报告进行评估、制定相应的专利战略以及专利战略的实施等。从理论上讲，应用期的工作是专利信息分析工作的延伸，专利信息分析的最终目的在于将专利情报应用于实际工作中，因而，应当以积极的行动将这些情报用于配合制定企业的发展战略，指导企业的经营活动或国家政策的贯彻实施，这有利于企业在市场竞争中赢得有利地

位。需要注意的是，应用期的主要工作通常由专利信息分析报告的委托方
组织实施。

2.6.2　专利信息分析报告的构成

通常，专利信息报告的主要内容包括：项目的分析目标、技术背景、
专利信息源与检索策略、分析方法和分析工具、专利信息组的聚集及解析、
示图、附录等。

项目的分析目标源于特定的问题，分析目标通常由客户提出，经分析
人员归纳并与客户磋商后确定。分析目标的明确与否直接关系到专利指标
的选定、组合以及专利信息分析过程的整体走向。

技术背景主要是指专利分析所涉及的领域或行业的技术现状，介绍所
属背景技术的特征、被业内普遍认可的技术热点、技术领先者或竞争对手
的基本情况，在可能的情况下，还应当对市场环境予以适当的描述。涉及
技术背景的内容很多，因此在撰写技术背景时应当注意围绕分析的主题；
同时，还应当考虑分析报告阅读者的情况，针对不同的阅读者，如政府机
关领导、行业主管、企业管理层、企业技术主管等，提供不同程度的背景
技术介绍。

专利信息源与检索策略是指分析时采用的专利数据或数据库的基本情
况介绍，其中应当明确指出采集数据的范围、时间跨度；检索时采用的关
键词、同义词、专利分类号等相关的检索策略。

专利信息的聚集及解析是专利信息分析报告中的重要组成部分。报告
应当根据分析的目标，写明对哪些类别的信息进行聚集、分析，并明确数
据加工过程中的处理原则，例如应明确本次分析中对共同申请人、共同发
明人或专利副分类的处理原则等。创建相应的表格、示图，并以表格、示
图和文字形式对分析结果进行表述。报告应当建立在客观分析的基础上，
如实记录分析人员所得出的结论，尽量避免分析人员的主观判断。虽然对
从事专利信息分析的研究人员而言，专利信息分析报告中的每一个组成部
分具有同样的重要性，但是专利信息分析报告的最终目的是应用于实践，
服务于用户，因此这一部分除了确保数据可靠、内容翔实外，还应当具备
条理性、系统性、逻辑性和可读性。

2.6.3　专利信息分析的主要方法

对专利信息进行分析的方法有许多种，常见的有定性分析方法、定量
分析方法、拟定量分析方法和图表分析方法。专利信息的定性分析，着重
于对技术内容的分析，是一种基础的专利信息分析方法，在专利信息分析

中有重要的作用和不可替代的地位。而专利信息的定量分析是通过量和量的变化，反映事物之间的相互关系。随着科学技术的不断发展，事物之间联系的高度复杂化，专利定量分析成为专利信息分析中一种越来越重要的方法，同样有不可替代的作用。定性分析与定量分析两者之间既有区别又有必然联系。因此，在实际工作中，分析人员常常将两者配合使用，由数理统计入手，然后进行高度科学抽象的定性描述，使整个分析过程由宏观到微观，逐步深入进行。随着信息技术的迅猛发展、计算机与网络的普及，图表分析方法因其具有直观生动、简洁明了、通俗易懂和便于比较等特点而被专利信息分析人员广泛采用。

专利信息的定性分析是指通过对专利文献的内在特征，即对专利技术内容进行归纳和演绎、分析与综合以及抽象与概括等，了解和分析某一技术发展状况的方法。具体地说，根据专利文献提供的技术主题、专利国别、专利发明人、专利受让人、专利分类号、专利申请日、专利授权日、专利引证文献等技术内容，广泛进行专利信息搜集，同时对收集的专利文献（说明书）内容进行阅读、摘记等，在此基础上，进一步对这些信息进行分类、比较和分析等加工整理，形成有机的信息集合，进而有重点地研究那些有代表性、关键性、典型性的专利文献，最终找出专利信息之间内在的甚至是潜在的相互关系，从而形成一个比较完整的专利情报链。常见的定性分析方法包括专利技术定性描述分析和专利文献的对比研究分析。

专利信息的定量分析是研究专利文献的重要方法之一，它是建立在数学、统计学、运筹学、计量学、计算机等学科的基础之上，通过数学模型的图表等方式，从不同角度研究专利文献中所记载的技术、法律和经济等信息。定量分析方法是在大量专利信息加工整理的基础上，对专利信息中的专利分类、申请人、发明人、申请人所在国家、专利引文等某些特征进行科学计量，从中提取有用的信息，并将个别零碎的信息转化成系统的、完整的、有价值的情报。这种分析方法能提高专利信息质量，可以很好地分析和预测技术发展趋势，科学地反映发明创造所具有的技术水平和商业价值，同时科学地评估某一国家或地区的技术研究与发展重点，用量化的形式揭示该国家或地区在某一技术领域中的实力，从而可以获得市场热点及技术竞争领域等经济信息，监视潜在的竞争对手，判断竞争对手的技术开发动态，监视相关产品、技术和竞争策略等方面的信息。

专利拟定量分析通常由数理统计入手，然后进行全面、系统的技术分类和比较研究，再进行有针对性的量化分析，最后进行科学抽象的定性描述，使整个分析过程由宏观到微观，逐步深入进行。专利信息分析中比较常见的拟定量分析方法有专利引文分析方法和专利数据挖掘方法等，它们是对专利信息进行深层次分析的方法。

图表分析是信息加工、整理的一种处理方法和信息分析结果的表达形式。它既是信息整理的一种手段，也是信息整理的一种结果，具有直观生动、简明、通俗易懂和便于比较等特点。随着信息技术的迅猛发展、计算机与网络的普及，图表分析方法被信息分析人员普遍采用。在专利信息分析中，图表分析方法伴随着定性分析和定量分析被广泛应用。在定性或定量分析时，被分析的原始专利数据采用定性或定量方法进行加工、处理，并将分析结果制作成相应的图表。专利信息分析中常见的定性分析图表有：清单图、矩阵表、组分图、技术发展图、问题与解决方案；常见的定量分析图表有：排序表、散点图、数量图、技术发展图、关联图、雷达图以及引文数等。

2.6.4 专利法律状态检索结果分析

如前所述，在专利技术转移中，专利法律状态和同族专利分析尤为重要，以下就对专利法律状态和同族专利分析作详细的介绍。

专利法律状态检索结果表是记录所检索的专利的法律状态的汇总表格，一般包括：序号、申请号、专利（文献）号、专利状态、申请日期、授权日期、已失效日期、未来终止日期，以及附以简要说明的备注，如表2—4所示。

表2—4 专利法律状态检索结果表

序号	申请号	专利（文献）号	专利状态	申请日期	授权日期	已失效日期	未来终止日期	备注
1	××××××	××××××××	有效	×××.××	×××.××	×××.××	×××.××	
2	××××××	××××××××	失效	×××.××	×××.××	×××.××	×××.××	未缴费

当检索者将需技术转移的专利技术一一经过检索后，利用该表格一一填入，受让者对上述专利的法律状态就会非常清晰，包括该专利终止的原

因，以及还有多久即将终止，对受让者掌握技术转移谈判的主动权大有裨益。

2.6.5 同族专利分析

除上述表格，检索者还可以利用同族专利解析表记录需技术转移的专利技术的同族专利情况，该表如表2-5所示：

表2-5 同族专利解析表

序号	专利申请项					专利文献公布项			专利族解析项		
	国家	申请号	申请日	主标识	辅助标识	公布号	公布日	标识	优先权	其他关系	简要说明
1											
2											
3											
4											
5											
6											
7											
8											
9											
10											
结论	专利申请数量					专利族成员数量			专利族种类		

注:
专利申请项"主标识"：A——专利申请，P——优先权。
专利申请项"辅助标识"：Div——分案申请，Con——继续申请，Cip——部分继续申请，Rei——再颁专利，Ree——再审查专利，Add——增补或补充专利，Des——指定国，Pri——临时申请，Npr——正式申请，Ded——香港标准专利的指定局。
专利文献公布项"标识"：D——专利或专利申请公告（专利文献）。

专利族解析表包括下列表项：（1）专利申请项，包括：国家、申请号、申请日、主标识、辅助标识；（2）专利文献公布项，包括：公布号、公布日、标识；（3）专利族解析项，包括：优先权、其他关系、简要说明；（4）结论，包括：专利申请数量、专利族成员数量、专利族种类。

通过该表格，可以对专利族状态一目了然，帮助技术转移的受让方更好地了解受让技术的真实信息。

2.7　专利技术转移中的相关评估

2.7.1　专利技术评估在专利技术转移中的作用及内容

2.7.1.1　在专利技术转移中评估的概念及其必要性

专利技术以其独特的新颖性、实用性为企业带来无穷的财富，有了专利技术通常就有了巨大的市场，在国内不断重视专利权的大环境下，企业要想在激烈的市场竞争中分得一杯羹，往往是通过专利技术的获得和实施而实现的。专利技术在转移过程中如何知晓其具体的价值，从而顺利完成专利技术转移的工作呢？专利评估正是为了解决这一问题而产生的。所谓的专利评估就是通过考量影响专利技术价值的各个方面因素，结合一定的量化和计算方法来得到专利技术的价值。专利技术评估可以分成动态和静态两种，由于在静态的情况下无法知晓专利技术未来的实施情况，因此评估的必要性也就没有在转让、许可等动态情况下强。本节所介绍的便是在专利技术转移中的相关评估，即动态情况下的评估。

目前，虽然我国企业愈发重视专利等知识产权在生产经营中的作用，但国内仍然有不少企业在经营活动中不重视专利技术的评估，往往在引进技术或者合作出资设立合资企业时遭遇到外方毫不客气的报价而造成国有资产的重大流失。

【案例3】浙江东宝合资国有资产流失案

【案情简介】浙江省杭州东宝电器集团在1995年与美国制冷公司合资时，美国公司对其进行了资产评估，美方将东宝电器的19件核心专利和品牌仅作价1000万入股。仅仅在1年之后，杭州工商局联合产权评估机构的评估结果却是杭州东宝的19件专利连同其品牌价值1亿元。❶

【评析】由于对专利技术评估的陌生，国内企业包括大型国有企业面对外方的任意开价显得力不从心。东宝电器专利和品牌价值前后的鲜明对比显示出国有资产的巨大流失日益严重，足以见得专利权的评估是不可忽视的一个重要流程，在专利实施、转让的环节中，起着关键的作用。

2.7.1.2　专利技术评估的时机

在专利技术转移的过程中，评估应当列在首要位置，只有明确了对方的家底，才能获得最高的利益，实现自己的战略预期。我国自20世纪90年代开始，不断对国有资产进行评估，以防止企业资产在合资并购中发生流失。除了上述东宝集团案例中在企业合资时进行评估外，还有以下几种情形的专利评估。

（1）在专利贸易中的转让或者许可时

在企业引进技术时，专利的价值评估显得尤为重要，根据企业知识产权的战略，拥有专利的一方会想尽办法将专利的价值以最高的价钱卖出，这时就可以通过科学的评估方法，结合大量的法律因素来对其专利进行"砍价"，达到收购或被许可的目的。

（2）在企业的合并或者建立合资企业一方以专利权出资时

根据我国《专利法》的规定，企业可以以 20％的无形资产作为出资设立企业，而新的《公司法》将 20％的限度放宽到 70％[1]，将有更多的专利权作为设立公司的出资，而此时对专利的评估就和公司设立时对有形资产的评估一样显得十分重要。

（3）对无形财产设立质权时

企业在设立的时候可以以专利作为出资，而我国的《担保法》规定，可以对无形财产设立质权；我国的《破产法》又规定，无形资产在破产清算的程序中也一并进行清算，因此专利权可以作为无形资产的一部分进行质押和清偿。因此，专利的评估是一个必要程序，如同破产清偿程序的破产财产清算一样重要。

（4）专利侵权案件中计算赔偿数额时

随着企业对专利的依赖程度越来越高，知识产权的侵权案件也愈发增多。我们知道，诉讼法中有诉讼标的的概念，其在实践操作当中就是指诉讼中标的物的价值和应当赔付的价格。诉讼是为了获得这种赔偿，来挽回自己的合法权益上的损失，因此，对诉讼中专利的价值作出评估对诉讼案件的结果起到至关重要的作用。[2]

（5）上市公司进行业绩评估时

大型企业在流通市场上的上市效益，对企业的生存起着关键的作用。上市公司的股份价值是通过企业业绩体现的，而在报表中对企业业绩影响最为广泛的还是企业的价值所在。在大型企业中，企业的价值体现更多在于其持有专利的价值，对专利进行评估得到一个符合企业业绩的价值是对企

---

[1] 我国《公司法》第 27 条：股东可以用货币出资，也可以用实物、知识产权、土地使用权等可以用货币估价并可以依法转让的非货币财产作价出资；另外第 27 条还规定：全体股东的货币出资不得低于有限责任公司注册资本的 30％。两个条款暗示了股东可以以 70％的非货币财产包伙专利权作为出资。

[2] 郑成思. 知识产权论［M］. 3 版. 北京：法律出版社，2005.

业上市效益最大的帮助。❶

除了上述 5 种情形下发生专利评估外，在专利权证券化、资本化等情况下也将发生专利的评估，而在专利权证券化研究中，专利的评估始终是一个悬而未决的大问题。

2.7.1.3　专利技术转移中评估的内容和原则

（1）专利技术评估的内容

专利技术的评估是一项复杂和系统的工程，技术的成熟度、生命周期等是考量技术好坏的因素，而技术在取得专利后，作为无形资产具有经济上的重大利益，在取得利益的同时也面临着一系列的法律风险，三者是相互作用和联系的，又是不尽相同的，均对技术的价值起着关键的作用。而评判和估算技术的优劣、经济价值的多寡、法律上的风险则构成了专利技术转移中评估的内容。

（2）专利技术评估的原则

首先，专利技术作为在专利权保护下的技术，在评估时技术方面的考量是必要的，也是应当放在首要位置上的。技术是结合生产实际进行开发研究，得出新方法、新产品、新材料、新工艺，通过新技术的应用，企业能够获得额外的利润。因此评估专利技术首先是对技术本身优劣的一个综合考查，以决定引进该技术的企业是否能够使用该技术、是否具有相应的能力实施该技术、该技术能否被用于企业特定环境下的经营中去。如果一项技术能够给企业带来巨大变化和利润，但企业并不具备能力实施，那么，评估该专利技术的价值是没有意义的。因此，技术因素是我们评估的源头，是专利技术评估中应当坚持的原则之一。

在一些评估者的思维中，专利技术应作为无形资产的一种来进行评估，而现有的评估方法均仅通过专利的技术因素和经济利益来考量专利的价值。不可否认，技术本身和经济利益的各项因素对其转移起着至关重要的作用，但一项技术作为专利权保护之后，专利权作为法定权利同样对其价值起到关键的作用，专利的保护期限、权属情况、许可情况、法律状态都是影响专利价值的因素。如张平等教授发起的飞利浦 DVD/3C 公益诉讼中，飞利浦利用在专利联营中已经无效的专利，通过转让/许可的方式来打击竞争对手，而国内企业并未对这些专利的保护期和法律状态进行评估，从而白白支付了昂贵的专利费用，造成浪费。因此在专利评估时，评估人员应当充分考量专利的法律因素，坚持专利价值法律性原则。

---

❶马敬．国际知识产权贸易中的价值评估问题研究［D］．沈阳：沈阳工业大学，2007．

同样，经济利益是专利技术评估的最根本目的，评估专利技术的经济利益可以使得专利技术交易双方明确掌握该专利技术的经济价值所在，方便交易中的定价和协商。在上面的介绍中，我们知道了专利技术的巨大经济价值，在特定的情况下，实施了专利技术就可能得到大部分的市场份额。因此，经济利益的评估是专利技术评估的终极目标，也是专利评估原则中最重要的一点。

如上所述，专利技术的评估是复杂的、多方面的，往往技术因素可以对该专利的经济利益起到作用，如技术的成熟度不够，将使得企业的实施成本增加以及市场的收益减小；而法律因素也会对经济利益起到重要的作用，如普通许可和独占许可所取得经济利益的不同便反映了这一点。因此，在经济学评估的基础上，充分结合技术因素和法律因素，以经济评估为龙头，以技术价值和法律风险评估为补充，才能使专利技术的评估不至于出现法律上张冠李戴和技术上无本之源的境况。❶

2.7.2 专利评估中的技术因素和技术价值的评估

2.7.2.1 专利技术评估中的技术因素

（1）技术的成熟度因素

技术的成熟度直接影响到技术的实施者对于该技术接受、吸收、改进或者应用，从而决定了该技术受让方承担技术风险的大小。所谓的技术成熟度是指一项技术的完整程度和能够被用于实际的程度。技术可以分成实验室阶段、试验阶段以及市场阶段。在实验室阶段，由于技术刚刚开发，仍然存在着各种问题需要解决，其完整程度最低；在试验阶段的技术已经具备了相应的完整程度，企业或研究机构往往通过试制样品来对该技术中存在的问题进行排摸和矫正，处于该阶段的技术大多也出现在企业专利技术转移的谈判桌上；而处于市场阶段的技术在专利技术交易中就更多了，一项已经用于生产产品的技术由于得到生产和市场的双重检验，其技术中存在的问题已经得到了全面解决，其用于实际的程度也已经相当高了，故该技术的成熟度要大大高于前两者。对于被许可或者受让该技术的企业，该技术成熟度的高低是决定该技术用于实际生产中对产量和销量影响的重要因素，因此是专利评估中技术因素评估的关键。

---

❶笔者认为：专利的技术和法律因素本身就是专利技术价值的参考，而专利价值的最终体现的是专利的经济价值，因此，技术和法律因素直接影响的依然是专利的经济价值，但简单地将这两个因素放在经济学评估中是不可取的，也是无法做到的，只有先通过对技术的优劣程度和法律风险的单独判断，尔后结合专利技术的经济价值，三者综合起来才能全面地看出专利技术的真实价值。

（2）技术的后续开发能力因素

技术的后续开发能力指该技术在研发完成和投入实施后能够被改进的程度。我们知道，在一项技术实施的过程中可能面临着生产上的问题。比如一项单一交流电源的供电技术，起初工厂使用交流电机进行生产，但由于新的直流电机的出现而使生产比原来更容易控制和便捷，因此工厂决定采用新的电机，而新的电机需要有新的电源供电，那么在原有的供电技术上是否能够进行改进就成了该技术面临的问题。而在销售过程中经过市场的考验和筛选，规范了某一产品的喜好趋向，那么应用该技术生产的产品可能面临着需要改进的境况，而此时技术改进的容易程度就决定了企业能够迅速对市场和生产作出应变，从而适应顾客的需求获得更大的利润的能力。如快速存储技术由于市场的需求，企业将快速存储装置和播放模块迅速结合来生产新的视听播放产品 MP3，而 MP3 技术的模块化决定了其朝着MP4、导航、通讯等技术合并发展的先天优势；而日本的 SONY 公司就没有那么幸运，其开发的 WALKMAN 技术由于先进存储设备和 MP3 技术的发展而无用武之地，在 WALKMAN 技术上已经不能够被改进成为更便捷、容量更大的视听播放设备了。可见，技术的后续开发能力因素是决定技术价值的另一关键因素。

（3）技术的生命周期因素

所谓的技术生命周期是指预测该技术能够被应用于市场并保有市场不被新的技术所替代的时间。不同类型的技术拥有不同的技术生命周期，其体现的技术价值也是不尽相同的。如存储技术的发展，起初的数据存储技术只是简单的磁盘，其容量最大不超过 1.44MB，而在短短的几年时间内，存储技术由原先的软盘发展到了现在的 U 盘和移动硬盘，磁盘技术的生命周期就显得如此的短暂；而如电机自动控制技术，由最初的开环控制到现在的闭环、双闭环以及未来的矢量控制技术，经历了 20 世纪整整八九十年的时间，其中闭环技术的生命周期直至今日仍在延续。技术生命周期对一项技术能够被长时间地使用起到关键的作用，有时，在一个企业受让该专利技术仍然在做生产调试准备时，新的替代技术已经出现，造成了巨大的损失，因此技术生命周期因素对于专利技术的技术价值评估起到重要作用。不仅如此，技术生命周期在经济价值的评估中较之其他技术因素的影响起到决定作用，在经济价值的评估当中，不论是从成本的角度还是从预测利益的角度，技术生命周期作为价值的年限，始终贯穿在评估公式当中。

（4）技术的核心程度因素

技术的核心程度是指该项技术在一定的行业竞争环境下处于不可替代的位置的程度，也就是通常所说的垄断地位。一项技术是否处于核心地位对于拥有该技术的企业是至关重要的，特别是该技术处于专利权的保护范围之内。如果一个企业对于某项技术拥有专有的权利，而恰巧该技术又是生产某种产品不可替代的，或者其他替代技术明显要落后于该技术，那么技术的持有人就可以通过昂贵的许可费用或者一定程度的垄断来达到打压竞争对手的目的。一项技术是否核心，在专利技术的转移过程中应当作为买卖双方参考的重要因素，对技术价值的评估起到重要作用。

2.7.2.2 技术价值（优劣）的评估

综合上述四项影响技术优劣的因素，除了成熟度、后续开发能力、生命周期和核心程度外，仍然有被许可实施方的实施能力等因素，由于有些企业存在受让专利后并不急于实施的情况，因此在评估技术价值时可以有取舍地进行参考。

技术价值的评估并非经济价值中采用经济利益或者成本结合生命周期的方式来进行，由于技术价值评估主要是看该技术的优劣程度，从而帮助专利技术交易双方来判断是否作出交易的最后决定，因此，目前的资料显示没有合适的评估公式来进行计算。事实上，我们评估技术价值的目的，并非希望知晓该技术的售价是多少（这可以通过经济价值计算来得到），而只是在最初的阶段中决定是否购买该技术，所以也不需要十分精确的评估公式。本书仅提供一个采用权重比例计算的方案以供读者参考：

设专利技术的技术价值为 J，J 的范围为 $0\sim100\%$[1]，将成熟度、后续开发能力、生命周期和核心程度因素设为 K_1、K_2、K_3、K_4，而各自的权重则为 A_1、A_2、A_3、A_4，得到如下算法：

$$J = A_1 \times K_1 + A_2 \times K_2 + A_3 \times K_3 + A_4 \times K_4$$

而其中的 $A_1 \sim A_4$ 的权重值由交易双方当事人根据各个因素的重要性和影响程度来进行分配；各个 K 的值可以通过专家打分的方式进行评估，如一项电子产品技术的后续开发能力可以根据技术专家对技术的模块化程度、电路的设计、排线的合理性和营销人员根据市场的反馈作出的市场需求和发展趋势的判断进行对比打分来取得。必须指出的是，技术因素多种多样，每一个行业的技术都有不同的要求和环境来影响到上述因素的评判。因此，本书支持通过专家打分评判的手段来对技术价值进行评估。

---

[1] 将技术价值 J 取成 $0\sim100\%$ 的目的是为了显示出该技术的优劣程度是多少，笔者认为只是一个量化了的定性分析，而不是精确的数值。

【案例 4】A 公司变频空调技术价值评估例

【案例简介】A 公司是某国有企业，生产制冷设备，在改革开放之后经历了技术和体制改革，现为国有控股公司，外来资金的涌入也带来了相应的技术人才，在 20 世纪 90 年代中期开始研制拥有自主知识产权的变频系统，以用于改善现有空调的大能耗调速问题。直到 2003 年开发出了自己的空调变频调速器，2006 年投放市场，此时市场上已经有 3 个品牌的空调在销售变频空调，采用的变频技术是 SPWM 的变频技术，而 A 公司开发的技术是基于 SVPWM 而开发的，SVPWM 是 SPWM 技术的改良，采用矢量控制，比 SPWM 的精度更高，但同时产品的价格要略高于 SPWM 技术，目前国内变频的主要方法是 SPWM 技术，采用的是 INTEL 公司的变频专用单片机，软件由各自企业独立编写，因此调速软件也具有一定的知识产权。A 公司目前正在着手研发基于 SVPWM 的改良控制系统，正处于开发阶段。请问若 B 公司在 2006 年要与 A 公司合资，现需要对 A 公司该技术进行单纯的技术评估，技术价值参考值 J 该如何得到？

【评析】首先，技术成熟度因素 K_1 由 A 公司已经将该技术产品投入市场看出，正处于市场阶段，市场阶段一般可以分为技术稳定阶段和技术有待改进阶段或者处于准备占领市场阶段。从案情得知，2006 年已经有 3 家公司的同类空调技术在市场上竞争了，技术已经趋于稳定，因此，技术成熟度可以定为 80％。其次，技术的后续开发能力 K_2 可以从 A 公司的研发能力看出，一点是 A 公司进行改制时的技术人才引进，另外是 A 公司正在着手开发后续的技术；此外，该技术仍然有上升的空间，因为变频空调的使用率并非达到普及，而技术上还有改良的背景存在，因此，后续开发能力可以定为 70％。最后，生命周期一般是以 S 曲线来表述，处于市场阶段的生命周期一般情况下是处于赢利的最高值，其周期也已经走了一半，而市场上生产变频空调的企业仅 3 家，可见发展速率并不是很快，同样，A 公司国有公司的背景决定了在国内和国际发展的实力，因此处于国内市场上来说，生命周期仍然很长，那么生命周期指数可以定为 90％。对于核心程度，可以从案情中得到以下几个因素，A 公司技术处于其他 3 家公司的顶峰，SVPWM 要先进于 SPWM，而 A 公司又在研发的改良技术仍然要领先于其他公司，同时，SVPWM 是 4 个竞争企业中的唯一一个技术，加上各个公司自己独立开发的软件来运行这个系统，软件在该系统中的技术含量也高，因此，技术核心程度因素可以定为 80％。A 企业国有企业的身份决定了其立足本国市场的策略，假设该公司的领导层决定以技术持续时间为龙头，力争技术的使用能够长远，那么后续开发能力和生命周期所占比重就大了，假设后续开发能力比重 A_2 为 40%，生命周期比重为 40%，而其他两个均为 10%，那么 $J=80\%$，可见 B 公司对于该技术抱有很大信心。

2.7.3　专利评估中的法律风险因素

根据对现有经济学评估方式缺点的分析和对评估法律性原则的遵循，评估专利时应当充分考虑专利法律规定中的各个因素，结合这些因素来避免单纯经济价值评估造成的纰漏。从我国《专利法》的立法布局上可以看出，专利的申请、审查、期限和无效以及专利权的保护几大块中，无论是申请审查，还是总则中的权利归属，都存在着影响专利存在和价值的因素，从而对评估造成影响。本书将从以下几大方面讨论法律风险因素的影响。

2.7.3.1　专利申请阶段的因素

根据《专利法》第 10 条的规定，申请人转让专利申请权的，当事人应当订立书面合同，并向国务院专利行政部门登记，由国务院专利行政部门予以公告。专利申请权转让自登记之日起生效。中国单位或者个人向外国人、外国企业或外国其他组织转让专利申请权的，应当依照有关法律、行政法规的规定办理手续。由此可知，专利申请权也是可以转让和许可实施的，那么同样也就可以对专利申请权进行评估。在技术被专利权保护之前，技术拥有人往往采用商业秘密进行保护，而商业秘密的性质决定了其长期的、不公开的和必须采取必要保密手段来保护的特性。本节不讨论商业秘密的价值评估，因为在商业秘密的评估中，一般只能通过技术因素来进行必要的评估，而常常不涉及待申请专利的技术申请风险的评估，在此仅对技术申请专利过程中的专利申请权评估进行讨论。

专利申请权并非申请专利的权利，而是类似于授予专利后对技术实施、许可，转让等一系列的"先专利"权益，也是受到专利法保护的，❶但是由于在专利的申请过程中存在着大量的风险因素而使其价值大大不如专利权。

（1）专利申请时间上的风险

如果有两个行业的企业都在开发一件专利，《专利法》规定的是按照先申请的原则确定申请日，只要存在竞争就一定会存在先申请的风险，如果技术被人先申请了专利，那么根据专利法保护权利人专有性的原则，他人除

---

❶ 吴伟达. 专利权与专利申请权比较研究［J］. 电大教学，1997（1）：31—33.

了在先使用人能够在原有的范围内制造、使用专利外，技术将得不到其他任何保护，且面临着侵权的诉讼危险。❶另外，《专利法》规定，在国外首次申请专利，发明专利或者实用新型 12 个月内和外观设计 6 个月内可以在国内享有优先权，也就意味着如果竞争对手在国外申请了该专利而取得了优先权，那么自己专利申请的风险将大大的增加，此时，评估的价值可能仅仅就是在先使用范围之内的价值了。

（2）程序上的完整性风险

《专利法》明确规定了申请专利应当提交的各种文件，而在《专利法实施细则》中也规定了初步审查时对申请文件中的请求书、说明书等进行格式上的审查，对于不符合要求的文件会予以指正重改，但超过日期则不予受理。如果待评估的专利并非专业代理人完成，而又不关注其受理的情况，就存在着不被受理的危险，专利技术的价值也会因得不到专利法保护的原因而造成影响。

（3）审查上的风险

一项发明专利的申请经过初步审查公开后，在 18 个月内再由申请人提出实质审查。实质审查的要件是"三性"——新颖性、创造性和实用性。对于不符合这"三性"的技术，专利局将不授予专利。所谓的新颖性是指在申请日前没有同样的发明或者实用新型在国内外出版物上公开发表过、在国内公开使用过或者以其他方式让公众知晓。❷如果待评估的专利技术新颖性因上述原因被破坏了，那么其不被授予专利的风险是巨大的，评估的价值也相应变得很低。所谓的创造性从实践角度可以归纳为待评估的技术为开拓性发明、发明解决了长久的技术难题、发明克服了技术上的局限、取得了意想不到的效果。如果待评估的专利申请权对应的技术没有以上这些特点，也就失去了专利保护的资格，因而价值也会降低。同样，实用性是指发明或实用新型能够被制造，有具体的实施方案为依据，要有再现性，符合自然规律。待评估的技术只有符合了这个要求才能获得保护，实现其专有价值。因此，专利申请权评估中应当考虑审查中的"三性"风险，"三

❶参见《专利法》第 29 条：申请人自发明或者实用新型在外国第一次提出专利申请之日起 12 个月内，或者自外观设计在外国第一次提出专利申请之日起 6 个月内，又在中国就相同主题提出专利申请的，依照该外国同中国签订的协议或者共同参加的国际条约，或者依照相互承认的优先权的原则，可以享有优先权。申请人自发明或实用新型在中国第一次提出专利申请之日起 12 个月内，又向国务院专利行政部门就相同主题提出申请的，可以享有优先权。

❷郑成思. 知识产权法［M］. 2 版. 北京：法律出版社，2003；汤宗瞬. 专利法教程［M］. 3 版. 北京：法律出版社，2003.

性"在申请专利中起关键作用，而在评估中对专利的价值可能因为丧失了专有权而大大降低。

2.7.3.2 专利权利属性因素

专利权依照民法的规定属于私权，权利人可以对其进行占有、使用、收益和处分，而私权的主体是人，权利必须依附于权利主体才能行使权益。因此，在专利评估时应当充分考虑到专利的主体。以下是几个对专利价值产生影响的主体因素。

（1）主体适格因素

专利权的主体是专利权人，而依照我国《专利法》第 6 条第 1 款的规定："执行本单位的任务或者主要是利用本单位的物质技术条件所完成的发明创造为职务发明创造。职务发明创造申请专利的权利属于该单位；申请被批准后，该单位为专利权人。"从《专利法》第 6 条看出，职务发明的权利人是单位，而在转让或者许可当中，待评估的专利要认真审查清楚其来源，是否是职务发明，如果存在授权主体不明将要面临着侵权的风险，那么专利评估出的价值也就相应的降低了。❶

（2）共同共有因素

专利有时会属于两个或两个以上的人（单位）共同共有。这种情况的产生是由于合作发明、委托开发后的共同所有人、继承后的共同所有人以及转让给两个或两个以上共同所有人。在权利的行使上，共同共有比单独占有专利权有更多的限制，特别在转让和许可的过程中，我国法律规定共有人之一与第三人签订专利实施许可合同，应当取得其他共有人同意，而转让中也应当征求其他人同意。❷待评估的专利如果是共同共有，而又是其中一人单独许可，则可能面临着其他人不同意致使转让被撤销从而被告侵权的风险，在专利转让评估当中应当充分考虑，否则将对专利实施价值产生重大影响。

2.7.3.3 专利特性因素

专利权作为知识产权的一种拥有专有性、无形性的特点，对其价值评估存在着重大影响，而专利权同时也具有时间性和地域性的特征，不论是我国《专利法》，还是 TRIPS 中，这两个特征本身都是对专利权专有性的限制，在专利评估的时候价值自然会受到影响。

---

❶吴汉东，等．知识产权的转移问题［S］//知识产权基本问题研究．北京：中国人民大学出版社，2005.
❷陈震．从专利共有制度看产学合作的风险［D］．上海：华东理工大学，2002.

（1）时间性因素

专利权的时间性表现在权利的期限不会续展，一旦期满或者被宣告无效，权利即告终止，与有形财产的客观物存在权利存在不同，专利权期满后将成为公开的技术，人人均可以加以实施。我国《专利法》规定发明专利的期限是 20 年，而实用新型和外观设计专利是 10 年。在企业专利打击战略当中，中小企业应用过期专利来生产产品，由于过期专利无须支付许可费，其技术成熟度和成本也就降低了，同新技术比，其市场更大、更能吸引消费者，因此对原本专利持有人是一个很大的挑战。此外，专利的时间性在法律和技术上存在着相互交叉的问题，按照先前归纳的评估原则，首先应当按照经济学方法从技术角度计算出专利的价值，然后以法律因素为补充来进行全面的调整，而经济学方法中由于收益法克服了成本法和市场价格法中同类比较的问题，因此采用最多，而收益法中的时间是以剩余时间为计算要件的。此时，究竟采用的是法律保护时间还是技术寿命，是影响评估价值的关键。综上所述，专利的时间性对专利评估起着决定性的作用。

（2）地域性因素

专利权的评估中，地域性因素相当明显，假设一个中国企业只申请了中国专利，而在其他国家没有申请专利，那么可能面临的就是竞争对手在他国的专利壁垒，使企业在海外的效益大打折扣，专利的价值也受到了巨大影响。此外，对于将要进入海外市场的企业评估专利时，应当参考"同族"专利❶的存在，在即将开发的市场范围内拥有"同族"专利越多，那么其发挥专利价值的范围就越大，专利的评估价值也就越高。

2.7.3.4 从属专利因素

所谓的从属专利是指前后有两个专利，后一个专利对前一个专利存在着从属关系，也就意味着为了实施后一专利就必须使用前一专利，否则后一专利就无法得以实施。比如一企业拥有汽车发动机的专利，但在制造该发动机时要用到另外企业关于发动机制造的技术，而该企业拥有该技术的发明专利，因此制造发动机必须要支付给其高昂的专利费。出于竞争的考虑，可能拥有前一专利的企业并不愿意许可给后一专利权人实施。虽然我国法律有强制许可的规定，❷但要取得强制许可必须要符合"后一专利的发

---

❶笔者此处所指的"同族"专利是一个相同的技术在多个国家申请专利的组成一个专利族的情况。

❷参见我国《专利法》第 51 条第 1 款规定：一项取得专利权的发明或者实用新型比前已经取得专利权的发明或者实用新型具有显著经济意义的重大技术进步，其实施又依赖前一发明或者实用新型的实施的，国务院专利行政部门根据后一专利权人的申请，可以给予实施前一发明或者实用新型的强制许可。

明或者实用新型应当比前一专利权的发明或实用新型有显著的经济意义的重大技术进步"的要求，这个条件并非一般专利能够达到的，因此在专利转移的过程中，评估该专利时应当考虑该因素。

2.7.3.5 专利状态因素

所谓的专利状态是待评估的专利许可情况、公开状态和权利要求书的权利要求等综合因素的考虑对专利价值的影响。

（1）专利许可情况因素

专利权是财产权，为了充分发挥其利用价值，专利权和普通财产一样可以发生主体的变更，专利可以被许可实施。有的企业由于自身缺乏实施条件或者因为竞争对手生产能力高而采用许可他人实施其专利的手段来达到竞争目的。专利的许可分为普通许可、独占许可和排他许可，如果在专利许可的评估当中，已经许可给他人的专利是普通许可的话，势必会影响到现在受让方今后的市场和专利应用前景，那么专利的价值也就下降了。而已经被独占许可和排他许可的专利是不能再被许可给他人的，在受让时应当检查其颁发的许可协议等文件，保证其不存在侵权的风险，否则将对实施后的专利价值造成重大影响。另外，关于本次许可是普通、独占还是排他许可，也应当按照被许可人的数量来依次增加专利的评估价值。

（2）技术公开风险因素

我国《专利法》规定申请专利后，发明专利符合《专利法》及其实施细则要求的，自申请之日起满18个月即将该申请予以公布。也就意味着一旦申请了专利，那么专利技术当中的关键技术就随着权利要求书和说明书而公开了，而且任何竞争对手都可以通过国家知识产权局的网站检索到相关专利文献。另外专利申请的要求是使得同行业一般技术人员能够实施，因此，专利文献一旦公开，行业中其他人员就可以得知其技术内容。虽然专利法规定不经授权不能使用，对假冒专利还有刑法的制裁，但是侵权的行为仍然存在，市场上还是充斥着侵权产品。在专利评估时，应当充分考虑这一点，检索其专利的权利要求书和说明书，分析其被侵权的可能和市场的实际情况，按照侵权风险的等级予以评估。另外，也存在着技术为他人修改后申请专利的情况，我国《专利法》对实用新型的要求要低于发明专利，其审查也没有发明专利申请的18个月公开和实质审查，因此在专利评估中也应当考虑到以上情况，依照级别予以评估。

（3）权利要求书之权利要求因素

在撰写权利要求书的时候，由于许多企业没有通过专业的专利代理人来完成，因此发明人来撰写权利要求时会出现法律上的空隙，给将来的侵权造成可能。比如一项控制系统专利的权利要求中将 SPWM（电气自动化专业中的脉宽调制）应用于电源的逆变和空调的变频上，写成了 SPWM 技术可以被应用于空调的变频上，这样该权利要求就失去了价值，他人若用于空调变频上，由于权利要求中该项是非必要的特征而不构成侵权，这样专利的整体价值将因权利要求不明而大打折扣。因此，在专利评估时，应当请技术专家对有关技术的成果和权利要求书进行对比，来考查权利要求的完备性。

2.7.3.6　专利评估的法制环境因素

法制环境对专利技术的风险具有直接的影响，在评估当中，会涉及侵权风险、专利申请中的风险等一系列的因素，而法制环境往往是这些因素的催化剂。一个没有良好专利保护的国家和地区，专利被侵权的几率就高，这并非是专利本身的保护性差所引起的，因此会影响到专利评估的价值。法制环境越健全的国家，专利权的价值在该国也就越高，反之越低。[1]在这个问题上，地区的专利政策、立法的完备性、专利案件成功处理的比例、侵权案件发生的频次等都可作为法制环境参考的子因素。

2.7.3.7　法律风险因素的评估

同技术价值的评估一样，法律风险因素不能简单通过公式来得到，也不可能同经济评估公式结合在一起来得到。本节仅对法律风险因素提出一个方案以供参考：

设总的法律风险因素为 F，专利申请因素为 K_1，（在 K_1 中包含以下子因素：优先权因素 K_{11}、文书完整性因素 K_{12}、三性因素 K_{13}）；权属因素为 K_2；地域性因素为 K_3；从属专利因素为 K_4（在 K_4 中包含以下子因素：专利权人许可意向因素 K_{41}、强制许可符合程度因素 K_{42}）；专利许可情况因素 K_5（其中包含以下子因素：已对外许可状态因素 K_{51}、被许可人市场占有因素 K_{52}）；技术公开风险因素 K_6；权利要求完整因素 K_7；法制环境指数 K_8（其中包含以下子因素：参加国际条约因素 K_{81}、立法完备指数 K_{82}、专利案件司法成功案件比例 K_{83}、专利侵权比例因素 K_{84}）。根据不同评估场合的需求，其中各个指数可以进行取舍，也可以增加相应的因素，而各个指数通过实际的需要来分配权重比例，最终得到总的法律因素 F。

设备因素的权重为 A（A_1、A_2、A_3……A_8），则：

[1] 孔祥俊，等. WTO 规则与中国知识产权法［M］. 北京：清华大学出版社，2003.

$$F = A_1 \times K_1 + A_2 \times K_2 + \cdots + A_7 \times K_7 + A_8 \times K_8$$
$$= [A] \times [K]$$

其中 $[A]$ 为权重矩阵，$[K]$ 为法律因素矩阵。

2.7.4　专利技术的经济价值评估

根据以上的介绍，我们已经知道，技术价值、法律风险因素和经济价值是评估专利技术的 3 个不同的方面，评估人员通过对这 3 个方面进行评估分析得到总体专利技术价值，供交易双方参考。而其中技术价值和法律风险因素最终影响的仍然是经济价值，经济价值作为最为直观的价格指标给交易双方提供了清晰的依据，使交易得以顺利进行。因此，经济价值的评估显得尤为重要。

2.7.4.1　重置成本法

（1）重置成本法的概念和计算公式

在资产评估中，必要的劳动时间和所花费的其他成本共同决定了资产的价值，重置成本法就是在评估资产中按现时重置成本扣除其各项损耗的价值来确定被评估资产价值的方法。简而言之，重置成本法是通过估算被评估资产的现在成本为其价值。重置成本法原本被广泛应用于有形资产的评估，而对于专利技术等无形资产从 20 世纪 90 年代起也有应用。其基本的计算公式如下：

专利技术的价值 ＝ 专利技术重置成本×成新率

其中成新率指的是专利技术的现在价值与其全新状态重置价值的比率，在一项技术的实施应用过程中，技术的成熟度的改变、生命周期的临近、企业自身技术条件的改变均是对重新实现该技术之重置成本的重要影响因素，评估人员综合这些因素来得到成新率。

如根据技术寿命来确定成新率，则公式如下：

成新率 ＝ 剩余技术寿命/总生命周期×100%

（2）重置成本法的缺点

首先，从评估公式中可以看出，重置成本法需要将该专利技术的开发成本按照现在的价格再进行统计，这是一个复杂的过程，往往研究的成本、材料的成本和人员的报酬等因市场价格的不断变化而产生了很大的浮动，评估出的价值会与原有的成本产生较大的偏差。其次，根据成本来确定评估对象的价值，在有形资产中花费就相当于价值，而无形资产中的必要劳动时间也构成相应的价值，但唯独专利技术等具有知识产权性质的评估对象，其中的智慧和独创性成果往往并非需要很大的成本，如专利技术中的外观设计专利，设计一个图形和颜色结合用于工业产品上的外观设计，也许花费的仅仅是设计人员的设计时间，而并未有其他成本，那么此时，根据重置成本法按照成本定价值的理论，其价值只有设计时间上的成本（如设计人员的报酬，而如果权利人自己的设计，则连报酬成本都不计了），计算出的价值可能很低，但是现实中的外观设计可能带来的是巨大的商业利润。因此，重置成本法往往不能够适应专利技术的经济价值评估。

2.7.4.2 现行市价法

（1）现行市价法概念与计算公式

现行市价法的主要原理是通过市场上类似技术的经济价值进行比较，根据市场上已交易的类似技术的价格来确定专利技术的价格。具体的评估公式如下：

专利技术的价值＝相似技术在同类市场上的价格×（1 － 折旧率）

其中折旧率根据技术的生命周期等因素由评估人员进行计算得到。

（2）现行市价法的缺点

根据现行市价法的原理，需要对市场上已经进行交易的技术进行比较后以该技术价格参考得到，其准确率值得怀疑。首先，相类似的技术的定位需要专业技术人员来进行，而如果存在相似技术但技术拥有人采用商业秘密等手法进行保护，则该技术的具体情况无法得知；另外，倘若将待评估的专利技术以生产的产品方式进行比较，则他人的产品当中含有的商业信誉、商标等其他知识产权可能混在其中了。因此，笔者认为现行市价法的应用空间非常有限，在进行专利技术经济价值的评估时不适合采用。

2.7.4.3 现值收益法

（1）现值收益法的概念和计算公式

现值收益法是指通过估算被评估的专利技术未来预期的收益并折合成现在的价值的评估方法。该方法所确定的价值，是为了获得专利技术预期收益的权利所应当支付的价格额度。由于现值收益法是直接通过收益来进行计算的，因此，对于专利技术交易中主要以该技术实施后得到利润为目的的评估是非常适合的。其基本的公式是：

$$专利技术的价值 = \sum_{i}^{n} \frac{R_i}{(1+r)^i}$$

其中 R_i 为未来第 i 年的预期收益，n 为该专利技术收益期限，r 为折现率。

折现率是指作为一个时间上预期的概念，对于将来所取得的收益折合到现在价值的比例。在资产评估中，预期价值的折现是作为一个运算过程体现的，把一个特定比率应用于一个预期的收益流，从而确定当前的价值。评估人员需要通过社会、行业、企业、被评估的专利技术进行综合分析，因对象不同而确定。

收益的总期限是确定一个专利技术价值能维持多久的定量指标。在非专利技术中，收益的期限为该技术的生命周期，而在专利技术中保护期的存在对收益期限有着重大的干扰。具体可以分为：保护期未到，而生命周期已经达到，则该专利技术的实际收益期为生命周期；保护期远小于生命周期，则收益期限不仅局限于保护期内，如果存在商标等其他知识产权的作用，该专利技术依然能够在生命周期内产生相应的收益。这种情况下应当这样评估：

设转让中的剩余时间为 T，专利保护期限为 t_1，技术生命周期为 t_2，年收益为 R

①当 $t_1>t_2$ 时，$T=t_2$，$R=$专利权预期收益；

②当 $t_1<t_2$ 时，$T=t_2$，$R=$专利权预期收益（当 $T\leqslant t_1$ 时），$R=$他人介入竞争后的预期收益。

对于他人介入后的收益，评估人员需要对该技术容易掌握程度、当前和预期的市场份额等来综合评判。

在计算公式中，收益 R 的确定应当如何进行，对评估专利技术起到关键的作用。专利技术交易中，买方实施该专利的目的可以分为减少生产成本和增加产品销量，两种情况下的收益确定是不相同的：

① 降低成本为目的的专利技术预期收益

$$R=((Q_1-Q_2)\times N)\times(1-T)$$

其中：

R 为预期的每年收益额；

Q_2 为使用该技术后的生产成本；

Q_1 为不使用该技术的生产成本；

T 为应当交纳的税率；

N 为该产品的销量。

② 增加产品销量为目的的专利技术预期收益

$$R=((P_2-P_1)\times N)\times(1-T)$$

其中：

R 为预期的每年收益额；

P_2 为使用该专利技术后的利润；

P_1 为不使用该专利技术的利润；

T 为应当缴纳的税率；

N 为该产品的销量。

（2）现值收益法的缺点

基于现值收益法的计算公式，需要通过确定其中的收益额、生命周期和折现率三大要素才能评估出专利技术的经济价值，其中收益额中的销量等因素随着市场的变化而变化，可能存在着市场和法律的风险，比如该专利技术的新颖性、创造性不强而被竞争对手通过行政部门的复审宣告无效，那么该技术没有了法律专有权的保护，经济价值打了折扣。

【案例5】现值收益法实例

【案情简介】某一生产小型机械的企业，在1993年研究开发了一项新产品，该项新产品以一项专利技术为依托，该项专利技术于同年申请并于1995年获得发明专利权。该项专利产品1995年正式投产，它的生产打破了国际垄断，其产品质量达到同类产品的国际水平，连续多年获得国内消费者评比冠军。该企业经几年生产经营后，因买方要求欲将专利权经评估后转让，该专利权受让方是该专利产品的销售大户，市场前景十分看好。但转让企业的市场前景并不乐观，该企业从1995年起至2002年的销售收入、产品销售利润、管理费用、净利润的数据如表2—6所示：

表 2—6 单位：万元

年份	销售收入	产品销售利润	管理费用	净利（或亏损）
1995	129	34	17	15
1996	205	59	39	18
1997	540	214	60	152
1998	600	170	104	55
1999	459	143	132	10
2000	290	109	102	5
2001	160	69	67	0.5
2002	82	32	70	—40

【评析】实践中，收益的计算并不以使用专利技术与不用专利技术时的收益相减得到纯专利技术的收益价值，往往买方只关心将来所能够得到的利润是多少，因此，计算收益时直接将预期的收益包括在内即可。从上述

案例得知，该企业从 1995 年开始到 1998 年销售收入节节上升，但从 1999 年开始销售收入直线下降。究其原因有这样几个：一是该企业的专利产品从 1998 年起受到仿冒产品低价销售的影响，二是该专利产品销售大户（即现在受让方）从国外进口同类产品加工、销售，三是整个行业从 1998 年起至今处于低谷。在这几年效益不佳的情况下，该企业只能出售该专利权。如评估采用第一种假设，即按转让专利权方的目前生产销售条件、继续经营情况下来评估，其专利权评估值只有几十万，这显然不符合该项专利权的实际价值。如评估时采用第二种假设，即按专利权受让方的生产销售的情况来加以预测，则评估值可达千万元以上。在实践中，我们认为既不能按照转让方目前经营状况来预测今后的销售收入和利润，进而再来计算评估值，这样做，对转让方不公允；也不能按受让方的销售垄断地位来预测，因为这种销售旺势并不是该专利产品带来的，而是由受让专利权方的以往经营获得的商誉带来的，如以此作为评估前提，对受让方也是不公允的。具体操作时我们对转让方以往 8 年的销售收入作了分析，可以看到从 1995 年起至 1998 年销售收入节节上升，1999 年开始下降是外界不正常因素引起的，应予排除。再从净利润看，尽管 1998 年的销售额是最高的，但净利润只有 55 万元，比上年下降近 100 万元，究其原因是成本、管理费用的增幅不正常。经比较分析发现是由于该企业开发其他新产品，将生产其他新产品的成本纳入这项专利权产品成本，其研发费用列入管理费用，使其利润大幅度下降，排除这些不正常的因素，将 1998 年净利润调整为 160 万元，1999 年及以后各年的利润也按同行业增长的平均趋势加以预测，重新得出 1995 年至 2002 年的净利润如表 2—7 所示：

表 2—7

年份	1995	1996	1997	1998	1999	2000	2001	2002
净利润（万元）	15	18	152	180	207	238	274	315

最后以 2002 年净利 315 万为基准保持不变，来预测 2003 年至 2012 年这 11 年可获净利，并折现，采用一定分成率得出了该专利权价值为 500 多万，对于这一评估值交易双方均能接受。由以上案例，可以看到采用转让方目前经营的预期利润假设及采用受让方经营的预期利润假设都是不可取的，只有按正常经营的预期利润来预测才是可信的，才能为交易双方所接受。而这个正常经营、正常销售状况可以通过将专利权转让方正常销售年

份的销售收入，按行业平均增长率来预测以后几年的销售收入，并注意剔除一些无关因素来模拟。

本章思考与练习

1. 检索前的准备工作有哪些？
2. 什么是同族专利？
3. 专利法律状态检索对专利技术转移的作用是什么？
4. 专利信息的定量分析方法具体是指什么？
5. 试举例说明专利评估的时机。
6. 简述专利评估的内容和原则。
7. 简述专利评估的技术因素及技术价值评估公式。
8. 试举例说明专利评估法律因素的考量及其评估公式。
9. 简述专利技术经济价值的评估方法。
10. 比较各评估方法的优缺点。

第三章　技术开发合同与专利技术转移

本章学习要点

1. 技术开发合同的概念。
2. 委托开发合同的相关法律规定和主要条款。
3. 合作开发合同的相关法律规定和主要条款。
4. 职务发明创造的概念、界定。
5. 技术开发风险责任及其防范。

3.1　技术开发合同概论

3.1.1　技术开发合同

技术开发合同是技术合同中的一大类，是指当事人之间就新的研究开发项目所订立的合同。技术开发合同的标的，即履行合同进行研究开发所研发的新技术成果。我国《合同法》规定，技术开发合同以当事人权利、义务关系的不同特点，可分为委托开发合同和合作开发合同。两者的区别是：当事人进行研究开发的方式不同，合作开发合同是当事人共同参加并进行实质性研究开发工作，而委托开发合同是一方进行物质投资，并不参与合同中的新技术成果的实质性研究开发工作，或只是参与研究开发的协助性或辅助性工作。

根据科技部《2006年全国技术市场统计分析报告》，技术开发合同成交总量仍位居四类合同之首。2006年，技术开发合同成交额为717.1亿元，比上年增长了25.9%，在各类合同中所占份额也超过去年，达39.4%；以重点工程、重大专项、计算机网络服务为主的技术服务合同增长显著，增幅达32.0%，成交总额居第二位，为695.1亿元；单一的专利许可、技术转让合同成交金额略有下降，为321.3亿元，降幅为10.7%，平均每份技术转让合同成交金额较上年大幅提高，达到276.7万元；技术咨询合同成交项数和金额较上年均有不同程度的下降。

技术开发合同当事人的权利义务主要体现在合同条款中，当事人应当根据各自的基本权利、法定义务和特别需要约定合同的主要条款。一般来说，技术开发合同应当具备以下条款：(1) 项目名称；(2) 标的技术内容、形式和要求；(3) 研究开发计划；(4) 研究开发经费或者项目投资的数额及其利用研究开发经费购置的设备；(5) 履行的期限、地点和方式；(6) 技术情报和资料的保密；(7) 风险责任的承担；(8) 技术成果的归属和分享；(9) 验收标准和方法；(10) 报酬的计算和支付方式；(11) 违约金或者损失赔偿额的计算方法；(12) 技术协作和技术指导的内容；(13) 争议的解决办法；(14) 名词和术语的解决。合同条款经当事人确认、签字、盖章后即成立。如果是国家计划的科技项目订立的合同，还应当附有项目计划书、任务书和主管部门的批准文件方为有效。

技术开发合同的标的是新的技术成果，一般包括新技术、新产品、新工艺、新材料及其系统。

在当事人订立技术开发合同时，应当尽可能明确技术开发合同标的的具体内容、提交形式和具体要求，即研究开发出来的新技术成果是什么表现形式、其工业化程度如何以及包括哪些内容等事项，以免在验收技术成果时引起争议。一般说来，技术开发合同的当事人可以约定采取下列一种或者几种方式提交研究开发成果：(1) 产品设计、工艺流程、材料配方和其他图纸、报告等技术文件；(2) 磁带、磁盘、光盘、计算机软件等；(3) 动物或者植物的新品种、微生物菌种；(4) 样机、样品；(5) 成套技术设备等。

一般说来，技术开发合同具有以下重要特征：

(1) 技术开发合同标的的创造性和新颖性。技术开发合同标的是研究开发方依照合同要求，经过创造性劳动而取得。创造性本身表明开发方是在解决尚未解决或尚未完全解决的问题，研究或改进尚不存在或尚不完善的东西，是不断探索、创造的过程。一方面，技术开发合同标的是前人或他人所未知的发明创造项目，就其范围而言，可以是世界范围内的新项目，也可以是全国范围内的首创项目还可以是地区性或行业性的新项目。另一方面，技术开发合同标的是在订立合同时开发方尚未掌握的，须经过艰苦努力和创造性劳动才能获得的新项目。这是技术开发合同不同于其他技术合同的关键所在。

(2) 技术开发合同是双务合同、有偿合同、诺成合同、要式合同。技术开发合同当事人双方均负有一定义务，一方从他方取得利益都须支付相应对价，因此技术开发合同为双务合同、有偿合同。技术开发合同自双方当事人意思表示一致时起即成立，并不以一方当事人义务的实际履行为合同的成立要件，故为诺成合同。技术开发合同为要式合同：因为技术开发合同事关技术成果的研究开发，履行时间长，当事人之间的权利义务关系较复杂，所以《合同法》第 330 条第 3 款要求其须以书面形式。如果当事人之间虽未形成书面合同，但双方对合同关系没有争议或者一方已经履行主要义务，对方接受的，技术开发合同仍然成立。

（3）技术开发合同的高风险性。技术开发合同中的风险，是指在履行技术开发合同过程中，遭遇到现有技术尚无法克服的难关，导致开发工作全部或部分失败。因为技术开发合同的标的是创造性的成果，这种成果的取得本身就具有相当的难度，蕴藏着开发失败的危险，因而技术开发合同具有高风险性。

技术开发合同是就未知技术的开发所订立的合同。需要充分发挥当事人高瞻远瞩的能力。为了订立一个切实可行的技术开发合同，当事人在订立合同前至少应注意如下事项：

（1）订立合同的目的是为了直接将新技术用于生产还是用于科学研究；

（2）研究开发标的是否具体明确；

（3）现已掌握的技术及其改进的可能性；

（4）研究开发的技术是否能与已掌握的技术配套使用；

（5）研究开发的技术希望达到的指标；

（6）从各种信息渠道是否可能获得可以替代的技术；

（7）研究开发所需的资金、设备和人员投入；

（8）委托方的资信水平；

（9）研究开发方的技术水平和开发能力；

（10）技术使用者的技术接受能力和操作水平；

（11）技术开发周期；

（12）研究开发出的技术可能带来的经济收益；

（13）技术开发采取委托开发形式还是合作开发形式；

（14）合同的订立是否需经国家有关部门的批准或需要履行特定的手续；

（15）技术开发合同履行中的特殊要求。

由于技术开发合同本身所具有的高风险、高投资等复杂性，加之订立合同的具体情况千差万别，所需考虑的因素也各不相同。因此，当事人在订立技术开发合同前应尽可能多地收集相关的信息，考虑上述方方面面。

如果涉及的项目技术水平高、开发难度大、资金投入多，还可在订立合同前，就该项目的开发和使用前景、经济效益的分析和评价订立技术咨询合同，进行咨询后再作出决策。

3.1.2 订立技术开发合同的必要准备工作

技术开发一般投资较大，而且具备相当的风险，所以，当事人在订立技术开发合同前，应当尽可能地进行充分的可行性论证，选择最佳的研究开发方案，以减小技术开发中的风险，同时也避免重复研究开发的出现。

（1）在订立技术开发合同时，当事人应进行专利检索，以避免和他人已获得或正在申请的专利技术发生重复。那样的话，所谓的技术开发非但不能获得专利权，而且还有可能引起专利侵权纠纷造成损失。所以，在订立开发合同前进行专利检索是非常必要的。

（2）进行已有的替代技术和公有技术的查询。从企业的角度来讲，进行一项新技术的开发比现有技术转让和实施的风险及投资都要大得多。所以，在订立一项技术开发合同之前，除了进行专利检索以避免专利权纠纷之外，还要关注公有技术、现有技术相关解决方案以及失效的专利技术。

（3）开展技术方案的可行性论证。可行性论证是指在订立技术开发合同前，当事人对各种开发方案的实施可能性、技术先进性、经济合理性以及市场发展前景进行调查研究、分析比较和论证。因为技术开发工作风险大、周期长，为避免研究开发的盲目性，在正式订立合同前，应对研究开发项目进行充分的可行性论证。

3.1.3 技术开发合同的成果归属和分享

在技术开发合同的成果归属和分享的问题上，首先我们要明确"技术成果"一词的范围。对技术成果概念的准确界定，直接涉及相关法律规范的适用。最高人民法院在 2004 年 12 月 16 日公布的《关于审理技术合同纠纷案件适用法律若干问题的解释》（以下简称《解释》）明确了技术成果的一般类型，规定"技术成果，是指利用科学技术知识、信息和经验作出的涉及产品、工艺、材料及其改进等的技术方案，包括专利、专利申请、技术秘密、计算机软件、集成电路布图设计、植物新品种等"。就本质而言，作为技术开发合同标的的技术成果应当是一种技术方案，技术成果和知识产权是两个既有交叉又不能等同的概念。❶

技术成果的归属和分享是指在技术开发合同中所产生的科学发现、发

---

❶汤茂仁．知识产权合同理论与判解研究［S］//对最高人民法院〈关于审理技术合同纠纷案件适用法律若干问题的解释〉的理解与适用［M］．苏州：苏州大学出版社，2005 年．

明创造和其他技术成果归谁所有、如何使用以及由此产生的利益如何分配等问题。当事人应当在合同中就著作权、专利权、技术秘密归谁所有、使用权、转让权如何使用、利益如何分配作出约定，但不得违背法律的规定。《专利法》第8条规定："两个以上单位或者个人合作完成的发明创造、一个单位或者个人接受其他单位或者个人委托所完成的发明创造，除另有协议的以外，申请专利的权利属于完成或者共同完成的单位或者个人；申请被批准后，申请的单位或者个人为专利权人。"

3.2 委托开发合同与专利技术转移

3.2.1 委托开发合同概述

委托开发合同是指一方当事人依照另一方当事人的要求完成约定的研究开发工作，另一方当事人接受研究开发成果并给付报酬的技术开发合同。委托开发合同履行的结果，一方面是委托方取得自己需要的新技术成果，按合同约定取得专利申请权，从而使自己的商品生产经营得到长足发展，取得较好的经济效益和社会效益。另一方面，是研究开发方取得新技术成果的发明权或者按合同约定以及合同未约定取得专利申请权，同时，还得到合理的报酬，从而使自己的科研成就有所增加，科研能力和条件有所提高。再者，新技术成果的产生和利用，对国家和社会都是有利的事。因此，委托开发合同是一种较为常见的技术开发合同。

委托开发合同具有以下特征：

（1）委托开发合同的标的是研究开发方的创造成果；

（2）委托开发合同的标的是订立合同时尚不存在的技术成果；

（3）委托开发合同一般约定由委托人承担风险；

（4）研究开发方以自己的名义、科学技术知识、信息和经验独立从事研究开发。

3.2.2 委托开发合同当事人的权利和义务

在委托开发合同中，委托人的主要义务是按照合同的约定支付研究开发经费和报酬、按照合同约定提供技术资料、原始数据并完成协作事项、按期接受研究开发成果等。研究开发人的主要义务是制订和实施研究开发计划、合理使用研究开发经费、按期完成研究开发工作、交付研究开发成果、提供有关的技术资料和必要的技术指导、帮助委托人掌握研究开发成果。

委托人未按照约定提供技术资料、原始数据或完成协作事项，所提供的技术资料、原始数据或完成协作事项有重大缺陷，导致研究开发工作停滞、延误、失败的，委托人应当承担责任。委托人未提供约定的技术资料、原始数据和协作事项，经催告后在合理期限内仍未提供的，研究开发方有权解除合同，委托人还应当承担因此给研究开发方造成的损失。

> 《合同法》第331条 委托开发合同的委托人应当按照约定支付研究开发经费和报酬；提供技术资料、原始数据；完成协作事项；接受研究开发成果。

在委托开发合同中，研究开发人的主要义务有：按照约定制订和实施研究开发计划；合理使用研究开发经费，按期完成研究开发工作，交付研究开发成果，提供有关的技术资料和必要的技术指导，帮助委托人掌握研究开发成果。另外，当事人还可以在合同中约定研究开发人的其他义务，如提供技术咨询和有关技术发展状况的情报资料，协助制定有关操作、工艺规程等。

研究开发人的权利：

（1）接受委托人支付的研究开发经费和享受科研补贴的权利；

（2）要求委托人补充必要的背景资料和数据（但不得超过履行合同所需要的范围）的权利；

（3）委托人逾期2个月不支付研究开发经费或报酬时，研究开发人有权解除合同；

（4）委托人逾期2个月不提供技术资料、原始数据和协作事项时，研究开发人有权解除合同；

（5）委托人逾期6个月不接受研究开发成果时，研究开发人有处分研究开发成果和请求委托人赔偿损失的权利；

（6）委托人开发所完成的发明创造，除合同另有约定外，研究开发人享有申请专利的权利；

（7）作为合同标的的技术已经由他人公开，致使技术开发合同的履行没有意义，研究开发人也有权解除合同；

（8）开发完成的技术秘密的使用权、转让权以及利益的分配方法，合同没有约定或者约定不明确，按照《合同法》第61条的规定仍不能确定的，研究开发人和委托人一样有权使用或转让。

3.2.3 委托开发合同当事人的违约责任

委托人违反约定，造成研究开发工作停滞、延误或者失败的，应当承担违约责任。委托人的违约责任如下：

（1）委托人迟延支付研究开发经费，造成研究开发工作停滞、延误，研究开发人不承担责任；

（2）委托人未按照合同约定提供技术资料、原始资料和协作事项或者所提供的技术资料、原始数据和协作事项有重大缺陷，导致研究开发工作停滞、延误、失败的，委托人应当承担责任。委托人逾期一定期间不提供技术资料、原始数据和协作事项的，研究开发方有权解除合同，并要求委托人赔偿因此所造成的损失；

（3）委托人逾期一定期间不接受研究开发成果的，研究开发方有权处分研究开发成果，并从处分所得的收益中扣除约定的报酬、违约金及保管费。

研究开发人违反约定，造成研究开发工作停滞、延误或者失败的，应当承担违约责任。研究开发人的违约责任如下：

（1）研究开发人未按计划实施研究开发工作的，委托人有权要求其实施研究开发计划并采取补救措施。研究开发人逾期一定期间不实施开发计划的，委托人有权解除合同，并要求开发人返还研究开发经费，赔偿因此造成的损失；

（2）研究开发人将研究开发经费用于履行合同以外目的的，委托人有权制止并要求其退还相应的经费用于研究开发工作。因此造成研究开发工作停滞、延误或者失败的，研究开发人应当支付违约金或赔偿损失，经委托人催告后，研究开发逾期一定期间未退还经费用于研究开发工作的，委托方有权解除合同；

（3）由于研究开发人的过错，造成研究开发成果不符合合同约定条件的，研究开发人应当支付违约金或者赔偿损失；造成研究开发工作失败的，开发人应当返还部分或者全部研究开发经费，支付违约金或者赔偿损失。

3.2.4 委托开发合同中的技术成果归属

《合同法》第339条规定："委托开发完成的发明创造，除当事人另有约定的以外，申请专利的权利属于（受托的）研究开发人。研究开发人取得专利权的，委托人可以免费实施该专利。"如果"研究开发人转让专利申请权的，委托人享有以同等条件优先受让的权利"。

这里必须强调两点：一点是依照该条规定在专利权归研究开发人的情况下，委托人对该发明创造专利享有的只是一种法定的、不可撤销的、免费使用的普通实施权，这种实施权并不包括委托人向他人转让或者许可他人实施该专利的权利；另一点是研究开发人转让已取得的专利的，委托人并不享有优先受让权。当然如果属于合作开发合同，或者委托开发合同中约定履行合同产生的新的技术成果及其专利申请权、专利权的归属属于双方或单方享有，则按照约定优先的原则，依据合同的约定处理。

【案例1】职介中心与大汉公司委托技术开发合同纠纷案

【案情简介】2005年2月24日，职介中心（甲方）与大汉公司（乙方）签订《技术合同书》，约定由甲方委托乙方开发"山西省职业介绍服务中心网站内容管理系统项目"，合同生效时间自甲方首付款到账之日起计算。合同生效后，乙方给出《项目进度安排表》，包括项目的起始和完工时间及项目实施的地点、方式及计划进度；甲方三日内对《项目进度安排表》进行确认；确认后，乙方根据甲方要求，开始项目实施。如在双方承诺的日期实际工作有所延误，双方均需以书面方式说明理由通知对方，双方认可后签字盖章。合同有效期为1年。该项目款项总计130 900元，甲方应于合同签订后3个工作日内支付乙方30%合同款39 270元，项目安装完成后3个工作日内支付60%合同款78 540元。项目安装试运行1年，试运行期间双方对产品无异议，则对项目进行正式验收，验收合格后3个工作日内甲方支付余款13 090元。所有系统的标准和验收，按《产品说明书》为准。该系统由以下四部分组成：DH01大汉版通BX系统、DH02大汉社区论坛系统、DH03会员管理系统、DH04人才招聘系统。乙方还承诺将根据软件系统用户对象的不同，分别对网站系统管理员和信息维护人员进行培训，从而使系统网站管理员可以独立完成网站系统的日常管理和维护，信息维护人员可以独立进行网站信息组织、编辑和发布工作，乙方还提供相应的技术支持服务。同时，双方达成补充协议一份，约定乙方在上述合同之外免费赠送SUPER－OA办公软件一套，并约定该软件的赠送模式和结果不影响与甲方签订的网站内容管理系统合同的执行。

2005年3月18日，职介中心将30%的合同款39 270元以电汇方式支付给大汉公司。2005年4月21日，大汉公司工作人员刘某某赴职介中心进行项目安装、调试工作。在安装工作期间，大汉公司还对职介中心网站管理各部门信息员进行了培训工作。职介中心负责该项目的工作人员孙某某对《项目出差安排表》《项目安装、调试、服务出差表》《出差日报告》《出差总结表》《大汉网络项目培训反馈表》等签字确认。

2006年2月7日，职介中心发函给大汉公司相关人员于2006年2月13日前继续完成验收工作。2006年2月13日，大汉公司员工王某某赴职介中心进行系统交付、测试，并对系统中出现的问题进行了整改。根据2006年

2 月 16 日王某某出具的测试问题报告单记载，整改的大多数问题属于网页设计美观程度问题，还包括小部分设计功能问题。

2006 年 9 月 6 日，太原市中级人民法院受理职介中心诉大汉公司一般技术合同纠纷一案。职介中心起诉的事实同样为其与大汉公司之间的"山西省职业介绍服务中心网站内容管理系统项目"技术合同履行纠纷。

【法院判决】依照《合同法》第 44 条、第 60 条、第 109 条、第 331 条、第 332 条的规定，法院判决：自判决生效之日起 10 日内，职介中心向大汉公司支付合同款项 78 540 元及 2005 年 5 月 12 日起至实际支付之日止的逾期付款利息，按中国人民银行同期贷款利率计算。案件受理费人民币 3025 元，其他诉讼费人民币 200 元，由职介中心承担。

【评析】瑕疵履行和根本违约的区别

职介中心提出大汉公司在安装工作中存在的瑕疵构成根本违约的主张不能成立。

1. 所谓根本违约是指合同目的根本不能实现，但此案中，已安装的软件系统已实际运行并具备了一定的网站内容管理功能。从一般常识而言，网站存在的瑕疵问题尚不足以影响其基本运行与使用，这些问题及未在 45 天内完成安装属部分履行不当，并不影响系统软件基本功能的实现，同时也可以通过进一步整改加以解决。因此，上述履行瑕疵不足以影响合同根本目的的实现。

2. 职介中心虽然认为大汉公司为其安装的系统与网站从未投入使用，现在所使用的网站是另行请他人设计的，但并未提供相应的证据加以证明。

3. 关于终止交付约定的性质。职介中心虽然认为"交付工作终止"的性质为合同解除，但《技术合同书》对系统的安装、试运行、验收阶段的区分有明确约定，该《备忘录》的主要内容也为确认涉案项目在验收阶段中存在的问题，从整体来看并不涉及合同的权利义务调整变更，亦未对合同解除的相关事项做出任何约定；同时，大汉公司也明确否认双方形成了约定解除合同的含义。据此，结合《备忘录》的内容及当事人的表示意思，《备忘录》中"交付工作终止"的约定不构成《技术合同书》的协议解除，合同的权利义务并未终止。

所以，此案双方间的《技术合同书》属于委托技术开发合同，大汉公司作为研究开发人，应当按照约定期限完成研究开发工作，交付研究开发成果；职介中心作为委托人，应当按照约定期限支付报酬。大汉公司已经完成了《技术合同书》中约定的系统安装工作，并能投入使用，虽然该系统在试运行阶段存在瑕疵，但并不足以导致合同根本目的不能实现。

3.2.5 委托开发合同的典型文本

一、本合同为中华人民共和国科学技术部印制的技术开发（委托）合同示范文本，各技术合同登记机构可推介技术合同当事人参照使用。

二、本合同书适用于一方当事人委托另一方当事人进行新技术、新产品、新工艺、新材料或者新品种及其系统的研发所订立的技术开发合同。

三、签约一方为多个当事人的，可按各自在合同关系中的作用等，在"委托方"、"受托方"项下（增页）分别排列为共同委托人或共同受托人。

四、本合同书未尽事项，可由当事人附页另行约定，并作为本合同的组成部分。

五、当事人使用本合同书时约定无需填写的条款，应在该条款处注明"无"等字样。

技术开发（委托）合同

委托方（甲方）：_____

住　所　地：_____

法定代表人：_____

项目联系人：_____

联系方式

通讯地址：_____

电　　话：_____　　传真：_____

电子信箱：_____

受托方（乙方）：_____

住　所　地：_____

法定代表人：_____

项目联系人：_____

联系方式

通讯地址：_____

电　　话：_____　　传真：_____

电子信箱：_____

本合同甲方委托乙方研究开发____项目，并支付研究开发经费和报酬，乙方接受委托并进行此项研究开发工作。双方经过平等协商，在真实、充分地表达各自意愿的基础上，根据《中华人民共和国合同法》的规定，达成如下协议，并由双方共同恪守。

第一条　本合同研究开发项目的要求如下：

1. 技术目标：＿＿＿＿＿＿＿＿＿＿＿＿＿。

2. 技术内容：＿＿＿＿＿＿＿＿＿＿＿＿＿。

3. 技术方法和路线：＿＿＿＿＿＿＿＿。

第二条　乙方应在本合同生效后＿＿＿日内向甲方提交研究开发计划。研究开发计划应包括以下主要内容：

1. ＿＿＿＿＿＿＿＿＿＿＿＿＿＿＿＿；

2. ＿＿＿＿＿＿＿＿＿＿＿＿＿＿＿＿；

3. ＿＿＿＿＿＿＿＿＿＿＿＿＿＿＿＿；

4. ＿＿＿＿＿＿＿＿＿＿＿＿＿＿＿＿。

第三条　乙方应按下列进度完成研究开发工作：

1. ＿＿＿＿＿＿＿＿＿＿＿＿＿＿＿＿；

2. ＿＿＿＿＿＿＿＿＿＿＿＿＿＿＿＿；

3. ＿＿＿＿＿＿＿＿＿＿＿＿＿＿＿＿；

4. ＿＿＿＿＿＿＿＿＿＿＿＿＿＿＿＿。

第四条　甲方应向乙方提供的技术资料及协作事项如下：

1. 技术资料清单：＿＿＿＿＿＿＿＿＿；

2. 提供时间和方式：＿＿＿＿＿＿＿；

3. 其他协作事项：＿＿＿＿＿＿＿＿＿。

本合同履行完毕后，上述技术资料按以下方式处理：＿＿＿＿＿＿＿＿。

第五条　甲方应按以下方式支付研究开发经费和报酬：

1. 研究开发经费和报酬总额为＿＿＿＿＿＿＿＿＿＿＿＿＿＿＿

其中：（1）＿＿＿＿＿＿＿＿＿＿＿＿＿

　　　　（2）＿＿＿＿＿＿＿＿＿＿＿＿＿

　　　　（3）＿＿＿＿＿＿＿＿＿＿＿＿＿

　　　　（4）＿＿＿＿＿＿＿＿＿＿＿＿＿

2. 研究开发经费由甲方＿＿＿（一次、分期或提成）支付乙方。具体支付方式和时间如下：

　　　　（1）＿＿＿＿＿＿＿＿＿＿＿＿＿＿＿

　　　　（2）＿＿＿＿＿＿＿＿＿＿＿＿＿＿＿

　　　　（3）＿＿＿＿＿＿＿＿＿＿＿＿＿＿＿

　　　　（4）＿＿＿＿＿＿＿＿＿＿＿＿＿＿＿

乙方开户银行名称、地址和账号为：

开户银行：

地址：

账号：

3. 双方确定，甲方以实施研究开发成果所产生的利益提成支付乙方的研究开发经费和报酬的，乙方有权以＿＿＿的方式查阅甲方有关的会计账目。

第六条　本合同的研究开发经费由乙方以＿＿＿＿＿＿＿的方式使用。甲方有权以＿＿＿＿＿＿＿的方式检查乙方进行研究开发工作和使用研究开发经费的情况，但不得妨碍乙方的正常工作。

第七条　本合同的变更必须由双方协商一致，并以书面形式确定。但有下列情形之一的，一方可以向另一方提出变更合同权利与义务的请求，另一方应当在＿＿＿日内予以答复；逾期未予答复的，视为同意。

1. ＿＿＿＿＿＿＿＿＿＿＿＿＿＿＿＿＿＿；

2. ＿＿＿＿＿＿＿＿＿＿＿＿＿＿＿＿＿＿；

3. ＿＿＿＿＿＿＿＿＿＿＿＿＿＿＿＿＿＿；

4. ＿＿＿＿＿＿＿＿＿＿＿＿＿＿＿＿＿＿。

第八条　未经甲方同意，乙方不得将本合同项目部分或全部研究开发工作转让第三人承担。但有下列情况之一的，乙方可以不经甲方同意，将本合同项目部分或全部研究开发工作转让第三人承担：

1. ＿＿＿＿＿＿＿＿＿＿＿＿＿＿＿＿＿＿；

2. ＿＿＿＿＿＿＿＿＿＿＿＿＿＿＿＿＿＿；

3. ＿＿＿＿＿＿＿＿＿＿＿＿＿＿＿＿＿＿；

4. ＿＿＿＿＿＿＿＿＿＿＿＿＿＿＿＿＿＿。

乙方可以转让研究开发工作的具体内容包括：＿＿＿＿＿＿＿＿＿＿＿＿＿＿＿＿＿。

第九条　在本合同履行中，因出现在现有技术水平和条件下难以克服的技术困难，导致研究开发失败或部分失败，并造成一方或双方损失的，双方按如下约定承担风险损失：＿＿＿＿＿＿＿＿＿＿＿。

双方确定，本合同项目的技术风险按＿＿＿＿＿＿的方式认定。认定技术风险的基本内容应当包括技术风险的存在、范围、程度及损失大小等。认定技术风险的基本条件是：

1. 本合同项目在现有技术水平条件下具有足够的难度；

2. 乙方在主观上无过错且经认定研究开发失败为合理的失败。

一方发现技术风险存在并有可能致使研究开发失败或部分失败的情形时，应当在____日内通知另一方并采取适当措施减少损失。逾期未通知并未采取适当措施而致使损失扩大的，应当就扩大的损失承担赔偿责任。

第十条 在本合同履行中，因作为研究开发标的的技术已经由他人公开（包括以专利权方式公开），一方应在____日内通知另一方解除合同。逾期未通知并致使另一方产生损失的，另一方有权要求予以赔偿。

第十一条 双方确定因履行本合同应遵守的保密义务如下：

甲方：

1. 保密内容（包括技术信息和经营信息）：_____。

2. 涉密人员范围：_____。

3. 保密期限：_____。

4. 泄密责任：_____。

乙方：

1. 保密内容（包括技术信息和经营信息）：_____。

2. 涉密人员范围：_____。

3. 保密期限：_____。

4. 泄密责任：_____。

第十二条 乙方应当按以下方式向甲方交付研究开发成果：

1. 研究开发成果交付的形式及数量：_____。

2. 研究开发成果交付的时间及地点：_____。

第十三条 双方确定，按以下标准及方法对乙方完成的研究开发成果进行验收：_____。

第十四条 乙方应当保证其交付给甲方的研究开发成果不侵犯任何第三人的合法权益。如发生第三人指控甲方实施的技术侵权的，乙方应当_____。

第十五条 双方确定，因履行本合同所产生的研究开发成果及其相关知识产权权利归属，按下列第____种方式处理：

1. _____（甲、乙、双）方享有申请专利的权利。

专利权取得后的使用和有关利益分配方式如下：_____。

2. 按技术秘密方式处理。有关使用和转让的权利归属及由此产生的利益按以下约定处理：

（1）技术秘密的转让权：_____。

（2）技术秘密的使用权：_____。

（3）相关利益的分配办法：＿＿＿＿＿＿＿＿＿。

双方对本合同有关的知识产权权利归属特别约定如下：＿＿＿＿＿＿＿＿
＿＿＿＿。

第十六条　乙方不得在向甲方交付研究开发成果之前，自行将研究开
发成果转让给第三人。

第十七条　乙方完成本合同项目的研究开发人员享有在有关技术成果
文件上写明技术成果完成者的权利和取得有关荣誉证书、奖励的权利。

第十八条　乙方利用研究开发经费所购置与研究开发工作有关的设备、
器材、资料等财产，归＿＿＿＿＿＿＿＿＿（甲、乙、双）方所有。

第十九条　双方确定，乙方应在向甲方交付研究开发成果后，根据甲
方的请求，为甲方指定的人员提供技术指导和培训，或提供与使用该研究
开发成果相关的技术服务。

1. 技术服务和指导内容：＿＿＿＿＿＿＿＿＿。

2. 地点和方式：＿＿＿＿＿＿＿＿＿＿＿＿＿。

3. 费用及支付方式：＿＿＿＿＿＿＿＿＿＿＿。

第二十条　双方确定：任何一方违反本合同约定，造成研究开发工作
停滞、延误或失败的，按以下约定承担违约责任：

1. ＿方违反本合同第＿＿＿条约定，应当＿＿＿（支付违约金或损失赔偿额
的计算方法）。

2. ＿方违反本合同第＿＿＿条约定，应当＿＿＿（支付违约金或损失赔偿额
的计算方法）。

3. ＿方违反本合同第＿＿＿条约定，应当＿＿＿（支付违约金或损失赔偿额
的计算方法）。

4. ＿方违反本合同第＿＿＿条约定，应当＿＿＿（支付违约金或损失赔偿额
的计算方法）。

5. ＿方违反本合同第＿＿＿条约定，应当＿＿＿（支付违约金或损失赔偿额
的计算方法）。

第二十一条　双方确定，甲方有权利用乙方按照本合同约定提供的研
究开发成果，进行后续改进。由此产生的具有实质性或创造性技术进步特
征的新的技术成果及其权利归属，由（甲、乙、双）方享有。具体相关利
益的分配办法如下：＿＿＿＿＿＿＿＿＿。

乙方有权在完成本合同约定的研究开发工作后，利用该项研究开发成
果进行后续改进。由此产生的具有实质性或创造性技术进步特征的新的技

术成果，归____（甲、乙、双）方所有。具体相关利益的分配办法如下：

_____。

第二十二条 双方确定，在本合同有效期内，甲方指定____为甲方项目联系人，乙方指定____为乙方项目联系人，项目联系人承担以下责任：

1. _____。
2. _____。
3. _____。

一方变更项目联系人的，应当及时以书面形式通知另一方。未及时通知并影响本合同履行或造成损失的，应承担相应的责任。

第二十三条 双方确定，出现下列情形，致使本合同的履行成为不必要或不可能的，一方可以通知另一方解除本合同：

1. 因发生不可抗力或技术风险；
2. _____；
3. _____。

第二十四条 双方因履行本合同而发生的争议，应协商、调解解决。协商、调解不成的，确定按以下第____种方式处理：

1. 提交_____仲裁委员会仲裁；
2. 依法向人民法院起诉。

第二十五条 双方确定：本合同及相关附件中所涉及的有关名词和技术术语，其定义和解释如下：

1. _____；
2. _____；
3. _____；
4. _____；
5. _____。

第二十六条 与履行本合同有关的下列技术文件，经双方以方式确认后，为本合同的组成部分：

1. 技术背景资料：_____；
2. 可行性论证报告：_____；
3. 技术评价报告：_____；
4. 技术标准和规范：_____；
5. 原始设计和工艺文件：_____；
6. 其他：_____。

第二十七条　双方约定本合同其他相关事项为：＿＿＿＿＿＿＿＿＿。

第二十八条　本合同一式＿＿份，具有同等法律效力。

·第二十九条　本合同经双方签字盖章后生效。

甲方：（盖章）　　　　　　　　　乙方：（盖章）

法定代表人/委托代理人：（签名）　　法定代表人/委托代理人：（签名）

年　　月　　日　　　　　　　　年　　月　　日

印花税票粘贴处：

（以下由技术合同登记机构填写）

合同登记编号：

1. 申请登记人：

2. 登记材料：

3. 合同类型：

4. 合同交易额：

5. 技术交易额：

技术合同登记机构（印章）

经办人：

年　　月　　日

3.3　合作开发合同与专利技术转移

3.3.1　合作开发合同概述

合作开发合同是指两个或两个以上单位，为完成一定的技术开发工作，当事人各方共同投资、共同参与研究开发活动、共享成果、共担风险的协议。这里的投资包括：资金、设备、智力、技术、信息、人力等多方面的投入；合作各方当事人必须共同投资，包括以技术进行投资；共同参与研究开发工作：是指完成约定承担的研究开发任务，如只提供物质条件，不参与技术研究和开发工作，或只是做些协调、辅助性工作，就不能认为是合作研究和开发，而只能认定为委托研究和开发。《最高人民法院关于审理技术合同纠纷案件适用法律若干问题的解释》第19条第2款规定："技术开发合同当事人一方仅提供资金、设备、材料等物质条件或者承担辅助协作事项，另一方进行研究开发工作的，属于委托开发合同"。

合作开发合同的主要特征是：

（1）合作开发合同的当事人各方就合作开发项目共同投资；

（2）当事人各方共同参与研究开发活动；

（3）当事人各方共同承担研究开发风险；

（4）当事人各方共同分享研究开发成果。

3.3.2　合作开发合同各方当事人的主要权利义务

所谓"共同进行研究开发"是指当事人各方按照约定的计划和分工，共同进行或者分别承担研究、设计、试验、试制等研究开发工作。当事人一方提供资金、设备、材料等物质条件，承担辅助协作事项，而由另一方进行研究开发工作的，不属于共同进行研究开发，不应认定为合作开发合同。合作开发合同当事人之间是合作开发关系，其订立合同的目的是一致的，且共同投资、共同实施研究开发工作、共享研究开发成果、共同承担风险责任等。

合作开发合同的各方当事人，在合同关系内部是相互独立的主体，有着各自独立的权益。因此，技术合同当事人应当享有的权利种类，他们都能依照合同约定或者法律规定而享有。《合同法》第 335 条规定："合作开发合同的当事人应当按照约定进行投资，包括以技术进行投资；分工参与研究开发工作；协作配合研究开发工作。"可见，合作开发合同各方当事人负有三项主要义务：

（1）按照合同约定进行投资，包括以技术进行投资。投资是合作开发合同当事人的首要义务。因为要进行合作开发，需要充分的物质基础，否则研究开发工作难以进行，因此，当事人必须按照合同约定进行投资。所谓投资，是指当事人以资金、设备、材料、场地、试验条件、技术情报资料、非专利技术成果等方式对研究开发项目所作的投入。可见，投资的方式，可以是资金和实物，也可以是技术。但是，采取资金以外的方式进行投资的，应当折算成相应的金额，明确当事人在投资中所占的比例。还有一点需提醒当事人注意，在技术投资折价时，一要防止以次充好，二要防止作价过高。同时，当事人还应约定因知识产权发生争议时，由技术投资者承担责任。

（2）按照合同约定分工参与研究开发工作。当事人订立合作开发合同，不仅仅是为了共同投资，而且还希望各方能以自己特有的研究开发能力，直接实施研究开发工作，共同完成研究开发工作。也就是要把各方的创造性智力劳动凝聚成新的技术成果。所以，各方当事人都必须直接实施研究开发工作，不得以出资替代之。鉴于研究开发项目是一项复杂工作，包括研究、设计、试验、试制等研究开发工作，各方当事人应当按照各自的特长进行分工，各负其责、相互协作、共同制订研究开发计划、共同完成研究开发工作。

（3）与其他各方配合。合作开发合同各方当事人都应当与其他各方协作配合。研究开发工作的顺利完成，一方面要求统一安排、分工合作，另一方面又要求协调一致、密切配合。任何一方的自作主张或者其他不配合、不协调行为，都会影响研究开发工作的进程甚至导致研究开发工作的失败。所以，各方当事人应当严格遵守协作配合的义务，对一方不协作配合导致研究开发工作停滞、延误或者失败的，应当按照约定支付违约金或赔偿损失。为解决协作配合问题，合作开发合同当事人应成立由各方代表组成的指导机构，对研究开发工作中的重大问题进行决策，协调和组织研究开发工作，保证研究开发工作的顺利进行。

除上述三项主要义务外，合作开发合同各方当事人还负有通知义务、保密义务等其他义务。

合作开发合同各方的违约责任。合作开发合同的当事人违反约定，造成研究开发工作停滞、延误或者失败的，应当承担违约责任。

（1）合作开发各方中，任何一方违反合同，造成研究开发工作停滞、延误或者失败的，应当支付违约金或者赔偿损失。

（2）当事人一方逾期两个月不进行投资或者不履行其他约定的，另一方或者其他各方有权解除合同，违约方应当赔偿因此给他方造成的损失。

3.3.3　合作开发合同中的利益分配

合作开发中知识产权问题可以分为两个方面：一是对参与各方投入已形成的知识产权的保护，以防合作中非拥有者对知识产权的滥用；二是在合作研究过程中所开发的新的共同的技术成果，对这部分知识产权的归属和利益分享要有明确的归属约定，以防侵犯权利人应有的合法权益。

《合同法》第340条规定："合作开发完成的发明创造，除当事人另有约定的以外，申请专利的权利属于合作开发的当事人共有。当事人一方转让其共有的专利申请权的，其他各方享有以同等条件优先受让的权利"。

合作开发合同的技术成果的归属与分享，合同法以约定为先，以法律规定为例外。在实践中，合作开发合同的当事人既可以约定，也可以不约定。如不约定，为双方共有。如果约定，主要有以下几种情况：约定研究开发成果不为各方共有，而归一方所有，这种情况下，应该明确约定经济利益的补偿办法，享有技术成果的一方当事人，按约定将由此取得的经济利益向其他当事人作适当补偿；约定为当事人一方独占使用或转让的，取得权利的当事人应向其他各方当事人支付约定的价款；约定向合同外第三人转让技术开发成果时，应经合作各方当事人协商一致，同时约定由此取得的经济利益由各方合理分享。

【案例2】袁某某诉生物公司技术合作开发合同纠纷案

【案情简介】2001年9月27日，生物公司就生物美容消痘霜的研制和生产与公司技术中心研究人员袁某某签订了《关于"生物美容消痘霜的研制和生产"技术合作协议》，约定：1. 该项目自协议生效之日起，纳入生物公司及生物公司研究开发中心统一管理，技术中心负责项目研发的人员、经费、材料和研发过程的组织实施工作；2. 项目生产文号报批由技术中心负责，所需直接和间接经费由公司支付；3. 项目生产文号报批以生物公司名义申报，知识产权公司占70%，袁某某占30%；4. 项目开发完成投产并产生效益后，公司按项目所产生的纯利润的35%奖励给研究人员，其中30%为袁某某个人所有；5. 项目完成后进行一次性转让所得应按35%奖励给研究人员，其中30%为袁某某个人所有。

随后，袁某某投入对消痘霜的研制。2002年2月22日，生物公司向有关部门申报生产文号未果。2003年6月25日，生物公司向袁某某发出《通知》，基本内容为：你于2001年9月与公司签订的关于"生物美容消痘霜的研制和生产"技术合作协议，由于该项目无法申报文号，亦无其他化妆品生产单位愿意购买该产品的原料，使该项目不能完成并产生效益。经研究，决定停止该项目的研发并中止双方签订的协议，同时解除双方的劳动关系。

2002年4月16日，袁某某就"一种对痤疮、粉刺、毛囊炎有特殊疗效的生物制剂的生产方法"向国家知识产权局提出专利申请，2002年7月12日，国家知识产权局发出《发明专利申请初步审查合格通知书》。

2003年11月13日，袁某某持前述请求向法院起诉，要求解决。生物公司以袁某某单方申报专利为由，反诉要求袁某某赔偿开发费用。

【法院判决】此案袁某某及生物公司的请求均不成立，予以驳回。依照《合同法》第110条第（一）、（二）项、第330条、第340条之规定，判决如下：一、驳回原告袁某某的诉讼请求；二、驳回反诉原告生物公司的诉讼请求。此案本诉案件受理费1500元由袁某某负担，反诉案件受理费4014元由生物公司负担。

【评析】依照《合同法》第110条的规定"当事人一方不履行非金钱债

务或者履行非金钱债务不符合约定的，对方可以要求履行，但法律上或者事实上不能履行，债务的标的不适于强制履行或者履行费用过高、债权人在合理期限内未要求履行的除外"，由此可见，一方当事人违约，另一方可以要求履行是原则，不履行是例外（除非有第三种情形出现）。在此案中，袁某某能否要求生物公司继续履行协议，可从以下两方面进行分析：一方面，是否存在客观上不能履行的情形。由于生物制剂的生产必须取得相关的生产文号，现该项目没有取得生产文号，显然不能投入生产。诉讼中，生物公司称因该消痘霜的成分没有确认，根本无法取得生产文号。可见，《关于"生物美容消痘霜的研制和生产"技术合作协议》事实上已无法履行。另一方面，假若该项目现在已经可以取得生产文号，生产文号的未取得是生物公司主观上不积极申报所致，是否能够强制生物公司申领生产文号后投入生产。就生物公司而言，合作项目的全部资金均由其投资，情理上分析，生物公司作为一个经营性的公司，其对该项目已经投放了10余万，如果该项目投入生产能够获得利润，生物公司没有理由不申报文号，以使该项目创造经济价值。因此，该项目没有取得生产文号如果是生物公司主观上怠于申报，那么，可以肯定的一个事实就是该项目投入生产后的市场前景并不乐观，生物公司不能从中获利；对袁某某而言，其对该项目的开发中，生物公司已经按月支付了工资，其对该项目的经济利益体现在该项目投入生产后有获利时，袁某某可以按纯利润额获得一定的奖励。从目前生物公司终止履行协议的后果来看，损失方是生物公司而非袁某某，倘若要求生物公司履行协议，在经营没有利润时，袁某某并不能从中获得任何经济利益。因此，无论生物公司，还是袁某某，追求利润是双方共同目的。如果强制继续履行的结果并不能给任何一方带来利益，而只是徒增了生物公司履行的费用，人为扩大了损失，显然也不能强制继续履行。

对于生物公司反诉要求袁某某赔偿开发损失的问题。尽管袁某某以个人名义提出专利申请违反了双方的协议，但是，袁某某提出专利申请的时间以及有关部门发出初步审查合格通知书的时间均在生物公司通知袁某某终止协议及解除劳动关系之前。从时间上可知，生物公司在终止与袁某某之间的技术合作协议以及解除劳动关系之时，已经知道袁某某以自己的名义对双方合作项目申报了专利，但是，生物公司在终止协议的通知中明确将双方终止协议的原因归责于无法申报文号，对袁某某的违约事宜并未追究，更未涉及索赔问题。因此，就生物公司方面而言，其与袁某某之间解除合作协议及劳动关系的善后事宜，应视为已经处理完毕。结合此案诉讼中，生物公司尽管称袁某某以个人名义对合作项目申请专利违约，但仍然没有提出对合作项目再拥有专利权的主张，这也能说明生物公司实际上在给袁某某发出《通知》时，已经放弃了对袁某某违约责任的追究。

我们注意到，由于合作开发合同的双方在合作开发活动之中相互配合，彼此都了解对方在合作开发领域中的专利技术，基本已经是你中有我、我中有你的局面，所以更多的合作开发合同的纠纷是通过调解的方式解决的。

3.3.4　合作开发合同的合同文本

合同编号：

合作开发项目：

甲方：

法定代表人：

邮政编码：

联系电话：

乙方：

法定代表人：

法定地址：

邮政编码：

联系电话：

序　文

鉴于甲方需要就＿＿＿＿＿＿技术项目与乙方进行合作研究开发，鉴于乙方愿意与甲方合作研究开发＿＿＿＿＿＿技术项目，根据《中华人民共和国合同法》的有关规定及其他相关法律法规的规定，双方经友好协商，共同信守执行。

正　文

第一条　项目名称

1.1　本合同的合作开发项目名称为＿＿＿＿＿＿（本合同所涉及的技术标的名称。）

1.2　技术合同的项目名称应使用简明、准确的词句和语言反映出合同的技术特征和法律特征，并且项目名称一定要与内容相一致，尽量使用规范化的表达，如《关于＿＿＿＿＿＿技术的合作开发合同》。

第二条　标的技术的内容、范围和要求

2.1　本合同的标的技术为＿＿＿＿＿＿＿（甲方乙方共同合作研究开发所要完成的技术成果）。

2.2　本合同的标的技术是订立合同时双方尚未掌握的、经过双方创造性劳动所获得的一套完整的技术方案，该技术成果应当具有创造性和新颖性。

2.3　甲乙双方应保证该技术成果具有创造性，即订立合同时该技术成果并不存在，而是经过双方创造性劳动，探索前人或他人未知领域中的发明创造项目，这种发明创造的项目，可以是世界上的新项目，也可以是国内首创的新项目，还可以是地区或行业中的新项目。

2.4　甲乙双方应保证该技术成果具有新颖性，即该技术成果不是现有技术，没有被他人公开、为公众所知晓。

2.5　甲乙双方应明确本合同开发技术项目的技术领域，说明成果工业化开发层度，比如：是属于小试、中试等阶段性成果，还是可以直接投入生产使用的工业化成果；是属于科技理论，还是产品技术、工艺技术等。

2.6　甲乙双方应约定标的技术的形式，是属于以技术报告、文件为载体的书面技术设计、资料，还是以产品、材料、生产线等实物形态为载体的技术成果。

2.7　本合同的标的技术应达到如下技术水平和具体指标：＿＿＿＿＿＿＿＿（载明本合同标的技术所应达到的科技水平及衡量和评定的主要技术指标和经济指标等）。

第三条　研究开发计划

3.1　甲乙双方应友好协商，共同拟订一个比较周密、合理的研究开发计划，包括实施研究开发工作的总体计划、年度计划、季度计划等，明确约定每一阶段所要解决的技术问题、完成的研究内容、达到的目标以及完成的期限等内容。

3.2　甲乙双方拟订的研究开发计划应包括如下主要内容：

（1）与本合同标的的技术有关的国内外技术现状、发展趋势以及该领域国内外专利申请和授权情况。

（2）现有的技术基础和条件以及目前存在的主要问题。

（3）研究开发本项目的主要任务。

（4）研究开发本项目的攻关目标和内容。

（5）研究开发本项目应达到的技术水平、经济效益和社会效益。

（6）研究开发本项目的实验方法、技术路线和开发进度计划等。

3.3　甲乙双方应在本合同生效后两个月内完成研究开发计划的拟订工作。

3.4　甲乙双方应按照共同拟订的研究开发计划，按期完成合作开发技术成果。

3.5　合同一方未按研究开发计划实施其承担的研究开发工作的，另一方有权督促其实施计划并采取补救措施。

第四条　合作研究开发项目的投资

4.1　甲乙双方应约定以各自的资金、设备、材料、场地、实验条件、技术情报资料、非专利技术成果等方式对合作研究开发项目进行投资。

4.2　甲乙双方应约定各自在合作研究开发项目中的投资比例。

4.3　甲乙双方约定以实物或技术投资的，应当折算成相应的金额。在技术投资折价时，要防止以次充好，以免作价过高。

4.4　甲乙双方约定以技术投资的，应当确保用来投资的技术没有知识产权纠纷，如发生知识产权纠纷，应由提供技术投资的一方承担责任。

4.5　甲方按约定以如下资金、实物、场地、或技术进行投资：

（1）甲方投资于合作研究开发项目的金额为：＿＿＿＿＿＿＿＿万元人民币。

（2）甲方投资于合作研究开发项目的实物为：＿＿＿＿＿＿＿＿（写明甲方用来投资的设备、材料等实物的名称以及相应折价的金额。）

（3）甲方投资于合作研究开发项目的场地为：＿＿＿＿＿＿＿＿（写明甲方用来投资的场所的位置、面积、条件等，以及折价的金额）。

（4）甲方投资于合作研究开发项目的技术为：＿＿＿＿＿＿＿＿（写明甲方用来投资的技术名称、内容等）。

（5）甲方的上述投资经折价后总金额为：＿＿＿＿＿＿＿＿万元人民币。

4.6　乙方按约定以如下资金、实物、场地或技术进行投资：

（1）乙方投资于合作研究开发项目的金额为：＿＿＿＿＿＿＿＿万元人民币。

（2）乙方投资于合作研究开发项目的实物为：＿＿＿＿＿＿＿＿（写明甲方用来投资的设备、材料等实物的名称以及相应折价的金额）。

（3）乙方投资于合作研究开发项目的场地为：＿＿＿＿＿＿＿＿（写明甲方用来投资的场所的位置、面积、条件等，以及折价的金额）。

（4）乙方投资于合作研究开发项目的技术为：＿＿＿＿＿＿＿＿（写明甲

方用来投资的技术名称、内容等）。

（5）乙方的上述投资经折价后总金额为：_____万元人民币。

4.7 甲乙双方可以约定各自投资的方式和期限，可以是一次投资，也可以是分期投资；一次投资的，应约定投资期限最迟不得超过合同生效后_____个月。分期投资的，应具体约定每期投资的最后期限。

第五条 合作研究开发投资购置的设备、器材、资金的财产权属

5.1 甲乙双方应约定使用合作研究开发投资资金购买如下研究开发所必需的设备、器材和技术资料：_____（购买研究开发设备、器材和技术资料的清单）。

5.2 甲乙双方约定购买的如下设备、器材和技术资料归甲方所有：_____（约定归甲方所有的设备、器材和技术资料清单）。

5.3 甲乙双方约定购买的如下设备、器材和技术资料归乙方所有：_____（约定归乙方所有的设备、器材和技术资料清单）。

第六条 履行期限、地点和方式

6.1 甲乙双方约定合作开发合同各自的履行期限为：_____（合同履行之日起至合同履行完毕的时间）。

6.2 甲乙双方约定合作开发合同各自的履行地点为甲方（或乙方）所在地，或者双方约定的其他地点。

6.3 甲乙双方约定合作开发合同各自的履行方式为：_____（如新材料、新产品、新工艺的研制、开发；样品、样机的试制；成套技术设备的试制、生产等各种方式）。

第七条 技术情报和资料的保密

7.1 合作开发合同的内容如涉及国家安全和重大利益需要保密的，双方应在合同中载明国家秘密事项的范围、密级和保密期限以及双方承担保密义务的责任。

7.2 双方根据订立的合作开发合同所涉及的进步程度、生命周期以及其在竞争中的优势等因素，商定技术情报、资料、数据、信息和其他技术秘密的保密范围、时间以及双方应承担的责任。

7.3 双方约定不论本合同是否变更、解除或终止，合同的保密条款不受其限制而继续有效，双方均应继续承担保密条款约定的保密义务。

第八条 风险责任的承担

8.1 甲乙双方约定共同对合作研究开发项目承担风险责任。但甲乙双方应对各自承担的研究开发工作承担风险责任。

8.2　双方约定甲方应对如下研究开发工作承担风险责任：_____（写明甲方承担风险责任的范围等）。

8.3　双方约定乙方应对如下研究开发工作承担风险责任：_____（写明乙方承担风险责任的范围等）。

8.4　双方约定以下风险责任：由甲乙双方共同承担_____（写明由甲乙双方共同承担风险责任的范围等）。

8.5　任何一方发现可能导致合作研究开发失败或者部分失败的情况时，应当及时通知另一方并采取适当措施减少损失；一方没有及时通知另一方采取适当措施，致使损失扩大的，应当就扩大的损失承担责任。

8.6　甲乙双方对合同风险责任约定不明的，应当本着友好、协商的原则合理承担各自的风险责任。

第九条　技术成果的归属和分享

9.1　甲乙双方合作完成的发明创造，除双方另有约定的以外，申请专利的权利属于合作开发的双方共有。

9.2　合作开发一方转让其共有的专利申请权的，另一方享有以同等条件优先受让的权利。

9.3　合作开发的一方声明放弃其共有的专利申请权的，可以由另一方单独申请。申请人取得专利权的，放弃专利申请权的一方可以免费实施该专利。

9.4　合作开发一方不同意申请专利的，另一方不得申请专利。

9.5　合作开发完成的技术秘密的使用权、转让权以及利益的分配方法，由双方约定。没有约定或者约定不明确的，双方均有使用的转让的权利。

9.6　合作开发完成的技术成果的精神权利，如身份权、依法取得的荣誉称号、奖章、奖励证书和奖金等荣誉权归双方共有。

9.7　合作开发双方实施许可，转让专利技术、非专利技术而获得的经济收益由双方共享。

第十条　验收标准和方式

10.1　甲乙双方约定合作开发的合作技术应符合如下技术指标和参数：_____（合作开发技术在该领域内所要达到或应完成的某种技术标准和参数，如国标、部标、行业标准、具体设计要求、技术先进程度、技术项目的质量要求等技术标准和数据）。

10.2　如果合作开发的技术项目是按国际标准进行设计的，或者指标、参数涉及国际标准的，双方应在本条款中注明国际标准的项目名称、标准号及发布日期，以便在合同验收时查阅参考。

10.3 一方应按照双方约定的技术指标和参数完成合作开发技术，并在约定的期限内完成该技术成果。

10.4 双方可以约定合作开发技术完成以后，交双方委托的技术鉴定部门或组织专家进行鉴定，也可以由双方共同确认视为验收通过。验收的标准以双方在合同中约定的技术指标和参数为依据。不论采用何种方式验收，均应由验收方出具书面验收证明。

10.5 双方约定合作开发技术验收所需的一切费用由双方共同承担。

第十一条 技术协作和技术指导

11.1 甲乙双方有权要求对方为自己履行合同提供必要的技术协作和技术指导，保证合同具有研究开发、实施使用的条件。

11.2 一方在研究开发过程中，认为需要由另一方提供技术协作和技术指导的，另一方应予配合。

11.3 双方约定一方为另一方提供的技术协作和技术指导的内容为：_____（可以由双方概括性约定，也可以由双方具体列明协作和指导事项）。

11.4 一方应为另一方的技术协作和技术指导提供必要的场地、人员及设备等方面的配合，并负责报销技术协作和技术指导人员的差旅费用。具体要求如下：_____（双方对技术协作和指导所需场地、人员、设备及差旅费用的要求）。

第十二条 违约责任

12.1 一方违反合同约定造成另一方工作停滞、延误或者失败的，应当支付给另一方违约金或者赔偿损失。

12.2 一方逾期两个月不按合同约定进行研究开发的，另一方有权解除合同，违约方应当赔偿因此给另一方造成的损失。

12.3 一方未按照合同约定完成协作事项或者协作事项有重大缺陷，导致研究开发工作停滞、延误、失败的，应当承担违约责任。

12.4 一方将研究开发经费用于履行合同以外的目的，另一方有权制止并要求退还相应的经费用于研究开发工作。因此造成研究开发工作停滞、延误、失败的，违约方应当支付违约金或者赔偿损失。

12.5 由于一方过错造成研究开发成果不符合合同约定条件的，应当支付违约金或者赔偿损失。

12.6 上述条款所涉及的违约金可以由双方约定，但最高不得超过研究开发经费和报酬总额的20％；赔偿损失以实际造成的损失为限。

第十三条　争议的解决办法

13.1　甲乙双方在履行本合同过程中一旦出现争议，可以根据自愿选择协商、调解、仲裁或者诉讼的方式解决争议。

13.2　争议发生后，双方应本着平等自愿的原则，按照合同的约定分清各自的责任，采取协商的办法解决争议。

13.3　若双方不愿协商或者协商不成的，可以将争议提交双方共同指定的第三者进行调解解决。

13.4　若双方协调、调解不成的或者不愿协调、调解的，可以约定将争议提交＿＿＿＿＿＿＿仲裁委员会仲裁解决。

13.5　双方也可以不通过仲裁，直接向法院提起诉讼，通过诉讼的方式解决争议。

第十四条　有关名词和术语的解释

14.1　技术开发合同

14.2　合作开发合同

14.3　新技术、新产品、新工艺和新材料及其系统

附文

第十五条　本合同经双方签字、盖章后生效；如需经有关部门批准的，以有关部门的批准日期为合同生效日。

第十六条　本合同未尽事宜，由双方协商解决。

第十七条　本合同一式＿＿＿份，甲乙双方和有关批准部门各执一份。

甲方（盖章）　　　　　　　　　　乙方（盖章）

法定代表人　　　　　　　　　　　法定代表人

日期　　　　　　　　　　　　　　日期

3.4　职务发明创造与专利技术转移

3.4.1　职务发明创造概述

职务发明专利和实施数量是衡量一个国家创新能力的重要指标。我国职务发明专利申请量和授权量长期偏低，最高时也不到全部申请量和授权量的一半，西方发达国家的比例则高达95％以上；我国职务发明的实施率仅有5％，也远远低于西方发达国家的45％。

关于职务发明创造的相关法律规定体现在《专利法》《合同法》和《最高人民法院关于审理技术合同纠纷案件适用法律若干问题的解释》等文件

中，规定得较为详细，但同时也是司法实践中的重点和难点。

根据《专利法》第 6 条第 1 款规定，"执行本单位的任务或者主要是利用本单位的物质技术条件所完成的发明创造为职务发明创造。"

《合同法》第 326 条第 2 款规定：职务技术成果是执行法人或者其他组织的工作任务，或者主要是利用法人或其他组织的物质技术条件所完成的技术成果。

"执行本单位的任务"，要根据单位的规定、职工所在岗位的工作任务和责任范围来判断。如果职工在该单位所在岗位的工作任务和责任范围与某项技术成果的研究开发没有直接关系的，在其完成本职工作的情况下，利用专业知识、经验和信息完成的技术成果不属于"执行本单位的任务"。

> 根据科技部《2005 年我国专利统计分析》，国内职务发明专利申请量增幅明显提高，但与国外的差距仍然很大。2005 年国内职务专利申请达到 15.9 万件，较上年增长了 42.8%，其中职务发明专利申请达到 6.2 万件，较上年增长了 49.1%，发明专利占全部职务专利申请量的 39%。这表明近几年随着国家知识产权战略的实施和加入 WTO 后市场竞争程度日益加剧，我国企业的技术创新能力和知识产权保护意识有了明显增强。2005 年国外职务发明专利申请为 7.8 万件，比上年增长了 21.9%，占全部国外专利申请的 97.2%。可见国外专利申请中的发明专利比重仍远远高于我国。今后，在进一步提高企业的技术创新能力过程中，应更加重视提高专利申请中发明专利的比重。

"主要利用法人或者其他组织的物质技术条件"，包括职工在技术成果的研究开发过程中，全部或者大部分利用了法人或者其他组织的资金、设备、器材或者原材料等物质条件，并且这些物质条件对形成该技术成果具有实质性的影响；还包括该技术成果实质性内容是在法人或者其他组织尚未公开的技术成果、阶段性技术成果基础上完成的情形。但下列情况除外：（一）对利用法人或者其他组织提供的物质技术条件，约定返还资金或者交纳使用费的；（二）在技术成果完成后利用法人或者其他组织的物质技术条件对技术方案进行验证、测试的。

《专利法实施细则》第 12 条第 1 款对职务发明创造作了进一步的界定："专利法第 6 条所称的执行本单位的任务所完成的职务发明创造，是指：（1）在本职工作中作出的发明创造；（2）履行本单位交付的本职工作之外的任务所作出的发明创造；（3）退休、调离原单位后或者劳动、人事关系终止后 1 年内作出的，与其在原单位承担的本职工作或者原单位分配的任务有关的发明创造。"

认定职务发明创造或者职务技术成果时，要注意当事人之间存在双重法律关系，即劳动关系和职务发明创造关系。劳动法律关系是职务发明创造法律关系的基础和前提，但劳动法律关系应独立存在。如果当事人之间不存在劳动雇佣关系，而属于委托开发等其他法律关系时，就不是认定职务技术成果的问题，而是其他的技术成果权属争议。

对于职务发明的申请专利的权利和专利权的归属，《专利法》第 6 条第 1 款作了原则性规定："职务发明创造申请专利的权利属于该单位；申请被批准后，该单位为专利权人。"第 3 款"利用本单位的物质技术条件所完成的发明创造，单位与发明人或者设计人订有合同，对申请专利的权利和专利权的归属作出约定的，从其约定。"根据此规定，职务发明成果如果没有约定归发明人拥有的话，就应该归发明人所在单位或提供主要发明条件的单位。

3.4.2 职务发明创造人享有的权利

职务发明人至少应当享有下列权利：

（一）署名权

署名权是发明人重要的精神权利和人身权利，无论是职务发明，还是非职务发明，发明人都享有署名的权利。《专利法》第 17 条第 1 款规定："发明人或设计人有权在专利文件中写明自己是发明人或者设计人。"《国家高技术研究发展计划管理办法》第 19 条规定："执行 863 计划所产生的发现权、发明权和其他科技成果等精神权利，属于该发现、发明和其他科技成果单独做出或者共同做出创造贡献的人，发现人和发明人以及其他职务发明人享有在科技成果文件中写明自己是科技成果完成者的权利和取得荣誉证书、奖励的权利。"署名权作为一种人身权，它与人身不可分割。职务发明人的署名权不得转让，也不得被剥夺。职务发明人应该积极行使自己的这一权利，以避免不必要的权属纠纷。如果职务发明是由多个人完成的，那么所有对发明成果的完成做出了创造性贡献的个人，都有权在发明专利成果文件上写上自己的姓名。

（二）受奖励权

受奖励权表现为接受奖励的权利，是职务发明人的另一项重要人身权利。奖励形式分为两大类：一是获得荣誉称号和荣誉证书的权利，这是一种纯粹的精神权利。有关组织为了表彰职务发明人，往往颁发荣誉证书、授予荣誉称号等，这是对职务发明人做出的重要贡献给予的积极评价。二是获得金钱奖励的权利，其主要作用在于对职务发明人的成就给予肯定和赞许，并以物质形式激励职务发明人进一步技术创新。

我国《国家科学技术奖励条例》《专利法》《合同法》以及《国家高技

术研究发展计划管理办法》等法律规范对职务发明人的受奖励权作出了明确的规定。从这些规定来看，对职务发明人的金钱奖励主要分为两种情况：一种是职务发明成果奖，另一种是发明成果转化奖。职务发明成果奖是指职务发明成果完成后，有关组织认为其成果具有较大社会价值或经济价值而给予发明人的奖励。这种奖励类型有国家科学技术奖励、单位组织的科技奖励以及民间科技奖励。发明成果转化奖是指发明成果被实施或转让并获得收益后，由成果拥有单位给予职务发明人一定比例的提成奖励。

（三）收益分享权

这里的收益分享权是指职务发明人从其职务发明成果的转化收益中提取一定比例报酬的权利。职务发明人的创造性劳动是发明成果形成的重要因素，职务发明人智力投入的作用不亚于资金及设备的投入，因此职务发明人对其职务发明享有一定的财产权是应该的。

（四）其他权利

其他权利指单位放弃或者转让职务科技成果的有关权利时，职务发明人应当享有的权利。这方面的权利主要有两项，即优先申请权和优先受让权。

（1）优先申请权。这里的优先申请权指单位对其成果不申请专利时，职务发明人可以在同等条件下优先申请的权利。

（2）优先受让权。优先受让权指单位转让职务发明相关权益时，职务发明人有权在同等条件下受让。《合同法》第326条明确规定，"……法人或者其他组织订立技术合同转让职务技术成果时，职务发明的完成人享有以同等条件优先受让的权利"。这里所指的职务发明的转让，是指单位将职务技术成果的所有权或持有权转让给受让方，受让方支付价款的行为。职务发明转让给受让方后，单位获得了一次性卖断的收益。

职务发明转让内容包括专利申请权、专利权以及技术秘密等。我国《关于国家科研计划项目研究成果知识产权管理的若干规定》也认可了职务发明人优先受让的权利："项目承担单位转让科研项目研究成果的知识产权时，成果完成人享有同等条件下优先受让的权利。"

3.4.3　职务发明判断中的"灰色地带"

《专利法》和《专利法实施细则》对如何区分职务发明和非职务发明虽然作了规定，但由于规定较笼统，实践中的问题又较复杂，因此常会出现因为对法条理解不同而得出不同结论的情况。❶在实践中也经常遇到职务发

---

❶陶鑫良老师早在1989年就对于职务发明与非职务发明中存在的"灰色地带"进行了详尽的法律分析，并提出了"职务与非职务共有"独特观点，参见职务与非职务共有的灰色区域是否存在［J］.知识产权，1989（02）.

明创造和非职务发明创造的判断之中的模糊问题，比如陈芝芳诉中国船舶工业总公司第七研究院第 704 研究所专利申请权纠纷案，就充分暴露了这个问题。❶

在司法实践之中，对于发明人的"本职工作"的范围、"本单位交付的任务"的具体界定和"主要是利用本单位的物质技术条件"的判断都存在着不同的观点❷。再结合具体的案例，那就更加错综复杂、难以判断了。

【案例 3】A 副教授与 F 大学职务发明判断案❸

【案情简介】F 工科大学的 A 副教授的专业是机械，但近年来他闲暇时醉心于电机与电器技术的研究，利用自己有限的财力和物力，完成一种高效节电多功能微特电机的发明构思，并因陋就简，土法上马搭装了一台样机，由于缺乏必需的测试设备、实验场地和原料器材等物质条件，他觉得有许多技术问题不甚了了，无力深入完善和改进自己的发明构思，又由于自己处于非职务发明的"单干状态"，他觉得从智力与人力上都无法满足深入研究和完善的需要。面临这一切，他有多种选择，一种是与有条件的外单位合作，通过"个人的非职务发明与法人的职务发明共有"的模式来最后完成这一发明创造；另一种是与具备条件的本单位合作，利用学校的财力、智力、物力来帮助自己最后完成这一发明创造。A 副教授考虑到本单位是一所设有电机专业而且学科较全、技术雄厚的综合大学，实验场地优裕，测试仪器先进，专业人员较多，而且离家近、人头熟、办事方便，毅然选择了后者。他向学校科研部门要求立题研究。学校科研部门看到他的发明构思轮廓齐整，样机已呈雏形，故给立了项，拨出专项经费，提供研试条件，并为 A 副教授寻找了专攻电机的 B 副教授作为合作者。人、财、物齐备，A 副教授如虎添翼，不但很快实现了原发明构思的期望指标，而且与 B 副教授共同做出了新的重大技术突破，发明创造的内容进一步扩大，使这种多功能微特电机的性能又有重大改善。

【评析】这一发明创造申请专利或报请技术鉴定时，应如何确定其权利归属呢？是 A 副教授的非职务发明呢，还是 F 大学的职务发明呢？沿着时间的纵轴分析，当 A 副教授尚未报请学校立题前这已基本完成的发明创造部分一不是"执行本单位的任务"，二不是"主要是利用本单位的物质条件

---

❶赵俊玲.职务发明与非职务发明之间的灰色区域 ——陈芝芳诉中国船舶工业总公司第七研究院第 704 研究所专利申请权纠纷案［EB/OL］.［访问日期不详］. http：//www. netlawcn. com/second/content. asp? no =435.

❷卞昌久.对"执行本单位的任务"的认定问题［J］.政治与法律，1992（05）.

❸陶鑫良.职务与非职务共有的灰色区域是否存在［J］.知识产权，1989（02）.

所完成"，当然属于 A 副教授的非职务发明。但自 F 大学给予立题日起，根据现行法律，A 副教授的继续研究工作则显然符合"履行本单位交付的本职工作之外的任务"和"主要是利用本单位的物质条件所完成"的情形。在这一阶段中其作出的发明创造内容当然属于职务发明。所以说对于多功能微特电机这一发明创造，从时间的纵轴来看，分别有 A 副教授的非职务发明阶段和 F 大学的 A、B 两位副教授作为职务发明人的职务发明阶段。从内容的横轴上来看，有 A 副教授一人非职务发明完成的 a 组发明要素和 A、B 副教授在职务发明中共同完成的 b 组发明要素。而 a 组和 b 组发明要素之和即是这项发明创造的全部发明特征，所有这些特征构成了这项发明创造整体。针对上述情况，该如何评定这项发明创造的权利归属呢？倘认定其是属于 F 大学的职务发明，又如何分析与处理 A 副教授前一阶段的非职务发明行为？如认定其是属于 A 副教授的非职务发明，又怎样解释与保护后阶段大学的职务发明过程？

从此案可以看出，客观的职务发明创造的判断并不是按照"非此即彼"的逻辑，职务、非职务发明创造中间的"灰色地带"客观存在，用"一刀切"的方法不足以解决职务发明创造认定中的问题。在实践中，职务发明与非职务发明共有的案例已经存在，这符合我国的立法原则，并有助于释放出更大的科技潜力，使《专利法》"为天才之火添加利益之油"的制度更富效率。

【案例 4】肖某某与华鲁公司职务发明纠纷案

【案情简介】1991 年，烟台经济技术开发区热电站工程指挥部研制了锅炉冷灰器技术。1991 年 9 月 19 日，烟台经济技术开发区热电站工程指挥部就该技术向国家专利局提出了专利申请。在专利权未被授予前，烟台经济技术开发区热电站工程指挥部向他人转让了该技术，转让费为 19.7 万元。

1991 年 9 月 25 日烟台经济技术开发区热电站工程指挥部作出《关于对冷灰器科研成果嘉奖的决定》，决定根据《国务院关于技术转让的暂行规定》中第 4 条、第 7 条的规定，从冷灰器技术转让净收入中提取 5%～10% 作为技术成果奖励基金，对冷灰器科研成果取得中提出研究、开发项目建议并积极促进其完成的有功人员进行重点奖励和对支持协助完成的其他人员进行适当奖励。奖励人员有毕某、周某某、肖某某等 13 人，其中肖某某得奖金 700 元。肖某某虽主张没有看到该文件，但在庭审中承认知道此事。之后毕某将技术转让费从单位转走。1992 年 9 月 30 日，锅炉冷灰器技术被授予实用新型专利，专利号为 ZL91221720.0，专利权人为烟台经济技术开发区热电站工程指挥部，设计人为毕某、冯某某、臧某某和周某某。

1993 年 7 月，烟台经济技术开发区热电站工程指挥部更名为烟台华鲁热电有限公司。

1994 年 1 月 22 日，毕某将技术转让费又交付单位。1994 年 3 月 22 日，毕某向国家专利局递交著录项目变更请求文件，将专利权人变更为毕某，1994 年 6 月 29 日国家专利局公告了该项变更。1994 年 8 月 25 日，华鲁公司向烟台市专利管理局请求调处该专利权权属纠纷。1995 年 8 月 17 日，烟台市专利管理局作出（1995）烟专管法字第 12 号专利纠纷处理决定书，确认专利权为华鲁公司，毕某、肖某某为专利技术设计人。肖某某主张 1995 年 11 月华鲁公司给其一份专利纠纷处理决定书复印件。

肖某某在原审庭审中陈述，1994 年 1 月 22 日，纪委将毕某涉案专利费收回来时就知道了，因为拿不出证据证实钱汇到华鲁公司处，所以无法起诉。

【评析】根据前文所述有关职务发明的规定，此案所涉专利号为 ZL91221720.0 的实用新型专利权人应为烟台经济技术开发区热电站工程指挥部，即更名后的烟台华鲁热电有限公司。在 1992 年该实用新型授权文件中，关于设计人的著录项目中没有登记肖某某。而肖某某作为该专利技术的设计人之一，其署名权受到了侵犯。1995 年烟台市专利管理局对肖某某的署名权进行确认，符合法律规定。

同时，该专利技术在专利权授予前已被烟台经济技术开发区热电站工程指挥部转让给第三人，在获得技术转让费后，应按国家有关规定给付肖某某技术转让奖励报酬。对此，烟台经济技术开发区热电站工程指挥部于 1991 年 9 月 25 日作出的烟开热指字第（91）第 1 号《关于对冷灰器科研成果嘉奖的决定》及《冷灰器科研成果颁奖名单》。该嘉奖决定中明文规定 "根据《国务院关于技术转让的暂行规定》第 4 条、第 7 条的规定，从冷灰器技术转让净收中提取 5%～10% 作为技术成果奖励基金，对冷灰器科研成果取得中提出研究、开发项目建议并积极促进其完成的有功人员进行重点奖励和对支持协助完成的其他人员进行适当奖励，以资鼓励。" 因此，该嘉奖决定中对肖某某主张的奖励报酬已有明确分配，肖某某本人也表示知情。如果肖某某认为其权利受到侵犯，应从其知情时，开始计算诉讼时效（2 年）。但是，肖某某没有另外证据证实存在诉讼时效中断的事由。因此，肖某某丧失了获得奖励报酬的胜诉权。

此案中的职务发明是由多个人完成的，所有对发明成果的完成做出了创造性贡献的个人，都有权在发明专利成果文件上署名。除了署名权外，职务发明人还有获得物质和精神奖励的权利。在专利技术成果转化为资本收入时，有权从中获取一定比例的物质奖励。职务发明人应积极行使上述权利。职务发明权利人也应该遵守有关规定，给予发明设计人奖励，以鼓励发明设计人继续创新，真正发挥专利制度的科技促进作用。

3.5 技术开发风险责任以及合同约定

3.5.1 技术开发合同中的风险责任

技术开发中的风险，是指新技术成果研究开发过程中，因发生无法克服的技术困难，导致研究开发失败或者部分失败所造成的损失。由此可见，技术开发中的风险，是研究开发失败或者部分失败所造成的损失。但是，并不是所有研究开发失败造成的损失都属于技术开发中的风险，只有在研究开发过程中发生的无法克服的技术困难，使研究开发失败而造成损失的，才能认定为技术开发中的风险。

对于"无法克服的技术困难"，不是根据研究开发方的主观能力大小来判断，认定风险责任，而应依据下列标准来判断：课题在现有技术水平下具有的难度，研究开发人在研究开发工作中是否充分发挥了主观能动性，同行业专家的鉴定结论认为研究开发工作的失败是否属于合理失败。

（1）研究开发的课题在现有技术水平下具有足够的难度，即课题在国内现有技术水平下处于先进。事实上，无法克服的技术困难，主要发生在高技术开发项目如世界新颖的项目、国内或者行业首创的项目的研究开发工作中。一般来说，运用新技术解决技术问题的研究工作，基本不会出现无法克服的技术困难。

（2）研究开发方主观上作了努力，即研究开发方已经为完成课题做了应该做并且能够做的工作，但是仍无法解决技术困难。

（3）该课题领域的专家认为研究开发中的失败属于合理的失败。

技术开发中的风险，与加工承揽合同中的风险是不同的。加工承揽合同履行中的风险，是指因不可抗力、意外事件导致标的物或者原材料等毁损灭失以及人员伤亡；而技术开发中的风险，仅指无法克服的技术困难使研究开发失败造成的损失。

技术开发中的风险，与技术开发中因不可抗力而受到的损失也不同。按照常理，不可抗力造成损失的，当事人可以免责；而技术开发中的风险，则由当事人依照约定负担，没有约定的由当事人合理分担。

技术开发合同的风险责任是指在研究开发过程中，因受现有科技水平、认识水平和实验条件的限制，或因无法预见、无法防止、无法克服的技术困难，导致开发工作失败或者部分失败。因此，由于不可抗力引起的财产责任不属于技术合同中的风险责任。客观上，由于技术开发是一项探索未知的活动，受到现有的认识水平、技术水平、科学知识以及其他现有条件的限制，在研究开发中，不可能获得百分之百的成功，在有些情况下，尽管研究开发方对研究开发工作已经尽力，出现部分或者全部失败仍是不可避免的，所以要求技术开发必须一次性成功显然是不符合科学规律的。就是说，技术开发本身即是存在一定风险的活动，出现失败和反复在所难免。

3.5.2 风险责任的分担

技术开发中的风险责任，是指在履行技术开发合同的过程中，因出现无法克服的技术困难，导致研究开发失败或者部分失败时，当事人依照约定或者法律规定，承担损失的责任。技术开发中的风险责任，虽然也是一种责任，但它和违反合同的责任、侵权责任等民事责任根本不同。它不适用"过错责任原则"，而是适用"依照合同约定分担或者依照法律规定合理分担风险责任规则"。这一规则的基本含义为：

（1）在履行技术开发合同的过程中，因出现无法克服的技术困难，导致研究开发失败或者部分失败时，其风险责任按当事人在合同中的约定确定、处理。

（2）当事人在合同中未约定风险责任承担条款的，或者其约定不明确的，风险责任由当事人合理分担。

我国《合同法》第 338 条第 1 款规定："在技术开发合同履行过程中，因出现无法克服的技术困难，致使研究开发失败或者部分失败的，该风险责任由当事人约定。没有约定或者约定不明确，依照本法第 61 条的规定仍不能确定的，风险责任由当事人合理分担。"这是上述规则的立法根据。这一规则的确立，既合乎情理，又符合技术开发合同关系的实际，是行之有效的规则。在理解和适用这一规则时，还需注意以下问题：

（1）当事人的约定是基本依据。技术开发合同履行过程中的风险，在当事人订立合同时只是一种可能出现的损失，只有在无法克服的技术困难发生导致研究开发失败时，才出现实际的损失。尽管风险在订立合同时只是可能发生的损失，但是风险责任由哪一方承担有着重要的实际意义。因为在合同履行过程中，风险一旦发生，承担责任的当事人就要蒙受损失。

因此，当事人为了平衡相互之间的利益，在事先就约定以一定的利益，作为承担风险责任的代价或者交换条件。这样的约定，是建立在自愿平等、互利有偿和诚实信用基础上的协议，应当受到法律保护。

在技术开发合同实践中，当事人约定风险责任承担的方式是多样化的。普通的做法是：当事人约定一方预先向另一方支付一定的款项，作为"风险费"、"不可预见费"或类似的费用，风险发生时，支付了款项的一方便不再承担损失，而由收取了费用的一方负责处理有关问题。这种情况，实际上是当事人约定分担风险责任的形式。

（2）如果双方当事人在合同中没有约定或者约定不明确的，可以由双方当事人事后达成补充协议或由双方当事人另行协商确定；如果仍不能确定的，由人民法院或者仲裁机构决定由当事人合理分担。

（3）根据《合同法》第 338 条第 2 款的规定："当事人一方发现可能导致研究开发失败或者部分失败的情形时，应当及时通知另一方并采取适当措施减少损失。没有及时通知并采取适当措施，致使损失扩大的，应当就扩大的损失承担责任。"

在技术开发合同中，正常的风险责任应由双方共同承担，对不属于风险责任的情况而导致研究开发失败的，应当由负责的一方承担法律责任。因此，风险责任与因合同当事人主观故意或过失不履行或不完全履行合同义务的违约责任是不同的。

在技术开发合同中，根据合同的规定，技术合同当事人应根据实际情况，对合同的责任风险区别不同情况，约定由研究开发人或者双方共同承担风险责任，并约定承担方所承担的份额和方式。在未作约定或者约定不明确时，应根据《合同法》第 61 条之规定进行明确，即由当事人协议补充，不能达成补充协议的，按照合同有关条款或交易习惯确定。如果仍不能确定的，风险责任由当事人合理分担。

由此可见，研究开发方已按合同履行了自己的义务，仅由于在履行合同过程中出现了无法预见、无法防止、无法克服的技术困难，导致研究开发失败或部分失败，不属于违反合同，与违约责任有着本质的区别。《合同法》的这一立法宗旨是鼓励研究开发方大胆探索、勇于攻关，促进技术进步。

3.5.3 风险责任的防范

应当清醒地认识到，技术开发合同在执行过程中遇到风险，发生纠纷，无论处理结果如何，客观上对双方均是不利的。为了最大限度地开发利用科学技术知识，形成双赢的局面，以科学的态度认识和对待技术开发风险，有效地规避技术开发风险，从根本上防止纠纷的发生，保护技术进步，促进经济发展，应在技术开发合同的签订和执行中对风险防范予以充分重视。

1. 建立和完善一整套风险防范机制

（1）风险预测。技术开发合同当事人要从技术和财务的角度预测风险，分析在执行合同时可能遇到的所有不利因素。

（2）风险识别。就是分析风险的来源及产生的原因。当风险有可能发生时，当事人应当作出积极的反应，针对出现问题的环节，及时沟通信息，避免问题成堆。

（3）风险处理。对于合同执行过程中可能出现的风险，应有一系列预备方案，当风险发生时，可启用备用方案。

（4）风险的评估和反馈。风险发生后，如果对风险认识不清，往往会重蹈覆辙。所以对于专家组得出的风险认定结论，要从中总结经验，吸取教训，以防风险再次发生。

2. 应加强合同执行中的风险管理，努力化解风险

（1）在合同签订之初明确约定相关条款，以对风险进行事前控制。具体包括：明确约定技术开发合同所涉及的技术成果的权益归属，特别是合作开发合同；约定技术开发完成后的技术成果的归属；约定开发中的风险责任；约定后续改进的技术成果的归属。

（2）对合同执行过程进行事中控制。严格按照合同的约定适用相关技术成果，遵守技术成果的使用范围和保密协议。

（3）对风险进行事后控制。以分析资料为依据，制定未来的技术开发合同风险管理计划。对于已经发生的风险，要建立风险档案，并从中吸取经验教训，以避免同类风险的继续发生；对于已经发生的损失，应当理性地承担责任，及时消化处理。

本章思考与练习

1. 简述技术开发合同的概念和特点。
2. 简述委托开发合同的概念和特点。
3. 简述委托开发合同当事人的权利义务。
4. 请问法律对委托开发合同中的技术成果的归属是如何规定的？
5. 简述合作开发合同的概念和特点。

6. 简述合作开发合同当事人的权利义务。

7. 请问法律对合作开发合同中的技术成果的归属是如何规定的？

8. 简述职务发明创造的含义以及其法律规定。

9. 职务发明创造人具有哪些权利？

10. 职务发明创造的法律判断。

11. 简述技术开发合同中风险责任的原则以及其基本含义。

12. 简述技术开发合同中风险责任如何防范。

第四章 专利权转让合同与专利技术转移

本章学习要点

1. 专利权转让合同的主要条款。
2. 专利权转让合同的成立与生效。
3. 专利权转让合同的解除条件。

4.1 专利权转让合同概述

专利权从根本上说是一种财产权。为了充分发挥专利权作为一种财产权所带来的价值，专利权人不仅可以自己实施专利技术，也可以将专利权完全转让给他人实施。从广义上来说，专利权的转让包括专利权投资入股、专利权质押和通过专利权转让合同进行转让等方式；而狭义的专利权转让仅指原专利权人通过专利权转让合同将专利权完全转让给受让方的方式。本章的讨论仅限于狭义上的专利权转让方式，即通过专利转让合同转让专利权。

4.1.1 专利权转让合同概述

4.1.1.1 专利权转让合同和专利价值的实现

专利权作为一种实质上的财产权，其权利人最大的追求，就是通过专利权实现自身利益的最大化。可是，一旦一项专利不能被完全利用的话，不仅其价值将会难以体现，专利年费、专利管理成本甚至可能致使专利权人入不敷出，使得该专利权成为食之无味、弃之可惜的鸡肋。因为专利权人自己实施一项专利往往需要大量的启动资金，这是一些小公司所不具备的，更不用谈那些整天为成果转化难而发愁的科研机构了。就算是一些财大气粗的大企业，也未必就能尽数实施所有的专利技术。有的专利并不是他们主推产品所需要的，也有的专利自己实施的不确定因素过大，比如专利权人的该项专利已经被竞争对手的专利网包围等。那么，何不将这些专利权许可他人实施呢？这样做也许会带来的麻烦是：如果是给予他人普通许可，那么创造的收益太少；而给予他人独占、排他性许可，则专利权人的收益将过于依赖于被许可人。一旦被许可人的专利实施情况不佳，那么专利权人的收益将很难保证。即使是约定有固定的使用费，许可合同到期后，对方是否愿意继续使用也是一个很大的不确定因素。况且，不管哪种实施许可的方式，都有导致专利权人的该项专利技术丧失领先优势的危险。这个时候，对于专利权人来说，将专利权转让给他人，也许是一个从这些鸡肋专利权中解套、收回开发成本的良好手段。更多的情况下，通过专利权的转让，可以使得一些企业大笔盈利，乃至推行企业的标准化战略。日本的武田制药就曾经创下过一年通过专利权转让收益 600 亿日元的良好业绩。

而对于另一些亟待获取这些专利技术的企业来说，无论是希望能实施这些专利，还是希望能从这些专利的二次销售或收取许可费中牟利（这主要是一些专利代理公司），都希望能从原专利权人的手中取得这些专利权。这样的一个交易市场的存在，标志着双方应该都可以从专利权的转让活动中达成其自身对于该项专利的期望，进而也使得专利权的价值从中凸显。

我国《专利法》第 10 条第 3 款规定，"转让专利申请权或者专利权的，当事人应当订立书面合同"。也就是说，专利权的转让是通过专利权转让合同来实现的。

4.1.1.2 专利权转让合同的概念和性质

所谓专利权转让合同，即指"专利权人将其专利权让与受让方，受让方支付价款所订立的合同"❶，是属于技术转让合同中的一种。

从前述的《专利法》第 10 条之规定我们可以看出：专利权转让合同是要式合同，双方当事人必须签订书面合同。这是因为专利权不同于一般的财产权，其内容有很强的技术性和复杂性，而且又无法像有形财产权一样转移占有，因此签订书面合同可以使交易规范化、透明化，有助于保护相关权利人的利益。

同时，专利权转让合同的标的是专利权，转让方必然是合法的专利权人。专利权人可以是自然人、法人或者其他组织。合同的双方当事人在专利权转让合同中都承担着相应的义务，且都必须向对方支付一定的对价。因此，专利权转让合同是双务有偿的合同。

❶《最高人民法院关于印发全国法院知识产权审判工作会议关于审理技术合同纠纷案件若干问题的纪要的通知》第 52 条。

4.1.2　专利权转让合同涉及的法律状态

所谓专利权转让合同涉及的法律状态，主要包括：专利权转让合同涉及的专利权的法律状态和涉及的专利权人的法律状态。

4.1.2.1　专利权转让合同涉及的专利权的法律状态

作为专利权转让合同标的的专利权，应当是经依法授权公告后，有效存续的专利权。

（1）其必须是经向国家知识产权局申请、审查后，予以通过并且授权公告的合法专利权。我国《专利法》规定，无论是发明，还是实用新型、外观设计，其专利权都是自公告之日起生效。❶所以，在授权公告之前，权利人享有的技术秘密、申请专利权、专利申请权不是本合同的标的。同时，尽管专利权的保护期限自申请之日起算，可是，只有专利权授予并且公告之后，专利权人才实质享有该专利权的转让权。

此外，转让的专利权必须作为一个整体转让。专利权人不能就专利权的某一项权利要求进行转让，这点与专利权的实施许可有很大的不同。因为专利权的权能是一个整体，如果只转让其中的一项权利，那必然会影响交易双方剩余权利的行使。但是专利权人可以将整个专利权整体利益中的一部分份额转让给他人，这就产生了专利权的共有关系。而对于专利权是否可以切分时间段或者切分地区进行转让，如：甲方转让 8 年的专利权于乙方；或者甲方将专利权转让给乙方，但是规定乙方不能于 A 市外实施或者许可他人实施该专利权，目前尚存在争议。在实践中，浙江省杭州市中级人民法院曾在案号：（2004）杭民三初字第 212 号的民事判决书中，将原告深圳市某实业有限公司与被告永康市某铝业有限公司的转让 8 年专利权的某实用新型"转让实施合同"，认定为尽管有部分实施许可的内容，但仍然是专利权转让合同。可以说，这是承认了分时间段切割专利权进行转让的效力。

（2）其必须是有效存续的专利权，即不能是终止或者被宣告无效的专利权。那么，一旦一个专利权终止或者被宣告无效，将会对专利权转让产生怎样的法律后果呢？

4.1.2.1.1　专利权的终止对专利权转让合同的影响

专利权作为一种法律授予权利人的合理垄断权，其权利的期限不宜过短，因为那样将不利于鼓励发明人、设计人的积极性，但是期限又不能过长，那样将不利于技术进步和社会公共利益。因此，为了寻求利益平衡和保证专利的全面积极使用，法律规定了专利权的终止制度。专利权的终止主要分为两种，即常态的终止和非常态的终止。前者主要是指专利权因期限届满而终止；后者又称为专利权的提前终止，包括专利权因没有按照规定缴纳年费而终止，以及专利权人以书面形式声明放弃其专利权而终止。

一、因专利权期限届满而终止

这是专利权终止的正常状态，《专利法》第 42 条规定发明专利权的期限为 20 年，实用新型和外观设计专利权的期限为 10 年。同时应当注意的是，专利权期限的起算时间是自申请日起算，而不是自授权公告日起算。一旦一件专利权期限届满，其自动终止。

二、因没有按照规定缴纳年费而终止

专利权人自被授予专利权当年开始缴纳专利年费，这是专利权人获得专利权后所应当履行的一项义务。如果专利权人没有按照规定缴纳年费，即在专利权应当缴纳年费期满之日前，未缴纳年费或者缴纳数额不足的，在其后 6 个月内也未补缴足额的，专利权自应当缴纳年费期满之日起终止。由于专利权因没有按照规定缴纳年费而终止，很有可能会影响到利害关系人的利益。利害关系人除了可以在当初与专利权人就年费缴纳问题订立协议外，还可以自行前往缴纳。

一般情况来说，由于专利行政管理部门在专利权人没有按时缴纳足额专利年费的情况下会发出补缴通知。因此，专利权人不缴纳年费可以看做是专利权人一种消极放弃其专利权的行为。但是还有一种情况下会产生这种效果，那就是专利权的无人继承。这种情况下也可以看做是继承人对于该专利权的消极放弃。

三、因专利权人书面声明放弃而终止

专利权人也可以以书面方式声明放弃其专利权，这是专利权人积极放弃其专利权的一种行为。专利权人一经通过书面方式通知国家知识产权局放弃其专利的，其专利权自该通知到达知识产权局之时起终止。但是因为专利权人积极放弃其专利权，从而损害其他利害关系人利益的，其他利害关系人可以依法要求其赔偿。

专利权的终止意味着曾有效存在的专利权归于无效。在专利权终止之后，其自然的进入公有领域，任何人都可以免费使用而不需要取得原专利权人的许可，因此就不存在专利权转让的问题了。同时，其效力对于在先完成的专利权转让也不具有追溯力。但是如果在专利权转让合同生效后，专利权转让完成前，因为约定负有维持专利义务的一方当事人或者原专利权人的过错导致专利权被提前终止，致使转让合同目的不能实现的，应当承担违约责任。

【案例 1】孔某与安徽某实业总厂专利权转让合同纠纷一案

【当事人】原告：孔某

被告：安徽某实业总厂

【案情简介】2004 年 6 月 9 日，原告孔某就其所持有的塑料夹纸板实用新型专利权的转让与被告安徽某实业总厂签订了一份《专利权转让协议》。双方在该《转让协议》中约定：一、乙方（原告）实用新型塑料夹纸板专利权（专利号：ZL01250894.2，专利申请日：2001 年 9 月 27 日；专利权转让方乙方原身份证号：232102520703361，现身份证号：230183195207033611），依法转让给甲方（被告），专利权转让金人民币 200 万元；二、转让方式：甲方独占，乙方不能再向其他任何单位和个人用任何方式许可使用其专利。由甲方独家永久开发、生产、经营、销售。乙方自己也不能使用该专利；三、付款方式：2004 年 12 月 31 日前付清；四、甲方在经营中，乙方应全力配合甲方经营、销售；五、违约责任：以上协议，双方共同遵守，如有单方违约，违约方应赔偿另一方的全部经济损失；六、本协议经甲乙双方签字生效；本协议一式六份，甲、乙双方各持两份，公证处一份，国家知识产权局一份。

但是实际上，双方就本专利真实的专利权转让费用应为 500 万元，为了能少付公证费而将合同中的转让金虚写为 200 万元。同日，为了保证该专利权的实际转让费为 500 万元，被告法定代表人向原告出具一份《欠据》。该《欠据》载：今欠孔某专利转让金人民币 500 万元整。2004 年 12 月 31 日前付 200 万元整，余下 300 万元整，2005 年 6 月 30 日前付清。之后，被告总计支付了 31 万元专利转让费给原告，原告一直没有向国家知识产权局办理专利权的转让登记。2005 年 12 月 9 日，双方又签订一份《结算协议》。该《结算协议》记载：双方于 2004 年 6 月 9 日订立一份专利权转让协议，经双方对账，安徽某实业总厂已支付转让款 31 万元。现双方协商确定，所欠余款 469 万元，待安徽某实业总厂以该专利技术融资款到账后一次性付清。然而，在 2004 年 9 月 27 日，由于原告没有按时支付专利年费，该专利权已经被国家知识产权局提前终止。

后原告以被告没有按照合同支付转让费为由，诉至合肥市中级人民法院。请求法院判令被告支付转让费 200 万元。被告则辩称：2005 年 12 月 9

日，原告隐瞒了该项专利因未按时缴纳专利年费已经被国家知识产权局依法终止的事实，本厂在不知情的情况下又与孔某就该专利权转让金余额的给付签订了一份《结算协议》。由于该专利权人不曾依约先行履行转让涉案专利权的义务，且因其在维护涉案专利权的法律状态上的不作为，导致合同的权利标的灭失，本厂与其订立转让协议的根本目的不能得以实现，本厂有权主张先履行抗辩权，拒绝其履行要求，请求法院驳回起诉。

【争议焦点】原告是否已经将其所持有的塑料夹纸板实用新型专利权转移给了安徽某实业总厂？导致涉案专利权提前终止的责任究竟应当归咎于该专利权的转让方还是受让方？

【法院判决】法院认为，专利权转让合同，是指专利权人将其专利权转让与受让方，受让方支付价款所订立的合同。合同成立后，专利权人和专利权受让方都应严格按照合同的约定履行各自的义务。原告与被告在平等自愿的基础上就塑料夹纸板实用新型专利权的转让所达成的《专利权转让协议》，及此后就协议约定的专利权转让金余额的给付条件补充签订的《结算协议》，均系其等真实意思表达，合法有效。上述相关协议成立后，该专利权人孔某应当按照协议约定将塑料夹纸板实用新型专利权转让给受让方安徽某实业总厂，该专利权受让方安徽某实业总厂则应依约向孔某支付专利转让金。在双方尚未就该专利权的移转办理权属变更登记的情况下，该专利权属并不因转让协议的成立而发生变动，孔某仍为该专利的权利人。《合同法》第60条的规定，当事人应当按照约定全面履行自己的义务。当事人应当遵循诚实信用原则，根据合同的性质、目的和交易习惯履行通知、协助、保密等义务。专利权转让合同的转让方应当积极配合或通知权利受让方及时办理专利权属的变更登记手续，以完成该专利权属的变更。在专利权属未曾依法变更的情况下，专利权人仍应按照《专利法》的有关规定履行交纳专利年费的义务，维护其所提供交易的权利客体的法律状态，以保证双方之间所形成专利权转让合同最终得以实现。《合同法》第174条规定，法律对其他有偿合同有规定的，依照其规定；没有规定的，参照买卖合同的有关规定。该法第142条规定，标的物毁损、灭失的风险，在标的物交付之前由出卖人承担，交付之后由买受人承担，但法律另有规定或者当事人另有约定的除外。参照前述法律规定，孔某在该专利权转让不曾依法办理权属变更登记时，不善尽专利权人的义务，以致该专利权被国家专利行政管理部门依法终止，由此造成涉案专利转让合同的权利标的灭失的风险，当由该专利权人承担。《合同法》第66条规定，当事人互负债务，没有先后履行顺序的，应当同时履行。一方在对方履行之前有权拒绝其履行要求。一方在对方履行债务不符合约定时，有权拒绝其相应的履行要求。孔某与安徽某实业总厂所签订的《专利权转让协议》，虽然约定了专利权受让方给付专利权转让金的期限（后又协议变更了给付条件），但并没有约定专利权属变更转移的具体时间及该专利权属的转让和专利权转让金给付的先后顺序。依照该项法律规定，该专利权受让方有权要求负有转让义务的权利出让方同时履行。该专利权人不能依约转让该专利权的，专利权受让方有权拒绝其给付相应的专利权转让金的要求。被告为此以先履行抗辩权提出不再给付专利权转让金余额的义务，虽欠准确，但其由此提出的同时履行抗辩，于法有据，应予采纳。原告因其自身的原因致该专利权终止，并致该专利权受让方与其订立的合同目的不能实现，仍坚持要求安徽某实业总厂单方履行给付相应对价的义务，显与前述相关法律规定相悖，不能予以支持。依其等补充签订的《结算协议》，其请求合同相对方给付专利权转让金余额的条件也没能得以成就，被告缘此提出的不履行抗辩亦适法成立，应予以采纳。据此，依照《专利法》第10条第2款和《合同法》第60条、第66条、第77条、第142条、第174条的规定，判决如下：

驳回原告孔某的诉讼请求。

此案案件受理费人民币20 010元，由原告孔某负担。

如不服本判决，可在判决书送达之日起15日内，向本院递交上诉状，并按对方当事人的人数提出副本，上诉于安徽省高级人民法院。

【评析】通过上述案例我们可以发现，因为在我国，专利权转让合同生效后，专利权的转让并不同时生效，而要等到专利权转让权属登记后才生效（本章第三节中将会详细分析这一登记制度），所以尽管放弃专利权是专利权人的一项合法权利，但是一旦有在先的生效专利权转让合同作为约束，在完成专利权转让之前，且合同双方也没有约定专利年费承担方式的情况下，维持专利权有效存续、保证专利权不被提前终止，乃是原专利权人的一项法定合同义务。在完成专利权转让登记前，一旦因专利权人没有完成该项义务导致专利权被提前终止的，其后果应当由原专利权人自己承担。此案中，原告在转让合同生效后，被告迟延履行付款义务的情况下，和被告达成了补充还款协议。在这种情况下，因原告没有能够保证专利权的有效存续而被提前终止，导致合同标的的灭失，那不利的后果也只能由原告自己承担了。

当然，在专利权转让合同中，双方当事人也可以约定专利年费的承担条款，那么专利维持的义务就转移到了约定义务方的身上了。但是无论怎样，在专利权转让合同生效后，转让登记前，原专利权人都不能书面放弃该专利权。

4.1.2.1.2 专利权的无效宣告对专利权转让合同的影响

依法授予的专利权当然是有效的。然而，由于在专利申请的过程中可能存在疏漏，尤其是实用新型和外观设计专利不经过实质审查，所以很有可能导致瑕疵专利权的存在。为了避免这些瑕疵专利权对于相对人的权利，乃至对社会公众的利益造成不合理的约束，甚至是损害，法律规定了专利权的宣告无效制度。

一、专利权无效宣告请求的提出和决定

（一）专利权无效宣告请求的提出

自国家知识产权局公告授予专利权之日起，任何时间任何单位或者个人认为该专利权的授予不符合《专利法》有关规定的，可以请求专利复审委员会宣告该专利权无效。[1]无效宣告请求书中应当明确无效宣告请求范围，未明确的，专利复审委员会应当通知请求人在指定期限内补正；期满未补正的，无效宣告请求视为未提出。[2]

关于请求专利权无效的理由，根据《专利法》及其实施细则的规定，大致有以下几点：[3]

1. 请求发明和实用新型无效的理由：

1) 该项专利违反国家法律、社会公德或者妨害公共利益；

2) 该专利权的专利权人不是最先申请人；

3) 属于不应当被授予专利权的范畴内；

4) 不是法定概念所称的发明或实用新型；

5) 不具备新颖性、创造性和实用性；

6) 违背了同样的发明创造只能被授予一项专利的原则；

7) 说明书没有对发明或者实用新型作出清楚、完整的说明，即充分公开其技术要点；

8) 权利要求书没有以说明书为依据，说明要求专利保护的范围；

9) 对专利申请文件的修改超出了原说明书和权利要求书记载的范围；

10) 权利要求书没有说明、记载该专利的技术特征，或没有清楚、简

[1] 参见《专利法》第 45 条。
[2] 参见《专利审查指南》第四部分第三章第 3.3 节第 1 条
[3] 参见《专利法实施细则》第 65 条。

要地表述请求保护的范围；

11）独立权利要求没有从整体上反映该专利的技术方案，记载解决技术问题的必要技术特征。

2. 请求外观设计无效的理由：

1）该专利权违反国家法律、社会公德或者妨害公共利益；

2）该专利权的专利权人不是最先申请人；

3）属于不应当被授予专利权的范畴内；

4）不是法定概念所称的外观设计；

5）违背了同样的发明创造只能被授予一项专利的原则；

6）与申请日之前在国内外出版物上公开发表过或者国内公开使用过的外观设计相同或相近似，或者与他人在先取得的合法权利相冲突；

7）对专利申请文件的修改超出了原图片或者照片表示的范围。

上述就是可以宣告专利权无效的理由。我们可以看出，宣告专利权无效的理由只能是该专利本身存在瑕疵，而对于专利权属纠纷等问题不能据此提出无效，因为这些问题并不是专利复审委员会可以解决的问题。

（二）专利权无效宣告的决定

经过审查后，专利复审委员会会对无效宣告请求作出以下三种决定中的一种：（1）宣告专利权全部无效；（2）宣告专利权部分无效；（3）维持专利权有效。

对于上述的宣告专利权部分无效，又大致包括以下两种情况：（1）请求人针对一件发明或者实用新型专利的部分权利要求的无效宣告理由成立，针对其余权利要求（包括以合并方式修改后的权利要求）的无效宣告理由不成立，则应当宣告上述无效宣告理由成立的部分权利要求无效，并且维持其余的权利要求有效；（2）对于包含有若干个具有独立使用价值的产品的外观设计专利，如果请求人针对其中一部分产品的外观设计专利的无效宣告理由成立，针对其余产品的外观设计专利的无效宣告理由不成立，则应当宣告无效宣告理由成立的该部分产品外观设计专利无效，并且维持其余产品的外观设计专利有效。

二、专利权无效宣告对于专利权转让合同的效力

专利权一旦被宣告无效，则视为其自始不存在。同样的，一旦一项专利权被宣告为部分无效，即使其被维持的部分（包括修改后的权利要求）视为自始存在，但是其宣告无效的部分也应视为自始不存在。这是专利权无效和终止的最大区别。《专利法》第47条第2款规定："宣告专利权无效

的决定，对在宣告专利权无效前人民法院作出并已执行的专利侵权的判决、调解书，已经履行或者强制执行的专利侵权纠纷处理决定，以及已经履行的专利实施许可合同和专利权转让合同，不具有追溯力。"

首先，如果一项专利权在转让合同订立前被宣告无效，那么该专利权自始不存在，也就不存在专利权转让合同订立的问题了。其次，如果该专利权是在转让合同生效后履行前被宣告无效的，那么由于标的灭失，合同履行成为不可能或者不必要，当事人应当解除合同。如果原专利权人有过错且违反合同义务造成受让方损失的，受让方可以要求其承担缔约过失责任。比如：当事人故意利用实用新型不进行实质审查的漏洞，用公知技术申请实用新型专利权，授权后，其与受让方就其专利权签订转让合同，后在履行前被宣告无效，造成受让方损失的（如受让方准备了宣传该专利的广告，准备投放市场前，专利权被宣告无效），其应当承担缔约过失责任。最后，在合同已经履行或者部分履行后，该专利权才被宣告无效的，那么对于尚未履行的部分，受让方可以停止履行，要求转让方赔偿损失；而对于已经履行或者部分履行的部分，不具有追溯力。也就是说，即使权利人根据一个瑕疵专利权收取的转让费也不必返还。这样的制度设计看似不合理，其实这样做很大程度上还是为了维护经济活动的稳定性。试想，合同的频频反悔，那才是对社会经济秩序的最大破坏。

当然，没有追溯力也不是绝对的。《专利法》第 47 条还规定："……因专利权人的恶意给他人造成的损失，应当给予赔偿。依照前款规定不返还专利侵权赔偿金、专利使用费、专利权转让费，明显违反公平原则的，应当全部或者部分返还。"也就是说，在权利人出于欺诈的故意或者不返还相关费用会显失公平的情况下，专利权的宣告无效还存在着有限的追溯力。这也是为了平衡各方利益的一个必然要求。

三、不满无效宣告的纠纷解决

当事人对于专利复审委员会宣告专利权无效或者维持专利权的决定不服的，可以自收到通知之日起 3 个月内，以国家知识产权局专利复审委员会为被告，向有管辖权的人民法院（即北京市第一中级人民法院）提起行政诉讼。人民法院应当通知无效宣告请求程序的对方当事人作为第三人参加诉讼。即申请人不服提起诉讼的，应追加权利人为第三人；反之亦然。

4.1.2.2 专利权转让合同涉及的权利人的法律状态

对于一个专利权转让合同涉及的专利权来说，除了其本身的法律状态外，其权利人的法律状态也是一个很重要的问题。因为订立专利权转让合同的一方当事人应该是专利权的权利人，只有查明专利权属于谁，才能订立合法有效的专利权转让合同，保障合同双方当事人的利益。

4.1.2.2.1　权利人与发明人

专利权属于专利权人。专利权人，就是指国家知识产权局专利登记簿上所登记的那个"专利权人"。值得注意的是，尽管一般情况下专利技术的发明人、设计人（非职务发明）或者其单位（职务发明）通过专利申请授权后，可以称为该专利技术的权利人。但是，一旦该专利申请权、专利权发生过转让或继承，其权利人就有可能不是其原来的发明人或其单位了。所以在签订专利权转让合同前，受让方应当通过查阅国家知识产权局的专利登记簿，查明究竟谁是专利权的权利人。而不应该只凭借谁是发明人、设计人或者谁持有专利证书原件来确定其是否是专利权人，以免因为对专利权人的误认而造成损失。

4.1.2.2.2　共有的专利权

在专利权转让合同中，经常会遇到的一种情况是，原权利人为两人或两人以上，也就是转让合同涉及的专利权为共有的专利权。在这种法律状态下，任何一个专利权人或部分专利权人就该项专利权的整体转让都是不被允许的，而只能由全体共有人一起转让。一个专利权人或部分专利权人只能转让其自身的份额，且其他共有人在其转让其份额时，享有优先购买权。共有人外的受让方在整体受让共有的专利权时，应查明该专利权的转让是否经过全体共有人的同意。

4.2　专利权转让合同的主要条款

4.2.1　专利权转让合同的主要条款

专利权转让合同是一种要式合同，当事人转让专利权必须订立书面合同。订立专利权转让合同应当包括以下条款：

一、项目名称

在合同中应当载明所订立合同的性质为专利权转让合同，或者详细载明该合同是发明、实用新型或者外观设计专利权的转让合同。

二、专利技术的名称和内容

应当准确、概括地写明发明创造的名称，同时还应当写明其内容，包括：发明创造所属的专业技术领域，现有技术的状况和本发明创造的实质性特征。需要的话，还可以注明该专利的受保护范围。

三、专利申请日、申请号、专利号和专利权有效期限

专利申请日是指国务院专利行政部门收到专利申请文件的日期，如果申请文件是邮寄的，以寄出的邮戳日为申请日。申请号指国务院专利行政部门受理专利申请时的流水号。专利号指专利授权后该专利的号码，它通常和专利申请号是一致的。应当注意的是，通常在一项专利权转让的时候，其专利权的期限已经不是法定保护的年限，应当在合同中载明该专利权剩余的保护期限。

四、专利实施和实施许可情况

专利权在转让前，专利权人可能已经自己实施了该专利，根据最高人民法院的司法解释，转让方自己在合同订立之前已经实施的专利技术，除另有约定外，在专利权转让合同生效后，受让方有权要求转让方停止实施行为。❶因此，对于在先自己实施的专利权，受让方应当在合同中和原专利权人（转让方）就是否继续使用达成协议，并记载在合同中，以避免日后的纠纷。转让方如果需要继续实施的，可以与受让方就后续的实施许可达成协议。

此外，原专利权人转让的专利权也可能在转让前已与第三方订立专利实施许可合同。针对这种情况，根据同一司法解释的规定，"专利权转让合同的成立，不影响转让方在合同成立前与第三人订立的专利实施许可合同或者技术秘密转让合同的效力"。这个在先的实施许可合同的权利与义务应由受让方承担。但是如果该权利义务的转移会影响到被实施许可第三人的利益时，原权利人在转让该项专利权前应征得第三方的同意。订立转让合同的当事人可以在专利权转让合同中就在先的实施许可作其他约定，也可以在转让合同外三方共同另作约定。

五、技术情报和资料的清单

受让方需要转让方提供的技术资料一般包括专利说明书、附图以及该技术领域一般专业技术人员能够实施发明创造所必需的其他技术资料，转让方应提供这些资料。在有些专利权转让合同，还应当包括转让实施专利相关技术秘密。因为一个专利在其实施中，可能会遇到相应的技术难题，这些技术难题需要转让方提供的技术资料，甚至是提供一定的技术秘密才能解决。否则，受让方即使受让了此专利，也可能因为无法实施而无法收回投资，使得合同订立的目的难以达到。但是，对于受让方进行技术指导、

---

❶参见《最高人民法院关于审理技术合同纠纷案件适用法律若干问题的解释》第24条。

培训却不是转让方所必须承担的法定义务。在这种情况下，受让方可以向转让方约定其必须提供技术指导、相关的技术人员培训，以及其他实施技术的专用设备等。而因这些技术指导、培训所产生的培训、服务费用，双方也可在合同中约定由一方承担或双方共同承担。

有些时候，对于一些专利的实用性没有在先实用资料的情况下，受让方也可以和转让方订立专利权的实验条款。即由转让方对于转让专利根据受让方的要求进行实践性的实验，并以实验是否成功作为合同是否生效的要件。如果实验失败，则合同不生效，受让方可以拒绝履行甚至撤销合同。但应当注意的是，在约定实验条款的情况下，在转让方进行实验之前，受让方就对该专利权实施投产的，其所造成的损失，转让方不承担责任。

【案例 2】高某与威海某化工器械有限公司专利权转让合同纠纷

【当事人】原告：高某

被告：威海某化工器械有限公司

【案情简介】2001 年 1 月 20 日，原告作为甲方与乙方（被告）签订了关于"无油润滑磁力反应釜"的《技术转让合同书》。合同约定，鉴于甲方为"无油润滑磁力反应釜"技术的专利权人，且同意将其持有的专利技术转让给乙方，又鉴于乙方希望拥有该专利技术且愿意支付给甲方技术转让费，双方同意订立合同。该合同第一条规定，为了实地检验该专利技术的可行性，由乙方选定某生产企业在运行的磁力釜上实施本专利的设计方案，经生产运行后实地检测，合格后合同生效；不合格则本合同自行作废。合同失效后，乙方采用此专利或承担试验泄密，仍属侵权行为。第二条规定，试验运行时间为三个月，检测的部位是轴颈和轴承套的磨损情况，通过观察和测算确定该无油润滑装置使用寿命一年以上为合格，如有争议由双方聘请专家和工程技术人员鉴定。第三条规定，技术转让费共 8 万元，试验设备合格后以现金两次付清，各付 50%。付费前，甲方将专利讲座资料和有关方案图等一并当面交由乙方领导审阅。合同第四条对技术服务内容进行了约定。第五条规定，试验釜的安装、调试和运行日程由乙方协调和安排，所需费用乙方承担。第六条、第七条规定了违约处理和争议解决方式。

原告、被告双方签订合同后，被告选定了山东铝厂和浙江仙居药厂两个企业进行了有关试验。

后原告以被告没有支付专利转让费为由，诉至山东省济南市中级人民法院。原告诉称：根据该转让合同第一款，原告于 2001 年 3 月携带由被告方加工的专利部件前往浙江仙居药厂，在该厂 1 立方米反应釜上安装试运，运行中由于个别部件不合格，致使受到磨损，仙居厂因生产任务忙，终止了试验。原告及时去北京将加工受损件邮到仙居厂，至今未安排试验。2001 年 3 月，该专利零件在被告方 5L 反应釜应用。2002 年元旦前向被告方了解该釜的运行情况良好。2003 年夏天，原告利用公出机会专程去山东铝厂，了解到 5L 反应釜运行情况良好。根据专利转让合同，原告已准备了专利讲座和四种设计方案等资料，并多次催促被告履行合同支付转让费，均无结果。特请求法院判令被告支付原告转让费 8 万元，并由被告承担诉讼费。且提供如下证据：

1. 原告、被告双方于 2001 年 1 月 20 日签订的关于"无油润滑磁力反应釜"的《技术转让合同书》。

2. 2001 年 3 月 18 日在浙江台州清泉医药化工有限公司的安装调试记录。

3. 2001 年 2 月 17 日原告"无油润滑磁力反应釜"实用新型专利证书以及申报专利的文件。

被告辩称，被告不应支付原告技术转让费用。合同已明确约定，原告转让的涉案技术应当使用寿命在一年以上，如果检测不合格，转让合同视为作废。事实上原告方所提供的技术根本达不到无油润滑的要求，产品不合格。为此，被告于 2002 年 3 月 17 日已经书面答复原告，要求原告赔偿被告经济损失。

【争议焦点】该专利权转让合同是否已经生效？

【法院判决】一审法院认为，原告要求被告支付技术转让费的前提是双方签订的合同已经生效。而从合同第一条约定看，由被告选定某生产企业在运行的磁力釜上实施合同的专利设计方案，经生产运行后实地检测，合格后，合同生效；不合格则合同自行作废。依照此约定，该合同为附条件的合同，即只有在所附条件成就时，该合同方生效。因此，原告首先必须证明此案合同已经发生法律效力。涉案合同成立后，被告为了实地检验该专利技术的可行性，选定了山东铝厂和浙江仙居药厂两个企业进行了有关试验，对此，原告未予否认。关于试验检测的结果情况，当事人陈述不一致。原告在诉状中陈述，其于 2001 年 3 月携带由被告方加工的专利部件前往浙江仙居药厂，在该厂 1 立方米反应釜上安装试运行，运行中由于个别部件不合格，致使受到磨损，浙江仙居药厂因生产任务忙，终止了试验。

其后至今，浙江仙居药厂未安排试验。原告另陈述，2001年3月，专利零件在被告方5L反应釜上应用，并于2002年元旦前向被告方了解到该釜的运行情况良好。原告又在2003年夏天专程去山东铝厂，了解到5L反应釜运行情况良好。对于原告的上述陈述，因被告不予认可，原告应当提供证据予以证实。从原告提交的安装调试记录看，系原告与浙江台州清泉医药化工有限公司制造部两方进行的检测，合同的乙方即被告并未参加，故该调试记录尚不能证实原告提出的设备试验合格的主张。

综上，原告未能证明此案合同已经发生法律效力。从而原告依据合同主张的8万元技术转让费的请求，依法不能得到支持。依照《民事诉讼法》第64条第1款、《合同法》第45条第1款之规定，判决如下：

驳回原告高某的诉讼请求。

案件受理费2910元，由原告高某承担。

如不服本判决，可在判决书送达之日起45日内，向本院递交上诉状正、副本计5份，并预缴上诉案件受理费2910元，上诉于山东省高级人民法院。

【评析】此案中原、被告在该专利权转让合同中设置了试验条款，即以试验是否成功作为合同生效的要件。试验成功合同生效，否则无效。在试验失败后，原告也没有证据证明试验无效是由于被告的过错，因此合同应当没有生效。因此原告的诉讼请求没有法律依据，合同不生效的法律后果只能由其自己承担。但是，如果试验经证据证明，是由于被告的过错而导致失败的，原告也可以主张要求被告承担缔约过失责任。

六、价款和支付方式

双方当事人在转让合同中，应当约定转让价款的总额，其可以按一次总算一次总付，或者一次总算分期支付的办法结算。当然，也可以约定其他结算办法，比如：约定在受让方实施该专利权，并取得经济效益后，转让方可以从中提成一定比例以作为专利转让费等方式支付。在实践当中运用的最多的支付方式是入门费加提成的支付方式，也就是受让方在合同生效后、实施该项专利前的某个时间点（如收到转让方的专利技术资料后），先向转让方支付一定比例的技术入门费，其后根据受让方的专利实施情况，转让方再从受让方的经济利益中提成一定比例作为专利权转让余款的支付方式。这种方式兼顾了转让方和受让方双方的利益和风险，是一种比较好的实践选择。

七、违约金或损害赔偿的计算

在合同中，应当明确双方的违约责任形式，比如：转让方不履行合同，迟延办理专利权移交手续或者受让方不履行合同，迟延支付价款时，所承担的违约责任问题。由于违反专利权转让合同所造成的损失不易计算，所以违反合同的责任形式应以违约方支付约定数额的违约金为宜。

八、争议解决方式

当事人应当在合同中约定争议解决方式，比如调解、仲裁或者诉讼途径。在专利权转让合同中约定仲裁条款，明确转让合同仲裁机构的，任何一方当事人都必须先行采取仲裁的解决途径，而不能直接寻求诉讼途径。

4.2.2 专利权转让合同的参考范本

为了便于读者进行实务操作，根据国家知识产权局网站提供的专利权转让合同的参考范本及其签订指南。本书提供以下专利权转让合同参考格式范本：

专利权转让合同

专利名称：

专利号：

转让方名称：

地址：

代表人：

受让方名称：

地址：

代表人：

合同登记号：

签订地点

签订日期　　　年　　　月　　　日

前言（鉴于条款）

——鉴于转让方（姓名或名称　注：必须与所转让的专利的法律文件相一致）拥有（专利名称　注：必须与专利法律文件相一致）专利，其专利号_____，公开号_____，公告号_____，申请日_____，授权日_____，公开日_____，专利权的有效期为_____。

——鉴于受让方（姓名或名称）对上述专利的了解，希望获得该专利权。

——鉴于转让方同意将其拥有的专利权转让给受让方。

双方一致同意签订本合同。

第一条　转让方向受让方交付资料

1. 向国家知识产权局递交的全部专利申请文件（附件1），包括说明书、权利要求书、附图、摘要及摘要附图、请求书、意见陈述书以及著录事项变更、权利丧失后恢复权利的审批决定、代理委托书等（若申请的是PCT，还要包括所有PCT申请文件）。

2. 国家知识产权局发给转让方的所有文件（附件2），包括受理通知书、中间文件、授权决定、专利证书及副本等。

3. 转让方已许可他人实施的专利实施许可合同书，包括合同书附件（即与实施该专利有关的技术、工艺等文件）。

4. 国家知识产权局出具的专利权有效证明文件。指最近一次专利年费缴费凭证，在专利权无效请求中，专利复审委员会或人民法院作出的维持专利权有效的决定等。

5. 上级主管部门或国务院有关主管部门的批准专利转让文件。

第二条　交付资料的时间、地点及方式

1. 交付资料的时间

合同生效后，转让方收到受让方支付的转让费后＿＿＿日内，转让方向受让方交付合同第一条所述的全部资料；或者合同生效后，＿＿＿日内转让方向受让方交付合同第一条所述的全部（或部分）资料，如果是部分资料，待受让方将转让费交付给转让方后＿＿＿日内，转让方向受让方交付其余的资料。

2. 交付资料的方式和地点

转让方将上述全部资料以面交、挂号邮寄等方式递交给受让方，并将资料清单以面交、邮寄或传真的方式递交给受让方。

全部资料的交付地点为受让方所在地或双方约定的地点。

第三条　专利实施和实施许可的情况及处置办法

在本合同签订前，转让方已经实施该专利，本合同可约定，在本合同签订生效后，转让方可继续实施或停止实施该专利。如果合同没有约定，则转让方应停止实施该专利。

在本合同签订前，转让方已经许可他人实施的许可合同，其权利义务关系在本合同签订生效之日起，转移给受让方。

第四条　转让费及支付方式

1. 本合同涉及的专利权的转让费为（¥、$ _____ 元），采用一次付清方式，在合同生效之日起____日内，或在国家知识产权局公告后____日内，受让方将转让费全部汇至转让方的账号，或以现金方式汇至（或面交给）转让方。

2. 本合同涉及的专利权的转让费为（¥、$ _____ 元），采用分期付款方式支付，在合同生效之日起____日内，或在国家知识产权局公告后____日内，受让方即将转让费的____%（¥、$ _____ 元）汇至转让方的账号；待转让方交付全部资料后____日内，受让方将其余转让费汇至（或面交）转让方；或采用合同生效后，____日内支付（¥、$）_____元，____个月内支付（¥、$）_____元，____个月内支付（¥、$）_____元，最后在____个月内付清其余转让费的方式。

支付方式采用银行转账（或托收、现金兑付等），现金兑付地点一般为合同签约地。

第五条 专利权被宣告无效的处理

根据《专利法》第47条，在本合同成立后，转让方的专利权被宣告无效时，如无明显违反公平原则，且转让方无恶意给受让方造成损失，则转让方不向受让方返还转让费，受让方也不返还全部资料。

如果本合同的签订明显违反公平原则，或转让方有意给受让方造成损失的，转让方应返还转让费。

他人请求专利复审委员会对该专利权宣告无效或对复审委员会的决定不服向人民法院起诉时，在本合同成立后，由受让方负责答辩，并承担由此发生的请求或诉讼费用。

第六条 过渡期条款

1. 在本合同签字生效后，至国家知识产权局登记公告之日，转让方应维持专利的有效性，在这期间，所要缴纳的年费由转让方支付。

2. 本合同在登记公告后，受让方负责维持专利的有效性，如办理专利的年费和无效请求的答辩及无效诉讼的应诉等事宜。

（也可以约定，在本合同签字生效后，维持该专利权有效的一切费用由受让方支付。）

3. 在过渡期内，因不可抗力，致使转让方或受让方不能履行合同的，本合同即告解除。

第七条 税费

1. 对转让方和受让方均为中国公民或法人的，本合同所涉及的转让费需纳的税，依中华人民共和国税法，由转让方纳税。

2. 对转让方是境外居民或单位的，按中华人民共和国税法及《中华人民共和国外商投资企业和外国企业所得税法》，由转让方向中国税务机关纳税。

3. 对转让方是中国的公民或法人，而受让方是境外单位或个人的，则按对方国家或地区税法纳税。

第八条　违约及索赔

对转让方：

1. 转让方拒不交付合同规定的全部资料，办理专利权转让手续的，受让方有权解除合同，要求转让方返还转让费，并支付违约金_____。

2. 转让方无正当理由，逾期向受让方交付资料办理专利权转让手续（包括向国家知识产权局作著录事项变更），每逾期一周，支付违约金_____；逾期2个月，受让方有权终止合同，并要求返还转让费。

3. 根据第六条，转让方违约的，应支付违约金_____。

对受让方：

1. 受让方拒付转让费，转让方有权解除合同，要求返回全部资料，并要求赔偿其损失或支付违约金_____。

2. 受让方逾期支付转让费，每逾期_____（时间）支付违约金_____；逾期2个月，转让方有权终止合同，并要求支付违约金_____。

3. 根据第六条，受让方违约的，应支付违约金_____。

第九条　争议的解决办法

1. 双方在履行合同中发生争议的，应按本合同条款，友好协商，自行解决。

2. 双方不能协商解决争议的，提请受让方所在地或合同签约地专利管理机关调处，对调处结果不服的，向人民法院起诉。

3. 双方发生争议，不能和解的，向人民法院起诉。

4. 双方发生争议，不能和解的，按照合同约定请求仲裁委员会仲裁。

注：2、3、4只能选其一。

第十条　其他

前九条未包括，但需要特殊约定的内容，包括出现不可预见的技术问题如何约定，出现不可预见的法律问题如何约定等。

第十一条　合同的生效

本合同的双方签字后即对双方具有约束力，自国家知识产权局对双方所作的《著录事项变更》进行登记并予以公告之日起,合同具有法律效力。

<table>
<tr><td></td><td>转让方签章</td><td></td><td></td><td>受让方签章</td></tr>
<tr><td></td><td>转让方法人代表签章</td><td></td><td></td><td>受让方法人代表签章</td></tr>
<tr><td></td><td>年　　月　　日</td><td></td><td></td><td>年　　月　　日</td></tr>
</table>

	名称(或姓名)			(签章)
转让方	法人代表	(签章)	委托代理人	(签章)
	联系人			(签章)
	住所(通讯地址)			
	电　话		传　真	
	开户银行			
	账　号		邮政编码	
	名称(或姓名)			(签章)
受让方	法人代表	(签章)	委托代理人	(签章)
	联系人			(签章)
	住所(通讯地址)			
	电　话		传　真	
	开户银行			
	账　号		邮政编码	
	单位名称			(公章) 年　月　日
中介方	法人代表	(签章)	委托代理人	(签章)
	联系人			(签章)
	住所(通讯地址)			
	电　话		传　真	
	开户银行			
	账　号		邮政编码	

印花税票粘贴处

登记机关审查登记栏:

技术合同登记机关(专用章)

经办人:　　　　(签章)20　年　月　日

4.3 专利权转让合同的签订

专利权转让合同的签订是专利权转让最重要的环节之一。在转让合同签订前做好充分的准备工作，然后有技巧地进行谈判，可以为转让合同的签订打下良好的基础。而一个合理的转让合同不仅可以充分保护当事人的利益，也可以有效避免日后可能发生的法律纠纷。

4.3.1 专利权转让合同签订前的谈判

4.3.1.1 专利权转让谈判的特点和目标

专利权转让合同作为交易双方意愿的书面反映，归根到底还是需要仰仗专利权转让谈判的结果。

4.3.1.1.1 专利权转让谈判的特点

专利权转让谈判和一般的物权转让谈判相比，有其很强的自身特点。

（1）内容广泛。一般来说，在一项专利权转让谈判中，双方的基本目的都是通过签订专利权转让合同来实现自身的利益需求。但是在这个大目标下，会有多个互相冲突的小目标，每个小目标，双方又都会有若干冲突的目标利益值。比如，就价款的支付条款这个小目标而言，双方可能会就支付方式是采用一次总算，还是采用入门费加提成的方式而产生目标冲突。即便是在采用入门费加提成这个冲突目标利益下，还存在着"提成费比例究竟是多少"这个利益值。这体现了专利权转让谈判的复杂性，其内容涉及面比一般的物权转让合同更为广泛。

（2）技术性强。这是由转让标的所决定的。专利权转让的标的是专利权，其自身就比一般的物权标的有更强的技术性，前期的评估、谈判，后期的实施都需要专业技术人士的参与。同时，一项专利权的转让不仅仅是专利权本身的转让，还牵涉到专利权后续实施中涉及的技术秘密、技术指导等服务、调试设备等内容。没有这些组成部分，受让方即使得到了专利权，也很难达到满意的实施效果。所以，在一个专利权转让的谈判过程中，离不开专业技术人士的参与。

（3）达成一致难度大。由于谈判双方对专利的技术特征、实施后果以及对方的意志的估计有较强的不确定性，导致谈判结果的不确定性。因此在谈判中不可避免地会出现冲突，有时候甚至会产生根本性冲突，往往需要多次斟酌和反复谈判，以达到对问题认识的深入和精确把握。同时，由于专利权涉及多方面的利益问题，所以谈判往往是一个比较耗费时间和精力的过程，相对一般的转让合同谈判，达成一致的难度更大。

4.3.1.1.2 专利权转让谈判的目标

实践证明，在任何谈判中，过分强调己方自身的利益，一则可能使谈判失败，双方一拍两散，二则可能会埋下定时炸弹，给今后的合作蒙上阴影，使双方都受到损失。因此双赢乃至共赢的观点已逐步被广大谈判决策者所接受了。谈判过程是据理力争与适当让步的辩证统一，当双方的经济利益（对于风险的分担和对于利益的分享）达到某种平衡，即双方都基本达到了自己的利益目标时，谈判才能成功，合作才成就，这才是双方谈判的根本目标。在专利权转让合同中，由于专利技术合作所带来的经济利益是互补的，从而导致双方对于谈判目标的偏好也应然存在不同程度的互补性。因此，客观上存在着达成共赢的可能。当最终的共赢利益能很大程度调动双方的积极性时，则谈判结果将对双方都有利，谈判目标共同达成的可能性就会非常之大。

总之，一般来说，专利权转让双方的利益冲突对抗性是相对的，而非绝对的。因此，专利权转让谈判只要双方的利益能够平衡，包括双方的短期利益与长远利益的平衡，预期利益与机会利益的平衡等，那么合同的签订就应然可以成就了。

4.3.1.2 专利权转让谈判的策略

专利权转让谈判的策略主要包括两个部分，即转让谈判前的准备和谈判的相关技巧。

4.3.1.2.1 专利权转让谈判前的准备

在参加专利权转让谈判前，交易双方应当做好相应的准备工作。主要包括以下几个方面：

（1）完成专利权评估事项并重点研究对方可能的预期目的。尤其是受让方，应当运用本书第二章所述之方法进行合理的专利信息检索，进而对专利权的法律状态、技术状态和经济状态进行评估。掌握了专利权的价值和对方的意图，才能在之后的谈判，尤其是开价中取得主动。

（2）在专利权转让的谈判、签约过程邀请专利事务所参与，其将就专利技术转让的有关事宜提供咨询，帮助当事人确定一种较好的转让模式，并可委托其代为起草合同。

（3）尽量选定有该专利技术背景知识的谈判负责人。这是专利权转让合同的技术性特征决定的，只有谈判人懂技术，才不至于在日后的谈判中作出对本方远期利益不利的决策。因为这些长远利益，很可能在谈判当时是无相关技术背景之人所不可预见的。

4.3.1.2.2　专利权转让谈判的技巧

谈判需要技巧，专利权转让谈判亦如此。如果说谈判前的准备是切菜前磨刀的话，那么谈判的技巧就可以说是刀工了。两部分相结合，方能事半功倍。专利权转让谈判的技巧，是专利权转让谈判策略的核心，其中又有两项技巧最为重要。

1. 价格谈判技巧

价格谈判是专利权转让谈判的最关键组成部分之一，一个专利权究竟有多少价值，终究还是要反映在价格上的。价格谈判主要包括三个步骤，即开价、还价和定价。每步都有其相应的技巧。

（1）开价技巧。作为价格谈判第一步的定价，其技巧对于价格谈判起着举足轻重的作用。作为转让方而言，其开价应在专利权评估所作出的价格范围中，择高出价。如：估价是在 350 万元到 400 万元，那就应当开价400 万元。这样一来可以避免过高的出价导致谈判上来就陷入僵局，二来在合理的范围内报一个较高的价位，也可以便于后面的协商、让步。

作为受让方而言，其开价应在专利权评估所作出的价格范围中，择低出价。同时，应对卖方的过高开价作出合理的准备。

但是双方都应当注意的是，不管如何开价，都应当有稳定的心态。不必存有任何歉意，而应当要保持一定的强势，否则会不利于后续的还价和定价。关于是否率先出价的问题，要根据情况而论。率先出价固然会占据主动，但是也不排除对方根据你的开价作出对策的可能。所以，只有在对对方底价有一个基本预测的情况下，率先开价才能真正占据谈判的主动，否则就没有意义了。

（2）还价技巧。在价格谈判中，这个阶段的时间是最长的，而且经常会出现反复。比如曾经一度进展顺利，会因为一个节点的价格谈不拢而全盘搁置。在这个阶段，受让方千万不能对转让方的专利作过高的评价，比如：曾经获得过某奖项。这样相当于承认了转让方的谈判筹码，对进一步还价不利。转让方也相应的不能对受让方的信誉作出过高的评价。

在谈判中尽量不要对主要问题作出让步，而在从属问题上可以作出一定数量的让步，以换取对方对主要问题的让步。但务必记住，让步的中心点不是双方开价的中间数，而是评估的合理范围的中心点。在这个大前提下，作出一定的主要问题让步也都是可以允许的，但每次让步都必须有合理的理由。

遇到僵局争执不下的时候，可以适当绕开这个问题，谈一些其他的问题，比如：履行方式、违约形式等，回过头再谈这个问题。那个时候，可能对方因为大部分问题已经谈妥，不愿放弃整个项目，而作出一定让步。

（3）定价技巧。这是价格谈判的最终阶段，这个阶段双方往往已经基本就专利权的转让价格达成了一致，那样就可以讨论合同的其他细节了。但是也有另一种可能是双方完全无法达成合意，那么本方应当给出一个合理的底价。给出底价应当不留余地地提出，不要让对方觉得还有还价的可能。如果底价提出后，对方表示无法接受，但是还有订立合同的意向。本方可以再作出最后一次让步，以便对方觉得本方也是有诚意的。毕竟排除恶意磋商的情况，双方的目的还是在于签订合同，进行转让。

2. 签署合同的技巧

在敲定了价格问题之后，双方就可以对合同的条款进行审核，并签署合同了。在这个阶段应尽量邀请专利律师参与，律师将对合同有关条款推敲、润色，对合同中涉及法律问题提供咨询。主要的审核事项就是前节所述的专利权转让合同条款中的注意事项，通过法律来守护当事人合同利益的最后一道防线。

4.3.2 专利权转让合同的成立与生效

4.3.2.1 专利权转让合同的成立与生效

所谓合同的成立即指缔约达成合意，合同条款至少是合同主要条款已经确定，各方当事人享有的权利和承担的义务得以固定。❶合同的成立并不意味着合同的生效，按照《合同法》第44条之规定，依法成立的合同，自成立时生效。也就是说，合同的生效是法律对于合同成立评价的结果。同时，第45条也规定，双方当事人可以对合同附生效条件。

就专利权转让合同而言，有民事权利能力和行为能力的转让双方意思表示一致，订立合同之时，转让合同即可成立。但是合同必须符合法律的规定，附生效条件的合同必须条件成立，才可生效。在实践的操作中，专利权转让合同经常会附生效条件，比如前述的试验条款等条款，条件不成立，合同不生效。但是应当注意的是，该条件不能违反法律和公序良俗。比如，某一专利权人就一项专利权确权之诉的胜诉作为和另一案外人签订的专利权转让合同生效的要件，这样的条件是否违反公序良俗，目前存在争议。在签订专利权转让合同时，应当避免使用这样的生效条件，以免被

---

❶ 崔健远. 合同法 [M]. 北京：法律出版社，2003：34.

法院认定为合同无效。

4.3.2.2 转让合同的生效和专利权转让的生效

《专利法》第 10 条第 3 款规定，"专利权申请权或者专利权的转让自登记之日起生效"。这就是专利权转让登记生效制度，即合法转让的专利权，其权属转移只有在向国家知识产权局登记后才有效，不登记其权属不发生转移。

【案例 3】王某、王某与刘某、巨野县某环保设备制造公司专利权转让纠纷一案

【当事人】原告 1：王某；原告 2：王某

被告 1：刘某；被告 2：巨野县某环保设备制造公司

【案情简介】2002 年 9 月 3 日，两原告（甲方）与被告刘某（乙方）订立专利技术买卖协议书一份，约定：一、甲方同意将环保垃圾箱两项专利技术转让给乙方，甲方不得再将技术转让或销售给第二家；二、两项专利专利号为：02213722X、02268364X；三、甲方两项专利技术一次性卖断费为 280 万元；四、乙方买断专利后，专利权和生产只限于巨野；五、甲方取得第一项专利证书后，应立即将证书及相关技术资料和图纸等给乙方，乙方一次性付清专利技术买断费 280 万元；六、甲、乙双方签约后，由乙方投资进行正式生产，不论经营如何，专利款按规定由乙方全部付给甲方；七、任何一方未能完全履行本协议规定的条款，另一方有权解除本协议，所造成的全部损失由违约方承担。订立合同当日，被告交付原告定金 10 万元。协议签订后，被告刘某即刻联系大庆人孟某进行投资。2002 年 9 月 30 日，巨野县某环保设备制造公司注册成立，注册资金 50 万元，股东许某出资 30 万元，股东孟某出资 20 万元，由许某任董事长（法定代表人）。该公司成立后，租赁了巨野餐具厂作为生产场所进行生产，又聘用刘某为经理，由两原告父亲王某作为技术人员在公司组织研制、生产，共计生产了 30 台环保垃圾装置。2003 年 3 月 7 日，巨野县人民政府办公室下发文件，号召在巨野县城区推广使用小型环保垃圾中转站。2002 年 4 月 1 日，原告 1 王某对自动多功能环保垃圾装置申请实用新型专利，2003 年 5 月 21 日，国家知识产权局公告，原告 1 取得实用新型专利证书。2002 年 7 月 24 日，原告 2 王某对垃圾站自动开关密封盖机构申请实用新型专利，2003 年 7 月 23 日，国家知识产权局公告，原告 2 取得实用新型专利证书。2003 年 5 月 27 日，两原告（甲方）与被告刘某（乙方）又订立补充协议一份，约定：甲方专利已于 2003 年 5 月 21 日下达，一切按原合同执行；乙方交款日期定

为 4 天，自 2003 年 5 月 28 日至 2003 年 5 月 31 日，如乙方未能按原合同执行，甲方有权终止合同，乙方也不得以任何理由生产或干预甲方，并且乙方应承担给甲方造成的一切损失。该协议到期后，被告没有支付专利转让费。后原告诉至山东省菏泽市中级人民法院，请求法院判令两被告继续履行合同并支付 280 万元专利权转让费。

被告辩称：2003 年 5 月 21 日，原告 1 拿到第一项专利证书，本应按合同第五条规定，将证书及相关技术资料和图纸等交给被告，但原告 1 自始至终未把相关资料及图纸交给被告，原告的行为已违约在先。按照补充协议，合同已经终止。事情的整个过程中，被告遭受了严重的经济损失，原告要求被告履行的转让协议及支付专利技术费 280 万元无理无据。

诉讼中，原告称已按照约定将专利证书及相关资料和图纸交给被告，被告不予认可，原告没有提供相关证据。至今两项专利证书仍由两原告持有，没有向国家知识产权局办理专利权转让登记手续。被告 2 所生产的 30 台环保垃圾装置，仅售出 4 台，对其余 26 台，被告称已按废品处理掉，原告不予认可。2004 年年底，原告在中国经都专利推广网站发布商业广告，对其专利转让、许可使用等进行宣传。两原告对被告是否给其造成经济损失及经济损失具体数额，没有提供确切证据。

【争议焦点】被告的行为是否构成违约？原告的行为是否也构成违约？

【法院判决】一审法院认为：两原告与被告 1 订立专利技术买卖协议及补充协议，应当认定为是专利权的转让，依照专利法规定，专利权的转让应当向国家知识产权局办理专利权转让登记手续，不登记不发生转让的法律效力。但事实上，至今两项专利证书仍由两原告持有，没有向国家知识产权局办理专利权转让登记手续。因此，当事人之间订立的合同成立有效，但并未发生专利权转让的法律效力。2002 年 9 月 3 日专利技术买卖协议签订后，被告 1 没有按照约定一次性支付专利技术买断费 280 万元，在 2003 年 5 月 27 日补充协议签订后，被告 1 也没有按照补充协议限定的期限交付专利买断费，被告的行为已构成违约，应承担相应违约责任。但两原告没有按照专利技术转让协议的约定将专利证书及相关资料和图纸交付被告，并且没有按照法律的规定办理专利转让登记，最终未能实现合同目的，也应承担相应违约责任。鉴于被告已明确要求解除合同，原告在互联网站已经发布转让专利权的信息，合同履行过程中双方都存在违约行为，专利买卖协议履行已不可能，合同应予解除。因被告致合同解除负有主要过错，应承担主要违约责任，对两原告因解除合同造成的经济损失应给予赔偿，被告所交付定金 10 万元不予返还。被告 2 不是专利技术转让协议及补充协议的合同主体，不承担此案民事责任。对于纠纷的形成，被告 1 负有主要责任，应负担此案诉讼费用。依照《中华人民共和国专利法》第 10 条、《中华人民共和国合同法》第 107 条、第 342 条的规定，经审判委员会研究，判决如下：

一、解除原告 1 王某、原告 2 王某与被告 1 刘某签订的专利技术买卖协议及补充协议；

二、驳回原告 1 王某、原告 2 王某要求被告继续履行专利技术买卖协议并支付 280 万元专利转让费的诉讼请求。

案件受理费 24 010 元，由被告 1 刘某负担。

如不服本判决，可在判决书送达之日起 15 日内，向本院递交上诉状并提交副本 3 份，上诉于山东省高级人民法院。

【评析】根据《合同法》中，同时履行抗辩权的构成要件。此案中，根据原合同，双方约定交付专利权证书和给付价款的同时履行，因为被告没有履行，也没有表示愿意继续履行；而原告虽然也没有履行，但是提出继续履行的要求，所以原告应然可以享有同时履行抗辩权。但是，此后由于原告的发布广告等一系列行为，表明其也不愿意继续履行合同，违反诚实信用原则，自然丧失抗辩权。

此外，在此案中，被告不给付价款，自然根本违约。同时，根据《最高人民法院关于审理技术合同纠纷案件适用法律若干问题的解释》第 42 条规定，当事人将不同类型的技术合同订立在一个合同中的，应当根据当事人争议的权利义务内容，确定案件的性质和案由。姑且先撇开一审法院对于涉案合同的性质认定是否正确的问题。在其将涉案合同认定为专利权转让合同的前提下，不论原告有没有交付专利权证书，只要其没有在国家知识产权局办理专利权的转让登记，就会导致专利权没有转移，也和被告一样属于违约行为。因此双方都构成违约，合同目的根本不能实现，合同应当解除。

4.4 专利权转让合同的无效、撤销和解除

4.4.1 专利权转让合同的无效和撤销

法律在规定了合同的生效要件外，还规定了合同无效的情形和可以撤销合同的情形。

4.4.1.1　合同无效和撤销的一般情形

合同的无效，即合同成立后，严重欠缺有效要件。通常情况下，合同的一般无效原因包括："一、一方以欺诈、胁迫的手段订立合同，损害国家利益；二、恶意串通，损害国家、集体或者第三人利益；三、以合法形式掩盖非法目的；四、损害社会公共利益；五、违反法律、行政法规的强制性规定。"❶

合同的撤销是指，因意思表示不真实，通过撤销权人行使撤销权，使已经生效的合同归于消灭。❷其通常包括以下情形：一、欺诈，使对方在违背真实意思的情况下订立的合同；二、胁迫，使对方在违背真实意思的情况下订立的合同、三、乘人之危，使对方在违背真实意思的情况下订立的合同；四、因重大误解订立合同；五、在订立合同时显失公平。❸同时，为了督促撤销权人尽快行使权利，法律还规定："有下列情形之一的，撤销权消灭：一、具有撤销权的当事人自知道或者应当知道撤销事由之日起一年内没有行使撤销权；二、具有撤销权的当事人知道撤销事由后明确表示或者以自己的行为放弃撤销权。"❹

专利权转让合同完全适用《合同法》上关于无效和撤销的规定。

4.4.1.2　专利权转让合同的特殊无效情形

除了适用上述合同无效的一般规则外，专利权转让合同作为一种特殊的技术合同，法律、司法解释还规定了其无效的其他原因。这就是《合同法》第329条规定的"非法垄断技术、妨碍技术进步或者侵害他人技术成果"。

同时，《最高人民法院关于审理技术合同纠纷案件适用法律若干问题的解释》的第10条又进一步明确，下列情形属于《合同法》第329条所称的"非法垄断技术、妨碍技术进步"："一、限制当事人一方在合同标的技术基础上进行新的研究开发或者限制其使用所改进的技术，或者双方交换改进技术的条件不对等，包括要求一方将其自行改进的技术无偿提供给对方、非互惠性转让给对方、无偿独占或者共享该改进技术的知识产权；二、限制当事人一方从其他来源获得与技术提供方类似技术或者与其竞争的技术；三、阻碍当事人一方根据市场需求，按照合理方式充分实施合同标的技术，

---

❶参见《合同法》第52条。
❷崔健远．合同法［M］．北京：法律出版社，2003：76．
❸参见《合同法》第54条。
❹参见《合同法》第55条。

包括明显不合理地限制技术接受方实施合同标的技术生产产品或者提供服务的数量、品种、价格、销售渠道和出口市场；四、要求技术接受方接受并非实施技术必不可少的附带条件，包括购买非必需的技术、原材料、产品、设备、服务以及接收非必需的人员等；五、不合理地限制技术接受方购买原材料、零部件、产品或者设备等的渠道或者来源；六、禁止技术接受方对合同标的技术知识产权的有效性提出异议或者对提出异议附加条件。"

《合同法》之所以规定了专利权转让合同等技术合同的特殊无效情形，其目的就在于鼓励发明创造的推广和应用，促进科学技术进步和创新，这也是《专利法》的制定目的之一。专利权转让合同是通过专利权的转让进行专利权贸易的，这项制度的设计就是为了推广专利技术，促进成果转化，适用《合同法》此项规定，符合该制度的初衷。

4.4.1.3　专利权转让合同无效和被撤销后的效力

就一般无效的或者被撤销的合同来说，其自始没有法律约束力。合同部分无效，不影响其他部分效力的，其他部分仍然有效。合同无效、被撤销或者终止的，不影响合同中独立存在的有关解决争议方法的条款的效力。合同无效或者被撤销后，因该合同取得的财产，应当予以返还；不能返还或者没有必要返还的，应当折价补偿。有过错的一方应当赔偿对方因此所受到的损失，双方都有过错的，应当各自承担相应的责任。当事人恶意串通，损害国家、集体或者第三人利益的，因此取得的财产收归国家所有或者返还集体、第三人。❶当事人一方有过错，且造成对方损失的还应当承担缔约过失责任。

对于专利权转让合同，除了遵循上述规定外，还应当注意的是：在专利权转让合同无效或者被撤销后，专利权转让合同转让方已经履行或者部分履行了约定的义务，并且造成合同无效或者被撤销的过错在对方的，对其已履行部分应当收取的专利权使用费的报酬，人民法院可以认定为因对方原因导致合同无效或者被撤销给其造成的损失。因履行合同所完成新的技术成果或者在他人技术成果基础上完成后续改进技术成果的权利归属和利益分享，当事人不能重新协议确定的，人民法院可以判决由完成技术成果的一方享有。❷

此外，专利权转让合同无效或者被撤销后，当事人因合同取得的技术

---

❶参见《合同法》第56～59条。
❷《最高人民法院关于审理技术合同纠纷案件适用法律若干问题的解释》第11条。

资料、样品、样机等技术载体应当返还权利人,并不得保留复制品;涉及技术秘密的,当事人依法负有保密义务。❶

4.4.2 专利权转让合同的解除

4.4.2.1 合同解除的一般条件

合同的终止是指合同双方当事人之权利义务的消灭。《合同法》第91条明确规定了合同终止的情形:"一、债务已经按照约定履行;二、合同解除;三、债务相互抵消;四、债务人依法将标的物提存;五、债权人免除债务;六、债权债务同归于一人;七、法律规定或者当事人约定终止的其他情形。"作为合同终止情形之一的合同解除,即指在合同有效成立后,当解除条件具备时,因当事人一方或者双方的意思表示,让合同关系归于消灭的行为。

《合同法》第94条中规定了合同解除的条件:"一、因不可抗力致使不能实现合同目的;二、在履行期限届满之前,当事人一方明确表示或者以自己的行为表明不履行主要债务;三、当事人一方迟延履行主要债务,经催告后在合理期限内仍未履行;四、当事人一方迟延履行债务或者有其他违约行为致使不能实现合同目的;五、法律规定的其他情形。"此外,双方当事人协商一致也可以解除合同,当事人可以约定一方解除合同的条件。解除合同的条件成立时,解除权人可以解除合同。❷

当事人一方依照前述规定主张解除合同的,应当通知对方。合同自通知到达对方时解除。对方有异议的,可以请求人民法院或者仲裁机构确认解除合同的效力。法律、行政法规规定解除合同应当办理批准、登记等手续的,依照其规定。合同解除后,尚未履行的,终止履行;已经履行的,根据履行情况和合同性质,当事人可以要求恢复原状、采取其他补救措施,并有权要求赔偿损失。合同的权利义务终止,不影响合同中结算和清理条款的效力。❸

4.4.2.2 专利权转让合同特殊解除的条件

对于专利权转让合同而言,《最高人民法院关于印发全国法院知识产权审判工作会议关于审理技术合同纠纷案件若干问题的纪要的通知》第26条、第27条,就《合同法》合同解除的条件在专利权转让领域作出了详细的解释:

---

❶《最高人民法院关于印发全国法院知识产权审判工作会议关于审理技术合同纠纷案件若干问题的纪要的通知》第18条。

❷《合同法》第93条。

❸《合同法》第96~98条。

首先，专利权转让合同当事人一方迟延履行主要债务，经催告后在 30 日内仍未履行的，另一方可以依据《合同法》第 94 条第（三）项的规定解除合同。当事人在催告通知中附有履行期限且该期限长于 30 日的，自该期限届满时，方可解除合同。

其次，有下列情形之一，使专利权转让合同的履行成为不必要或者不可能时，当事人可以依据《合同法》第 94 条第（四）项的规定解除合同：一、因一方违约致使履行合同必备的物质条件灭失或者严重破坏，无法替代或者修复的；二、专利权转让合同标的的项目或者专利技术因违背科学规律或者存在重大缺陷，无法达到约定的技术、经济效益指标的。

可以说，在专利权转让领域，合同的解除有着更详细的规定，可以更好地保护交易双方的权利。

【案例 4】徐某与湖南某印刷机器有限公司专利转让合同纠纷一案

【当事人】原告：徐某

被告：湖南某印刷机器有限公司

【案情简介】2000 年 1 月 12 日、2000 年 2 月 16 日国家知识产权局分别授予原告徐某专利号为 ZL99225740.9 的"无胶复合辅助膜的收放装置"实用新型专利和专利号为 ZL99225741.7 的"无胶复合塑膜纸"实用新型专利。2004 年 3 月 24 日，原告（转让方）和被告（受让方）签订了"无胶复合辅助膜的收放装置"和"无胶复合塑膜纸"两项专利的专利权转让合同。合同约定专利转让费为人民币 50 万元，分三期支付，同时对付款方式和付款时间、双方义务、违约责任承担及合同生效条件等都进行了明确规定。

2005 年 8 月 28 日，原告（转让方）和被告（受让方）再次签订了上述两项专利的专利权转让合同。合同约定：原告同意由被告全权买断该两项专利，并以转让费及利润提成形式进行；转让费共人民币 20 万元，分三期支付，第一期人民币 5 万元，第二期人民币 5 万元，第三期人民币 10 万元；付款方式和时间为：1. 自专利权转让合同成立之日起 5 日内，受让方付第一期转让费，转让方收到受让方第一期转让费当天应提交有关该两项专利的全部资料原件，并在 15 日之内按有关规定办理该两项专利转让的登记、公告等手续；2. 该两项专利的所有权从本合同经国家知识产权局登记之日起即归受让方，同时受让方应即支付第二期转让费人民币 5 万元给转让方；3. 按照转让方的最新图纸修改、完善该产品，并将该两项专利产品送到受让方指定单位试用，无重大质量和技术问题，受让方即支付第三期转让费 10 万元；转让方无正当理由逾期向受让方交付资料、办理专利权转让手续，每逾期一周，支付违约金人民币 1000 元，逾期一月，受让方有权终止合同，并要求转让方返还转让费和支付违约金人民币 10 万元；受让方逾期支付转让费，每逾期一周，支付违约金人民币 1000 元，逾期一月，转让方有权终止合同，并要求受让方支付违约金人民币 10 万元；该转让合同自国家知识产权局对双方所作的《著录事项变更》进行登记并予以公告之日起生效；合同自转让方将本合同所称"资料"交受让方审核后在本合同上签署"已审核"并签章后成立，合同自在国家知识产权局登记后生效。最后还约定双方的专利转让合同以此份合同为准。

2006 年 1 月 17 日原被告双方签署了《无胶覆膜机乙方向甲方提供各种技术资料及专利证书等甲方认可书》，原被告双方均签字认可以下事实：自 2004 年 4 月起，原告向被告提交了全套单辊无胶覆膜机资料、双辊无胶覆膜机资料，2005 年 10 月 24 日原告交给被告 ZL99225740.9 及 ZL99225741.7 两份专利证书、附件说明书、权利要求书、说明书附图等资料，原告于 2005 年 12 月 19 日向国家知识产权局寄出了该两项专利著录事项变更表及双方专利转让合同书。

被告自 2005 年 8 月至 10 月分两次向原告支付了第一期专利转让费 5 万元。

国家知识产权局 2006 年 4 月 12 日发布了 ZL99225740.9 专利权转让公告，公告此项专利转让登记生效日期为 2006 年 3 月 3 日；2006 年 6 月 7 日发布了 ZL99225741.7 专利权转让公告，公告此项专利转让登记生效日期为 2006 年 5 月 12 日。

上述专利权公告后，直至 2006 年 8 月 5 日，被告方以邮局汇款方式汇出 5 万元，以作为支付给原告的第二期专利转让费。原告认为被告的行为已构成违约并拒绝接受，于 2006 年 8 月 6 日将该笔汇款退还给了被告法定代表人方某。

后原告于 2006 年 9 月 1 日向湖南省长沙市中级人民法院提起诉讼，诉称：国家知识产权局于 2006 年 4 月 12 日和 2006 年 6 月 7 日公告转让，可是被告迟迟不付第二期转让费，原告多次要求被告支付第二期转让费时，被告总是以种种借口拖延。被告已严重违反合同的约定，给原告造成了很大的经济损失。为此原告请求法院判决：1. 终止 2005 年 8 月 28 日双方签订的专利权转让合同，被告退回属原告开发所有的无胶复合辅助膜的收放装置（专利号 ZL99225740.9）和无胶复合塑膜纸（专利号 ZL99225741.7）两项专利权及专利证书。2. 被告赔偿合同违约金 10 万元给原告。3. 被告承担全部诉讼费用。

被告辩称：根据双方签订的专利权转让协议，被告支付第二笔转让费的时间是国家知识产权局登记之日支付。被告没有在规定的时间支付，主要是由于两个方面的原因：一、由于原告提供的两项专利没有达到样机生产协议书中的技术指标，无法进行批量生产；二、由于原告的原因，原告一直和公司对样机技术指标进行完善，尽可能批量生产，但是经共同努力没有达到目的，原告就以其利益没有得到保护为由离开了公司，也不向公司提供个人账号，公司无法与其进行联系，所以导致被告无法向原告支付第二笔专利转让费。另外，原被告双方在 2006 年 8 月 3 日就支付第二笔专利转让费达成了新的协议，双方约定，在 2006 年 8 月 4 日支付第二笔专利转让费，被告已经按照双方约定的时间及时支付了第二笔转让费。基于以上两个方面的理由，被告认为原告的请求不应得到支持，请求法院依法驳回原告的诉讼请求。

【争议焦点】被告是否应当支付第二笔转让费

【法院判决】一审法院认为，1. 专利转让合同中约定的被告支付第二期转让费的条件是该两项专利转让合同经国家知识产权局登记，与是否生产出合格的专利样机产品无关，被告又没有针对原告专利技术的实用性问题提出诉讼或反诉，故原告专利的实用性及能否实现合同目的并不是此案审理的范围；2. 原告在与被告合作期间，与被告有多笔经济往来，其中部分往来金额巨大，双方应就相关款项的支付有约定俗成的方式，但被告未提交相关会计凭证证明原被告之间只存在银行转账这一种付款方式；3. 原告与被告合作多年，被告应当知道原告的联系地址和方式，故被告付款方式并不局限于银行转账这一种方式；4. 被告没有证据证明原告与被告已就支付第二期专利转让费及违约责任的承担达成了新的协议；5. 在已经实际产生违约责任的情况下，被告也没有证据证明其为了履行支付义务、承担和减少违约损失而实际实施了履约或补救行为。故对被告认为其没有违约的辩论意见本院不予支持，被告应就其逾期支付第二期专利转让费的违约行为承担合同约定的责任。

依双方专利转让合同的规定，合同约定该两项专利的所有权从专利转让合同经国家知识产权局登记之日起即归被告，同时被告应即支付第二期转让费人民币 5 万元给原告，还约定被告逾期支付转让费，每逾期一周，应支付违约金人民币 1000 元，逾期一月，原告有权终止合同，并要求被告支付违约金人民币 10 万元。ZL99225740.9 专利转让登记生效日期为 2006

年 3 月 3 日，ZL99225741.7 专利转让登记生效日期为 2006 年 5 月 12 日，即被告应于 2006 年 5 月 12 日向原告支付第二期专利转让费 5 万元。而被告至 2006 年 8 月 5 日才通过邮局向原告汇款支付第二期专利转让费，已超过双方合同约定的付款日期两个多月。被告逾期支付转让费，故对原告要求解除专利转让合同及被告支付违约金的主张，本院予以支持。该合同解除后，双方因合同产生的权利义务，尚未履行的，终止履行；已经履行的，根据合同的履行情况和合同性质，可依当事人请求恢复原状、采取其他补救措施，并责令违约方承担违约责任。此案中，根据原告的诉讼请求，原告要求将已转让的两项专利权取回，即该两项专利权的权利人变更为原告，恢复至转让合同签订前的权属状况，同时合同约定了违约责任的承担方式为支付违约金 10 万元。故被告在承担了返还专利权及支付违约金的责任后，其已依合同支付的第一期转让费 5 万元亦应由原告徐某返还。合同终止后，由于双方互负给付义务，两相冲抵，被告尚应支付原告违约金 5 万元。至于原告与被告之间除转让费外，是否尚有其他经济往来，则不属于合同约定的转让款项，且被告亦未以反诉提出请求，不在此案中处理。

综上，依据《专利法》第 10 条、《合同法》第 8 条、第 93 条、第 97 条、第 107 条、第 114 条之规定，判决如下：

一、解除原告徐某与被告某印刷机器有限公司 2005 年 8 月 28 日签订的《专利转让合同》。

二、被告某印刷机器有限公司于本判决生效后 15 日内，向原告徐某支付违约金人民币 5 万元。

三、被告某印刷机器有限公司于本判决生效后 15 日内，将 ZL99225740.9 "无胶复合辅助膜的收放装置" 和 ZL99225741.7 "无胶复合塑膜纸" 两项实用新型专利权返还至徐某名下，并将相关的专利权证书返还给原告。

此案案件受理费 7010 元，原告徐某负担 2103 元，被告某印刷机器有限公司负担 4907 元。此案受理费已由原告向本院预交，被告应承担的部分直接向原告支付。

如不服本判决，可在本判决书送达之日起 15 日内，向本院递交上诉状，并按对方当事人的人数提出副本，上诉于湖南省高级人民法院。

【评析】此案中，被告在原告履行了专利权的转让义务后，仍然迟延给付第二笔转让费，符合《合同法》第 94 条之解除要件。同时，在涉案合同中约定有解除条款的情况下，原告行使解除权，更应当是有理有据的。被告认为原告的专利技术不能实践生产，只是第三笔转让费支付的条件，而非第二笔。在这种情况下，法院判决依照解除条款，约定解除合同，于法有据。根据合同解除的效力，尚未履行的不予履行，已经履行的恢复原状。被告应交还两项专利，原告也应当将第一笔转让费返还被告。同时合同约定了违约金条款，原告主张违约金也是合情合理的。

4.5　专利权转让合同的履行

合同的履行是指合同当事人全面、适当地完成合同义务，使得合同的目的得以实现的行为。

4.5.1　专利权转让合同中当事人的法定义务

在专利权转让合同中，转让方和受让方除了履行合同条款中的约定义务外，还应当承担一些特定的法定义务，即合同中没有约定，当事人也应当承担的义务。

4.5.1.1　转让方的法定义务

除了转让专利权和不得再许可他人实施外，转让方还应当承担以下法定义务：

（1）专利权转让合同的转让方应当保证自己是所提供专利权的合法拥有者。❶专利权转让合同，是专利权人转让其合法拥有的专利权之合同。如果转让方不是该专利权的合法拥有人，其当然无权处分该专利权。现实中，也很少出现转让方非法转让他人专利权或者权属尚有争议的专利权的情况。因为转让方如果是明显非法转让他人的专利权，受让方只需通过专利检索或者查阅国家知识产权局的专利登记簿即可查出。

在实践中，经常出现的情况是，转让方确实是转让的专利权在国家知识产权局专利登记簿上的"合法专利权人"，但是由于其转让的专利是他人拥有的在先专利的从属专利或者是重复授权的专利，因此该转让方并不是该专利权的完全拥有者。这种情况往往发生在转让方不知其专利为从属专利或者重复授权的情况下。因为我国实用新型专利是不经过实质审查的，所以权利人获得的专利权可能是有瑕疵的，即从属于他人专利的专利或者是与他人专利属于重复授权的专利。而基于专利权登记的公信力，受让方很可能误认为转让方是合法专利权人而受让其专利权。由于专利权侵权采

---

❶《合同法》第 349 条。

用无过错责任原则，一旦发生受让方受让、实施该瑕疵专利权的侵权，则双方构成共同侵权，受让方只能事后向转让方追偿。所以，出于保护受让方的目的，转让方应当尽"保证其是合法专利权拥有人"的义务。

（2）保证所提供的专利权完整、无误、有效，能够达到约定的目标。[1] 在专利权的转让中，除了专利权转让登记外，转让方还应当交付专利资料。其交付的专利资料应当符合达成约定目标的要求。比如：转让方交付的专利配套施工图，应当与权利要求书的保护范围一致并符合专利的技术特征。这也是从另一方面保证合同目的实现和受让方从该专利权中获得可期利益的需求。

但应当注意的是，提供技术指导不在此列。没有约定，转让方不须提供技术指导。

（3）订立专利权转让合同前，转让方自己已经实施发明创造，在合同生效后，受让方要求转让方停止实施的，人民法院应当予以支持，但当事人另有约定的除外。[2] 在专利权转让后，转让方自然失去专利权，其如果想再继续实施该专利，只有通过协商而获得受让方的实施许可。

（4）在专利权转让以前，如果双方当事人没有就专利年费缴纳达成协议的，转让方应继续缴纳，以维持专利权不被提前终止。这是转让方对于专利年费的注意义务，其应当保证合同的标的不灭失。

4.5.1.2　受让方的法定义务

受让方的法定义务主要是支付转让费。此外，《合同法》第350条还规定了受让方的保密义务，即专利权转让合同的受让方应当按照约定的范围和期限，对转让方提供的专利权涉及的尚未公开的秘密部分，承担保密义务、支付价款的义务。为了实施专利权，经常会涉及配套实施的技术秘密，对于这些技术秘密，受让方应当承担保密义务。

4.5.2　专利权转让合同中的履行规则

专利权转让合同的履行应按照一般合同的履行原则、规则，适当、互相协作地履行。此外，根据专利权转让合同的特点，对于此类合同中大量约定不明的内容，在没有补充协议时，根据《合同法》和《最高人民法院关于印发全国法院知识产权审判工作会议关于审理技术合同纠纷案件若干问题的纪要的通知》，应遵循下列特殊履行规则：

（1）当事人对专利权转让合同的价款、报酬没有约定或者约定不明确

---

[1]《合同法》第349条。
[2]《最高人民法院关于审理技术合同纠纷案件适用法律若干问题的解释》第24条。

的。依照《合同法》第61条的规定不能达成补充协议的，根据有关专利技术成果的研究开发成本、先进性、实施转化和应用的程度，当事人享有的权益和承担的责任，以及技术成果的经济效益和社会效益等合理认定。专利权转让合同价款、报酬、使用费中包含非技术性款项的，应当分项计算。

（2）当事人对专利权转让合同的履行地点没有约定或者约定不明确的。依照《合同法》第61条的规定不能达成补充协议的，以受让方所在地为履行地；但给付合同价款、报酬的，以接受给付的一方所在地为履行地。

（3）专利权转让合同当事人对专利技术的验收标准没有约定或者约定不明确。在适用《合同法》第62条的规定时，没有国家标准、行业标准或者专业技术标准的，按照本行业合乎实用的一般技术要求履行。当事人订立专利权转让合同时所作的可行性分析报告中有关经济效益或者成本指标的预测和分析，不应当视为合同约定的验收标准，但当事人另有约定的除外。

（4）当事人应按照互利的原则，在专利权转让合同中约定实施专利后续改进的技术成果的分享办法，没有约定或者约定不明确，依照《合同法》第61条的规定仍不能确定的，一方后续改进的技术成果，其他各方无权分享。

4.6　专利权转让合同的纠纷解决

4.6.1　纠纷性质和案由的认定

技术合同包括技术开发合同、技术转让合同、技术咨询合同和技术服务合同。其中，技术转让合同又包括专利申请权转让合同、专利权转让合同、技术秘密转让合同和专利实施许可合同。专利权转让合同的纠纷是技术合同纠纷的一种。不同性质的合同纠纷，其处理的方式、结果也会大相径庭。所以，解决专利权转让合同纠纷的首要问题是必须认定该合同纠纷是否属于专利权转让合同的纠纷，即对于合同纠纷的性质和案由的认定。

（1）当事人以专利权转让为目的订立的合同，属于专利权转让合同。一般情况下，基于专利权转让合同所发生的纠纷当然应属于专利权转让合同纠纷。

（2）当事人将专利权转让合同和其他技术或非技术合同内容订立在一个合同中的，应当根据当事人争议的权利义务内容，确定案件的性质和案由。合同名称与约定的权利义务关系不一致的，应当按照约定的权利义务内容，确定合同的类型和案由。

（3）专利权转让合同中约定转让方负责包销或者回购受让方实施合同标的技术制造的产品，仅因转让方不履行或者不能全部履行包销或者回购义务引起纠纷，不涉及专利技术问题的，应当按照包销或者回购条款约定的权利义务内容确定案由。

（4）转让专利权并约定后续开发义务的合同，就该专利技术的重复试验效果方面发生争议的，按照专利权转让合同处理；就后续开发方面发生争议的，按照技术开发合同处理。

（5）专利权转让合同中约定转让方向受让方提供实施专利技术的专用设备、原材料或者提供有关的技术咨询、技术服务的，这类约定属于专利权转让合同的组成部分。因这类约定发生纠纷的，按照专利权转让合同处理。

（6）当事人以专利权入股方式订立联营合同，但专利权入股人不参与联营体的经营管理，并且以保底条款形式约定联营体或者联营对方支付其专利技术价款或者使用费的，属于专利权转让合同。

（7）当事人一方以专利权转让的名义提供已进入公有领域的技术，并进行技术指导、传授技术知识等，为另一方解决特定技术问题所订立的合同，可以视为技术服务合同，但属于《合同法》第 52 条和第 54 条规定情形的除外。

4.6.2　专利权转让的违约行为与责任

专利权转让合同生效后，双方当事人应当适当、互相协作地履行合同义务，保证合同目的的实现。一旦当事人履行义务不适当，应当承担相应的责任。

4.6.2.1　专利权转让中的主要违约行为

4.6.2.1.1　转让方的主要违约行为

专利权转让合同的转让方可能的主要违约行为有：

（1）未按合同约定的专利技术转让专利技术或者未按合同约定全部转让专利技术。

（2）延迟履行合同，未及时办理专利权转让登记手续或逾期不移交相关专利资料，经催告后，在 30 日内或者约定超过 30 日的宽限期届满后，仍未履行的。此处应当注意的是，在原《技术合同法实施条例中》规定的宽限期为两个月，但是该条例已经于 2001 年 10 月 6 日废止。❶法定的宽限

---

❶参照《国务院关于废止 2000 年底以前发布的部分行政法规的决定》.

期已经降低为 30 日，但是超过 30 日的约定宽限期仍然有效。这样的规定也是出于对双方当事人意愿的尊重和督促义务人尽快履行合同义务的综合考虑。

（3）受让方按照合同约定实施专利引起侵害他人的合法权益的。这就是转让方与受让方共同侵权时的规定，转让方在转让合同时应当保证其是专利权的合法拥有者，否则，当然构成违约，受让方事后可向其追偿。

（4）因转让方原因导致专利权的终止或者被宣告无效，致使合同的目的不能实现的。

4.6.2.1.2　受让方的主要违约行为

受让方的主要违约行为有：

（1）未按合同约定支付足额的转让费。

（2）违反合同约定的支付价款的方式。

（3）逾期不支付转让费，经催告后，在 30 日内或者约定超过 30 日的宽限期届满后，仍未履行的。

4.6.2.2　专利权转让合同的违约责任

当事人一方不履行合同义务或者履行义务不符合规定的，另一方可以要求其继续履行、进行补救或者给予损害赔偿。值得注意的是，在专利权转让合同中，损害赔偿的数额即违约所造成的损失很难计算，所以应当在合同中约定违约金条款。没有约定违约金条款的，不得请求违约金，只能由法院确定损失金额，而其往往又是不足额的。

符合 4.4.2 所述的合同解除条件的，当事人可主张解除合同，使合同归于消灭。解除的效力亦如前文所述。

此外，对于不具有民事主体资格的科研组织（包括法人或者其他组织设立的从事技术研究开发、转让等活动的课题组、工作室）等订立的专利权转让合同，经法人或者其他组织授权或者认可的，视为法人或者其他组织订立的合同，由法人或者其他组织承担责任；未经法人或者其他组织授权或者认可的，由该科研组织成员共同承担责任，但法人或者其他组织因该合同受益的，应当在其受益范围内承担相应责任。❶

4.6.3　专利权转让的纠纷解决途径

在专利权转让纠纷发生后，当事人可以选择的纠纷解决途径，除了双方自行协议和解外，还可以寻求专利管理部门调解或者按照合同约定请求

---

❶参见《最高人民法院关于审理技术合同纠纷案件适用法律若干问题的解释》第 9 条。

仲裁机构仲裁，亦可前往法院诉讼解决。

4.6.3.1 专利管理部门调解

根据《专利法实施细则》第81条、第85条之规定，当事人之间的专利权归属纠纷可以请求专利管理部门（省、自治区、直辖市人民政府以及专利管理工作量大又有实际处理能力的设区的市人民政府设立管理专利工作的部门）调解。当事人请求调解专利纠纷的，由被请求人所在地或者侵权行为地的管理专利工作的部门管辖。两个以上管理专利工作的部门都有管辖权的专利纠纷，当事人可以向其中一个管理专利工作的部门提出请求；当事人向两个以上有管辖权的管理专利工作的部门提出请求的，由最先受理的管理专利工作的部门管辖。管理专利工作的部门对管辖权发生争议的，由其共同的上级人民政府管理专利工作的部门指定管辖；无共同上级人民政府管理专利工作的部门的，由国务院专利行政部门（国家知识产权局）指定管辖。

不同于法院的调解，专利管理部门的调解没有法律强制力，完全靠当事人自愿履行。一方当事人不履行其制作的合法调解协议的，另一方当事人也无权要求法院强制执行。但是，另一方当事人在对方不履行调解协议的情况下，继续诉至法院的，可以根据这份合法的调解协议而请求法院制作调解书。

4.6.3.2 仲裁机构仲裁

当事人在纠纷发生后，也可以向仲裁机构申请仲裁。仲裁机关作出的仲裁书，具有一定的法律强制力。仲裁机构虽不能强制执行，但是当事人可以向法院申请强制执行。值得注意的是，当事人如果在转让合同中约定有仲裁条款的，则仲裁为诉讼的前置程序，当事人不得径行诉讼。合同中没有仲裁条款，事后也未达成仲裁协议的，当事人可以直接向法院起诉。

4.6.3.3 诉讼途径

向人民法院起诉，是当事人在专利权转让合同纠纷中，保护自身权益的最后途径。关于专利权转让纠纷的诉讼管辖问题，《最高人民法院关于审理技术合同纠纷案件适用法律若干问题的解释》第43条规定了级别管辖，即其一般由中级以上人民法院管辖；以及指定管辖，即各高级人民法院根据本辖区的实际情况并报经最高人民法院批准，可以指定若干基层人民法院管辖第一审专利权转让合同纠纷案件。而对于合同中既有专利权转让合同内容，又有其他合同内容，当事人就专利权转让合同内容和其他合同内容均发生争议的，由具有专利权转让合同纠纷案件管辖权的人民法院受理。

这是由于专利权转让合同的纠纷不仅与《合同法》之技术合同相关，还与《专利法》及其实施细则相关，其技术性较强，所以应当由有审理此类案件能力的法院管辖。

本章思考与练习

1. 简述专利权转让合同的概念和性质？

2. 简述专利权无效宣告对于专利权转让合同的效力？

3. 专利权转让合同的主要条款包括哪些？

4. 专利权转让谈判的特点是什么？

5. 专利权转让合同生效和专利权转让生效的关系是什么？

6. 专利权转让合同解除的条件是什么？

7. 专利权转让合同中转让方的法定义务有哪些？

8. 专利权转让中的主要违约行为有哪些？

第五章 专利申请权转让合同与技术转移

本章学习要点

1. 厘清申请专利权、专利申请权、申请专利的权利三者的含义和区别。

2. 掌握一项发明创造自完成之日到授予专利权之日之间各个阶段转让合同和技术转移的特点。

3. 重点掌握专利申请权转让合同必须约定之条款及其注意事项。

5.1 专利申请权与申请专利的权利

目前，"专利申请权"、"申请专利的权利"这两个术语在立法和司法实践中已经被作为法定概念来使用，学界、实务界对于它们无论从立法层面上还是从司法层面上都作出了解释，但说法不一，这种立法上的不明确及学术理论上的争论，直接影响到技术领域中相关权利的归属问题。

5.1.1 专利申请权与申请专利的权利的相关研究

5.1.1.1 专利申请权与申请专利的权利的概念的争议

根据专利权的特点可以知道，专利权的原始取得需要一定的要件，其权利产生的法律事实包括两个方面，即创造者的创造性行为和国家机关的授权行为。因此，专利权的取得过程，借用美国学者的说法：创造性活动是权利产生的"源泉"（source），而法律（国家机关授权活动）是权利产生的"根据"（origin）。❶ 当然，在此过程中，还需权利人的申请行为的提起。因此，专利的权利状态是基于创造者的创造行为、申请行为和国家授权行为，而由国家法律把这种状态进行规定而来的。

一项技术成果，从发明创造完成到获得专利授权的全过程中，考察产

---

❶ L. Ray Patterson Stanley W. Lindberg. The Nature of Copyright：A Law of Users' Right［M］. The U2 niversity of Georgia Press，1991：49—55.

生该发明创造的权利状态的变化，首先要考察其中三个关键日期：发明创造完成日、专利申请日、专利授权日。这三个关键日期对于确定权利人的权利状态具有决定意义。其中，提起专利申请之后，还有一个特别的时间点，也对发明创造的权利状态的确定有一定影响，就是专利申请公开日。因此，如果要把一项发明创造从完成到授权期间的权利状态的变化完整、准确地展现，必须把这四个时间点之间的权利的不同存在状态予以明确。目前，很多学者都比较关注一项发明创造在权利状态界定上的不统一导致其在理论和实践中混乱的问题，因此，本书试图从不同的角度解释说明这个问题。

一、有关"专利申请权"概念的相关争议

当前学界对于专利申请权的理解，主要从两个方向进行。❶

第一个方向是时段划分，专利申请在法律状态下，要经过几个时段，每个时段的权利是可以界定的。在此之下，有两种典型的观点：其一认为，专利申请权是包含两阶段的权利，即专利申请提出前和专利申请提出后的权利。❷这种观点实际上是认为，专利申请权自发明创造完成之时即已存在，与是否提出申请无关。这个角度上的认识是基于发明创造本身来说的，是法律赋予发明创造以潜在的权利。其二认为，专利申请权是指申请人对其专利申请的权利，未申请就没有专利申请权。这种观点是说，仅当提出申请之时，才有所谓专利申请权，在此之前也有权利，但并非专利申请权。❸这种说法把申请行为作为权利产生的法律事实，专利申请权基于申请行为而产生。

仅仅从时间上对专利申请权进行划分，容易造成认识上的混乱，因此，很多学者又从词义解释的角度去阐述专利申请权的含义。

第二个方向是词义解释，其下也有两种典型观点：其一认为，专利申请权是指发明创造所有者向国家知识产权局提出专利申请的权利或者资格，它"实际上是一种请求权，即请求专利局代表国家确认其独占该发明创造的权利"。❹这种观点是将专利申请权视为一种请求权，并且，因为这种请求权是向国家专利行政部门提出的，所以可以说是一种公法上的请求权。其

---

❶ 王玲，应振芳：专利申请权辨析 [J]．电子知识产权，2006 (6)．

❷ 专利申请权的转让，在法律上又可划分为专利申请前提出的转让和专利申请提出后的转让 [M] //刘春田．知识产权法．北京：中国人民大学出版社，2002：179.

❸ 文希凯．专利法释义 [M]．北京：专利文献出版社，1994：37. 宿迟．知识产权名案评析 [M]．北京：人民法院出版社，1996：228.

❹ 文希凯．专利法释义 [M]．北京：专利文献出版社，1994：22. 李国光．知识产权诉讼 [M]．北京：人民法院出版社，1998：368.

二认为，专利申请权是实体请求权与程序性权利的并存，包括提出专利申请的程序性权利和请求授予专利权的实体请求权。这种观点认为，专利申请权包括提出专利申请的程序性权利和请求授予专利权的实体请求权两个方面，并且，前者以后者为基础，并服务于后者的实现，其作用在于启动专利审查程序。❶

汤宗舜先生认为：我国专利法所说的专利申请权转让，解释上应当是指专利申请提出以后对专利申请所有权的转让而言。这种转让应当按照该规定由当事人订立书面合同，经国家知识产权局登记和公告后生效。至于在专利申请提出以前，"获得专利的权利"的转让或者继承，则无须如此办理。❷实际上，他主张区分"专利申请权"与"获得专利的权利"，前者指的是申请日以后申请人享有的权利，后者指的是发明创造完成日到申请日之间的权利。这样，汤先生就将专利申请权的词义限定于"对专利申请的所有权"，限定了专利申请的存续时段。并且，"对专利申请的所有权"一词，已经暗示了专利申请权是一种财产权。有学者进一步论证了类似观点，认为应当区分专利申请权与申请专利的权利。其理由一是依体系解释，只能将专利申请权解释为处于专利申请日到专利授权日之间的权利。因为，专利申请日后当事人转让申请权的，专利局也才对该转让有"管辖权"；专利申请日前，当事人转让技术成果，专利局根本无权过问。二是依文字表述，《专利法》第 6 条、第 8 条使用的术语是"申请专利的权利"，两者已有区别。申请专利的权利在本质上是指发明创造的所有权的一种行使方式。在外延上，申请专利的权利隶属于发明创造的所有权，前者只是后者中的一种权能，是后者进入专利法调整领域的具体化权能的体现。《合同法》第349 条、第 326 条、第 327 条与《专利法》关于申请专利的权利之归属的规定一致，可以印证上述结论。❸

二、有关"申请专利的权利"概念的相关争议

对于申请专利的权利的研究，仍然从上述两个角度去阐释它，一是界定它所存在的时间区间，二是它的词义内涵。很多学者都认为：申请专利的权利在本质上是指发明创造的所有权的一种行使方式。在外延上，申请专利的权利隶属于发明创造的所有权，前者只是后者中的一种权能，是后

---

❶李云朝．论专利申请权与专利申请案中的权利［J］．科技与法律，1996（2）．
❷"就发明创造获得专利权是一种对产权，所以发明人或者设计人可以把这种获得的权利转让给他人……这同申请提出以后，申请人把他对专利申请的所有权转让于他人……是有所不同的。"参见汤宗舜．专利法教程［M］．北京：法律出版社，2003：58.
❸张玲．专利法的若干问题及其立法建议［J］．南开学报（哲学社会科学版），2004（1）．

者进入到专利法调整领域的具体化权能的体现。他们把这个权利的时间区间定位于发明创造完成日到申请日之间的权利。❶❷也有人认为申请专利的权利是发明创造申请专利并取得专利的权利，应当是《专利法》规定的专利申请权的前置权利。在申请专利以后，申请专利的权利就转化为专利申请权。申请专利的权利应当开始于发明创造完成的时候。只要形成了完整的技术方案，并且确信该技术符合《专利法》授予专利的条件，就可以认为拥有了申请专利的条件。申请专利的权利应当在该发明创造丧失获得专利的条件后终止。最经常发生的情况就是已经有同样的技术方案公开并可以为公众所知晓，那么在后申请专利的发明创造就丧失获得专利的条件。是否申请专利不是申请专利的权利终止的必要条件。申请专利本身并不导致公开申请文件中记载的技术方案。申请专利的权利，不是其客体即发明创造唯一的权能。除此之外，发明创造的所有人可以保存发明创造的信息或资料不为他人所知，或者公布发明创造，也可以实施该发明创造、改进该发明创造、将该发明创造转让给他人或者许可他人使用。申请专利的权利的相对排他性是其区别于专利申请权和专利权的根本属性。多个权利主体的申请专利的权利是平行存在的，任何民事主体不存在优先于其他人的优势。各个主体申请专利的权利是均等的。❸在实践中，这些学术理论上的争议，也导致实践中的各方由于对概念的认知不同而引发诸多纠纷。

5.1.1.2　目前困境

我国的《民法通则》《合同法》《专利法》《专利法实施细则》《技术进出口管理条例》《最高人民法院关于审理专利纠纷案件适用法律问题的若干规定》《最高人民法院关于审理技术合同纠纷案件适用法律若干问题的解释》《最高人民法院关于审理专利申请权纠纷案若干问题的通知》等法律、法规、司法解释都对专利申请权、申请专利的权利等概念有过相关规定，但上述法律、法规及司法解释却均未对其含义加以明确规定。而学界对于这些法学术语还存在诸多争论，法律界也从立法层面上、司法层面上都作出了解释，说法不一。这种立法上的不明确、学术理论上的争论和司法审判的不统一，导致实践中的纠纷日益增多，比如各个阶段的技术转移合同中的问题，特别是专利申请权转让合同的签订、履行、终止乃至纠纷的解

---

❶ "就发明创造获得专利权是一种对产权，所以发明人或者设计人可以把这种获得专利的权利转让给他人……这同申请提出以后，申请人把他对专利申请的所有权转让于他人……是有所不同的。"参见汤宗舜．专利法教程［M］．北京：法律出版社，2003：58.

❷ 张玲．专利法的若干问题及其立法建议［J］．南开学报（哲学社会科学版），2004（1）.

❸ 刘强．申请专利的权利的归属若干问题的探讨［J］．安徽理工大学学报（社会科学版），2005（4）.

决等方面。而要解决这些困境，最重要的是在法律规定上对这些法律概念加以清楚地界定，那么在实践操作就有了明确的依据。

5.1.2　申请专利权、专利申请权、申请专利的权利的含义

从上述学界的各种观点可以看出，对于专利申请权和申请专利的权利在时间上的划分和内涵的界定上存在不同的认识。我们认为，对于它们的区别，清晰的权利存在、确定的时间区间和准确的权利内涵界定是厘清它们纠缠不清状态的关键。

5.1.2.1　时间划分

如前所述，一项发明创造从完成到授予专利权的全过程中，要经历几个重要的时间节点：发明创造完成日、专利申请日、专利申请公开日、专利授权日。对一项发明创造而言，在这一过程中，权利的表现形态并不是一成不变的。专利申请日的权利状态与发明创造完成日的权利状态相比，由于公权确权程序的介入，使得权利在这一公权的介入下发生了转化的现象。这种变化并没有完全改变其实体权利，也没有影响权利的原始归属，仅仅改变程序上权利的性质，就是对于国家公权力而言，在程序上，权利人获得了请求权，比如说申请公开、撤回申请等。到专利申请公开日，实体权利内容没有什么变化，变化的也仅仅是程序上的权利，比如申请实质审查、撤回申请等。而在专利授权日，主要表现为实体上的权利变化，比如禁止权。为了把这些变化在一段相对的时间区间内的权利暂态固定下来，必须对这种暂态现象进行类型化处理。因此，我们认为，对于一项发明创造从完成到专利授权的全过程的考察，按照时间划分，可以分为三个阶段：发明创造完成之日至专利申请之日；专利申请之日至专利申请公开之日；专利申请公开之日到专利授权之日。从发明创造完成之日到专利申请日，这个时间区间的发明创造的权利状态可以界定为申请专利权；从专利申请日到专利授权日，这个时间区间的发明创造的权利状态可以界定为专利申请权；而这个全过程，从发明创造完成之日到专利授权之日的权利存在状态可以界定为申请专利的权利。这样，就可以完全把这几个区间的权利状态准确地固定下来，以免因为立法上的界定不清引起司法实践中的混乱（如下图5-1）。因此，根据发明创造的全过程的时间划分，其技术转移也可以相应的分为三个阶段：发明创造完成后，申请专利前的技术转移；专利申请后，专利申请文件公开前的技术转移；专利申请公开后，授权前的转移。因为权利状态的不同，三个阶段的技术转移各有特点。

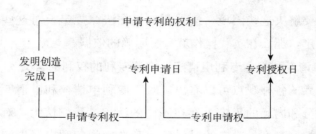

图 5—1　发明创造权利状态变化示意图

5.1.2.2　相关时间点的确定方法

如何确定一项发明创造的这几个关键的时间点，对于相关权利的界定意义重大。对发明创造完成先后的时间界限的规定，目前国际上存在两个不同的标准：申请日标准和发明完成日标准。采用发明完成日标准的国家目前只有美国、菲律宾。发明完成日标准对于发明人似乎更公平一些，但在实际执行起来困难较多，付出的成本较高。因为真正完成发明的时间是不易确定的，一旦发生争议就更难证明了。此外发明日标准不利于鼓励发明人及早申请专利、公开发明创造的技术内容，而可能使发明人在完成发明后一段时间内继续保守该发明的技术。这对于社会来说显然是不利的。所以，绝大多数国家采取申请日标准。

在我国，采用的是申请日标准。依据专利法规定，申请日的确定是这样操作的：如果是申请人把申请文件直接递交国家知识产权局，经当场审查，凡是符合受理条件的，其提交日就确定为申请日；如果采用邮寄方式递交申请文件，以邮件寄出日为申请日；寄出邮件的邮戳日期不清的，以寄到国家知识产权局的邮戳日为申请日；邮件的邮戳都不清楚的，以国家知识产权局收到日为申请日。申请日确定之后，不能随意更改。在两种情况下可以更改：一是知识产权局以邮戳不清而确定相应的申请日的，如果申请人能够提供寄出申请文件的挂号收据或其他证据，国家知识产权局根据其申请，查证核实之后，可以更改申请日；二是对于已经提交的专利申请未交或者少交、漏交相关附图的，以补交附图的最后提交日为该申请的申请日。另外，与申请日密切相关的还有优先权日。优先权是保护工业产权《巴黎公约》确立的基本原则，其做法就是申请人在任一巴黎公约的成员国首次提出正式专利申请后的一定期限内，又在其他成员国就同样内容的发明创造提出专利申请的，可将其首次申请日作为其后续申请的申请日。优先权包括外国优先权和本国优先权两种。我国《专利法》专门规定了优先权制度。根据《专利法》第 29 条第 1 款规定，申请人自发明或者实用新型在外国第一次提出专利申请之日起 12 个月内，或者自外观设计在外国第一次提出专利申请之日起 6 个月内，又在中国就相同主题提出专利申请的，依照该外国同中国签订的协议或者共同参加的国际条约，或者依照相互承认优先权的原则，可以享有优先权。这是关于外国优先权的规定。第 2 款规定，申请人自发明或者实用新型在中国第一次提出专利申请之日起 12 个月内，又向国务院专利行政部门就相同主题提出专利申请的，可以享有优先权。这是本国优先权。本国优先权仅限于发明或者实用新型的专利申请，外观设计专利申请不能取得本国优先权。其中所规定的第一次提出申请的日期为优先权日，发明和实用新型专利申请的优先权期为 12 个月，外观设计的优先权期为 6 个月。同时，《专利法》第 30 条规定，申请人要求优先权的，应当在申请的时候提出书面声明，并且在 3 个月内提交第一次提出的专利申请文件的副本；未提出书面声明或者逾期未提交专利申请文件副本的，视为未要求优先权。

根据《专利法》之规定，发明专利权、实用新型专利权、外观设计专利权自公告之日起生效，因此，专利授权日为国家专利行政部门作出的授予专利权的公告之日。

5.1.2.3　内涵界定

一、申请专利权

当一项发明创造诞生之时，与生俱来、平行而至的可能有两部分知识产权：一是发明创造财产权，二是发明人权益。[1]发明创造财产权初始状态表现为该发明创造的技术秘密权（在发明创造处于秘密状态并经权利人采取了保密措施时）及申请专利权。技术秘密权包括在不申请专利时，或者在专利申请前，或者专利申请期间，对该发明创造之技术秘密的使用权和转让权。至于申请专利权，有学者认为其表现为决定是否申请专利、何时申请专利、申请何种类型的专利以及对哪些技术方案（具体体现为在专利申请文件中，权利要求书独立权项的特征部分）申请专利、向哪些国家和地区提交申请的权利。[2]由此可见，申请专利权是指一项发明创造完成之后，权利人对该发明创造所拥有的所有权的一种行使方式，从其权利行使方式看，并不是其客体即发明创造唯一的权能，对于一项发明创造，其所有人处置它的方式有很多种，比如可以保存发明创造的信息或资料不为他

---

[1]陶鑫良．职务报酬的发明权属性及其创新激励探讨［C］//吴汉东．知识产权年刊（2006）．北京：北京大学出版社，2007.

[2]郑成思．知识产权价值评估中的法律问题［M］．北京：北京大学出版社，1999：61.

人所知，等同于技术秘密；或者公布发明创造无偿捐献给社会公众，就是成为公知技术；也可以实施该发明创造；改进该发明创造；将该发明创造转让给他人或者许可他人使用，转让时决定是否申请专利、何时申请专利、申请何种类型的专利以及对哪些技术方案（具体体现为在专利申请文件中，权利要求书独立权项的特征部分）申请专利、向哪些国家和地区提交申请的权利。从这个角度来说，申请专利权只是权利人的一种对其拥有的发明创造的选择性保护方式。因此，申请专利权的权利内容大致可以包括：技术成果所有权、使用权、转让权、收益权、专利申请的程序性权利。

发明创造自产生时起至其覆盖技术秘密被公开时止，包含了技术秘密权的所有权能，因此在这一阶段，其具有技术秘密权的特征。从目前的法律资源看，对于此阶段的申请专利权的权利状态的界定，有别于技术秘密保护方式，尽管在目前的法律上，我们一直采取的是技术秘密的保护方式和转让方式。设置申请专利权的转让方式，权利人可以根据技术本身的特点，选择对自己技术转移利益最优化的转移方式。因为，并不是所有的技术秘密都可以用专利来保护的。根据《专利法》关于不受专利法保护的发明和不授予专利的发明创造的相关规定，不授予专利权的情形很多。比如，违背法律和社会公共秩序的发明创造、智力活动的规则和方法、科学发现、疾病诊断和治疗方法等。反过来说，也不是所有的技术成果都适合用技术秘密方式保护，比如技术更新快、易于反向工程的技术等。因此，技术秘密转让方式和申请专利权转让方式都是有其存在的意义。同时，这个阶段的技术成果的转让方在技术成果的实体性内容上是要有所保障的，即至少存在申请专利的可能性。能够用专利保护至少对于受让方而言是多了一个保护的途径，那么价值自然比只能用商业秘密保护的技术成果高，因此，二者评估的结果也不同。从程序上说，技术成果转让方有一个身份是保留而不会转让的：发明人。申请专利的时候要写明发明人是谁还要提交身份证。那么技术成果的转让方必须要予以配合。双方也有必要在合同中就这个问题进行约定，避免以后出现发明人资格纠纷。

因此，此阶段的技术转移也就不仅仅存在技术秘密一种转移方式，也可以采用申请专利权转让的技术转移的方式，二者有重合之处，亦各有特点。

二、专利申请权

关于专利申请权内涵的论述颇多，比如有学者认为，专利申请权实际上包含三层内容：一是程序性的权利，即向知识产权局提出专利申请的权利；二是实质性权利，即对准备申请专利的技术拥有合法的权利；三是专利期待权，即专利申请可能被批准，在获得授权以后，期待权就转化为实际的专利权。❶学界还存在着众多观点，在此不一一论述。我们认为，专利申请权的界定，根据目前专利申请的相关法律规定和专利申请行为的性质，专利申请权是指促进和保护某项发明创造由技术秘密状态向专利状态转化的权利，是指申请人在向知识产权局提出申请以后，未授予专利权之前，对该"专利申请"享有的权利，即对该专利申请的所有权。专利申请权是申请专利权在提出专利申请并被受理后的一种权利形态，其权利来源依然是发明创造财产权。或者可以说在向知识产权局提出专利申请后，申请专利权就转化或表现为专利申请权。从专利申请权的权利来源看，专利申请权形成的法律事实包括创造者的创造性行为和国家机关认可性行为。前者在本质上属于事实行为，是取得专利申请权的前提，后者是专利申请权得以确认的必经程序。从这个角度可以看出，专利申请权是一个特定权利的法律概念，是在专利申请被国家知识产权局受理后，申请人才开始享有的一项权利，而不是任何一项发明创造天然享有的申请专利的权利。所以，专利申请提交到国家专利受理机构后，首先进行是否符合受理条件的审查，这种审查只是形式上的审查。根据《专利法》的规定，受理专利申请必须具备一定的条件，首先，专利申请必须以书面形式提出；其次，专利申请必须符合单一性原则，即一项专利申请只能包含一项独立的发明创造；再次，必须提供齐备的专利申请文件；最后，必须缴纳专利申请费。

专利申请权是原始专利权产生的前置的必不或缺的权利。一项发明创造如果想获得专利权，必须首先享有专利申请权。从权利内容来看，专利申请权是集支配权、形成权、请求权和抗辩权为一体的新型权利，是一种复杂的财产权。其核心是对发明创造的支配权。权利人享有某个发明创造的专利申请权，则可对其实施占有、使用、收益、处分。❷❸专利申请权因发明创造的申请行为而产生，但是属于专利法上禁止授予专利权的发明创造除外，因此，专利申请权的构成包括：①申请专利和获得专利权的权利；②专利申请的修改权、撤回权以及就专利申请陈述意见的权利；③转让专利申请权的权利；④实施和改进发明创造的权利；⑤请求实质审查权、优先权；⑥要求临时保护权；⑦要求复审权和起诉权；⑧专利申请技术人身

❶衣庆云．专利申请权和专利使用权入股问题探析［J］．中国法学，2001（10）：77.
❷万明．专利申请权研究［D］．合肥：安徽大学，2006：5.
❸朱一飞．专利申请权初论［J］．理论界，2006（10）：62-63.

权（人身权内容，如发明人、申请人的署名权）和财产权等。❶❷实践中，2006 年江苏省一法院曾经把专利申请权作为法院的执行标的，在我国的《公司法》中对专利申请权也有作价出资的规定。从这些可以看出，专利申请权是一种提出申请并被受理后产生的权利，它不仅仅是一种程序权，还包括实体权的内容。从专利申请权的权利内容来看，其和技术秘密权表现出很大的差异，这也是将其类型化为权利的根本原因。比如获得专利权、专利申请的修改权、撤回权、请求实质审查权、优先权、要求临时保护权等，是技术秘密权所不能涵盖的。因此，权利人选择专利申请权转让合同还是技术秘密转让合同的方式进行技术转移，其实就是选择两种技术保护和开发方式，从转让开始，技术受法律保护的程度、技术开发的方式等存在很大的差异，因此，对于专利申请权转让合同的双方来说，技术秘密转让合同和专利申请权转让合同的相关操作是不同的。对于技术的检索和价值评估，对于双方资质的调查，技术转移的方式评估，合同风险的分配等，都存在很大的区别，需要合同双方从转让开始就区别对待。当然，二者并不是截然分开的，比如从申请日到申请公开日，在实体上，技术还是保密状态，权利人还可以撤回申请而专用技术秘密保护，但是，在专利申请公开后，就只能以临时保护的形式加以保护了。

三、申请专利的权利

在权利存在的时间区间上，申请专利的权利始于发明创造完成日，终止于专利授权日。根据申请专利的权利的时间区间，"申请专利的权利"是上位概念，从而包容了"申请专利权"、"专利申请权"，"申请专利的权利"自相应的发明创造完成时产生，直至专利申请被撤回、专利申请获得授权或者被驳回而终止。但是，需要指出的是，即使专利申请被驳回，最终没有被授予专利权，并不能认为申请专利的权利自始不存在，只是专利申请权终止的理由，因为专利申请权的产生不仅需要权利人提出专利申请，还需要该申请被受理，即需要一个公权的确权过程始产生。而申请专利的权利是自发明创造完成日就具有的。所以，申请专利的权利的设置是有其存在的意义的，对于发明创造完成之后的保护和转让以及在此转变过程中的各种变化，申请专利的权利可以进行全程覆盖，不会因此造成转让期间的异议和变化，继而造成技术转移的混乱。

❶朱一飞. 专利申请权初论［J］. 理论界，2006（10）：62—63.
❷万明. 专利申请权研究［D］. 合肥：安徽大学，2006：14.

5.1.2.4　申请专利权、专利申请权、申请专利的权利的区别

从三者的权利存在的时间区间和内涵界定上，三者存在很大的区别：

其一，三者含义和法律地位不同。前面说过，申请专利权是一种和技术秘密权有很大关联而又有区别的一种发明创造的保护方式，是所有权的一种行使方式，它和技术秘密权都是专利申请权的前置权利，也有独立存在的法律意义；专利申请权是介于技术秘密权（申请专利权）和专利权之间的一项权利，具有独立的法律地位，是指申请人在向知识产权局提出申请以后，未授予专利权之前，对该"专利申请"享有的权利，即对该专利申请的所有权；而申请专利的权利则是二者权利的集合，时间区间涵盖发明创造从完成到授予专利权的全过程。

其二，三者在《专利法》中的表述不同。申请专利权目前在法律上还没有明确的规定，而在《专利法》第 6 条"职务发明创造申请专利的权利属于该单位"，"非职务发明创造，申请专利的权利属于发明人或者设计人"，"利用本单位的物质技术条件所完成的发明创造，单位与发明人或者设计人订有合同，对申请专利的权利和专利权的归属作出约定的，从其约定"。这些都是关于"申请专利的权利"的表述。而第 10 条"专利申请权和专利权可以转让，专利申请权或者专利权的转让自登记之日起生效"特指是"专利申请权"。所以，如果把专利申请权等同于申请专利的权利，就无法解释立法上这种差别，仅以表述差异（相同）而实质含义相同（差异）之辞为理由难以令人信服，因为无论从法律条文前后对应或立法技术的要求，都说明这是两个不同的概念。

其三，三者取得的时间不同。根据申请专利权的特点，很显然，申请专利权的权利取得的时间是在发明创造完成之后；专利申请权是在专利申请被国家知识产权局受理后才产生的，从我国专利申请程序看，申请人向知识产权局申请专利时必须提交符合法律规定要求的文件（《专利法》第 34 条、第 40 条），在确定专利申请被受理后，才开始享有专利申请权，其取得时间是专利申请被受理的时间；而申请专利的权利则是二者权利的组合。专利申请权是申请专利的权利在提出专利申请并被受理后的权能转化，它始于提出专利申请并被受理日，终止于授予专利日或驳回日；而申请专利的权利始于发明创造完成日，终止于专利授权日，它们之间最大的区别点在于国家专利管理机关的介入。

其四，三者转让要件不同。申请专利权的转让在法律上没有任何形式要件的要求；专利申请权转让必须经知识产权局登记之后才生效，转让登

记生效只对被国家主管部门掌握的专利申请权才具有约束力；从内涵上看，申请专利的权利的转让，要分阶段处理，在申请专利权阶段，不需要转让要件，而在专利申请权阶段（含申请被驳回的阶段），需要经知识产权局登记后生效。❶这是因为专利申请权的产生已经有了国家行政机关的介入，专利申请权的转让就不仅仅涉及转让方和受让方个人，而且还涉及国家行政机关，只有登记才能方便管理。同时，这种登记有利于公众利用专利申请信息，及时了解该项专利申请权主体变更的法律状态。

5.2 发明创造完成后、申请专利前的技术转移

一项发明创造完成之后，究竟享有哪些权利？传统的说法，它们是作为技术秘密存在的，适用于技术秘密的法律保护。我国《合同法》把这些权利称为"技术成果使用权、转让权"。另外，依据现行《专利法》，发明人对该技术成果还享有向知识产权局提出专利申请的权利。前面我们已经对此阶段进行过阐述，把这个阶段界定为申请专利权。尽管申请专利权的客体同专利权保护的对象一样都是技术方案，如前所述，二者在实体上的权利和程序上的权利都存在很大的差异。申请专利权开始于发明创造完成的时候。只要形成了完整的技术方案，并且确信该技术符合《专利法》授予专利的条件，就可以认为拥有了申请专利的条件。申请专利权在该发明创造提起专利申请后终止，转化为专利申请权。那么，在这个阶段，企业可以采取技术秘密形式保护，也可以采取专利形式保护，还可以二者结合保护。因此，对于一项发明创造，企业从其完成之日就面临着选择何种方式保护的问题，选择了保护方式，也就选择了技术转移方式。技术转移是个法律性很强的技术交易，每个环节都会涉及法律问题。技术秘密权和申请专利权有什么联系和区别，直接决定了一项发明创造在完成之后采取什么方式保护和采取什么方式进行技术转移的问题。

其实，对于这个阶段的技术转移，在实践中，一般都是采用技术秘密转让合同进行转移。相关法律也有这方面的规定，《最高人民法院关于审理技术合同纠纷案件适用法律若干问题的解释》（法释［2004］20号）第29条第2款规定："当事人之间就申请专利的技术成果所订立的许可使用合同，专利申请公开以前，适用技术秘密转让合同的有关规定；发明专利申

---

❶万明．专利申请权研究［D］．合肥：安徽大学，2006：1—2．

请公开以后、授权以前，参照适用专利实施许可合同的有关规定；授权以后，原合同即为专利实施许可合同，适用专利实施许可合同的有关规定。"但是，此阶段若是单单适用技术秘密转让合同，也会带来很多问题。

5.2.1　合同项下的技术成果存在状态

对于一项发明创造来说，对其当前所处的状态进行描述，就是其存在状态的把握。在专利申请日之前的阶段，发明创造被权利人以技术秘密的形式保护，合同受让方也要进行相应的检索，就是看一看是否有相同的发明创造已经提起过专利申请，是否属于现有技术。

5.2.2　转移方式的选择

5.2.2.1　专利和技术秘密

无论是专利还是技术秘密，都是通过赋予企业某种技术垄断来保护其对特定智力创作成果所享有的利益。只不过专利权人是依靠法律的直接规定取得排他性的使用权利，而技术秘密持有人则是通过自身的保护手段来获取同样的专有使用权。

因此，从企业技术权益保护的层面上看，专利与技术秘密的意义在于提供了两种可以交叉互补的保护机制，二者采用完全不同的方式，保护范围也有差别，力度上各有优势。这就要求企业作为技术知识的拥有者，认真分析两种方式的不同特征，充分利用其各自的优势，选择合适的保护手段，最终形成一个完整严密的技术知识保护体系。❶

专利保护与技术秘密保护之间的差异，从权利取得方式、实质要件、在信息公开方面的要求、时间性、排他性、法律救济方式上都存在很大的差异。因此，两种方式各有利弊。对企业而言，无论采用专利保护方式还是技术秘密保护方式，均存在着一定的风险，但是二者所包含的风险形式不同。对前者而言，其风险主要在于权利的取得存在着一定的难度，而且，一旦相关的发明创造在公开之后因缺乏新颖性、创造性等实质条件被驳回或者被宣告无效，该技术即成为公有技术，任何人均可随意利用。对后者而言，作为秘密保护的技术信息可能随着科学技术的发展被社会公众所知悉，或者是因其他第三人的违法行为而使秘密信息被泄露，从而导致其持有人失去原先所享有的专有使用权。

一项尚未被社会公众所知晓的新技术究竟是采用技术秘密方式加以保

❶李欣，梁琦．企业管理中技术保护模式的战略选择——谈专利和技术秘密的比较与结合［J］．科技进步理论与管理，2004（10）：120－122.

护，还是利用专利制度加以保护，判断依据很复杂。不过，有几点是可以明确的：包含技术信息的相关产品若通过销售或其他方式被社会公众获得时，该发明创造的技术内容是否已经一目了然（如一些机械设备的构造），或者有可能通过反向工程等技术分析被他人所破解。对于无法通过保密措施加以控制的技术信息，企业应当将其提交专利申请或者根据经营策略的需要放弃对该信息的专有权。企业进行技术转移时，不是一次简单的技术交易，而是如何能将自己所拥有的技术成果的价值最大化，因此，选择保护模式是其整个技术转移战略的一部分，是根据技术本身充分评估之后的决定。若技术成果仅仅适合以技术秘密方式保护而能使转移价值最大化的，可以采用技术秘密转让合同，反之，若适合以专利形式保护能使其价值最大化，则采用申请专利权转让合同（分不同阶段）。在实践中，有些技术成果适合采用技术秘密和专利结合的方式保护，可就相应的部分分别订立合同。

5.2.2.2　技术转移的特点

一、一次性买断

在此阶段，申请专利权的转让是一次性买断的，申请专利权作为合同之主要标的，和技术秘密作为标的有质的区别，因此，只能以一次性买断的方式解决申请专利权。从这个角度可以看出，申请专利权既是一个程序性权利，也是一个实体性权利。也就是转让之时，转让双方既要转让程序性的请求权，还要转让申请专利权的实体权利，而且要一次性买断。

二、权利范围的不易确定性

发明创造完成之时，因为还没有进入专利申请程序，该发明创造未来获得专利权的可能性与获得专利权的权利范围，是很难进行预测的。这时候，申请专利权的更多的意义表现为未来提起专利申请的程序性权利，或者说是一种期待权，这样就给转让带来麻烦。如果采用技术秘密形式转让，则可以采用多种形式转让。这种技术成果保护形式的不确定性，也会给转让带来很多不易操作的问题，比如对以技术收益的预测等加大了转让的难度，这样双方对于一项技术的合作和对于技术的可期望值都是不容易操作的。但是，对于那些只有用申请专利的形式才能更好地保护的发明创造，在申请之前转让的，签订申请专利权转让合同是最好的选择。

5.2.3　权利的转移策略分析

这个阶段发明创造存在的状态决定了权利转移的策略，事前的准备是相当重要的。

5.2.3.1　签订前的准备

技术转移是个法律性很强的技术交易，每个环节都会涉及法律问题，且与知识产权有关，也存在着各个方面的风险。对于技术转让合同来说，其核心因素就是被转让的技术，同时还要考虑合同的主体，并以此进行技术转移方式的评估。所以，签订合同之前，要进行大量的准备工作。

一、客体选择的评估

一项发明创造，在转让之前，在本质上就是一种技术方案。在这里，使用权和转让权是其权利内容。对这种技术方案进行转让，肯定要做两个方面的分析，一是要进行经济效益的分析，二是要做技术上的分析。合同双方都要考虑和估算该发明以商品的形式投放市场后可产生怎样的经济效益，以此为基准进行转让。目前对于一项发明创造的商业实用价值，可以考虑如下几个方面：

1. 对发明技术先进程度的判断

主要考虑发明创造的先进程度，是否能被商业化，是否达到消费者需求。

2. 对发明创造技术成熟度的判断

主要考虑发明创造是否具有工业实用性，能否方便地投入工业应用。

3. 对发明创造技术经济效益的判断

发明创造的商业价值取决于该发明投入实际应用后能否取得良好的经济效益。

4. 对发明技术实施条件的判断

这个因素除了技术本身的因素之外，还取决于各种外围条件，包括原材料的供应、厂房及各种配套加工技术和设备等。

5. 技术市场趋势的判断

这个方面主要聚焦在技术之商品化程度、技术之生命周期、技术之成本和利润、技术之替代性、技术回避之难度等。

6. 被授予专利权的可能性分析。

被授予专利权的可能性涉及的因素很多，如何准确把握，途径很多。有些技术成果，国家规定要做鉴定。这些鉴定结论可以做一个参考。我国法律规定，作为非专利技术转让合同的标的技术成果应当是实用、可靠，并能够在合同约定的领域内应用的技术。未经鉴定的技术成果可以转让。按照国家规定需要进行鉴定的产品、工艺上使用的技术成果，可以在订立合同前鉴定，也可以在合同成立或者终止后鉴定。鉴定结论不影响合同的效力。

这个方面主要从现有技术出发，对发明的主要特征进行分析，但对于转让双方来说，涉及保密事项，被授予专利权的可能性分析在合同签订的实质阶段才可以操作，也是必不可少的步骤。因为，该因素的准确判断直接决定了技术转移方式的选择。比如支付方式，对受让方来说，如果是一次性支付的，不授予专利权的风险就在合同生效之后完全转移到技术受让方；相反，如果是提成支付的，将会给技术出让方带来很大的风险。

二、主体选择的评估

在对技术本身做好详细分析之后，再对技术转移的主体进行分析。对于受让方而言，转让方是否为标的物的合法权利人，是否存在职务发明、不合法手段获得的技术，是否存在共有关系等问题都要进行调查。同时，其技术资质、保密能力也需要考量。

对于转让方，主要是对受让方的技术、资本、保密能力、实施能力、转移能力进行评估，以减少纠纷发生后的风险。

三、双方各自对于转移方式选择的评估

通过对被转让技术的大致分析，双方各自从自己的角度出发，对于是用技术秘密还是申请专利进行转让，也要进行合同前的评估，这里面，因为不同的转让合同对于双方效益的实现和技术成果的推广使用都有很大的影响，尽管可以使用补充规定和重新订立合同的方式进行变更，但是，毕竟技术转移是一种技术交易，合同双方对于技术本身、双方各自的资质等问题的判断，只是签订合同前粗略的大致判断，而这些问题的具体细节必须在合同谈判中逐步细化。对于采用申请专利权合同的双方，还要各自合理地确定转让的方案和范围。因为，基于现有法律框架和技术成果存在状态，如果把提起专利申请的权利也转让，就必须对合同标的进行相对准确的评估。

5.2.3.2　合同的谈判、签订、履行和终止

一、谈判策略

在相关的法律规定上，对于这一时段的发明创造的存在形式，仅仅规定了适合技术秘密的相关法律保护。因此，转让方在转让发明创造的所有权的时候，可以把提起专利申请的权利转让给对方，这样可以增加己方的谈判筹码。尽可能做好可专利性的调查与评估，明确界定未来获得的专利权的权利内容，以能申请专利的形式一次性卖断，这样可以提高转让价格，减少风险承担，比技术秘密转让更能把发明创造的价值最大化。而受让方

除了真实了解被转让的发明创造的技术特征和相关市场的调查外，对于提起专利申请的权利的获得也是转让合同的重头戏，争取获此权利并把此权利所依附的所有权一并获取。当然，可专利性和提起专利申请的权利也是受让方压价的重要工具。

二、合同条款的约定

此阶段的转让合同与专利申请权转让合同大同小异，主要区别点就是发明创造的存在状态是以技术秘密的形式存在，同时权利的法律状态是尚未提起专利申请，此时的合同条款与专利申请权的转让合同除了在具体的一些条文上有些差异外，可以适用该合同，对于专利申请的条款可以进行变通或删除。但是，在此阶段，保密条款在整个合同中极为重要，因为这个阶段的发明创造是以技术秘密形式进行保护的，技术秘密保护需要权利人自己注意保密，而且不具有排他性，不能阻止他人作出相同的发明创造，一旦泄密，目前的法律框架不能提供强有力的保护。具体的操作，包括谈判的合同双方的前期接触和对于合同的逐步推进，除了技术措施之外，还应该有系列合同对双方的接触进行规制，因合同还有可能不能达成协议，这时候的保密条款就能起到兜底保护的作用。在这个基础上，转让方对于保密条款的运用和技术的提供策略相当重要，如何规避己方合同转让中的风险是双方签订合同时要考量的重要因素。

规避风险的最好办法是界定清楚双方的权利义务，因为申请专利权的转让不是在很短的时间内完成，而是需要一段时间，因为权利范围和技术评估的时间性决定必须经历此种情形。对于受让方，准确界定权利的法律状态是其首要任务，因此，必要的专利申请检索是重要的，通过新颖性检索，既可以了解技术的发展前景，还可以清楚下一步如何申请专利来保护自己。

合同双方在这个阶段的权利义务相对比较明确，对于转让方来说，收取技术转让费是其主要权利，而其合同义务包括：交付全部技术成果、承担保密义务、权利瑕疵担保等。这里要处理的主要是发明创造的转让人是否是真正的权利人，因为发明创造除了个人拥有外，还存在合作开发、职务发明、委托开发、共有等多种情况。而合同受让方则是接受全部技术成果，获得提起专利申请的权利，其义务是交付技术转让费和承担相应的保密义务。

这个阶段的合同的成立也不需要什么形式要件，只要合同主体合格，内容不违背法律规定，符合一般的合同"要约—承诺"，意思表示一致的要件即可成立。

三、合同的履行

合同的履行原则是要求合同双方诚实履行和全面履行。技术转让合同往往是一个长期的过程，在履行过程中，需要双方当事人在履行过程中相互协作、诚实信用、及时通知、保守技术秘密。因此，在合同的履行过程中，合同双方对于同时履行抗辩权、不安抗辩权、先履行抗辩权等维护自身合法权益等相关条款要充分、合理地设置。

这些条款在合同履行中具体体现在于技术资料的交付和技术转让费的一次性履行和分批履行上，特别是分批履行，对于双方在履行过程中的权利义务的实现很重要。在履行过程中，权利归属纠纷、技术存在缺陷、转让技术与合同技术有出入、不支付转让费、违反保密条款等都是本合同履行过程中的违约形式。因为这个阶段的合同在法律上没有太多的规制，所以，还是意思自治原则为主。合同条款的约定就是纠纷解决的基本依据，从合同内容到合同的形式，都没有法定的限制性要件。

四、合同的终止

合同的终止是合同当事人之间的权利义务关系的消灭。若是正常的合同履行终止就是按约定履行完毕，另外一种就是合同被解除终止。

合同解除的原因很多，不可抗力、预期违约、迟延履行等都会导致合同终止，对于这个阶段的特殊情形，就是技术成果的公开也可以导致合同的解除。通常有这样几种情况：

（1）该技术标的已经因他人先行申请专利而公开；

（2）公开发行的科学文献披露；

（3）他人研究成功或有国外引进。

这些情形在合同条款里面一定要界定清楚，责任划分要明确。根据合同法的相关规定，合同解除的责任一般要求有过错的一方承担责任。当然，因为技术本身风险和其他客观原因导致的，则以公平责任为主。

五、违约解除的后合同义务

如果因为受让方的过错导致合同解除，解除后的受让方必须遵循保密条款的约束，其目的是把技术状态恢复到合同履行前的原状。转让方拥有发明创造的权利并没有因为有过合同的订立履行而受到毁损。这一保密条款的设置是非常重要的，因为，此时的发明创造在法律保护上的力度上是非常弱的。

六、合同纠纷的解决

合同纠纷的解决有和解、调解、仲裁和诉讼方式，合同当事人可以在合同中选择一种方式。调解、仲裁和诉讼方式只能选择其中的一种。

【案例1】孔某某与大华公司转让安全节能电镀过滤加热器专利申请权合同纠纷一案

【案情简介】1987年6月，大华公司与孔某某经中介人介绍，双方签订了一份"转让安全节能电镀循环过滤加热器专利申请权合同"。合同约定：孔某某将自己的非职务发明"安全节能电镀循环过滤加热器"的专利申请权转让给大华公司，由大华公司自主办理专利申请，孔某某永远放弃本产品实用新型专利申请权，即使大华公司只实施，不申请专利，孔某某也不提出申请；大华公司同意支付给孔某某专利申请权转让费10万元，付款方式是：合同签约后预付5万元，合同公证后补付5万元；合同签字生效后，即由大华公司到公证机构办理公证手续。合同还约定，以后不论大华公司在生产中的经济效益如何，孔某某无权再要求大华公司支付报酬，亦不承担经济退回风险。

合同签订后，大华公司分两次支付给孔某某转让费6万元（一次1万元，一次5万元），但未按合同规定办理公证手续。孔某某认为大华公司未按约支付转让费，便于1987年7月23日向国家知识产权局提出专利申请。1988年6月1日，孔某某申请的专利经国家知识产权局公告。据此，大华公司向上海市中级人民法院起诉，要求孔某某返还转让费6万元，并赔偿违约金1万元。

原告诉称：要求孔某某返还转让费6万元，并赔偿违约金1万元。

被告辩称：合同规定合同签字生效后，即由大华公司到公证机构办理公证手续，然而大华公司既未去办理公证手续，也未按照合同约定的方式支付转让费，已构成违约在先。其向专利局申请专利的行为，不影响转让合同的履行。

【法院判决】一审法院经审理后认为：原告大华公司与被告孔某某于1987年6月签订的专利申请权转让合同有效，原、被告双方应恪守履行。被告孔某某在签约后又自行申请专利，属违约行为。故其根据合同收取的专利申请权转让费应全数退还。合同未规定违约金，故原告起诉要求被告赔偿1万元违约金不予支持。此案系被告违约引起诉讼，诉讼费应由被告负担。根据《经济合同法》第6条、第32条第1款之规定，判决：

一、原、被告1987年6月签订的"转让安全节能电镀循环过滤加热器专利申请权"合同予以解除；

二、被告应返还原告专利申请权转让费 6 万元。

被告承担此案诉讼费 640 元。

被告孔某某不服，向上海市高级人民法院提出上诉。

二审法院经审理后认为：专利申请权依法可以转让，但必须订立书面合同，经专利局登记和公告后方能生效。上诉人孔某某与被上诉人大华公司签订转让专利申请权合同后，未向国家知识产权局提出登记和公告，不符合合同生效的形式要件，应认定该合同未依法成立。依照《专利法》第 10 条第 4 款和《民事诉讼法》第 153 条第 1 款第（二）项之规定，判决：

一、维持上海市中级人民法院民事判决第二项；

二、撤销上海市中级人民法院民事判决第一项。

此案二审诉讼费 640 元，由上诉人孔某某负担。

上诉人孔某某不服，向上海市高级人民法院提出申诉。

上海市高级人民法院审判委员会经过讨论认为：一、二审法院对于此案大华公司有无违约在先等主要事实没有查清，一、二审判决认定事实的主要证据不足，二审判决适用法律错误。据此裁定中止原判决执行，由上海市高级人民法院对此案再审。

上海市高级人民法院再审认为：大华公司未按约支付转让费，已违约在先。在新情况下，孔某某将该技术申请专利，防止他人抢先申请，是对该技术权益采取的保护措施。《专利法》第 10 条所称的专利申请权转让，是指已经提出专利申请而尚未授予专利阶段内的技术转让。而此案转让合同所涉及的技术，并未向国家知识产权局提出过专利申请，因此不是专利申请权转让合同，而是普通的非专利技术转让合同，该条款对此案不适用。至于某项技术在提出专利申请之前，当事人即将他们之间订立的非专利技术转让合同称之为"专利申请权转让合同"，是当事人对法律的误解，不影响合同的性质和实际履行。因此，二审适用《专利法》第 10 条第 4 款认定为专利申请权转让合同未成立，系适用法律错误，应予纠正。在法律适用上，此案合同性质为非专利技术转让合同，本应适用《技术合同法》，但由于该法是 1987 年 11 月 1 日施行的，而转让合同是 1987 年 6 月签订的，该法对此没有溯及力。因此，此案应适用《经济合同法》，该转让合同系有效合同。经再审法院主持调解，双方当事人自愿达成协议：

一、原审上诉人与原审被上诉人之间对"转让安全节能电镀循环过滤加热器专利申请权合同"不再存在任何权益争议；原审被上诉人不再使用该安全节能电镀循环过滤加热器技术；

　　二、原审被上诉人同意不再要求原审上诉人退还有关技术转让费用 6 万元；

　　三、原一、二审诉讼费由原审被上诉人与原审上诉人各自承担。

　　一、二审认定此案为专利申请权转让合同纠纷，系定性有误，在此基础上适用法律，便产生了法律适用错误。《专利法》第 10 条规定："专利申请权和专利权可以转让"，"转让专利申请权或者专利权的，当事人必须订立书面合同，经专利局登记和公告后生效。"

　　【评析】此案的关键是对合同进行定性，即此案涉及的合同是专利申请权转让合同，还是技术秘密转让合同。

　　一审、二审认定此案为专利申请权转让合同纠纷，再审法院认为该合同是一次性卖断的非专利技术转让合同，不属于专利申请权转让合同，其主要理由是根据《专利法》第 10 条。所以，根据我们的分析，之所以一审、二审、再审判决都不一样，原因在于立法上对专利申请权的权利状态没有明确，对权利在相应的区间内的含义没予以明确，所以造成司法上的混乱。其实，根据《最高人民法院关于审理技术合同纠纷案件适用法律若干问题的解释》第 42 条规定，当事人将技术合同和其他内容或者将不同类型的技术合同内容订立在一个合同中，应当根据当事人争议的权利义务内容，确定案件的性质和案由。技术合同名称与约定的内容不一致的，应当根据约定的权利义务内容，确定合同的类型和案由。根据上述专利申请权转让合同的相关规定，此案合同双方尽管约定为专利申请权转让合同，但孔某尚未向国务院专利部门申请专利，因此双方不存在签订专利申请权转让合同的基础，也根本不具备向国务院专利行政部门登记的可能。此案合同双方签订的是专利申请权转让合同转让技术，所以，也是双方对于专利申请权转让合同的误解，因为没有提出专利申请，就不存在专利申请权。尽管《专利法》第 10 条之所以对专利申请权转让和专利权转让作如此严格的形式要件的限制，立法本意是为了加强对已经提出专利申请的专利申请权和已经被授予专利的专利权的管理和保护，而对没有提出专利申请的"专利申请权转让"，则不在该法所调整和保护的范围之内。没有提出过专利申请的"专利申请权转让合同"，实质上不是专利申请权转让合同，而是一次性卖断的申请专利权的转让合同，这时候的权利状态可以是申请专利权或者技术秘密权，具体属于哪一个，就看权利人怎么选择相应的转让方式。而如果按照我们的界定，案件中的合同在时间区间上就属于我们划分的申请专利权的阶段，就是发明创造完成之日到专利申请日的时段，在这个时段，发明创造的权利状态是还没有提出专利申请，因此，技术成果的存在状态决定权在权利人手中，保护方式和技术转移的方式决定权也在权利人手中，如果采用申请专利权转让合同，转让双方对暂态的权利有非常明确的认识，转让起来，不管在合同履行过程中出现多少变化，都依照合同约定处理，当然，合同内容也是在法律允许范围之内。因此，再审认定该合同系非专利技术转让合同，是正确的状态界定，至于作为什么名称，则是形式上的事情。这是一起典型的对于专利申请权、申请专利权和申请专利的权利混淆的案件，若立法修改类型化固定相关法律概念，则订立合同和司法实践则有法可依。

5.3 专利申请后、专利申请文件公开前的技术转移

5.3.1 专利申请技术实施许可合同与专利申请权转让合同

5.3.1.1 专利申请技术实施许可合同与专利申请权转让合同

专利申请权进行技术转移的方式除了转让之外，还可进行专利申请技术实施许可。

专利申请权转让合同，是指转让方将其发明创造申请专利的权利转让给受让方，而受让方支付约定的价款所订立的合同。专利申请技术实施许可合同则是指在专利申请权人正式提出专利申请之后，国家专利主管对专利技术授权之前，就所申请的技术与被许可方签订的使用该专利申请技术，而被许可方支付约定的许可使用费的合同。二者是有很大区别的，专利申请权转让合同转让的是发明创造的申请专利的权利；而专利申请技术实施许可合同则是就正在申请专利但尚未获得批准的技术许可他人实施，其标的是正在申请专利但尚未获得批准的技术，这种转让也有几种方式：独占许可、排他许可、普通许可。

由于这种技术许可前提的特殊性，存在着一些特殊的法律问题：专利申请技术法律状态的不确定，就会使技术的被许可方承担得不到专利授权的风险。在延迟审查制下，从申请专利到专利授权往往需要相当长的时间，在这段时间里，如果技术能被合法地保护，签订专利申请技术合同可以使技术在专利申请被授权前就得到转化应用，因此而减少因相应的技术进步带来的潜在风险和专利申请被驳回的风险。专利申请技术许可合同最重要的问题就是，双方当事人要作出专利申请在被专利管理机关驳回或正式授

权后的权利义务约定。我国对于专利申请技术实施许可合同，《最高人民法院关于审理技术合同纠纷案件适用法律若干问题的解释》第 29 条第 2 款和第 3 款规定："当事人之间就申请专利的技术成果所订立的许可使用合同，专利申请公开以前，适用技术秘密转让合同的有关规定；发明专利申请公开以后、授权以前，参照适用专利实施许可合同的有关规定；授权以后，原合同即为专利实施许可合同，适用专利实施许可合同的有关规定。人民法院不以当事人就已经申请专利但尚未授权的技术订立专利实施许可合同为由，认定合同无效。"所以，从这个解释可以看出，专利申请技术实施许可合同的相关规定是根据技术秘密转让合同、专利实施许可合同的相关规定而来。而且，合同双方就已经申请专利但是尚未授权的技术订立专利实施许可合同的，如果合同是双方经过协商，技术转让方如实反映转让技术的真实法律状态，受让方对转让技术经过充分地了解和考察后，双方自愿签订的，则完全符合法律规定的要求。因此，该解释规定，这种合同行为应该认定有效。合同的注意事项也是这两个合同的集合。不过，作为一种特殊状态的技术转移，它还是有特殊的存在意义，不仅仅存在一个合同形式的转化关系。在它的合同条款里，具体对专利申请技术的变化应作出相应的规定，因为专利申请技术在存续时间内面临不断变化，所以，对于这种合同条款的设置，就是在技术秘密转让合同的条款基础上，当专利申请技术权利状态发生变化时，应该明确约定合同双方的权利义务的条款。按照一般的说法，实施许可的专利申请技术是指由国家知识产权局受理的发明专利申请、实用新型专利申请或外观设计专利申请。在专利申请实施许可合同履行期间，专利获得授权，则该专利申请技术实际上已经转化为专利权，《专利实施许可合同备案管理办法》第 24 条规定："专利申请被批准的，当事人应当及时将专利申请实施许可合同名称及有关条款变更为专利实施许可合同。"

5.3.1.2 专利申请技术实施许可合同

专利申请技术实施许可合同（样本）

专利申请名称：

专利申请号：

许可方名称：

地址：

代表人：

被许可方名称：

地址：

代表人：

合同备案号：

签订地点：

签订日期：　　　　年　　　月　　　日

有效期限至：　　　　年　　　月　　　日

前言（鉴于条款）

第一条　名词和术语（定义条款）

第二条　专利申请技术许可的方式与范围

第三条　专利申请技术的技术内容

第四条　技术资料的交付

第五条　使用费及支付方式

第六条　验收的标准与方法

第七条　对技术秘密的保密事项

第八条　技术服务与培训（本条可签订从合同）

第九条　后续改进的提供与分享

第十条　违约及索赔

第十一条　专利申请被驳回的责任

第十二条　不可抗力

第十三条　税费

第十四条　争议解决办法

第十五条　合同的生效、变更与终止

第十六条　其他

许可方签章　　　　　　　　　　被许可方签章

许可方法人代表签章　　　　　　被许可方法人代表签章

　　　年　月　日　　　　　　　　　年　月　日

	名称（或姓名）			（签章）
转让方	法人代表	（签章）	委托代理人	（签章）
	联系人			（签章）
	住所（通讯地址）			
	电话		传真	
	开户银行			
	账号		邮政编码	
受让方	名称（或姓名）			（签章）
	法人代表	（签章）	委托代理人	（签章）
	联系人			（签章）
	住所（通讯地址）			
	电话		传真	
	开户银行			
	账号		邮政编码	
中介方	单位名称			（公章） 年　月　日
	法人代表	（签章）	委托代理人	（签章）
	联系人			（签章）
	住所（通讯地址）			
	电话		传真	
	开户银行			
	账号		邮政编码	

印花税标粘贴处

登记机关审查登记栏：

技术合同登记机关（专用章）

经办人：（签章）　　年　月　日

5.3.1.3 专利申请技术实施许可合同签订指南

专利申请技术实施许可合同签订指南

前言（鉴于条款）

——鉴于许可方（<u>姓名或名称　注：必须与所许可的专利申请的法律文件相一致</u>）拥有（<u>专利申请名称　注：必须与专利申请法律文件相一致</u>）专利申请，该专利申请为（<u>职务发明创造或非职务发明创造</u>），专利申请号为（<u>九位</u>），公开号为（<u>八位包括最后一位字母</u>），申请日为（<u>　　年　　月　　日</u>）。并拥有实施该专利申请技术所涉及的技术秘密及工艺；

——鉴于被许可方（<u>姓名或名称</u>）属于_____领域的企业、事业单位、社会团体或个人等，拥有厂房_____，_____设备，人员_____及其他条件，并对许可方的专利申请技术有所了解，希望获得许可而实施该专利申请技术（及所涉及的技术秘密、工艺）；

——鉴于许可方同意向被许可方授予所请求的许可；

双方一致同意签订本合同

第一条　名词和术语（定义条款）

本条所涉及的名词和术语均为签订合同时出现的需要定义的名词和术语。如：

专利申请技术——本合同中所指的专利申请技术是许可方许可被许可方实施的由国家知识产权局受理的发明专利申请（或实用新型专利申请或外观设计专利申请），专利申请号：_____，发明创造名称：_____。

技术秘密（know-how）——指实施本合同专利的申请所必需的、在工业化生产中有助于该技术的最佳利用，能够达到验收标准的、没有进入公共领域的技术。

其他技术——指许可方拥有的与实施该专利申请技术有关的未申请专利的或已宣布专利无效的或已放弃专利权、已过期的专利或已申请未被批准、已视为撤回的专利申请的技术。

技术资料——指全部的专利申请文件和与实施该专利申请技术有关的设计图纸、工艺图纸、工艺配方、工艺流程及制造合同产品所需的工装、设备清单等技术资料。

合同产品——指被许可方使用本合同提供的被许可技术制造的产品，

其产品名称为：_____

技术服务——指许可方为被许可方实施合同提供的技术所进行的服务，包括传授技术与培训人员。

销售额——指被许可方销售合同产品的总金额。

净销售额——指销售额减去包装费、运输费、税金、广告费、商业折扣。

纯利润——指合同产品销售后，总销售额减去成本、税金后的利润额。

改进技术——指在许可方许可被许可方实施的技术基础上改进的技术。

普通实施许可——指许可方许可被许可方在合同约定的期限、地区、技术领域内实施该专利申请技术的同时，许可方保留实施该专利申请技术的权利，并可以继续许可被许可方以外的任何单位或个人实施该专利申请技术。

排他实施许可——指许可方许可被许可方在合同约定的期限、地区、技术领域内实施该专利申请技术的同时，许可方保留实施该专利申请技术的权利，但不得再许可被许可方以外的任何单位或个人实施该专利申请技术。

独占实施许可——指许可方许可被许可方在合同约定的期限、地区、技术领域内实施该专利申请技术，许可方和任何被许可方以外的单位或个人都不得实施该专利申请技术。

第二条 专利申请技术许可的方式与范围

该专利申请技术的许可方式是独占许可（排他许可、普通许可等）；

该专利申请技术的许可范围是在某地区或某技术领域制造（使用、销售）其专利申请的产品；（或者）使用其专利申请方法以及使用、销售依照该专利申请方法直接获得的产品；（或者）进口其专利申请产品；（或者）进口依照其专利申请方法直接获得的产品。

第三条 专利申请技术的技术内容

许可方向被许可方提供专利申请号为_____，专利申请名称为_____的全部专利申请文件（见附件1），同时提供为实施该专利申请而必需的工艺流程文件（见附件2），提供设备清单（或直接提供设备）用于制造该专利申请产品（见附件3），并提供实施该专利申请所涉及的技术秘密（见附件4）及其他技术（见附件5）。

第四条 技术资料的交付

1. 技术资料的交付时间

合同生效后许可方（中介方）收到被许可方支付的使用费（入门费）（¥、$ _____ 万元）后的 _____ 日内，许可方向被许可方交付合同第三条所述的全部资料，即附件（1~5）中所示的全部资料。

合同生效后，_____ 日内，许可方向被许可方交付合同第三条所述全部（或部分）技术资料，即附件（1~4）中所示的全部资料。

2. 技术资料的交付方式和地点

许可方将全部技术资料以面交、挂号邮寄方式递交给被许可方，并将资料清单以面交、邮寄或传真方式递交给被许可方。

技术资料交付地点为被许可方所在地或双方约定的地点。

第五条　使用费及支付方式

1. 本合同涉及的使用费为（¥、$）_____ 元。采用一次总付方式，合同生效之日起 _____ 日内，被许可方将使用费全部汇至许可方账号或以现金方式支付给许可方。

2. 本合同涉及的使用费为（¥、$）_____ 元。采用分期付款方式，合同生效后 _____ 日内，被许可方即付使用费的 _____ %即（¥、$）_____ 元给许可方，待许可方指导被许可方生产出合格样机 _____ 台后 _____ 内再支付 _____ %即（¥、$）_____ 元。直至全部付清。被许可方将使用费汇至许可方账号或以现金方式支付给许可方。

3. 使用费总额（¥、$）_____ 元，采用分期付款方式，合同生效日支付（¥、$）_____ 元，自合同生效日起 _____ 个月内支付（¥、$）_____ 元，_____ 个月内再支付（¥、$）_____ 元，最后于 _____ 日内支付（¥、$）_____ 元，直至全部付清。被许可方将使用费汇至许可方账号或以现金方式支付给许可方。

4. 该专利申请使用费由入门费和销售额提成两部分组成。

合同生效日支付入门费（¥、$）_____ 元，销售额提成为 _____ %（一般3%~5%），每 _____ 个月（或每半年、每年底）结算一次。被许可方将使用费汇至许可方账号或以现金方式支付给许可方。

5. 该专利申请使用费由入门费和利润提成两部分组成（方式同4）。

6. 该专利申请使用费以专利申请技术入股方式计算被许可方与许可方共同出资（¥、$）_____ 万元联合制造该合同产品，许可方以专利申请技术入股股份占总投资的 _____ %（一般不超过20%），第 _____ 年分红制，分配利润。支付方式采用银行转账（托收、现金总付等）。

现金总付地点一般为合同签约地。

7. 在 4、5、6 情况下许可方有权查阅被许可方实施合同技术的有关账目。

第六条　验收的标准与方法

1. 被许可方在许可方指导下，生产完成合同产品_____个（件、吨等单位量词）须达到许可方所提供的各项技术性能及质量指标（具体指标参数见附件6）并符合国际标准、_____国家_____标准、_____行业_____标准。

2. 验收合同产品。由被许可方委托国家（或某一级）检测部门进行，或由被许可方组织验收，许可方参加，并给予积极配合，所需费用由被许可方承担。

3. 如因许可方的技术缺陷，造成验收不合格的，许可方应负责提出措施，消除缺陷。

第二次验收仍不合格，许可方没有能力消除缺陷的，被许可方有权终止合同，许可方返还使用费，并赔偿被许可方的部分损失。

4. 如因被许可方责任使合同产品验收不合格的，许可方应协助被许可方进行补救，经再次验收仍不合格，被许可方无力实施该合同技术的，许可方有权终止合同，且不返还使用费。

5. 合同产品经验收合格后，双方应签署验收合格报告。

第七条　对技术秘密的保密事项

1. 被许可方不仅在合同有效期内，而且在有效期后的任何时候都不得将技术秘密（附件4）泄露给本合同当事双方（及分许可方）以外的任何第三方。

2. 被许可方的具体接触该技术秘密的人员均要同被许可方的法人代表签订保密协议，保证不违反上款要求。

3. 被许可方应将附件4妥善保存（如放在保险箱里）

4. 被许可方不得私自复制附件4，合同执行完毕，或因故终止、变更，被许可方均须把附件4退给许可方。

5. 以上各款适用于该专利申请被驳回和被视为撤回。

第八条　技术服务与培训（本条可签订从合同）

1. 许可方在合同生效后_____日内负责向被许可方传授合同技术，并解答被许可方提出的有关实施合同技术的问题。

2. 许可方在被许可方实施该专利申请技术时，要派出合格的技术人员到被许可方现场进行技术指导，并负责培训被许可方的具体工作人员。

被许可方接受许可方培训的人员应符合许可方提出的合理要求。（确定被培训人员标准）

3. 被许可方可派出人员到许可方接受培训和技术指导。

4. 技术服务与培训的质量，应以被培训人员能够掌握该技术为准。（确定具体标准）

5. 技术服务与培训所发生的一切费用，如差旅费、伙食费等均由被许可方承担。

6. 许可方完成技术服务与培训后，经双方验收合格共同签署验收证明文件。

第九条　后续改进的提供与分享

1. 在合同有效期内，任何一方对合同技术所作的改进应及时通知对方；

2. 有实质性的重大改进和发展，申请专利的权利由合同双方当事人约定；没有约定的，其申请专利的权利归改进方，对方有优先、优价被许可或者免费使用该技术的权利；

3. 属原有基础上的较小的改进，双方免费互相提供使用；

4. 对改进的技术还未申请专利时，另一方对改进技术承担保密义务，未经许可不得向他人披露、许可或转让该改进技术；

5. 属双方共同做出的重大改进，申请专利的权利归双方共有，另有约定的除外。

第十条　违约及索赔

对许可方：

1. 许可方拒不提供合同所规定的技术资料、技术服务及培训，被许可方有权解除合同，要求许可方返还使用费，并支付违约金_____。

2. 许可方无正当理由逾期向被许可方交付技术资料、提供技术服务与培训的，每逾期一周，应向被许可方支付违约金_____，逾期超过_____（具体时间），被许可方有权终止合同，并要求返还使用费。

3. 在排他实施许可中，许可方向被许可方以外的第三方许可该专利技术，被许可方有权终止合同，并要求支付违约金_____。

4. 在独占实施许可中，许可方自己实施或许可被许可方以外的第三方实施该专利技术，被许可方有权要求许可方停止这种实施与许可行为，也有权终止本合同，并要求许可方支付违约金_____。

对被许可方：

1. 被许可方拒付使用费的，许可方有权解除合同，要求返回全部技术资料，并要求赔偿其实际损失，支付违约金_____。

2. 被许可方延期支付使用费的，每逾期_____（具体时间）要支付给许可方违约金_____；逾期超过_____（具体时间），许可方有权终止合同，并要求支付违约金_____。

3. 被许可方违反合同规定，扩大对被许可技术的许可范围，许可方有权要求被许可方停止侵害行为，支付违约金_____；并有权解除合同。

4. 被许可方违反合同的保密义务，致使许可方的技术秘密泄露，许可方有权要求被许可方立即停止违约行为，并支付违约金_____元。

第十一条　专利申请被驳回的责任

1. 对许可方不是该专利申请的合法申请人，或因未充分公开请求保护的申请主题的技术导致专利申请被知识产权局驳回，许可方应向被许可方返还全部或部分使用费。

2. 对许可方侵害他人专利权或专利申请权的，专利申请被知识产权局驳回，并给被许可方造成损失的，许可方应向被许可方返还全部使用费；

已经给被许可方造成损失的，除返还使用费外，许可方还应赔偿被许可方的损失，金额为_____元。

3. 因其他原因，该专利申请被驳回的，一般不返还使用费。若给被许可方造成较大损失的，可视情况约定给予赔偿。

4. 还可以对其他情况给予约定。

第十二条　不可抗力

1. 发生不以双方意志为转移的不可抗力事件（如火灾、水灾、地震、战争等）妨碍履行本合同义务时，双方当事人应做到：

(1) 采取适当措施减轻损失；

(2) 及时通知对方当事人；

(3) 在（某种事件）期间，出具合同不能履行的证明；

2. 发生不可抗力事件在（合理时间）内，合同延期履行；

3. 发生不可抗力事件在_____情况下，合同只能履行某一部分（具体条款）；

4. 发生不可抗力事件，持续时间超过_____（具体时间），本合同即告终止。

第十三条　税费

1. 对许可方和被许可方均为中国公民或法人的，本合同所涉及的使用费应纳的税，按《中华人民共和国税法》，由许可方纳税；

2. 对许可方是境外居民或单位的，按《中华人民共和国税法》及《中华人民共和国外商投资企业和外国企业所得税法》，由许可方向中国税务机关纳税。

3. 对许可方是中国公民或法人，而被许可方是境外单位或居民的，则按对方国家或地区税法纳税。

第十四条　争议的解决方法

1. 双方在履行合同中发生争议的，应按合同条款，友好协商，自行解决；

2. 双方不能协商解决争议的，提请_____专利管理机关调处，对调处决定不服的，向人民法院起诉；

3. 双方发生争议，不能协商解决争议的，向人民法院起诉；

4. 双方发生争议，不能协商解决争议的，提请_____仲裁委员会仲裁；

注：2、3、4 只能选其一。

第十五条　合同的生效、变更与终止

1. 本合同自双方签字、盖章之日起生效，合同的有效期为_____年。

2. 该专利申请被授予专利权后，自授权日开始，本合同自行变更为专利实施许可合同，该专利技术的使用费在本合同涉及的使用费基础上增加_____元；或增加_____％；或提成增加_____％；或股份增加_____％；或增加_____倍。

3. 该专利申请被驳回后，本合同自行变更为普通非专利技术转让合同，该技术转让费在本合同涉及的使用费基础上减少_____元；或减少_____％；或提成减少_____％；或股份减少_____％；或该技术转让费等同于本合同使用费。

4. （对独占实施许可合同）被许可方无正当理由不实施该专利申请技术的，在合同生效日后_____（时间），本合同自行变更为普通许可合同。

5. 在本合同其他条款中规定的合同终止情况以外，许可方应维持专利申请权的有效性，若因许可方过失而造成专利申请权终止的，本合同即告终止。

6. 由于被许可方的原因，致使本合同不能正常履行的，本合同即告终止，或双方另行约定变更本合同的有关条款。

第十六条　其他

前十五条没有包含的，但本合同需要特殊约定的内容，包括出现不可预见的技术问题如何解决，出现不可预见的法律问题如何解决等。

【案例2】德阳市机电配套厂诉四川省星河建材总公司转让合同违约赔偿案

【当事人】原告：德阳市机电配套厂（以下简称"德阳机电厂"）

被告：四川省星河建材总公司（以下简称"星河建材公司"）

【案情简介】星河建材公司发明了一种生产仿古、仿欧浮雕系列产品的技术，并向国家专利局提出了专利申请，专利申请号为931153514号，但至诉讼结束时未被授予专利权。1994年9月26日，四川省绵阳市科学技术委员会经过鉴定，授予星河建材公司该项技术为"绵阳市1994年度科技成果二等奖"。德阳机电厂得知此消息后，为了使用该项技术生产此种浮雕系列产品，曾多次派出厂长、技术员和法律顾问，对星河建材公司生产的浮雕产品及其技术以及该产品的市场销售情况进行了3个多月的考察、论证，并和星河建材公司草签了两次合同。至1994年11月18日，星河建材公司为甲方，德阳机电厂为乙方，双方在绵阳市签订了由甲方将其发明的浮雕系列产品技术转让给乙方生产的联合生产浮雕系列专利产品合同书（以下简称"联合生产合同书"）。该合同书约定：甲方将浮雕系列专利产品技术传授给乙方生产；该项专利技术价值人民币18万元，作为甲方与乙方联合办厂的投资；乙方每年向甲方交定额分成费，第一年2万元，第二年2.5万元，第三年3万元，期满后重新修订，交费时间为每年6月交一半，12月交清当年全款；乙方在接受该项技术前，应向甲方支付技术培训费、培训材料费、技术使用费4万元；乙方长期在甲方处购买模具，所购模具只限自用，如出售，按泄密条款处罚；甲方在收到4万元后，为乙方安排培训学员1至3名，让学员能够独立操作学会为止，并提供技术资料；合同履行期限从1995年1月1日起至1997年12月31日。该合同还对违约责任作了规定。

合同签订后，德阳机电厂于1994年11月24日向星河建材公司支付了合同约定的4万元费用，星河建材公司向德阳机电厂提供了专利申请号为931153514号的浮雕产品生产技术资料，并于同月28日起到12月下旬，两次派出技术厂长对德阳机电厂的学员进行了培训、指导，还做了产品生产示范。此后，星河建材公司应德阳机电厂的请求，于12月29日又派出两名技术人员到德阳机电厂操作指导生产20天左右。德阳机电厂从1995年1月至5月间进行了试生产，并将部分产品出售，其中部分产品返销给了星河建材公司，星河建材公司为此多付出 434 元的货款。在此期间内，星河建材公司向德阳机电厂提供了价值 16 270 元的浮雕产品生产模具。

从合同签订后至提起诉讼时，德阳机电厂除支付培训费 4 万元外，还投入了生产资金 7.5 万余元，产品销售收入 5853.15 元，还未使用的浮雕产品生产模具价值 8100 元，现库存积压产品 6.8 万余元。

1995 年 6 月 13 日，德阳机电厂以星河建材公司为被告，向绵阳市涪城区人民法院提起诉讼。

德阳机电厂诉称：双方合同签订后，我方向被告支付了 4 万元的费用，但被告未按合同履行其义务，培训不负责任，对我方生产中遇到的种种困难和急需解决的问题置之不理，致使我于 1995 年 4 月 23 日被迫停产。此后，我方派人前往被告处主动协商解决，被告借口技改工作忙而不谈此事。5 月 23 日，我方为减少损失，再次函告被告要求提供一种模具，被告回信称未付清款项之前无法提供。被告向我方提供的技术资料，不足一个月便收回，以后再未提供，而且所提供的技术资料严重失真。被告的严重违约行为给我方造成了 10 多万元的经济损失。要求法院判令被告退还技术培训费 4 万元，赔偿损失 2 万元，给付违约金 1 万元，并解除双方的联合生产合同关系。

星河建材厂答辩称：从合同签订时起至 1995 年 5 月 23 日，长达 7 个月的时间里，原告的浮雕产品进入了千家万户，怎能说我方提供的技术是假的和骗人的呢？原告接到技术资料后，很快掌握了生产技术，还曾带着修改后的技术资料到我方进行技术反培训。我方未曾收回过交给原告的技术资料，原告还在 5 月份又从我方领回一份新技术资料。1995 年 1 月 9 日，原告将其生产的 100 张浮雕门板产品送我公司，验收合格的就有 69 张。原告的主要目的是想拒付已经到期的分成款及 16 000 余元的模具款。因此，请求驳回原告的诉讼请求，付清所欠的模具款及多收的我方的货款，原告不得再生产该产品及类似产品。

【法院判决】绵阳市涪城区人民法院经审理认为，原、被告签订的联合生产合同书，实为非专利技术转让合同。该合同虽是经双方协商一致签订的，但被告以其未取得国家专利局批准的科技发明专利，假冒专利技术转让给原告，并以 18 万元的价值作投资，与原告联合生产，被告的这种行为具有一定的欺诈性，故该合同无效。对此，被告应承担主要责任。原告对该转让技术未认真审查，即盲目投资生产，以致造成损失，也负有一定责任。原告要求解除合同的理由成立，予以支持。依照《经济合同法》第 16

条、第 7 条第 2 款,《专利法》第 63 条之规定,该院于 1995 年 8 月 19 日判决如下:

一、双方签订的联合生产合同书无效。

二、被告星河建材公司退还原告德阳机电厂已支付的 4 万元培训费。

三、被告星河建材公司赔偿原告德阳机电厂经济损失 74 291.38 元(含扣除被告多付原告的货款 434 元),原告将未使用的和不合格的模具退还被告。

宣判后,星河建材公司不服,向绵阳市中级人民法院提起上诉,称:一审判决认定事实不清,适用法律不当,判决错误,此案合同应为有效合同。德阳机电厂应向我方支付模具款、超付的货款和到期应交纳的分成费。

德阳机电厂答辩称:星河建材公司提供的技术资料严重失真,且该技术是假冒的专利技术,故合同应当无效,一审判决正确。

绵阳市中级人民法院经审理认为:上诉人以通过有关部门鉴定并经生产实践证明是成熟可靠的非专利技术成果,与被上诉人签订的联合生产合同书,是在双方自愿基础上达成的,符合有关法律规定,应为有效合同。在合同履行过程中,上诉人先后派人去被上诉人工厂进行指导、协助生产,被上诉人将所生产的产品予以销售,说明被上诉人已掌握了该项技术,上诉人的培训、指导义务已经完成。而被上诉人却未按约履行其支付费用的义务。由于被上诉人的违约行为,使该合同的履行已成为不必要,故该合同应当终止履行。被上诉人应按合同约定向上诉人支付到期的分成费和上诉人提供的模具款,并退还上诉人多付的购货款。一审法院适用法律错误,处理不当,上诉人上诉理由成立。依照《民事诉讼法》第 153 条第 1 款第(二)项之规定,于 1995 年 11 月至 6 月判决如下:

一、撤销一审法院判决。

二、双方当事人签订的联合生产合同书终止履行。

三、德阳机电厂支付星河建材公司 1995 年 1 月至 6 月的定额分成费 1 万元。

四、德阳机电厂支付星河建材公司模具款 16 270 元,返还多收的星河建材公司货款 434 元。

五、德阳机电厂返还星河建材公司提供的技术资料,不得再擅自使用、转让该项非专利技术成果,并负有保密义务。

以上给付内容在本判决送达后 15 日内一次履行完毕。

【评析】1. 合同的性质

此案中当事人签订的名为联合生产合同，实际属于技术转让合同，属于专利申请技术实施许可合同。从合同内容来看，建材公司并不参加经营，也不共担风险，其义务就是转让合同约定的技术，对原告进行技术指导和技术培训，根据专利申请技术实施许可合同的要件，即权利人已经提起专利申请，但是还没有授予专利权，为了加快科学技术转化速度，可以对专利申请技术实施许可。但是合同内容没有规定许可的方式，在形式上他们是以专利实施许可合同的方式订立的。

2. 合同的效力

此案一、二审法院认定的事实基本一致，而且也均认为当事人之间签订的联合生产合同实为非专利技术转让合同，但处理结果却截然相反。一审法院认为，星河建材公司是以其未取得国家专利局批准的科技发明技术假冒专利技术转让给德阳机电厂，此行为具有一定的欺诈性，故该合同应为无效。二审法院认为，星河建材公司是以通过有关部门鉴定并经生产实践证明是成熟可靠的非专利技术与德阳机电厂签订的合同，符合有关法律规定，应为有效合同。此间的分歧，应在于对一方以已经申请专利但尚未授予专利权的技术订立名为专利实施许可的合同，是属欺诈行为，还是属合法行为的认定上。

从认定合同效力的要件来看，根据《合同法》关于无效的规定，如果一方当事人采取了欺诈手段与他人订立合同，则该合同无效。然而，以已经申请专利但尚未授予专利权的技术订立专利实施许可合同，并不属以非专利技术冒充专利技术的行为。在此种情况下，技术转让方提交的是专利申请号，而不是专利证书，因此，对方当事人应知这属尚在审查过程中的专利申请，而不属已被授予专利权的专利。技术转让方的这种行为如实反映了转让的技术的真实法律状态，就不能说是欺诈。此案的情况正好符合该规定的条件，因此，不能确认星河建材公司对德阳机电厂实施了欺诈行为，从而确认合同无效。该合同是双方经过长时间的协商过程，受让方对该项技术经过了充分的考察和了解后，双方自愿签订的，这完全符合法律规定的要求，合同应当认定为有效。

德阳机电厂的起诉主张，并不认为星河建材公司对其有欺诈，只是认为该公司在履行合同上有严重违约行为，已经丧失了继续履行合同的基础，故要求解除合同关系。星河建材公司的答辩主张，实质也是认为已经丧失了继续履行合同的基础，应当终止合同的履行。双方的说法不同，但都是在承认合同有效的基础上，要求终止合同的履行。所以，二审判决基于认定合同有效的前提及双方当事人都明确表示了合同不能继续履行下去的意思，判决合同终止履行，星河建材公司应得到合同约定的履行期间的定额分成费等，德阳机电厂应返还技术资料，不得再擅自使用、转让该项非专利技术成果，并负有保密的义务，是符合处理技术合同纠纷案件原则的。

按照《最高人民法院关于审理技术合同纠纷案件适用法律若干问题的解释》第29条第2款和第3款规定："当事人之间就申请专利的技术成果所订立的许可使用合同，专利申请公开以前，适用技术秘密转让合同的有关规定；发明专利申请公开以后、授权以前，参照适用专利实施许可合同的有关规定；授权以后，原合同即为专利实施许可合同，适用专利实施许可合同的有关规定。人民法院不以当事人就已经申请专利但尚未授权的技术订立专利实施许可合同为由，认定合同无效。"据此，二审法院的认定是正确的。引用此案的目的就是要说明专利申请技术实施许可合同在签订和履行中间的一些注意事项。

5.3.2 合同项下的技术成果存在状态

发明创造提出申请以后，因为这种申请行为和国家专利行政管理机关的受理行为界定了发明创造的权利，此阶段的法律状态有专利申请尚未授权、撤回、驳回等几种状态。专利申请权的权利人状态也存在非职务发明、职务发明、共有专利申请等几种情况。

发明创造在此阶段的存在形式仍然是技术秘密的状态，保密条款在这个阶段仍然很重要。

5.3.3 技术转移的特点

5.3.3.1 权利的相对确定性

此阶段的发明创造的权利和专利申请日之前的权利相比，所不同的就是有一份专利申请书对它进行了界定，这样，技术成果权（申请专利权）转化为专利申请权，这个权利的表现形式对于行政机关来说是个程序上的请求权，但是，其实体权在这一阶段有一个依据，就是专利申请书里面的权利要求书。在实践中，权利要求书中的独立权利要求一般确定了最大的保护范围。当然，从属权利要求也是保护范围，当专利权人提起专利侵权诉讼时，没有专门指明依据的是哪一项权利要求时，法院或者专利行政管理部门一般根据独立权利要求来确定其专利权的保护范围。专利权人也可以选择依据一项从属权利要求来提起专利侵权诉讼，这是在具体诉讼策略上的灵活选择。根据《专利法》的有关规定，专利权的保护范围以权利要求书的内容为限。因此，权利的边际条件界定了，权利也就有了确定性，与上个阶段的权利的不确定相比，有了非常明显的变化。当然，权利要求书也可以进行变更，但是，变更后的权利要求相对来说还是固定的。这为专利申请权的转让提供了方便。

5.3.3.2 权利转移方式的相对灵活性

在此阶段，因为权利保护范围的确定，双方对于权利的转移方式也有了更多的选择，权利人可以进行专利申请技术实施许可形式转移，也可以采用专利申请权转让的模式。

5.3.4 专利申请权转移的策略分析

这个阶段的发明创造因为专利申请行为的发生，与专利申请日前的合同相比，有了新的变化。这时的专利申请权不仅是一个程序性的请求权，更是一个新型的财产权，所以，这个权利的转移也要符合一般财产转移的特点，同时，基于知识产权的特性，还有自己的特点。签订前的准备也要重点注意以下几个问题。

5.3.4.1 签订前的准备

对于转让双方来说，专利申请权转让合同的技术转移不仅仅是取得向专利管理部门提起专利申请的权利，更重要的是获得发明创造的所有权。因此，程序性权利的转让依据有关法律，履行相应的法定程序即可，对于合同双方来说，专利申请权的实体性权利才是双方合同聚焦之处。实践中，企业对于选择技术秘密和专利保护时所要考虑的因素非常多：技术可专利性程度、技术保密难度、技术生命周期长短等。所以，申请专利的策略也是根据具体情况而定的。基于专利权的主要保护范围是由权利要求书限定的，因此双方对于权利要求书的评估是必要的。当然，对于受让方来说，在合同签订之前，可能不能获取专利权利要求书的具体内容，而且权利要求书在专利申请过程中一般都会修改的。但是，未来的专利权的商业价值是受让方的首要考虑因素。因此，在签订合同前，如下内容是要考虑的：

（1）双方对于专利申请书中权利要求书的评估。合同双方对于专利申请的权利要求书中的独立权利要求和从属权利要求都要进行评估，二者构成将来专利权的核心内容，这也是双方确定转让的合同标的价格所要考虑的重要因素。对于受让方来说，尽可能早一些接触到专利申请书，就会更早地争取到主动权。

（2）双方的保密措施。基于此阶段的专利申请，合同双方所要做的是必须采取严格保密措施。此阶段专利申请还存在被驳回的风险，在18个月内，专利申请还可以撤回，因此，在专利申请没有公开的期限内，保持专利申请的技术秘密状态是很重要的，即使专利申请被驳回，也还可以作为技术秘密保护。

（3）专利授予的风险评估。可专利性是衡量专利申请价值的重要因素，因此，双方要对发明创造能否获得专利做好前期的评估，这样，可以把合同的风险降到最低。

5.3.4.2　专利申请权转让的谈判、签订、履行和终止

在订立专利申请权转让合同时，应当对于对方当事人的主体资格、合同的内容、合同订立中的意思表示是否真实、合同订立的程序等问题加以注意。❶

1. 当转让人是个人时，所提供的技术必须是个人完成的非职务发明创造。在合同订立之时，受让方要调查清楚专利申请是否存在职务技术成果、国家机关工作人员的身份问题、合作委托关系等情况。其中，对于合同项下的专利申请的权利主体的考察时，有如下要注意：

（1）完成技术成果的个人，是指对技术成果单独作出或者共同作出创造性贡献的人，不包括仅提供资金、设备、材料、试验条件的人员，进行组织管理的人员，协助绘制图纸、整理资料、翻译文献等辅助服务人员。这里对创造性劳动和辅助性劳动做了区分，这样一种区分，是侧重考虑技术成果的技术性贡献因素，进一步弱化了物质贡献因素。因为，只有人的智力创造才是形成技术成果最关键的因素，也是知识产权法应当首先保护的对象。至于物质性因素，虽然也是基础性的，但往往可以通过返还资金等经济手段予以补偿。

（2）权利主体为在职人员时，要注意其是否承担本单位课题或者履行本岗位的职责。

（3）同时应该注意：退休、离休、调动工作的人员在离开原单位 1 年内，继续承担原单位的科学研究和技术开发课题或者履行原岗位的职责。《合同法》所称的物质技术条件，是指单位提供的资金、设备、器材、未公开的技术情报和资料。但是利用单位提供的物质技术条件，按照事先约定返回资金或交纳使用费的不在此限。调动工作的人员既执行了原单位的任务，又利用了所在单位的物质技术条件所完成的技术成果，由其原单位和所在单位合理分享。

---

❶孙邦清. 技术合同实务［M］. 北京：知识产权出版社，2005：146—147.

（4）若转让的专利申请权的受让人是外国人，签订合同时要看看该专利申请权是否得到国务院的相关部门批准，其批准文件列入合同的其他文件备查。

2. 在合同内容上，应当注意：不能签订垄断技术、妨碍技术竞争和技术进步的合同条款，例如：限制另一方在合同标的的基础上进行新的研究开发；合同内容不得侵犯他人合法权益，不得将不具合法权利的技术成果作为合同的标的。

3. 与已有合同的联系。

订立专利申请权转让合同之前，要考察清楚：让与人自己已经实施发明创造的，在合同生效后，受让人可以要求让与人停止实施，但当事人另有约定的除外。让与人与受让人订立的专利申请权转让合同，不影响在合同成立前让与人与他人订立的相关专利实施许可合同或者技术秘密转让合同的效力。但是专利申请权转让双方当事人应在合同中约定原转让合同中权利义务解决办法。若未作约定，原技术秘密转让合同的转让人的权利义务由专利申请权转让合同的受让方承受。

4. 应当注意专利申请权的转让要经知识产权局登记、公告后，专利申请权的转让才生效，但并不影响合同的效力。

双方的谈判策略：转让方做好申请的前期准备，尽可能准确界定专利申请权的权利状态，若最初的申请不能反映该发明创造的创新之处，及时修改专利申请，这样可以增大转让的价值。当然，也要准确，以减少被驳回的风险。受让方要重视专利申请被授权可能性的评估。

一、合同的签订

在此阶段，必须设置必要条款，特别是对于专利申请实施和实施许可的情况及处置办法、过渡期内的责任划分，这几项内容在专利申请权转让合同中已经详细地论述。

二、合同的履行

对于转让方的合同义务，如交付技术成果、交付专利申请的相关文件资料、保密义务，受让方的合同义务，如交付转让费、保密义务已经论述较多，关键是履行过程中的问题，如专利申请权的被驳回、撤回或者视为撤回、修改等变化产生纠纷等，主要在相关条款中把各自责任界定清楚即可。我国法律规定，专利申请权转让合同的受让方就发明创造专利被驳回的，不得请求返还价款，但转让方侵害他人专利权或者专利申请权的情况除外。

一般来说，若转让期间，专利申请被驳回、撤回或被视为撤回是转让方的行为导致的，则为转让方的责任，相反，则为受让方的责任。专利申请提出以后、公开以前，当事人之间就申请专利的发明创造所订立的技术转让合同，适用有关非专利技术转让合同的规定，受让方应当承担保密义务，并不得妨碍转让方申请专利，专利申请未公开而被驳回的，原合同仍然有效。

三、合同的终止

专利申请权转让合同的终止原因有合同义务履行完毕、合同被撤销或宣布无效、违约解除。

有几个情况要说明：根据《最高人民法院关于审理技术合同纠纷案件适用法律若干问题的解释》的第23条规定，专利申请因专利申请权转让合同成立时即存在尚未公开的同样发明创造的在先专利申请权而被驳回的，当事人可以依据《合同法》的规定请求予以变更或者撤销合同。同时，专利申请没有被公开之前，他人将独立研制出的与申请专利的技术相同的发明付诸实施或者转让的，不承担侵权责任。

对于违约解除之情形有：受让人未按照约定支付使用费而又不补充使用费或者支付违约金时，转让人有权解除合同；相反，转让人在规定的期限内不提供发明创造的有关技术情报和资料，受让人有权解除合同。该司法解释第23条规定，专利申请权转让合同当事人以专利申请被驳回或者被视为撤回为由请求解除合同，该事实发生在依照《专利法》第10条第3款的规定办理专利申请权转让登记之前的，人民法院应当予以支持；发生在转让登记之后的，不予支持，但当事人另有约定的除外。专利申请因专利申请权转让合同成立时即存在尚未公开的同样发明创造的在先专利申请被驳回，当事人可以请求予以变更或者撤销。

四、合同纠纷的解决

合同纠纷解决的途径有协商、调解、仲裁和诉讼等。

在解决专利申请权转让合同纠纷时，有几个注意事项：

（1）技术合同发生争议时，当事人可以通过协商解决，也可以请求有关部门和机构进行调解。就列入国家计划的科技项目订立合同发生争议时，当事人可以请求上级主管机关调解；通过中介机构订立的合同发生争议时，可以请求中介机构进行调解；当事人因技术成果的权属发生争议时，可以请求有关科学技术委员会调解和处理。经调解达成和解后制作的调解协议书，当事人应当自动履行。对于涉及专利权、专利申请权、专利实施权、非专利技术成果使用权和转让权以及技术成果完成者权利的争议，仲裁机构应当委托有关科学技术委员会或者专利管理机关作出结论后裁决。

（2）专利申请权转让合同的转让方不履行合同，迟延提供技术情报和资料的，或者所提供的技术情报和资料没有达到使该领域一般专业技术人员能够实施发明创造的程度的，应当支付违约金或者赔偿损失。受让方不履行合同，迟延支付价款的，应当支付违约金；不支付价款或者不支付违约金的，应当返还专利申请权，交还技术资料，并支付违约金或者赔偿损失。转让方逾期两个月不提供发明创造的有关技术情报和资料或者受让方逾期两个月不支付价款，另一方有权解除合同，违反合同的一方应当赔偿由此给另一方所造成的损失。

（3）因侵害他人专利权、专利申请权、专利实施权、非专利技术使用权和转让权或者发明权、发现权以及其他科技成果权被宣布无效的技术合同，应当责令侵权人停止侵害、赔礼道歉、消除影响、赔偿损失。侵害他人专利权、专利申请权、专利实施权的合同被宣布无效时，尚未履行的，不得履行，已经履行的，必须停止履行。侵害他人非专利技术使用权和转让权的合同被宣布无效后，取得非专利技术的受让方可以继续使用该项技术，但应当向权利人支付合理的使用费。

【案例3】赵某与长春市某塑料制品有限公司专利申请权转让合同纠纷案

【案情简介】2003年5月，赵某将自己在工作实践中研制的"一次性多头加药器"向国家知识产权局提出专利申请。2003年6月，国家知识产权局向赵某发出了受理通知书。2003年8月，赵某经与某公司协商，决定将该项专利申请权转让给某公司，双方签订了专利申请权转让合同。合同约定，赵某将"一次性多头加药器"的专利申请权转给某公司；某公司付给赵某转让费10万元，2003年8月24日前支付5000元，余款95 000元于某市专利事务所接到授权通知书之日起15日内支付；赵某则在合同生效7日内向某公司提交专利申请文件及完整的设计图纸；本合同生效之日起，由中介方某市专利事务所办理专利申请人变更手续；某公司如未按期支付赵某95 000元，本合同终止，由赵某持本合同到国家知识产权局办理专利权变更手续。合同签订后，某公司按合同约定的期限给付赵某5000元。赵某也按合同约定于8月24日将受理通知书、外观设计专利申请书、一次性多头加药器设计图、外观设计简要说明及外观设计图等全部交付某公司。2003年12月4日，国家知识产权局向某市专利事务所发出了授予申请人为某公司的"一次性多头加药器"专利权决定通知书。收到该决定通知书后，某公司未按合同规定给付赵某其余的95 000元转让费。

原告诉称，被告某公司违反合同约定，未在接到授权通知书之日起15日内支付转让费95 000元，故起诉至法院要求判令被告按合同约定将"一次性多头加药器"的专利权归还其本人。

被告辩称，该专利产品经过试生产达不到原告当初讲的效果，故不应当承担违约责任，原告应返还己方先行支付的转让费5000元。

【法院判决】法院经公开审理认为，被告某公司未按照合同约定给付原告95 000元技术转让费属实，应当承担违约责任。庭审过程中经调解，双方达成如下协议：①原、被告签订的专利申请权转让合同终止，被告将一次性多头加药器专利权归还原告，由原告到国家知识产权局办理变更手续，费用自理。②被告在规定期限内将原告提供的有关一次性多头加药器资料及模型返还原告。③原告在同一规定期限返还被告1500元。

此案的主要争议焦点在于，原、被告双方在签订专利申请权转让合同后，如果受让方在履行合同时违约，是否应当将专利权归还给转让方。

【评析】此案的关键在于对合同的定性，以及合同的履行中双方权利义务的界定。对此，处理时存在以下两种意见：一种意见认为，原告与被告之间签订的专利申请权转让合同已经约定，如果被告未按约定支付技术转让费，该合同即终止，故被告应当依合同约定承担归还专利权的责任。另一种意见认为，专利申请权转让合同约定的是专利申请权的转让，而不是专利权的转让，只要让与人依约转让了申请权，受让人受让了申请权，合同就已经履行完毕。被告已经取得了该项外观设计的专利权，专利权是无法归还的。我国《专利法》第10条规定："专利申请权和专利权可以转让。……转让专利申请权或者专利权的，当事人应当订立书面合同，并向国务院专利行政部门登记，由国务院专利行政部门予以公告。专利申请权或者专利权的转让自登记之日起生效。"《合同法》第342条规定："技术转让合同包括专利权转让、专利申请权转让、技术秘密转让、专利实施许可合同。技术转让合同应当采用书面形式。"

专利申请权是发明人或者设计人对其专利技术享有的一定专属权利，这种专属权利如同专利权一样，可以转让。根据《专利法》有关规定，职务发明创造，申请专利的权利属于发明人或者设计人任职的单位；非职务发明创造，申请专利的权利属于发明人或者设计人。拥有申请专利的权利的单位或个人可以将其专利申请权转让他人。转让后，受让人成为新的专利申请权人，继受取得原专利申请权人的全部权利和义务。

转让专利申请权或者专利权的，让与人与受让人应当订立合同。该合同为要式合同，即必须以书面形式订立。对转让专利申请权或者专利权的合同，除《专利法》或有关行政法规另有规定的以外，应适用《合同法》的有关规定。另外，专利申请权转让合同或者专利权转让合同，应当向国务院专利行政部门办理登记。专利申请权或者专利权的转让自登记之日起生效。

此案中，原告与被告订立了专利申请权转让合同，在合同履行过程中，原告赵某已经履行了合同义务，并且被告向国家知识产权局申请了专利权，也已经获得了专利权，但未按合同约定支付技术转让费。《合同法》第8条规定："依法成立的合同，对当事人具有法律约束力。当事人应当按照约定履行自己的义务，不得擅自变更或者解除合同。""依法成立的合同，受法律保护。"被告的行为违反了合同约定，应当承担违约责任。根据双方约定，如果被告未按期支付技术转让费，该合同即终止，由原告持该合同到国家专利局办理专利权变更手续。从合同的约定可以认为，在被告取得专利权的情况下，如果被告发生违约，应当将专利权归还原告。由于被告已经取得了"一次性多头加药器"外观设计的专利权，因此，在双方的专利申请权转让合同终止时，被告应当将专利权归还原告。按照《合同法》的规定，受让人未按照约定支付使用费的，应当补交使用费并按照约定支付违约金，不补交使用费或者支付违约金的，应当交还技术资料，承担违约责任。由于此案中当事人没有约定违约金和计算损失的方法，因此，只能计算给赵某造成的实际损失。若此案合同中约定了违约金，就对原告更有利。因为《合同法》有关违约金的条款即使当事人约定违约金高于实际损失，也应当从约定。

5.4 专利申请文件公开后、授权前的技术转移

根据《专利法》的规定，对于实用新型和外观设计，只要经过初步审查被认为符合法律要求，就可以被授予专利权，并且将申请内容公开。因此，它们的授权与公开是同步的。在实用新型和外观设计专利被授予之前，公众并不能了解专利申请的内容。但是，对发明专利申请而言，申请内容的公开与专利权的授予是不同步的。在经过初步审查后，自申请日起满18个月，发明申请的内容就予以公布，或者根据申请人的请求更早地公布其

申请内容，但专利权并不同时授予，而是要等到通过实质审查后，才能被授予专利权。

因此，一项发明创造申请专利并被公开以后，虽然未被授权，但出于该期间的技术转让合同已经构成专利实施许可合同的雏形，在这个阶段，专利申请技术也是可以实施许可的，可以签订专利申请技术实施许可合同。不过，一般认为，专利申请公开后的专利申请技术实施许可合同可以说是"准专利实施许可合同"。而就专利申请本身来说，申请人所提交的专利申请的发明创造由于公开已经脱离了技术秘密状态，在早期公开后、授予专利权前，申请人的发明可以享受"临时保护"，这是来源于《专利法》第13条的规定：发明专利申请公布后，申请人可以要求实施其发明的单位或者个人支付适当的费用。而该种"临时保护"，从对《专利法》第13条的理解来看是十分微弱的。由此可知，这种状态中的合同相当于"准专利实施许可合同"，其仅仅在一定程度上给予原本拥有专利申请的转让人，通过司法程序追回一部分使用费的可能。而对于受让人来说，在该项专利申请在公开后被驳回的情况下，经公开的技术进入公知公用领域将导致该合同无条件终止或经当事人协商后变更为技术服务合同。因此，随着专利申请文件的公开，专利申请权的权利存在状态发生了很大的变化。

5.4.1　合同项下的技术成果存在状态

此阶段的发明创造本身的存在状态已经从技术秘密转化为公开状态，专利申请的法律状态在此阶段仍然是专利申请尚未授权、专利申请撤回、专利申请被驳回等几种。但是，基于专利申请被公开，这几种法律状态在具体的运作中和公开前也有不同之处。

发明专利申请的内容在被授予专利权之前就已经被公开，因此公众在发明专利申请公开后、专利权被授予前就能够了解到该发明专利申请的内容，并可以根据被公开的专利申请来实施该专利申请所记载的技术方案。而此时，专利权并没有被实际授予，申请人还不具有合法的专利权人的身份，他无权行使禁止权，阻止他人对发明的实施。但是，由于专利权的期限是自专利申请日开始计算的，至少在理论上，发明专利的申请日与授权日之间的这段时间应当是专利权人可以享有权利的期限。而且，由于此时专利权并没有被实际授予，因而在理论上也存在着申请人不能最终获得专利权的可能性。而专利制度本身的作用在于既保护发明人或专利权人的利益，也保护公众利益和促进科技进步、提高全社会的科学技术水平。这就要求在发明专利的申请人与社会公众之间，寻求利益的平衡点。发明申请公布后，申请人可以要求实施其发明的单位或者个人支付适当的费用。这种临时保护措施是对一项尚在申请程序中的发明的专利权处于不确定状态下的"费用请求权"。在这种情形下，法律首先承认公众和社会享受科技进步成果、实施发明技术方案的权利，同时也充分考虑申请人可能最终获得专利权的实际利益，保障公众在享受发明专利申请人所提供的技术成果的同时，给予申请人适当的经济补偿。在专利权被正式授予之前，申请人对其享有的这种费用请求权的实现，只能依赖对方的自动履行，尚不能请求人民法院或管理专利工作的部门借助国家强制力强制当事人履行。但是，一旦专利权被实际授予，则专利申请人即转变为专利权人，临时保护期也转变为专利权有效期。届时，专利权人有充分的权利，将这种临时保护下的费用请求权转变为强制性的权利，并可以请求人民法院或者管理专利工作的部门借助国家强制力实现其费用要求权。

5.4.2 技术转移的特点

从这个时期的权利的存在状态来看，发明创造从技术秘密转化为向社会公开，相对来说，因为有临时保护的法律设置，专利申请权的权利比前一阶段更明确，受到法律保护的程度更高。这是从法律保护的角度来说的，从另一个方面，技术被公开也同时具备很大的风险，因为，如果专利申请被驳回，技术有可能成为公知技术而使权利人失去权益。技术转移方式仍然是转让或实施许可。

5.4.3 专利申请权转移的策略分析

5.4.3.1 签订前的准备

签约双方对于专利申请书中权利要求书的评估仍然是重要的准备工作，同时，根据实质审查的进度，决定应对专利申请在实质审查中的要求修改的技术作出相应的预案，避免专利申请被视为撤回而造成不必要的损失。

（1）双方对于异议程序的准备。合同转让双方对于公开后的异议程序必须提前做好相应的准备，在技术上进行检索，掌握现有技术的现状，同时，对于因为异议程序的应对责任和相关费用也要提前明确。

（2）双方的保密措施。保密措施在这个阶段的特殊性在于有些技术在转移的时候，有一部分并不是在权利要求书范围之内，而是以技术秘密的方式存在，若专利申请被驳回，但是凭借双方掌握的技术秘密而使技术仍然不会贬值，则合同双方需要制定好保密条款。

（3）临时保护措施收益。临时保护措施的收益在订立合同之前就要考虑，它在市场中间根据技术本身特性，能获得的数额的大小也是要考虑的。

（4）专利授予的风险评估。是否能够授予专利权，是合同双方同时面临的风险，对于这个风险分配可以提前设置合同履行的方式来公平分担合同风险。

5.4.3.2　专利申请权转让的谈判、签订、履行和终止

谈判策略：转让方以临时保护措施等保护权利的确定，进而为转让扫清障碍，受让方则注意专利被驳回时的风险责任的分配。

一、合同的签订

过渡时期的专利申请费用和收益在签订合同同时要作为必备条款进行设置，异议程序的应对及费用分担也是重要因素，临时保护措施带来的收益的分配也在考虑之列，合同的形式要件也是必不可少的。

二、合同的履行

合同的履行和上一阶段没有太多的区别，唯一的特点就是可以采用临时保护的方式保护技术，那么临时保护如何运作？

1. 临时保护措施范围的确定

对专利权的保护，应当从该专利的授权公告之日开始。但对于发明专利而言，在专利申请日起满 18 个月后，知识产权局将公布该专利方案。在此阶段，如果有单位或者个人擅自按照公布的技术方案进行生产，势必影响专利权人当时以及授权后的合法利益。因此，《专利法》第 13 条规定："发明专利申请公布后，申请人可以要求实施其发明的单位或者个人支付适当的费用。"此段时期对专利申请的保护，一般称之为"临时保护"。当该申请被授予专利权后，就应当对其进行专利保护了。

临时保护期的技术存在着几种相同的实际状态：（1）它是一种公有技术，是申请人以为是专有技术而提出申请专利；（2）它是专有技术，且由发明人独自发明、拥有，发明人自己申请专利；（3）它是一种专有技术，但非发明人独自发明、拥有，而是他人也已发明、拥有，有的应开始实施只是尚未成为公知技术，也未申请专利。对于上述相同状态之下的相关技术，在临时保护期内，相对之人实施这种技术，所产生的法律后果是截然不同的。

在临时保护期内对相关技术的实施状态各异，许可情况不同：（1）在通常情况下，实施者可与专利申请人不订立书面或口头合同，即未经专利申请人的同意许可，便自行实施该相关技术；（2）在先发明拥有该技术的人，以为自己是发明人而不与专利申请人联络，或因不知该技术已被申请专利而实施该技术；（3）实施者与专利申请人达成许可实施该技术的合同，

基于支付一定的实施费用而使用该技术。上述各种实施状态涉及问题之一是实施该相关技术是否要取得申请人的许可？在目前的法律状态下，在临时保护期间的技术是否为专利技术尚处于不确定状态，如果不构成专利技术，则人人可以实施；反之，鉴于"专利的取得始于专利申请日"的专利法规定，需支付使用费。为避免纠纷的发生，实施者在实施时应予告知，但不一定需要申请人许可，在专利获得授权后一定要支付合理的费用。

对于申请人专利行使时期，应在专利授权之后为有效行使时期。由于在专利授权之前该技术是否为真正符合专利要件的发明技术，尚处于有待专利实质审查，不经此审查认定，不为专利技术，最终不享有专利权。为此，在不确定相关技术为专利技术的时期内，不存在具有可行使临时保护权的程序性权利，在诉讼上申请人不具有诉权。只有在授予专利权之后，由于确定了该技术为专利技术，故才具有真正的程序性权利和实体性权利，此时，确定对临时保护期之相关技术予以全面的保护，才具有实际意义。

发明专利公布的权利要求的内容往往不是稳定的，而且有可能比授权后的权利要求的范围更大或者更小。那么应当如何确定发明专利权临时保护的范围呢？

临时保护的保护范围应当区分具体情况而加以确定，即"如果授权时的权利要求或者在经过异议程序修改后的权利要求的保护范围大于公开的专利申请的权利要求所确定的保护范围，专利申请的临时保护仍以公开文本为准；反之，如果授权时的权利要求或者经过异议程序修改后的权利要求的保护范围小于公开的专利申请的权利要求所确定的保护范围，临时保护就必须以授权时的专利权利要求为准"。❶因为在授予专利权之前，公众只能看到公开的权利要求，他们有权根据公开的权利要求来决定采取回避性实施行为，如果授权后的权利要求扩大了保护范围，则不应当对临时保护的范围产生影响，否则对于公众而言，将是极为不公平的。

如果实施者与专利申请人对该问题无明确约定，则该专利申请被驳回或撤销后，实施者应享有要求返还该实际费用的权利。这是基于专利申请人对相关的技术不享有实际的专有权，其无权基于该技术而获取收益。相反，正是因为该相关技术不具有专利权，虽一度曾有而最终仍不具有专利权，从而表明此为公知技术，因此实施者享有无偿实施的权利，而无须支付费用，即使因情况不明而给付费用，在法院的赔偿期间仍有权要求还返。

<hr>

❶尹新天．专利权的保护［M］．北京：知识产权出版社，2005：58.

2. 临时保护使用费的计算❶

临时保护期间，其他单位或者个人实施专利方案的行为，不是侵犯专利权的行为，自是不争之论。这种行为，应是对专利权人可能获得的专利利益的一种不利影响。因为专利权人在提出专利申请之后，就可以按其方案实施，其他人的实施行为势必影响专利权人的市场份额，对专利权人造成利益损失，因此有必要对专利权人给予相应的补偿，即《专利法》所规定的"适当的费用"。因此，这个适当费用的尽可能地确定也是转让合同双方应该关注的，因为它也是合同重要的条款之一。而且，适当的数额也是一个弹性的条款，所以，双方应该有一些参考的因素。

对于适当的费用，在司法实践中，侵权人承担赔偿责任的结果往往是被剥夺全部侵权利润。但是，由于临时保护期间不存在专利侵权问题，所以，剥夺实施人的全部利润是不合理的。因此，适当的费用应当平衡权利人和实施人的利益。权利人发明了技术方案，付出了劳动，应当获得相应的报酬；其他人实施时，虽然专利申请尚未被授权，不构成专利侵权，但毕竟使用了专利权人的技术方案，并且该方案不是公知公用技术，所以也应当支付一定的报酬。因此，在决定适当的费用时，应当充分考虑到二者利益的平衡，既要让专利权人的知识产权得到应有的尊重和回报，也应给实施人保留一定的利益。

这个临时保护措施范围和费用的确定对于双方签订专利申请权转让合同有很大的意义，双方可以在合同条款中提前约定临时保护使用费的具体方案，双方采取临时保护措施的方式、保护成本费的分担方式等。由于上述专利申请权的临时保护范围的不确定直接影响使用费的变化，因此，合同双方对于这个范围变化时候的条款也要设置很合理，最好是双方明确约定相关变化的情况下的条款，尽量不要采取概括约定的办法，这样，在履行的时候，任何形势变化都不会影响合同的正常履行。

三、合同的终止

此阶段的合同的终止存在几个特殊的情况，主要是专利申请被驳回之后双方的风险分担问题，因为技术公开之后无法恢复原状，导致价值丧失。这个是合同解除之后必须要处理的。同时，临时保护所带来的收益如何分配也是合同要考虑的问题，被驳回的专利申请附带的技术秘密公开后合同义务如何履行也是合同终止后要解决的。

❶ 王劲松. 发明专利权的临时保护［EB/OL］.［访问日期不详］. http://www.i3721.com/lunwen/flfx/mf/200606/147119_4.html.

四、合同纠纷的解决

这个阶段的合同纠纷的解决可以通过协商、调解、仲裁、诉讼等途径，在纠纷解决途径的选择及具体途径的运作和上述两个阶段没有什么质的区别，这里不再赘述。但是有一些特殊的纠纷情形在这个阶段出现。在这一阶段，主要是关于临时保护措施的纠纷。对于合同双方来说，临时保护的措施主要涉及的是合同风险的分担。

【案例 4】朱某某控告曼格磁公司案❶［案号：1996 沪二中经初（知）字第 391 号］

【案情简介】此案系由朱某某控告上海曼格磁生物工程有限公司涉及生物工程公司实施临时保护期内的相关技术的法律责任侵犯专利权纠纷。朱某某于 1990 年 12 月 11 日向国家知识产权局申请了名称为"一种磁渗药膏的制备方法"的发明专利。1992 年 4 月 15 日该专利申请由国家知识产权局正式公告，1996 年 3 月 23 日被授予专利权（专利号码 ZL9016092.5）。该专利的权利要求为：

1. 一种强磁、超薄稀土磁渗药膏的制备方法，其特征在于将稀土磁粉和外敷物混合 3～4 小时，并与氯化聚乙烯一起轨压制成厚度等于或小于 0.5mm，可扰度大于或等于 110 度角，表面磁场为 0.01Mt～0.05Mt 的薄膜，冲剪开给薄膜的一面涂有无毒性或对皮肤无过敏反应的热熔型黏合剂，然后，再对薄膜的另一面喷涂或涂有导磁胶，最后，用防粘纸封装。

2. 根据权利要求 1 所述的制备方法，特征在于，其中的稀土磁粉是快淬工艺制得的非晶粉料或还原扩散工艺或气爆裂法得的粉料。

3. 根据权利要求 1 所述的制备方法，其特征在于其中的外敷药物，为各类中药或各类西药或中西药的混合物。

1992 年 7 月，朱某某携其发明技术"磁渗膏"与上海嘉定区徐形村民委员会合作建办"曼格丁"。同年 9 月，"曼格丁"以朱某某的发明技术与台湾商人合资建办了"曼格丁"，生产曼格磁贴，原告在合资公司中担任副总经理。合资合作明确了"曼格丁"以缴的出资额中"专利及专有技术"作价 5.5 万美元，占公司总注册资金的 21.57%，1992 年 11 月 4 日，由原告为发明人，"曼格公司"作为成果完成单位，生产的曼格磁贴通过上海市医药管理局的鉴定，并获得科学技术成果鉴定证书，1992 年 11 月 15 日上海市医药管理局正式批复，"曼格公司"准予生产曼格磁贴。批准号为：沪

---

❶［EB/OL］.［访问日期不详］. http: //3q. creativity. edu. tw/teach/6/protp16. htm.

医械准字（92）第 364079 号，另附工艺资料。

因合资方与原告产生分歧，1993 年 5 月 20 日，"曼格公司"书面通知原告不再为上海曼格磁生物工程有限公司之董事。原告遂离开"曼格公司"。1994 年 5 月 21 日，"曼格公司"的企业亏损，由合资变为合作经营，继续生产曼格磁贴。

法院开庭审理中，朱某某提供了其于 1996 年 3 月 15 日、7 月 30 日购买的由被告于 1994 年 5 月 21 日、1995 年 5 月 5 日生产的曼格磁贴，并附有上海、合肥等商店的销售发票。曼格公司产品的外包装上标有沪医械准字（92）第 364079 号，原告的发明刊号 90106092.5。此外，原告还提供了由上海嘉华会计师事务所制作，证明被告 1994 年的净利润为 194 万余元，1995 年的净利润为 353 万余元人民币的审计报告。曼格公司对朱某某提供其生产的产品及 1994、1995 年的利润未表示异议，但提出标有原告专利号的产品包装，原告在被告处任职时，由原告负责印制，原告离开后，被告已不再使用此类包装袋，但不能排除有遗漏误用的可能。同时该公司还以为，其在产品上虽使用沪医械准字（92）第 364079 号，但其生产产品的方法与原告的专利方法不同，医药局批文中所附工艺亦与原告专利方法不同。被告提供了委托国家知识产权局专利复审委员会所作的证明被告生产产品的方法与原告专利方法不同的咨询意见书，以及上海市嘉定区公证处制作的原被告产品不同的公证文件。

原告朱某某所称：原告于 1987 年开始研制"磁渗膏"，另于 1990 年 12 月 11 日向国家知识产权局申请发明专利，申请号为 90106092.5，1992 年 7 月原告以上述"专利及专有技术"投资开办"曼格公司"，出资额占公司总注册资产 21.57%。次年，曼格公司掌握了原告发明的专有技术后，将原告逐出该公司，但该公司仍继续使用原告的发明技术，生产同一医械的产品，曼格公司的行为侵犯了原告专利权及相关权利。因此，诉请法院判决被告曼格公司停止侵权，登报赔礼道歉，赔偿损失人民币 100 万元。

被告曼格公司辩称：朱某某以技术专利作价 5.5 万美元投资曼格公司，可是当时他仅向国家专利局提供发明专利申请，并未取得专利权。曼格公司生产的产品与朱某某的发明专利的制备方法不同，朱某某指控曼格公司使用其专利方法无任何法律依据，请求法院驳回原告的诉讼请求。

【法院判决】此案的争议焦点在于：对尚处于专利申请阶段的相关技术实施的合法性为何？在专利申请公布后，取得专利之前，申请方是否可以主张权利？

上海市第二中级人民法院认为：发明和实用新型专利权被授予后，任何单位或者个人未经专利权人许可，不得为生产经营目的制造、使用、销售其专利产品，或者使用其专利方法，以及使用销售依照该专利方法直接获得的产品。发明专利申请公布后，申请人可以要求实施其发明的单位或者个人支付适当的费用。原告系"一种磁渗药膏的制备方法"的发明专利的专利权人。原告提供的证据证明被告未经原告许可，在原告专利申请公布后授权前使用了原告的专利方法长达两年之久，且从中获取高额利润。依据法律规定，被告应当支付原告适当的费用，具体数额可根据被告使用原告专利方法所获取的利润，结合原许可其他单位使用其专利的许可费等酌情予以确定。被告又以专利复审委员会的咨询意见书、上海嘉定公证处公证书作为证据，辩称其产品的制备方法与原告专利方法不同，证据尚不充分，本院不予采信。因原告未提供证据证明被告在原告专利授权后，仍在使用原告专利方法，故原告主张被告停止专利侵权，赔礼道歉，赔偿损失，法院不予支持。

因此，上海市第二中级人民法院根据《专利法》第13条之规定，作出判决：

一、被告上海曼格磁生物工程有限公司在于本判决生效后10日，支付原告朱某某人民币50万元。

二、原告朱某某的其他诉讼请求本院不予支持。

【评析】所谓"临时保护期"，《专利法》第13条规定：发明专利申请公布后，可以要求实施者给付适当之费用。即在专利申请公布后批准前，为临时保护期。从上面的案情可以知道，此案原告所具有的是专有技术，且由其独自发明、拥有，其独自申请专利，最后获得专利权。根据法律规定，其应该在专利申请的合理期限内获得"临时保护"，因而获得一定使用费的权利。法院也是据此来判决的。

在目前的法律状态下，在临时保护期间的技术若取得了专利权，鉴于"专利的取得始于专利申请日"的专利法规，则要支付使用费。当然，一般认为，不须取得申请人许可，但应告知专利申请人。此案曼格公司在原告的相关技术处于临时保护期内，可以不经原告许可，实施该技术，但应告知实施情况。该技术被授予专利权后，原告取得专利权，因此，被告应该支付其在专利申请公开后至授权前期间适当的费用。

此案原告是在后阶段取得专利权后主张该部分专利，因而得到法院的支持。因为对于申请人，在不确定相关技术为专利技术的时期内，不具有可行使临时保护权的程序性权利，在诉讼上申请人不具有诉权，只有在授予专利权之后，由于确定了该技术为专利技术，故才具有真正的程序性权利和实体性权利。此案被告尚不能证明自己一度所实施的技术原告不应享有专利权，故仍应支付实施的费用。

此案的临时保护措施范围的确定是根据原告的申请，因为此案的专利技术是属于方法专利，因此，保护范围以授权时的权利为准，使用费平衡了双方利益，对于原告无证据部分则没有支持。具体数额根据被告使用原告专利方法所获取的利润，结合原许可其他单位使用其专利的许可费等酌情予以确定。判决赔偿 50 万元，而不是原告诉求的 100 万元。

总之，对临时保护期内的相关技术予以法律保护，这是由于这种技术因发明人已申请了专利，从而有可能成为专利技术，发明人由此可能享有专利权。但是，一个客观的事实在于，毕竟这种权利在未授专利权之前还是一种可能产生的权利，即使在专利授予的情况下，由于授权行为发生于保护期的终结之时，对保护期内权利因法律的规定，只要授予专利权便从申请日开始计算，所以它是一种追溯认定的专利权。上海市第二中级人民法院认为，被告在原告专利申请后、授权前使用了原告的专利方法的表述，正是基于上述原因而认定，使用的是原告的"专利方法"，是对这种追溯认定的专利权的表述，实际上当时所使用的还不是真正的专利。

5.5　专利申请权转让合同必须约定的内容

从一项发明创造三个阶段的技术转移过程中的特点，可以看出它们存在很大的差异。申请专利权转让合同因为立法上的模糊，理论上的争议，在实践中通常以技术秘密转让合同进行转移。因此，学界、司法界对于申请专利权转让合同没有形成相对固定的说法和解释，以申请专利权模式进行技术转移的实践很少。相反，专利申请权转让合同尽管在学界和司法界也存在诸多争议，但因为已经有了相关立法、深入的学术理论探讨和大量操作实践，因此，从理论到实践，已经形成了一些相对固定的说法和操作模式。基于目前理论和实践的现状，申请专利权转让合同的相关内容以及合同文本，根据自身的特性，结合专利申请权转让合同和技术秘密合同进行操作。因此，鉴于专利申请权转让合同的理论基础和实践运用的需要，本书重点探讨专利申请权转让合同的相关内容，详细展现发明创造在技术转移中的转让合同的特点。

5.5.1 专利申请权转让合同的定义和类型

5.5.1.1 目前通说

基于学界对于专利申请权的界定不一，对于专利申请权合同也界定不一。根据一般的通说，专利申请权转让合同，是指转让方将其发明创造提起专利申请的权利转让给受让方，而受让方支付约定的价款所订立的合同。专利申请权进行转让，首先应签订转让合同，然后到知识产权局办理登记手续，并由知识产权局公告，合同自登记之日起生效。

5.5.1.2 专利申请权转让合同的类型

5.5.2 专利申请权转让合同纠纷的表现形式

专利申请权是一项民事财产权利，专利申请权人，无论通过何种法定途径取得该权利，都有权订立专利申请权转让合同，转让该权利，受让人还可以再转让。若专利申请权为两个以上法律主体共有，一方转让其共有的专利申请权时，另一方或其他各方有优先受让的权利。所以，专利申请权转让合同纠纷重点聚集在以下几个区域：①转让过程中非职务发明创造的专利申请权归属纠纷；②转让过程中职务发明中的专利申请权归属纠纷；③转让过程中基于技术委托、联营、开发、共有的专利申请权的专利申请权纠纷；④转让过程中违约责任纠纷；⑤转让过程中风险承担纠纷；⑥转让过程中转让内容违法的纠纷；⑦转让过程中转让合同与转让合同前实施行为、已有合同的纠纷。

5.5.3 专利申请权转让合同涉及的权利状态

5.5.3.1 专利申请权的法律状态

专利申请权可以进行转让、也可以实施许可，这亦是专利权人实现其专利价值的重要方式。专利申请权转让合同涉及的专利申请权，是指专利申请以后、专利授权以前的权利。用于转让的专利申请权，其权利状态主要有以下几个方面：

（1）专利申请尚未授权。指专利申请尚未公布，或已公布但尚未授予专利权；

（2）专利申请撤回。专利申请被专利申请人主动撤回或被专利审批机构判定视为撤回；

（3）专利申请被驳回。专利申请被专利审批机构驳回；

（4）专利申请被公开。专利申请在法定期限内被公开。我国规定专利申请满18个月必须公开，这属于自动公开，当然，涉及国家秘密等国家法律规定不能公开的不公开。因我国施行的是延迟审查制，先进行形式审查，后进行实质审查，权利人也可以自己申请提前公开。

专利申请权存在于提出专利申请之后，授予专利权之前，在此期限内有效，只有有效的专利申请权才能进行转让。没有提出专利申请之前，是以技术秘密或申请专利权存在，以技术秘密或申请专利权转让。被授予专利之后，则转化为专利权，受《专利法》保护，转为专利权转让和许可。

值得注意的是，申请专利的技术未必都会公开，有可能在法定的公开时间到达前即被驳回或撤回。在被驳回或撤回后，该项技术一般仍具有非专利技术的特征。

5.5.3.2　专利申请权人的权利状态

一项专利申请的权利人状态，主要涉及以下几个方面：

（1）区分专利申请权人和发明人（发明专利）/设计人（实用新型专利或外观设计专利）。专利申请权人与发明人在一般情况下是同一人，而二者分离的情况也大量存在，根据《专利法》和《合同法》的有关规定，下列人员对发明创造享有专利申请权：

①在委托开发中，除合同另有约定的以外，属于研究开发方，获得专利后，委托方可免费实施该专利。在合作开发中，合作完成的发明创造除合同另有约定的以外，申请专利的权利属于合作开发各方共有。合作开发方中一方声明放弃共有专利申请权的，可以由另一方或其他各方共同申请，合作开发各方中有一方不同意申请专利的，另一方或其他各方不得申请专利。但是，技术合同法所说的"合作研究"应是实质性的合作研究，双方或各方都对技术成果有创造性贡献。如果企业在项目完成过程中，仅提供一些方便或做了些辅助性工作，不应属于共同完成发明创造的单位，不应享有专利申请权。因为，《专利法》及其实施细则关于发明人或设计人的定义为：是指对发明创造的实质性特点做出创造性贡献的人；

②职务与非职务发明中：职务发明创造，申请专利的权利属于该单位。非职务发明创造申请专利的权利属于发明人或设计人；

③国家机关工作人员的非职务技术成果，可以申请专利，也可以转让，但是凡是以个人名义订立技术合同取得报酬的，应经所在机关批准；

④技术人员订立的明确工作期限、内容、报酬和纪律等劳动权利义务关系的劳动合同，不适用《合同法》的规定。

（2）是否存在共同专利申请权人。

除当事人另有约定的以外，合作开发的当事人对合作开发完成的发明创造享有共有专利申请权；

（3）因专利申请权发生转让、继承或赠予而导致专利申请权人变更，发明创造的受让人、受赠人、继承人享有专利申请权。

由此可以看出，在我国，非发明人可以通过下列途径获得专利申请权：技术转让、继承、法律直接赋予发明人以外的其他人。

专利申请权可以依法转让，但在转让过程中，需要经知识产权局登记、公告，转让方可有效。

5.5.4 专利申请权转让合同必须约定的内容

根据《合同法》之相关规定，专利申请权转让合同的主要内容是界定合同当事人的权利义务。

5.5.4.1 专利申请权转让合同当事人的权利义务❶

1. 专利申请权转让合同转让人的权利

根据我国相关法律规定，专利申请权转让合同转让人的权利有：

（1）接受约定价款的权利；

（2）在受让人的专利申请被驳回后，有权拒绝返还价款；但若是转让人侵害他人专利权或者专利申请权的情况除外；

（3）受让人未按照约定支付使用费而又不补充使用费或者支付违约金时，转让人有权解除合同。

2. 专利申请权转让合同转让人的义务

（1）将合同约定的发明创造申请专利的权利移交受让人，并提供申请专利和实施发明创造所需要的技术情报和资料；

（2）除合同另有约定外，不得在合同生效后继续实施该技术；

（3）保证自己是所提供的技术的合法拥有者，并且保证所提供的技术完整无误、有效、能够达到约定的目标；

（4）在合同约定的范围和期限内，对技术中尚未公开的部分承担保密义务。

3. 专利申请权转让合同受让人的权利

（1）接受合同约定的发明创造申请专利的权利，以及申请专利和实施发明创造所需要的技术情报和资料；

（2）受让人申请发明创造专利的申请被驳回的原因，如果是由于转让

---

❶ 孙邦清．技术合同实务［M］．北京：知识产权出版社，2005：143.

人侵害了他人专利权或者专利申请权，受让人有权请求返还支付的价款并要求对方承担违约责任。

（3）转让人在规定的期限内不提供发明创造的有关技术情报和资料，受让人有权解除合同；

（4）受让人有要求转让人保证其所提供的技术的合法拥有者是转让人自己，并且保证该技术完整无误、有效、能够达到约定的目标的权利；

（5）受让人按照合同约定的范围和期限，有要求转让人对技术中尚未公开的部分保密的权利。

4. 专利申请权转让合同受让人的义务

（1）按照合同约定向转让方支付约定的价款；

（2）受让人应当在合同约定的期限和范围内，对技术中尚未公开的部分保守秘密。

5.5.4.2　专利申请权转让合同成立的法定形式条件

《专利法》第 10 条规定，中国单位或者个人向外国人、外国企业或者外国其他组织转让专利申请权或者专利权的，应当依照有关法律、行政法规的规定办理手续。转让专利申请权或者专利权的，当事人应当订立书面合同，并向国务院专利行政部门登记，由国务院专利行政部门予以公告。专利申请权或者专利权的转让自登记之日起生效。

专利申请权转让合同的签订，需要该发明专利已处于公开状态，即将申请发明专利的技术内容以专利说明书的形式向全社会公开通报。通常国务院专利行政部门通过早期公开，既考虑到要避免重复研究和重复申请，又考虑到专利申请人能通过早期公开了解该技术的市场需求情况，以更好地选择许可实施的一方，若无市场需求，则申请人可以不再提出实质审查的请求。

5.5.4.3　专利申请权转让合同必须约定的条款及分析

根据实践中专利申请权转让合同纠纷发生的特点、领域，可以看出在制定专利申请权转让合同时的必须约定的条款以及要注意的问题。

根据实践中专利申请权纠纷的特点和专利申请权的自身特性，专利申请权转让合同应该约定如下条款：

签约人：专利申请权转让双方在签订合同时，双方的名称及其住址必须具体、确定，否则，就会导致合同的无法履行，或者导致一方履行后却无法要求另一方进行相应的履行。若为自然人的，其姓名应当以合法有效的身份证件或者户口簿所载明的为准，若为法人或其他组织的，名称应以国家有关部门所登记、注册的全称为准。简称或变更后未经登记的名称，不宜作为订立合同时的名称。同时，要载明法定代表人或者负责人的姓名以及项目联系人的姓名、通讯地址、电话、传真、电子信箱等联系方式。

前　言

指明签约遵循原则和标的。

第一条　项目名称

专利申请权转让合同应当载明所订立合同的性质为专利申请权转让合同，或者详细载明该转让合同是发明、实用新型或者外观设计专利申请权转让合同。

第二条　发明创造的名称和内容

这个条款是对转让合同的标的情况的说明，用简洁明了的专业用语，准确、概括地写明发明创造的名称，发明创造所属的专业技术领域，现有技术的状况和本发明创造的实质性特征。专利申请权转让合同应当写明作为合同标的的专利技术目前的法律状态，包括专利申请人（姓名或名称，必须与所转让的专利申请的法律文件相一致）、发明人/设计人、专利申请号（九位）、公开号（八位，包括最后一位字母）、专利申请日、公开日、优先权等。从中应当明确该项发明、实用新型或者外观设计是职务发明创造还是非职务发明创造，是否为共有发明，是否是委托开发或者合作开发完成的技术成果，转让方与有关各方的关系等。

第三条　转让方向受让方交付资料

在专利申请权转让合同中，出让人负有将合同约定的发明创造申请专利的相关文件提供给受让人，并提供申请专利和实施发明创造所需的技术情报和资料的义务。交付的资料一定要清晰，不能疏漏任何环节的文件。

1. 向国家知识产权局递交的全部专利申请文件；

2. 国家知识产权局发给转让方的所有文件；

3. 转让方已许可他人实施的专利申请实施许可合同书；

4. 国家知识产权局出具的专利申请权有效的证明文件。指最近一次专利申请维持费缴费凭证；

5. 上级主管部门或国务院有关主管部门的批准转让文件。

第四条　交付资料的时间、地点及方式

这也是常规的合同履行必备之要素，因为涉及合同义务的全面履行，比如付款方式、保密条款等，必须在合同内予以明确。

第五条　专利申请的实施和实施许可的情况及处置办法

专利申请权转让合同签订的目的，是受让方为获得转让方所享有的专利申请权，进而在此基础上获得专利权。在双方签订合同之前，转让方对其发明创造的实施情况以及许可他人实施和转让他人使用的情况，对评估该专利申请权的价款、受让方受让该专利申请权后的权利使用，以及专利申请权转让合同的效力有直接的影响。因此，双方在签订时应明确：对合同签订前，转让方已经实施该专利申请的，合同签订生效后，转让方是否可继续实施或停止实施该专利申请；在合同签订前，转让方已经订立的许可他人实施的许可合同，其权利义务关系在合同签订生效之日起，如何处置的问题。

第六条　转让费及支付方式

在合同中应当约定价款总额，按一次总算一次支付，或者一次总算分期支付的方式结算，也可以约定其他结算办法。

第七条　优先权的处理方式

国外优先权的处理：

1. 不转让优先权，优先权属于原专利申请人，即本合同的转让方；

2. 转让优先权，转让方式同专利申请权转让，与本合同同时生效。

本国优先权的处理：

1. 本国优先权必须与专利申请权一并转让；

2. 转让优先权的，需提供有关优先权的证明（优先权申请文件，要求优先权证明，优先权有效证明等）。

第八条　专利申请被驳回的责任

在合同中载明因转让方或受让方的原因造成专利申请被驳回时，当事人所应承担的责任。专利申请被驳回的原因多种，十分复杂，当事人应在合同中就几种专利申请被驳回的主要原因，明确双方当事人的责任。若合同没有约定，除转让方侵害他人专利权、专利申请权的情况外，转让方不对专利申请是否授权的结果承担责任。当专利申请被驳回时，受让方无权请求返还已支付的合同价款。

专利申请被驳回有几种情形：

1. 不符合《专利法》第22条、第23条的规定，即申请专利的发明或实用新型不具备新颖性、创造性或实用性；申请专利的外观设计与申请日前在国内外出版物上公开发表过或者国内外公开使用过的外观设计相同或相似，或者与他人在先取得的合法权利相冲突；

2. 依照《专利法》第6条、第8条规定，申请人无权申请专利；

3. 不符合《专利法实施细则》第2条的规定，申请不属于相应类型的范畴；

4. 不符合《专利法》第26条第3款、第4款的规定，即发明或实用新型专利的说明书没有充分公开其技术方案，或权利要求书没有以说明书为依据，请求保护的范围超出说明书支持的限度；

5. 依照《专利法》第33条规定，专利申请文件的修改或者分案的申请超出原说明书和权利要求书记载的范围；

6. 申请属于《专利法》第5条和第25条规定的不授予专利权的主题的范围。

合同双方对于这几种情形下的专利申请的责任要明确约定。

第九条 过渡期条款

本合同签字生效后，至知识产权局登记公告之日为合同的过渡期，在过渡期内，维持专利申请的有效性，需要缴纳的维持费、申请费、实质审查请求费，合同应该予以约定。同时，在过渡期内，因不可抗力等因素不能履行合同的，也要在合同中间约定清楚。

第十条 税费

本合同所涉及的转让费需缴纳的税，可以根据转让主体的不同进行明确约定。

第十一条 保密

《合同法》第350条规定，技术转让合同的受让人应当按照约定的范围和期限，对让与人提供的技术中尚未公开的秘密部分，承担保密义务。因此，保密条款也是专利申请权转让合同的重中之重，在转让的不同阶段和不同的专利申请类型，保密的要求不一样，合同要分类处理。双方可以对专利申请权转让的有关技术秘密的内容、实施要求、保密范围、期限和应采取的保密措施以及双方应当承担的责任等在合同中明确约定。

第十二条 违约及索赔

明确界定合同双方的违约责任，也是合同必不可少的环节。因为转让人、受让人的违约责任都存在复杂的情形，因此要明确约定：

转让方的违约赔偿情形主要是没有按合同约定移交专利申请权。让与人不履行合同，迟延提供技术情报和资料，或者所提供的技术情报和资料没有达到使该领域内一般专业人员能够实施发明创造的程度的，应当支付违约金或者赔偿损失。让与人超过规定期限不提供发明创造的有关技术情报和资料，受让人有权解除合同，让与人应赔偿由此给受让人造成的损失。此外，让与人依合同约定承担保密义务的，不得泄露秘密。否则，构成违约行为，应承担违约赔偿责任。

受让方的违约赔偿情形主要是没有按合同约定支付价款。受让人不履行合同，迟延支付价款的，应当支付违约金；不交付价款或者不支付违约金的，应当返还专利申请权，交还技术资料，并支付违约金或者赔偿损失；受让人超过规定期限不支付价款的，让与人有权解除合同，受让人应当赔偿由此给转让人所造成的损失。此外，受让人按照合同约定承担保密义务，违反这一义务的，应当承担违约责任。

第十三条 争议的解决办法

合同争议的解决方式主要有几种方式：协商、调解、仲裁和诉讼。无论当事人有无约定，都可以通过协商和调解解决争议。这两者都不能解决的，可以按照约定的仲裁条款或者纠纷后双方达成的仲裁协议向仲裁机构申请仲裁。没有订立仲裁协议与仲裁条款或它们都无效的，可以直接向人民法院起诉。因此，合同中不能同时约定仲裁与诉讼为纠纷的解决方式。

第十四条 合同的生效

基于专利申请权转让合同的生效要件，双方约定的合同生效时间不得违背该条规定。

其他相关事项：合同术语说明、补充材料、附件、签名盖章等。

需要注意的是，签名盖章事项中，当事人为公民的，应当签署其身份证件中所载明的姓名；若为法人的，除公章之外，还需法定代表人、负责人加盖个人名章或个人签名。双方当事人应当在合同中载明签约时间。

5.5.5 专利申请权转让合同参考文本

专利申请权转让合同（参考文本）

受让方（甲方）_____

让与方（乙方）_____

序　言

鉴于：本合同签约各方就本合同书中所述专利申请权转让的内容、费用支付、违约责任以及与之相关的技术及其资料等内容，经过平等协商，在真实、充分地表达各自意愿的基础上，根据《中华人民共和国合同法》之规定，达成如下协议，由签约各方共同恪守。

第一条 项目名称

1.1 _____（已提出专利申请的发明/实用新型/外观设计名称全称）

1.2 本合同为_____，专利申请权转让合同。

第二条 发明创造的名称和内容。

2.1 申请专利状况

2.1.1 申请的专利技术属于：（1）发明□（2）实用新型□（3）外观设计□

2.1.2 专利申请人（委托人/共有人_____）

2.1.3 发明人/设计人：_____

2.1.4 专利申请日：_____

2.1.5 专利申请公开日：_____

2.1.6 专利申请号：_____

2.2 本发明创造属于_____。（自主开发、合作开发、委托开发、职务发明、其他情形）

第三条 转让方向受让方交付资料（专利申请文件及技术资料的清单）

转让方向受让方交付资料：

3.1 向国家知识产权局递交的全部专利申请文件，包括：说明书、权利要求书、附图、摘要及摘要附图、请求书、意见陈述书以及著录事项变更、权利丧失后恢复权利的审批决定、代理委托书等。（若申请的是PCT，还要包括所有PCT申请文件）。

3.2 国家知识产权局发给转让方的所有文件，包括受理通知书、中间文件等。

3.3 转让方已许可他人实施的专利申请实施许可合同书，包括合同书附件（即与实施该专利申请有关的技术、工艺等文件）。

3.4 国家知识产权局出具的专利申请权有效的证明文件。指最近一次专利申请维持费缴费凭证。

3.5 上级主管部门或国务院有关主管部门的批准转让文件。

第四条 交付资料的时间、地点及方式

4.1 交付资料的时间

合同生效后，转让方收到受让方支付给转让方的转让费后_____日内，转让方向受让方交付合同第一条所述的全部资料，或者合同生效后_____日内，转让方向受让方交付合同第一条所述的全部（或部分）资料，如果是部分资料，待受让方将转让费交付给转让方后_____日内，转让方向受让方交付其余的资料。

4.2　交付资料的方式和地点

转让方将上述全部资料以面交、挂号邮寄等方式递交给受让方，并将资料清单以面交、邮寄或传真的方式递交给受让方。

4.3　全部资料的交付地点为受让方所在地或双方约定的地点。

第五条　专利申请的实施和实施许可的情况及处置办法

5.1　申请专利使用状况

5.1.1　让与方自行使用申请专利技术的状况（时间，地点，方式）：_____

5.1.2　让与方许可他人使用申请专利技术的状况（时间、地点、方式）：_____

5.2　原申请专利技术的使用

5.2.1　本合同生效后/专利权授予后，让与方是否终止使用该项技术：_____

5.2.2　本合同生效后/受让方取得专利权后，让与方如需继续实施该项技术，双方需另行签订专利实施许可合同；

5.2.3　让与方保证已经将本专利申请权的转让，告知许可使用专利申请技术的合同对方当事人。

第六条　转让费及支付方式

可以采取一次付清和分期付款的形式，具体条款如下：

6.1　本合同涉及的专利申请权的转让费为（￥、$_____元），采用一次付清方式，在合同生效之日起_____日内，或在知识产权局公告后_____日内，受让方将转让费全部汇至转让方的账号，或以现金方式汇至（或面交给）转让方。

6.2　本合同涉及的专利申请权的转让费为（￥、$_____元），采用分期付款方式支付，在合同生效之日起_____日内，或在知识产权局公告后_____日内，受让方即将转让费的_____％（￥、$_____元）汇至转让方的账号；待转让方交付全部资料后_____日内，受让方将其余转让费汇至（或面交）转让方；或采用合同生效后，_____日内支付（￥、$）_____元，_____个月内支付（￥、$）_____元，_____个月内支付（￥、$_____元），最后在_____个月内付清其余转让费的方式。

支付方式采用银行转账（或托收、现金兑付等），现金兑付地点一般为合同签约地。

第七条　优先权的处理方式

国外优先权：（两种处理方式，分别规定如下）

本合同不转让优先权，优先权属原专利申请人，即本合同的转让方；

或本合同转让优先权，转让方式同专利申请权转让，与本合同同时生效；

本国优先权的处理：转让方提供有关优先权的证明，包括：优先权申请文件、要求优先权证明、优先权有效证明等。

本国优先权必须与专利申请权一起转让。

第八条　专利申请被驳回的责任

对于转让方不是该专利申请的合法申请人，或侵害他人专利权或专利申请权的，专利申请被知识产权局驳回，转让方返还全部转让费，并支付违约金_____元；

对转让方未充分公开自己的专利申请技术，专利申请被知识产权局驳回，转让方返还全部或部分转让费_____元；

对其他情况，专利申请被驳回的，转让方不返还转让费；

本合同登记公告后，由受让方负责对知识产权局的有关通知进行答复，并缴纳有关费用，登记公告后专利申请被驳回的，由受让方承担权利与义务；双方还可约定其他情况。

第九条　过渡期条款

在本合同签字生效后，至知识产权局登记公告之日，转让方应维持专利申请的有效性。在这一期间，所要缴纳的维持费、申请费、实质审查请求费，由转让方支付。本合同在知识产权局登记公告后，受让方负责维持专利申请的有效性。（也可以约定，在本合同签字生效后，维持该专利申请权有效的一切费用由受让方支付。）

本合同在过渡期内，因不可抗力，致使转让方或受让方不能履行合同的，本合同即告解除。

第十条　税费

转让方和受让方均为中国公民或法人，本合同所涉及的转让费需纳税的，依中华人民共和国税法，由转让方纳税。

转让方是境外居民或单位的，按中华人民共和国税法及《中华人民共和国外商投资企业和外国企业所得税法》，由转让方向中国税务机关纳税。

转让方是中国公民或法人，而受让方是境外单位或个人的，则按对方国家或地区税法纳税。

第十一条 保密

签约各方在专利申请提出后、公开前，均负有对该申请专利技术保密的义务。

第十二条 违约及索赔

对转让方：

12.1 转让方拒不交付合同规定的全部资料，办理专利申请权转让手续的，受让方有权解除合同，要求转让方返还转让费，并支付违约金_____元。

12.2 转让方无正当理由，逾期向受让方交付资料办理专利申请权转让手续，包括向专利局做著录事项变更，每逾期一周，支付违约金_____元，逾期两个月，受让方有权终止合同，并要求返还转让费_____元。

12.3 根据第七条，违约的，转让方应支付违约金_____元。

对受让方：

12.4 受让方拒付转让费，转让方有权解除合同，要求返回全部资料，并要求赔偿其损失或支付违约金_____元。

12.5 受让方延期支付转让费，每逾期_____（时间）支付违约金_____元；逾期两个月，转让方有权终止合同，并要求支付违约金_____元。

12.6 根据第九条之过渡期条款，违约的，受让方应支付违约金_____元。

第十三条 争议的解决办法

13.1 双方在履行合同中发生争议的，应按本合同条款，友好协商，自行解决。

13.2 双方不能协商解决争议的，提请受让方所在地或合同签约地专利管理机关调处，对调处结果不服的，向人民法院起诉。

13.3 双方发生争议，不能和解的，向人民法院起诉。

13.4 双方发生争议，不能和解的，按合同约定请求仲裁委员会仲裁。

注：2、3、4 只能选其一。

第十四条 合同的生效

本合同双方签字后，即对双方具有约束力，并自知识产权局对双方所作的《著录事项变更》进行登记并予以公告之日起，合同具有法律效力。本合同一式_____份，经签约各方签字盖章后，由_____负责办理专利申请权转让合同的登记和公告事宜。

第十五条 补充约定

15.1 签约方确定以下内容作为本合同的附件，并与本合同具有同等

效力：_____

15.2 其他需要补充约定的内容：_____；

15.3 合同术语解释

名词解释 为避免签约各方理解上的分歧，签约方对本合同及相关补充内容中涉及的有关名词及技术术语，特作如下确认：_____

第十六条

甲方（盖章）：_____ 乙方（盖章）：_____

法定代表人（签字）：_____ 法定代表人（签字）：_____

住所地：_____ 住所地：_____

____年___月___日 ____年___月___日

	名称（或姓名）			（签章）
转让方	法人代表	（签章）	委托代理人	（签章）
	联系人			（签章）
	住所（通讯地址）			
	电　话		传　真	
	开户银行			
	账　号		邮政编码	
	名称（或姓名）			（签章）
受让方	法人代表	（签章）	委托代理人	（签章）
	联系人			（签章）
	住所（通讯地址）			
	电　话		传　真	
	开户银行			
	账　号		邮政编码	
	单位名称			（公章） 年　月　日
中介方	法人代表	（签章）	委托代理人	（签章）
	联系人			（签章）
	住所（通讯地址）			
	电　话		传　真	
	开户银行			
	账　号		邮政编码	

印花税票粘贴处

登记机关审查登记栏：

技术合同登记机关（专用章）

经办人：（签章）　　　年　　月　　日

本章思考题

1. 简述目前有关专利申请权的概念的争议和含义。

2. 简述目前有关申请专利的权利的概念的争议和含义。

3. 申请专利权、专利申请权、申请专利的权利的联系和区别是什么？

4. 简述发明创造后、专利申请前的技术转移的特点。

5. 简述专利申请后、申请公开前的技术转移的特点。

6. 简述专利申请公开后、专利授权前的技术转移的特点。

7. 专利申请技术许可合同与专利申请转让合同有什么联系和区别？

8. 简述临时保护措施的内容、范围确定和合理费用的计算。

9. 专利申请权转让合同必须约定的条款包括哪些？

10. 简述专利申请权转让合同必须约定的内容。

11. 签订专利申请权转让合同有哪些需要重点注意的事项？

12. 专利申请权的权利人权利状态表现在哪些方面？

13. 简述专利申请权转让合同成立的法定形式条件。

第六章 专利实施许可合同与专利技术转移

本章学习要点

1. 专利实施许可合同涉及的专利权权利状态。

2. 专利实施许可合同的实务类型。

3. 专利实施许可合同的主要条款。

4. 专利实施许可的前期准备和谈判。

5. 许可方和被许可方在合同履行过程中的权利义务。

6. 专利实施许可合同终止的情由。

7. 专利实施许可合同终止的后续事宜处理。

8. 专利实施许可合同纠纷解决的途径。

6.1 专利实施许可合同的法律状态

6.1.1 专利实施许可合同涉及的专利权权利状态

专利权可以实施许可，这亦是专利权人实现其专利价值的主要途径之一。与专利权转让或质押等权利人丧失专利权或专利权受限制的方式相比，专利实施许可运用灵活多变，专利权人可以根据实际需要通过多种授权方式实施许可，实现专利价值化的同时，也能保证自身对该专利的独占权利。

专利实施许可合同，是专利权人或经其授权的人作为许可人，授权被许可人在约定的范围内实施专利，被许可人则支付许可人约定的使用费而订立的合同。专利实施许可合同涉及的专利权，是指经授权公告后、专利权有效期届满前的有效专利。在签订专利实施许可合同时，首先要弄清楚用于实施许可的专利权的权利状态，进而才能就授权方式和使用费等主要条款进行磋商。

6.1.1.1 专利权的法律状态

已获授权的专利，其法律状态有几种情况：

（1）专利权有效，即专利权尚在其存续期间内；

（2）专利权提前终止，即该专利因未缴专利年费而在有效期尚未届满时提前终止；

（3）专利权无效，即该专利被专利复审委员会宣告无效，且无效决定已经生效；

（4）专利权有效期届满而终止；

（5）专利权的剩余存续期限计算。

专利实施许可合同只在该专利权的存续期间内有效，即只有有效的专利权才能用于实施许可。已经提前终止、被宣告无效或有效期届满的专利技术则已成为公知技术，任何单位和个人均可无偿使用，无需取得专利实施许可。

有两点情况需要注意：

一是专利权人未缴专利年费，在一定期限内可以请求恢复专利权。专利缴费期限届满，而专利权人未缴费，专利局会发出缴费通知书通知专利权人进行补缴，补缴年费的期限为自应当预缴年费的期限届满后的 6 个月之内（滞纳期），并加收滞纳金，这 6 个月滞纳期不允许延长，如果权利人在滞纳期届满前补缴足费用，专利权继续有效；如果滞纳期届满时仍未缴费用，专利权则自应缴纳年费期满之日起终止。根据《专利法实施细则》第 6 条的规定，因年费和/或滞纳金缴纳逾期或者不足而造成专利权终止的，专利权人可以自收到权利终止通知之日起 2 个月内向国家知识产权局说明理由，请求恢复权利。❶ 因此，在这段期间内该专利权的效力是不确定的。

二是专利复审委员会就某专利复审作出决定宣告该专利无效后，专利权人不服复审决定的，可以自收到通知之日起 3 个月内向北京市第一中级人民法院提起行政诉讼，❷ 在诉讼期间（一审和二审），该无效宣告决定并未生效，因此专利权仍然处于有效状态；只有当法院终审判决维持复审委员会的无效宣告决定后，专利权才被宣告无效。

专利实施许可合同的期限，不能超过在合同生效日往后专利权的剩余存续期限。发明专利的存续期限是自申请日起 20 年，实用新型专利和外观

---

❶《专利法实施细则》第 98 条和第 6 条的规定。
❷《专利法》第 41 条的规定。

设计专利是自申请日起 10 年。关于专利权剩余存续期限的计算很简单，公式如下：

该专利的法定存续期限－（合同生效日－申请日）＝该专利的剩余存续期限

6.1.1.2 专利权人的法律状态

一件专利的权利人状态，主要涉及以下几个问题：

（1）区分专利权人和发明人（发明专利或实用新型专利）/设计人（外观设计专利），有时候专利权人与发明人/设计人并不一致；

（2）是否存在共有专利权人；

（3）是否因专利权发生转让、继承或赠予而导致专利权人变更；

（4）是否存在专利权权属纠纷，可能导致专利权人变更。

只有专利权人或经其授权的人有权许可他人实施其专利。在专利共有的情况下，专利实施许可必须经全部共有专利权人的同意，否则该专利实施许可合同无效。共有专利权人都可以持有专利证书，专利权被授予后，由专利权人办理登记手续，国家知识产权局会向专利权人颁发一份专利证书正本，如果存在多个专利权人，国家知识产权局应专利权人的申请，根据共有专利人的人数制作专利证书副本，专利证书正本和副本具有同等效力。

专利权可以进行转让、继承或赠予，则专利权人会发生变更，但在这种情况下，专利证书并不更换。根据国家知识产权局的规定，颁发专利证书后，因专利权转让、继承或赠予而发生专利权人变更的，国家知识产权局不再向新专利权人或新增专利权人颁发专利证书。因此，须注意，这种情况下专利证书上记载的专利权人可能不是真正的专利权人，可以通过查询专利法律状态或专利登记簿来确定现有的专利权人。

专利权若存在权属纠纷，那么专利权人有可能会发生变更。根据国家知识产权局的规定，专利权权属纠纷经人民法院判决或者地方人民政府管理专利工作的部门调解后，专利权人变更的，在该判决或调解书发生法律效力后，当事人可以在办理变更专利权人手续的同时，请求国家知识产权局更换专利证书。

由此可见，专利证书只是证明专利权人身份的初步证据，最能准确反映现有专利权人状态的，是专利登记簿。经国家知识产权局同意，任何人均可以查阅或者复制专利登记簿，并可以请求国家知识产权局出具专利登记簿副本。

6.1.2 专利实施许可合同与专利权转让合同的关系

专利实施许可合同在履行期间，发生专利权转让，该专利实施许可合同的效力如何？

《专利实施许可合同备案管理办法》第 23 条规定："正在履行的专利合同发生专利权转移的，对原专利合同不发生效力。当事人另有约定的除外。"

《最高人民法院关于审理技术合同纠纷案件适用法律若干问题的解释》第 24 条第 2 款规定："让与人与受让人订立的专利权、专利申请权转让合同，不影响在合同成立前让与人与他人订立的相关专利实施许可合同或者技术秘密转让合同的效力。"

由此可见，如果在专利实施许可合同生效后，专利权人与他人订立的专利权转让合同，该专利实施许可合同在专利权转让合同生效后仍然有效，其约定的权利和义务，转移给专利权转让合同的受让人，除非当事人另有约定。

6.1.3 专利实施许可合同与专利申请实施许可合同的关系

可以用于实施许可的专利申请技术，是指由国家知识产权局受理的发明专利申请、实用新型专利申请或外观设计专利申请。在专利申请实施许可合同履行期间，专利获得授权，则该专利申请技术实际上已经转化为专利权，此时该合同如何定性？专利申请实施许可合同与专利实施许可合同之间存在什么关系？

《专利实施许可合同备案管理办法》第 24 条规定："专利申请被批准的，当事人应当及时将专利申请实施许可合同名称及有关条款变更为专利实施许可合同。"

《最高人民法院关于审理技术合同纠纷案件适用法律若干问题的解释》第 29 条第 2 款和第 3 款规定："当事人之间就申请专利的技术成果所订立的许可使用合同，专利申请公开以前，适用技术秘密转让合同的有关规定；发明专利申请公开以后、授权以前，参照适用专利实施许可合同的有关规定；授权以后，原合同即为专利实施许可合同，适用专利实施许可合同的有关规定。人民法院不以当事人就已经申请专利但尚未授权的技术订立专利实施许可合同为由，认定合同无效。"

由此可见，就某一专利技术而言，其专利申请实施许可合同与专利实施许可合同是基于同一技术方案，两者具有同质关系：

第一，就发明专利申请而言，尚未公开期间，鉴于该技术尚处在保密阶段，订立专利申请实施许可合同，适用技术秘密转让合同的规定；公开以后、授权以前，参照适用专利实施许可合同的有关规定。由于发明专利申请需要经过实质审查，存在被驳回、撤回或者视为撤回的可能。

第二，就实用新型专利申请和外观设计专利申请而言，由于实行形式审查，因此其授权是可预期的，除非申请文件存在缺陷而申请人未及时补正，导致该专利申请被撤回或视为撤回。因此，尚未授权的实用新型专利申请和外观设计专利申请，签订专利申请实施许可合同，适用技术秘密转让合同的规定。

第三，专利申请被批准后，当事人应当及时将专利申请实施许可合同名称及有关条款变更为专利实施许可合同，两者之间具有直接的承继关系。

第四，若当事人就专利申请技术签订的合同命名为专利实施许可合同，该合同可以有效，人民法院不以当事人就已经申请专利但尚未授权的技术订立专利实施许可合同为由，认定合同无效。

【案例1】许某与上海××塑复铜管有限公司专利实施许可合同纠纷一案（（2002）沪二中民五（知）初字第245号）

【当事人】原告：许某

被告：上海××塑复铜管有限公司

【案情简介】1998年6月23日，原告向国家知识产权局申请了"管接件保温防护壳"实用新型专利，专利申请号为98216193.X。1998年12月25日，原、被告签订98协议，协议约定被告有偿定期使用原告专利申请号为98216193.X的技术。协议还对该技术的使用方式、使用期限、使用费及其支付方式以及违约责任等事项作了约定。被告在答辩状中承认收到原告交付的相关技术文件。被告如约支付原告1999年和2000年的技术使用费共计人民币5万元。

1999年12月29日，国家知识产权局向原告发出第一次补正通知书，要求原告在收到通知之日起2个月内对于申请号为98216193.X的专利申请文件的缺陷予以补正。但原告没有在该通知书指定的期限内作出答复。2000年6月23日，国家知识产权局向原告发出视为撤回通知书，原告的专利申请号为98216193.X的专利申请被视为撤回。

2000年1月7日，原告再次向国家知识产权局提出名称为"管接件保温防护壳"实用新型专利申请，2000年11月4日被授予专利权，专利号为ZL00216052.8。2001年1月13日，在原告取得"管接件保温防护壳"实用新型专利权后，原、被告双方签订了01协议，协议约定被告有偿定期使用原告所有的"管接件保温防护壳"实用新型专利（专利号为ZL00216052.8），使用期限为5年，即从2001年1月1日起至2005年12月31日止；被告向原告支付专利使用费为每年2万元，5年共计10万元；支付方式为10次分期付款，即在每年6月30日前及12月30日前各支付1万元；违约责任为被告每次迟延付款30天后，应当支付当期专利使用费一倍的违约金。01协议签订后，被告未按约向原告支付专利使用费。

原告于2002年11月12日向上海市第二中级人民法院提起专利实施许可合同纠纷诉讼，要求被告支付专利使用费。被告提出反诉，认为原告没有按合同约定交付专利技术资料，构成违约在先。

【法院判决】根据《合同法》第345条、第346条的规定，专利实施许可合同的让与人应当按照约定许可受让人实施专利，交付实施专利的有关技术资料，提供必要的技术指导。此案原告作为"管接件保温防护壳"实用新型专利的专利权人，与被告签订的01协议，是双方当事人真实的意思表示，是对98协议部分内容的变更，为合法、有效的合同。98协议许可使用的技术为正在申请专利的"管接件保温防护壳"技术，该专利申请因原告未在第一次补正通知书指定的期限内作出答复被视为撤回。而01协议许可使用的技术为已经取得专利权的"管接件保温防护壳"技术。尽管98协议涉及的是非专利技术，而01协议涉及的是专利技术，但两者的权利要求书、说明书及其附图所载明的技术特征完全相同，故均为"管接件保温防护壳"同一技术。原告认为在履行98协议时已经交付了专利技术资料，被告在答辩状中也自认收到原告的技术图纸，且被告生产、销售的管接件保温护套上均标有原告的98216193.X专利申请号。因此，可以认定被告已经取得了原告所有的"管接件保温防护壳"的专利技术资料。根据《合同法》第352条规定，受让人未按照约定支付使用费的，应当补交使用费并按照约定支付违约金。此案原告已提供了"管接件保温防护壳"的技术资料，被告亦使用了原告的专利技术。因此，被告理应根据01协议支付相应的专利使用费，但被告未按约支付专利使用费。故被告应承担支付专利使用费和违约金的违约责任。

综上，一审法院判决如下：

一、被告上海××塑复铜管有限公司应于本判决生效之日起十日内支付原告许某专利使用费人民币3万元；

二、被告上海××塑复铜管有限公司应于本判决生效之日起十日内支付原告许某违约金人民币3万元。

此案案件受理费人民币 2310 元，由被告上海××塑复铜管有限公司负担。

【评析】案例 1 中涉及实用新型专利申请实施许可合同和专利实施许可合同的关系。其中，98 协议是实用新型专利申请实施许可合同，但由于原告未及时对专利申请文件的缺陷进行补正，导致专利申请被撤回。随后，原告再次就该技术方案进行专利申请，并获得批准，因此双方再签订 01 协议，即专利实施许可合同。实际上，98 协议和 01 协议针对同一技术方案，两者具有承继关系。因此，法院也在审理中认定，01 协议只是在专利获准授权后，对 98 协议的变更，原告根据 98 协议向被告交付专利技术资料的义务履行，延续至 01 协议。由此可见，后续的专利实施许可合同其实是对在先专利申请实施许可合同的延续。

6.2　专利实施许可合同的主要条款

6.2.1　专利实施许可合同的类型

6.2.1.1　专利实施许可合同的传统类型

专利实施许可合同最为常见的类型有三种，如下：

（1）独占实施许可：是指许可人在约定许可实施专利的范围内，将该专利仅许可一个被许可人实施，许可人依约定不得实施该专利；

（2）排他实施许可：是指许可人在约定许可实施专利的范围内，将该专利仅许可一个被许可人实施，但许可人依约定可以自行实施该专利；

（3）普通实施许可：是指许可人在约定许可实施专利的范围内，许可他人实施该专利，并且可以自行实施该专利。

6.2.1.2　专利实施许可合同的实务类型

在实务操作过程中，在上述三种传统实施许可类型的基础上，根据经营管理的需要或者专利纠纷，衍生出其他许可类型。

（1）分许可。分许可是相对于基本许可而言的。专利权人在与被许可人订立实施许可合同（基本许可）的基础上，授予该被许可人分许可权或称再许可权。那么，该被许可人就可以作为分许可人，依照基本许可合同的约定，再许可第三人实施同一专利，则该分许可人与第三人之间的实施许可就是分许可。专利权人授予他人分许可权，一般是出于区域经营规划的考虑。

（2）交叉许可。交叉许可，是指两个专利权人互相许可对方实施自己的专利。一般情况下，交叉许可是免费的，用于交叉许可的两个专利价值相近。而交叉许可的性质，既可以是普通许可，也可以是独占许可或排他许可。专利权人进行交叉许可，一般都是根据经营战略或者诉讼策略的考虑。关于交叉许可，本书将在第九章专节阐述。

（3）部分许可。《专利法》第31条的规定："一件发明或者实用新型专利申请应当限于一项发明或者实用新型。属于一个总的发明构思的两项以上的发明或者实用新型，可以作为一件申请提出。一件外观设计专利申请应当限于一项外观设计。同一产品两项以上的相似外观设计，或者用于同一类别并且成套出售或者使用的产品的两项以上的外观设计，可以作为一件申请提出。"由此可见，一件专利有可能包含多项发明创造。在进行专利实施许可时，可以仅就该专利中部分专利技术进行授权，为部分许可。部分许可也可以是普通许可、独占许可或排他许可。

【案例2】发明专利部分许可案例

【当事人】许可方：专利权人李某

　　　　　被许可方：××公司

【案情简介】1998年9月4日，李某对"急减速状态传感器及其信号控制电路及急刹车灯"向国家知识产权局申请发明专利，国家知识产权局于2003年5月7日授予专利权，专利号为ZL98814167.1。该专利是一个总发明构思的3项发明，其摘要为：本发明提出了一种急减速状态传感器，包括一个由绝缘材料制成的内部为一个密闭的空心弧面槽的绝缘外壳，在所述的空心弧面槽中注有少许水银，在车辆行驶当中随着车速的变化，水银可以沿着所述的弧面在弧面槽中前后自由地移动，从而导通和断开相邻的金属触点，产生相应的状态信号。本发明还提出了采用这种急减速状态传感器的急刹车灯。它的启动与关闭，不受司机的过失、伤亡所制约，全部实现自动化，有效地避免了车辆追尾事故。该专利包括三项独立权利要求，分别涉及急减速状态传感器、信号控制电路和急刹车灯。2004年6月10日，李某与××公司签订《协议书》，约定：

1. 李某提供专利号为ZL98814167.1，国际专利主分类号G01P15/135的急减速状态传感器专利技术与××公司合作，不包括信号控制电路及急刹车灯；

2. ××公司负责具体开模、生产、销售等投资（包括出差费）；

3. 李某负责提供专利产品急减速状态传感器的图纸、满足生产需要的工艺技术服务，保证生产出满足专利授权书设计要求的产品；

4. 在合作期内，××公司拥有该专利独家使用权，双方不得擅自与任何第三方进行有关急减速状态传感器的合作，否则按违约处理；

5. 在合作期内，××公司负责缴纳李某保持专利所需的专利年费。

在合同有效期内，双方均不得单方面中止协议和违约，若××公司违约，须付李某20万元违约金；若李某违约，则涉案专利的使用权由××公司无偿使用。

【评析】案例2是典型的专利部分许可，该发明专利包括3项发明，在专利权利要求书中体现为三项独立权利要求。涉案合同仅就其中一项发明即急减速状态传感器专利技术进行专利实施许可，不涉及信号控制电路及急刹车灯这两项专利技术。被许可人根据实际技术需要，寻求专利部分许可，可以降低许可使用费，有效地节省成本。

（4）打包许可。打包许可，或称一揽子许可，是指在一份专利实施许可合同内，同时就多件专利实施许可。有时候，一件技术方案可能被拆分申请多件专利，而要实施该技术方案，就需要集合这些专利。实际上，打包许可并不特殊，在实务操作中，一份实施许可合同，可能同时包括多件专利，或者包括一件专利及其相关的技术秘密等。专利联营，可以说是一揽子许可的高级经营模式，本书将在第九章专节阐述。

【案例3】多件专利打包许可案例

【当事人】许可方：杨某、牛某、吕某

被许可方：×××公司

【案情简介】2005年2月26日，×××公司与杨某、牛某、吕某签订了《专利实施许可合同》及合同附件，约定三人将其拥有的"利用汽车电子防抱死系统进行防盗的装置"和"ESP汽车电子稳定系统等科研成果"许可给×××公司实施。合同有效期限为自签订之日至2013年2月6日。关于技术资料的交付，合同约定：自合同生效后60个工作日，许可方向被许可方交付合同第三条所述的全部技术资料，即附件A中所示的全部资料，由公司统一归档保存。技术资料的交付方式和地点为：许可方将全部技术资料清单以面交方式递给被许可方，互派代表签字验收，交付地点为被许可方所在地。合同附件A列举了15件专利（或科技成果）名称，第1至第14件为杨某掌握的技术，其中第1至第5件为杨某拥有专利权的专利技术，第15件为牛某、吕某掌握的技术。

【评析】从案例3中可见，该合同是针对两大技术方案而签订《专利实施许可合同》，实际上包括专利技术和非专利技术，其中专利技术中又涵盖了 5 件专利。由于打包许可涉及多项技术，关于技术资料的交付、使用费的计算和交付等都较为复杂，因此在签订合同时需要明确区分且约定清楚，否则在履行过程中容易产生纠纷。

（5）默示许可。根据《专利法》规定，专利实施许可合同必须采用书面形式。而《民法通则》在规定民事法律行为的形式时，除书面、口头形式外，还允许"其他形式"。《民法通则》第 66 条第 1 款规定"本人知道他人以本人名义实施民事行为而不作否认表示的，视为同意"，这主要是针对无权代理的规定，是否可以基于此而推定专利实施许可也允许默示许可？不作为的默示许可，必须基于法律有规定或者双方事后确认的情况下才有效。《最高人民法院关于审理专利纠纷案件适用法律问题的若干规定》第 23 条规定："侵犯专利权的诉讼时效为 2 年，自专利权人或者利害关系人知道或者应当知道侵权行为之日起计算。权利人超过 2 年起诉的，如果侵权行为在起诉时仍在继续，在该项专利权有效期内，人民法院应当判决被告停止侵权行为，侵权损害赔偿数额应当自权利人向人民法院起诉之日起向前推算 2 年计算。"由此可以推断，由于专利权人懈怠行使其权利，在诉讼时效规定的 2 年之前的侵权行为可以被推定为专利权人默示许可侵权人实施其专利。❶

6.2.2 专利实施许可合同的主要条款分析

6.2.2.1 合同的序文

1. 合同主体

一般合同在开头即列明合同主体，即许可方和被许可方的信息。自然人的主体信息一般包括姓名、联系地址，若有代理人，则列明代理人的联系方式；企业的主体信息一般包括名称、联系地址、法定代表人等。

专利实施许可合同主体有特殊要求，即许可方的资格要求，必须是专利权人或经专利权人授权的、有权许可他人实施专利的人。

2. 鉴于条款

合同的鉴于条款，或称叙述性条款、引言、前言、序文等，是由双方当事人就合同的背景、订约的目的、合同的主要目标、希望或意图等作出陈述性说明。鉴于条款对于合同的商业档案管理有重要作用，专利实施许可合同的鉴于条款一般表述如下：

鉴于甲方（许可方）有权并同意将专利的使用权、制造权和销售权授

---

❶程永顺．知识产权法律保护教程［M］．北京：知识产权出版社，2005：107-110．

予乙方实施；

鉴于乙方（被许可方）对甲方专利技术的了解，愿意实施甲方的专利技术，并且具备实施该专利技术的技术力量、物质条件、法人资格和必要的资金，双方经过充分协商，本着平等自愿、互利有偿和诚实信用的原则签订本合同，共同遵照履行。❶

6.2.2.2　合同的正文

1. 定义条款

定义条款是对合同中出现的需要定义的名词和术语作出详细界定和说明。一般来说，专利实施许可合同需要对以下名词和术语作出定义：

（1）专利

表述为：本合同中所指的专利是甲方许可乙方使用的已由国家知识产权局授权的发明专利（或实用新型专利或外观设计专利），其信息如下：❷

专利号：

申请日：

发明创造名称：

专利权人：

专利权的有效期限：

（2）专利申请

表述为：本合同中所指的专利申请是指甲方为申请人，该专利申请已经由国家知识产权局受理的专利申请技术，其信息如下：

申请日：

申请号：

公开（公告）日：

专利申请人：

发明创造名称：

（3）一般技术

是指甲方拥有的与实施合同项下专利有关的未申请专利、不授予专利或宣布专利无效的技术。

（4）技术秘密

指实施甲方专利所必需的、可行的、能够达到预期效果的未公开的技

---

❶这里以及下文专利实施许可合同条款所称的甲方，指称作为许可方的专利权人，所称的乙方指称被许可方。

❷参见《合同法》第 324 条第 3 款的规定："技术合同涉及专利的，应当注明发明创造的名称、专利申请人和专利权人、申请日期、申请号、专利号以及专利权的有效期限。"

术，其技术名称：……

（5）合同技术

是指甲方许可乙方使用的专利技术、技术秘密以及有关技术的全部资料。

（6）改进技术

指在甲方许可乙方实施的技术基础上改进的技术。

（7）全部技术文件（技术资料）

包括专利申请文件及实施与该专利有关的（产品设计图纸、工艺图纸、工艺配方、工艺流程以及制造合同产品所需的工装、设备清单等）技术资料。

（8）合同产品

是指乙方使用该合同技术制造的产品，其产品名称：＿＿＿＿＿＿＿

（9）技术服务

指甲方为乙方实施合同技术所进行的服务，包括甲方针对本合同向乙方传授和培训乙方有关人员。

（10）销售额

指乙方销售合同产品的总金额。

（11）净销售额

指乙方销售合同产品的总金额减去包装费、运输费、税金、广告费、商业折扣等。

（12）纯利润

指合同产品销售后，总销售额减去成本、税金后的利润额。

除上述定义外，还可以对许可方式，包括普通实施许可、排他实施许可、独占实施许可以及分许可等作出说明。

2. 专利实施许可的范围

关于专利实施许可的范围，一般包括下列条款：

（1）授权的专利技术内容

在合同中列明授权的是多件专利还是一件专利；若是单件专利，是全部许可还是部分许可；以及是否有实施该专利所需的相关技术秘密一并进行许可。

（2）授权的专利权权能范围

专利权被授权后，包括多项权能。就发明和实用新型专利来说，产品专利有五项权能，分别为制造、使用、许诺销售、销售、进口其专利产品；

方法专利也有五项权能，分别为使用其专利方法以及使用、许诺销售、销售、进口依照该专利方法直接获得的产品。对于外观设计专利而言，有四项权能，即制造、许诺销售、销售、进口其外观设计专利产品。

专利实施许可不一定涉及该专利的全部权能，所以需要在合同条款中明确约定授予被许可人的是哪几项权能。

（3）授权的地域范围

是指授权的地理范围，是全国范围，还是某省市或者某个地区，需要在合同中明确约定。合同中限定地域范围，主要是针对销售地域。

（4）授权的适用对象

一般来说，当事人会约定合同产品范围，明确约定该专利技术只能用于合同产品的制造、销售等，则被许可人不得将该专利技术适用于合同约定之外的产品生产上。

有些专利产品可以适用于人，也可以适用于动物等。权利人基于人为市场划分的考虑，可以在合同中限制专利产品的适用对象。

（5）许可模式

明确约定本合同为（普通、排他或独占）实施许可合同。

如果当事人对专利实施许可方式没有约定或者约定不明确的，认定为普通实施许可。

（6）是否授予分许可权

未经甲方同意，乙方不得转让其专利实施许可的权利。甲方可以允许乙方有权与第三方签订分许可合同，同时也可以在合同中约定签订分许可合同的类型，否则认定该分许可为普通实施许可。

（7）许可期限

专利实施许可期限不得超过该专利的剩余存续期限。

3. 技术资料

（1）技术资料范围

在合同中约定许可方向被许可方提供授权专利的全部专利文件，为实施该专利而必需的工艺流程文件，并提供实施该专利所涉及的技术秘密及其他技术文件。

必要时，提供用于制造该专利产品所需的设备清单（或直接提供设备）。

各类技术资料可以分别在附件中列明，作为本合同的组成部分。

（2）技术资料的交付时间

双方可以在合同中明确约定技术资料的交付时间。由于可能涉及技术秘密，一般都约定在合同生效后，许可方收到被许可方支付入门费或保证费后的合理期限内交付合同约定的全部技术资料。

（3）技术资料的交付方式和地点

许可方可以将全部技术资料以面交、挂号邮寄方式递交给被许可方，并将资料清单以面交、邮寄或传真方式递交给被许可方。

技术资料交付地点为被许可方所在地或双方约定的地点。

（4）技术资料的瑕疵担保责任

许可方交付的技术资料，必须符合合同约定，应当是完整、清楚的。如果涉及图纸资料，则其内容、规格应当符合国家的有关标准和规定。

（5）技术资料的接收与验收

被许可方在收到技术资料后，在一段合理时间内，应对资料认真仔细检查与核对，如果发现有不符合合同约定的，应在合理时间内向许可方提出，许可方在合理时间内予以补充或更换；如果技术资料符合要求的，被许可方应向许可方签署技术资料验收合格确认书。

4. 专利使用费及其支付方式

（1）使用费的计算方式

关于专利实施许可合同的计价方式，通行方式有三种：一次总算、提成支付、入门费加提成。

计算提成费，还需要确定计算基数和提成比率（％）。可以按合同产品的销售件数计算，也可以按合同产品的销售额、净销售额或利润来计算。

（2）使用费的支付时间

对于一次总付或入门费的支付，一般约定在合同生效后的合理时间内，由被许可方支付给许可方。

关于提成费的支付时间，可以在合同中约定按月、按季度或按年来支付。

（3）逾期支付的滞纳金

可以在合同中约定，如果被许可方未按约定期限支付使用费，应支付滞纳金。滞纳金的标准和计算方式由双方约定产生。

（4）被许可方的配合义务

对于许可方来说，要准确地计算专利使用费，则需要了解被许可方的销售情况。因此，可以在合同中约定，许可方有权查阅被许可方实施合同技术的有关账目，被许可方应予配合。

5. 技术服务和培训

（1）许可方的技术培训和咨询服务

许可方在授权后，有义务培训被许可方及其员工如何实施专利技术，同时应及时解答被许可方就有关实施该专利技术中所提出的问题。

（2）技术人员支持

在必要时，许可方应派出技术人员到被许可方现场进行技术指导。合同对技术人员的派遣费用和待遇（工作和生活条件）可以作出约定。

（3）技术服务的验收

双方可以在合同中约定技术服务和培训质量的标准，一般以被培训人员能够掌握该技术为准。许可方提供技术培训或派遣技术人员进行技术服务完成后，被许可方应进行验收。如验收合格，应当签署验收证明文件。

6. 合同产品的试制和验收

（1）合同产品的试制

对于专利实施许可合同，一般会约定试制条款。

被许可方按许可方的合同技术制造合同产品，如因被许可方的原因，导致试制不成功，许可方应协助被许可方再次进行试制，如仍不能生产出合同产品，许可方有权终止合同，不退还已经收取的使用费，例如入门费。

如因许可方原因，发生试制不成功的情况，被许可方有权终止合同，许可方应承担违约责任，退还已经收取的使用费，并赔偿被许可方应有的损失。

（2）合同产品的验收

合同产品试制成功后，双方对被许可方使用合同技术制造的合同产品，按照合同约定的技术性能指标进行验收。

验收单位可以委托权威的产品质量检测部门进行，或者组织业内权威专家进行鉴定。关于验收费用承担，由双方在合同中约定，一般由被许可方承担。

如果产品验收不合格，可以经双方协商，各派代表调查原因并组织权威专家确定双方的责任。

若查明非被许可方的原因导致合同产品第一次验收不合格，责任在于许可方，许可方应负责找出原因并提出技术措施消除缺陷。如果经过第二次验收仍不合格，许可方又不能提出补救措施消除缺陷的，被许可方有权终止合同，许可方应退还被许可方已经支付的使用费并赔偿许可方的损失。

若查明因被许可方责任使合同产品验收不合格，许可方应协助被许可方分析原因，提出补救措施，经再次验收仍不合格，被许可方确实无法实施合同技术的，许可方有权终止合同，一般不退还已经收取的使用费。

合同产品经验收合格后，被许可方向许可方出具技术验收合格协议书。

7. 后续改进技术的提供与分享

关于双方在合同技术上所做的后续改进技术的权属，《合同法》第354条规定："当事人可以按照互利的原则，在技术转让合同中约定实施专利、使用技术秘密后续改进的技术成果的分享办法。没有约定或者约定不明确，依照本法第61条的规定仍不能确定的，一方后续改进的技术成果，其他各方无权分享。"由此可见，双方最好在合同中对后续改进技术的提供与分享作出明确约定。一般可以包括下列条款：

（1）在合同有效期内，任何一方对合同技术所作的改进应及时通知对方。

（2）属于实质性的重大改进和发展，专利申请权归改进方，改进方应优先向对方以优惠价格许可使用。

（3）属于原有基础上较小的改进，双方免费互相提供使用。

（4）对合同技术的改进，改进方未申请专利的，另一方应对改进技术承担保密责任，并无权擅自使用或向他人转让该技术，也无权申请专利。

（5）双方共同对合同技术作出的重大改进，专利申请权归双方共有。一方向另一方转让其共有的专利申请权的，另一方可单独申请专利，放弃专利申请权的一方可以免费实施该项专利，双方应就专利申请权的转让签订协议，如果一方不同意申请专利的，另一方不得擅自申请专利。

（6）关于双方共同改进的未申请专利的一般技术成果，需由双方另定协议确定使用权和收益分享的问题。

在约定后续改进技术的提供与分享时，须注意避免限制性做法，根据《最高人民法院关于审理技术合同纠纷案件适用法律若干问题的解释》第10条规定，"限制当事人一方在合同标的技术基础上进行新的研究开发或者限制其使用所改进的技术，或者双方交换改进技术的条件不对等，包括要求一方将其自行改进的技术无偿提供给对方、非互惠性转让给对方、无偿独占或者共享该改进技术的知识产权"的，属于《合同法》第329条所称的"非法垄断技术、妨碍技术进步"，可以导致合同无效。

8. 专利权无效和侵权的处理

许可方对其授权的专利负有权利瑕疵担保义务。在专利实施许可合同有效期内，许可方有维持专利有效的义务，并保证没有第三人会对该专利主张权利或提出侵权主张。一般可以包括下列条款：

（1）在合同有效期内，如有第三方指控被许可方实施合同技术侵权，许可方应负一切诉讼法律责任。

（2）许可方应在合同有效期内，维持专利权的有效性，如果因许可方的过失使专利权失效的，本合同即告终止。

（3）在合同有效期内，许可方专利权被宣告无效时，按被许可方实际损失情况酌情处理。

对于上述（2）和（3）这两个条款，可以结合《专利法》第47条的规定：宣告无效的专利权视为自始即不存在。宣告专利权无效的决定，对在宣告专利权无效前已经履行的专利实施许可合同和专利权转让合同，不具有追溯力。但是因专利权人的恶意给他人造成的损失，应当给予赔偿。如果依照前款规定，专利权人或者专利权转让人不向被许可实施专利人或者专利权受让人返还专利使用费或者专利权转让费，明显违反公平原则，专利权人或者专利权转让人应当向被许可实施专利人或者专利权受让人返还全部或者部分专利使用费或者专利权转让费。因此，专利权被宣告无效后，许可方有可能需要向被许可方返还全部或者部分专利使用费。

（4）双方发现第三方侵犯许可方专利权时，应及时互相通告，由许可方与侵权方进行交涉或负责诉讼，被许可方予以协助。

9. 保密条款

专利实施许可合同，如果同时包含与实施该专利技术相关的技术秘密或其他保密信息，则需要约定保密条款。

（1）被许可方应采取保密措施，妥善保管所接触到的许可方的技术秘密。

（2）被许可方未经许可，在任何时候都不得将本合同项下的技术秘密泄露给任何第三方。

（3）被许可方具体接触该技术秘密的人员均须签订保密协议。

10. 违约责任

违约条款是每一份合同不可或缺的条款，就违约责任作出明确约定。就专利实施许可合同而言，违约责任一般包括支付违约金以及守约方取得合同的解除权等。违约事由一般包括以下情形：

对许可方而言：

（1）许可方无正当理由逾期向被许可方交付合同技术资料，或者资料补充更换后仍不符合合同约定要求；

（2）许可方拒不提供技术服务及培训，或者提供的技术服务及培训不符合合同约定；

（3）许可方擅自将被许可方对合同技术的改进部分或将被许可方的销售秘密泄露给他人；

（4）独占实施许可合同的许可方自己实施或许可被许可方以外的第三方实施该专利技术；

（5）排他实施许可合同的许可方，在许可被许可方实施合同技术的范围内，又许可他人实施本合同技术。

对被许可方而言：

（1）被许可方逾期支付使用费，或者拒付使用费；

（2）被许可方违反保密条款，擅自将合同技术许可或泄漏给他人使用；

（3）被许可方实施专利超越本合同约定的范围；

6.2.2.3 合同的其他条款

专利实施许可合同的其他条款包括合同必备的常规条款，以及合同双方的签署栏。

1. 合同的变更和终止

双方履行专利实施许可合同期间，被许可方对专利的应用可能并不理想，或者出现其他履约困难的情由时，经双方协商，可以变更合同。变更合同，一般应当采取书面形式。其他有关合同的生效、变更及终止，例如出现不可抗力或者合同约定的解除事由时，可导致合同终止，这与一般合同无异。

专利实施许可合同终止的特殊之处在于，合同终止后技术资料的返回。由于合同履行时许可方交付给被许可方的技术资料可能涉及技术秘密，在双方终止合同关系后，被许可方应当将技术资料清楚、完整地交还许可方，被许可方不得保留复印件。许可方收到返回的技术资料后，应进行验收，确认无误后，向被许可方签署相关验收证明。

2. 其他条款

专利实施许可合同还包括一些合同的必备条款，如争议的解决办法、生效条款等等。

6.2.3 专利实施许可合同的范本

国家知识产权局曾就专利实施许可合同有推荐的范本，本书在该范本的签订指南的基础上，提出一份专利实施许可合同的范本，供参考。❶

---

❶ 该范本源于 http：//www. sipo.. gov. cn/sipo/zlgl/htwb/doc7. doc，是国家知识产权局于 20 世纪 90 年代初所制，对于其中与现行《专利法》不符部分，本书稍作修改。

专利实施许可合同（范本）

合同号：_____

前言（鉴于条款）

——鉴于许可方（<u>姓名或名称　注：必须与所许可的专利的法律文件</u><u>相一致，地址，法定代表人</u>）拥有（<u>专利名称　注：必须与专利法律文件</u><u>相一致</u>）专利，该专利名称为（_____），专利号为（_____），公开号为（_____），申请日为____年____月____日，授权日为____年____月____日，专利的法定届满日为____年____月____日。及拥有实施该专利所涉及的技术秘密及工艺；

——鉴于被许可方（<u>姓名或名称，地址，法定代表人</u>）属于_____领域的企业、事业单位、社会团体或个人等，拥有厂房_____，_____设备，人员_____及其他条件，并对许可方的专利技术有所了解，希望获得许可而实施该专利技术（及所涉及的技术秘密、工艺等）；

——鉴于许可方同意向被许可方授予所请求的专利技术许可；

双方一致同意签订本合同。

第一条　名词和术语（定义条款）

本条所涉及的名词和术语均为签订合同时出现的需要定义的名词和术语。如：

专利——本合同中所指的专利是许可方许可被许可方实施的由国家知识产权局授权的发明专利（或实用新型专利或外观设计专利）。专利号：_____发明创造名称：_____。

技术秘密（know—how）——指实施本合同专利所需要的、在工业化生产中有助于本合同技术的最佳利用、没有进入公共领域的技术。

技术资料——指全部专利申请文件和与实施该专利有关的技术秘密及设计图纸、工艺图纸、工艺配方、工艺流程及制造合同产品所需的工装、设备清单等技术资料。

合同产品——指被许可方使用本合同提供的被许可技术制造的产品，其产品名称为：_____。

技术服务——指许可方为被许可方实施合同提供的技术所进行的服务，包括传授技术与培训人员。

销售额——指被许可方销售合同产品的总金额。

净销售额——指销售额减去包装费、运输费、税金、广告费、商业折扣。

纯利润——指合同产品销售后，总销售额减去成本、税金后的利润额。

改进技术——指在许可方许可被许可方实施的技术基础上改进的技术。

普通实施许可——指许可方许可被许可方在合同约定的期限、地区、技术领域内实施该专利技术的同时，许可方保留实施该专利技术的权利，并可以继续许可被许可方以外的任何单位或个人实施该专利技术。

排他实施许可——指许可方许可被许可方在合同约定的期限、地区、技术领域内实施该专利技术的同时，许可方保留实施该专利技术的权利，但不得再许可被许可方以外的任何单位或个人实施该专利技术。

独占实施许可——指许可方许可被许可方在合同约定的期限、地区、技术领域内实施该专利技术，许可方和被许可方以外的任何单位或个人都不得实施该专利技术。

分许可——被许可方经许可方同意将本合同涉及的专利技术许可给第三方。

第二条　专利许可的方式与范围

该专利的许可方式是独占许可（排他许可、普通许可、交叉许可、分许可）；

该专利的许可范围是在某地区制造（使用、销售）其专利产品；（或者）使用其专利方法以及使用、销售依照该专利方法直接获得的产品；（或者）进口其专利产品（或者）进口依照其专利方法直接获得的产品。

第三条　专利的技术内容

许可方向被许可方提供专利号为＿＿＿＿＿＿＿＿＿，专利名称为＿＿＿＿＿＿＿＿＿的全部专利文件（见附件1），同时提供为实施该专利而必需的工艺流程文件（见附件2），提供设备清单（或直接提供设备）用于制造该专利产品（见附件3），并提供实施该专利所涉及的技术秘密（见附件4）及其他技术（见附件5）。

第四条　技术资料的交付

4.1　技术资料的交付时间

合同生效后，许可方收到被许可方支付的使用费（入门费）（¥、$＿＿＿＿＿＿万元）后的＿＿＿＿＿日内，许可方向被许可方交付合同第三条所述的全部资料，即附件（1～5）中所示的全部资料。

自合同生效日起，＿＿＿＿＿日内，许可方向被许可方交付合同第三条所述全部（或部分）技术资料，即附件（1～5）中所示的全部资料。

4.2　技术资料的交付方式和地点

许可方将全部技术资料以面交、挂号邮寄等方式递交给被许可方，并将资料清单以面交、邮寄或传真方式递交给被许可方。

技术资料交付地点为被许可方所在地或双方约定的地点。

第五条　使用费及支付方式

5.1　本合同涉及的使用费为（￥、$）＿＿＿＿＿＿元。采用一次总付方式，合同生效之日起＿＿＿＿＿日内，被许可方将使用费全部汇至许可方账号，或以现金方式支付给许可方。

5.2　本合同涉及的使用费为（￥、$）＿＿＿＿＿＿元。采用分期付款方式，合同生效后＿＿＿＿＿日内，被许可方即支付使用费的＿＿＿＿＿％即（￥、$）＿＿＿＿＿＿元给许可方，待许可方指导被许可方生产出合格样机＿＿＿＿＿台＿＿＿＿＿日后再支付＿＿＿＿＿％即（￥、$）＿＿＿＿＿＿元。直至全部付清。

被许可方将使用费按上述期限汇至许可方账号，或以现金方式支付给许可方。

5.3　使用费总额（￥、$）＿＿＿＿＿＿元，采用分期付款方式

合同生效日支付（￥、$）＿＿＿＿＿＿元

自合同生效日起＿＿＿＿＿个月内支付（￥、$）＿＿＿＿＿＿元，＿＿＿＿＿个月内再支付（￥、$）＿＿＿＿＿＿元

最后于＿＿＿＿＿日内支付（￥、$）＿＿＿＿＿＿元，直至全部付清。

被许可方将使用费按上述期限汇至许可方账号，或以现金方式支付给许可方。

5.4　该专利使用费由入门费和销售额提成两部分组成。

合同生效日支付入门费（￥、$）＿＿＿＿＿＿元，

销售额提成为＿＿＿＿＿％（一般 3%～5%），每＿＿＿＿＿个月（或每半年、每年底）结算一次。

被许可方将使用费按上述期限汇至许可方账号，或以现金方式支付给许可方。

5.5　该专利使用费由入门费和利润提成两部分组成（提成及支付方式同 4）。

5.6　该专利使用费以专利技术入股方式计算；被许可方与许可方共同出资（￥、$）＿＿＿＿＿＿万元联合制造该合同产品，许可方以专利技术入股，股份占总投资的＿＿＿＿＿％（一般不超过 20%），第＿＿＿年起分红制，

分配利润。

支付方式采用银行转账（托收、现金总付等）。现金总付地点一般为合同签约地。

5.7　在4、5、6情况下，许可方有权查阅被许可方实施合同技术的有关账目。

第六条　验收的标准与方法

6.1　被许可方在许可方指导下，生产完成合同产品＿＿＿＿个（件、吨等单位量词）须达到许可方所提供的各项技术性能及质量指标（具体指标参数见附件6）并符合国际＿＿＿＿＿＿＿＿＿＿＿＿标准＿＿＿＿＿＿＿＿＿＿国家＿＿＿＿＿＿＿＿＿＿＿＿标准＿＿＿＿＿＿＿＿＿＿行业＿＿＿＿＿＿＿＿＿＿＿＿＿＿＿＿＿＿标准。

6.2　验收合同产品。由被许可方委托国家（或某一级）检测部门进行，或由被许可方组织验收，许可方参加，并给予积极配合，所需费用由被许可方承担。

6.3　如因许可方的技术缺陷，造成验收不合格的，许可方应负责提出措施，消除缺陷。

第二次验收仍不合格，许可方没有能力消除缺陷的，被许可方有权终止合同，许可方返还使用费，并赔偿被许可方的部分损失。

6.4　如因被许可方责任使合同产品验收不合格的，许可方应协助被许可方进行补救，经再次验收仍不合格，被许可方无力实施该合同技术的，许可方有权终止合同，且不返还使用费。

6.5　合同产品经验收合格后，双方应签署验收合格报告。

第七条　对技术秘密的保密事项

7.1　被许可方不仅在合同有效期内而且在有效期后的任何时候都不得将技术秘密（附件4）泄露给本合同当事双方（及分许可方）以外的任何第三方。

7.2　被许可方的具体接触该技术秘密的人员均要同被许可方的法人代表签订保密协议，保证不违反上款要求。

7.3　被许可方应将附件4妥善保存（如放在保险箱里）。

7.4　被许可方不得私自复制附件4，合同执行完毕，或因故终止、变更，被许可方均须把附件4退给许可方。

第八条　技术服务与培训（本条可签订从合同）

8.1　许可方在合同生效后＿＿＿＿日内负责向被许可方传授合同技术，

并解答被许可方提出的有关实施合同技术的问题。

8.2　许可方在被许可方实施该专利申请技术时，要派出合格的技术人员到被许可方现场进行技术指导，并负责培训被许可方的具体工作人员。

被许可方接受许可方培训的人员，应符合许可方提出的合理要求。（确定被培训人员标准）

8.3　被许可方可派出人员到许可方接受培训和技术指导。

8.4　技术服务与培训的质量，应以被培训人员能够掌握该技术为准。（确定具体标准）

8.5　技术服务与培训所发生的一切费用，如差旅费、伙食费等均由被许可方承担。

8.6　许可方完成技术服务与培训后，经双方验收合格，共同签署验收证明文件。

第九条　后续改进的提供与分享

9.1　在合同有效期内，任何一方对合同技术所作的改进应及时通知对方；

9.2　有实质性的重大改进和发展，申请专利的权利由合同双方当事人约定。没有约定的，其申请专利的权利归改进方，对方有优先、优价被许可，或者免费使用该技术的权利；

9.3　属原有基础上的较小的改进，双方免费互相提供使用；

9.4　改进的技术还未申请专利时，另一方对改进技术承担保密义务，未经许可不得向他人披露、许可或转让该改进技术。

9.5　属双方共同作出的重大改进，申请专利的权利归双方共有，合同另有约定除外。

第十条　违约责任及赔偿

10.1　对许可方：

10.1.1　许可方拒不提供合同所规定的技术资料、技术服务及培训，被许可方有权解除合同，要求许可方返还使用费，并支付违约金_____。

10.1.2　许可方无正当理由逾期向被许可方交付技术资料、提供技术服务与培训的，每逾期一周，应向被许可方支付违约金_____，逾期超过_____（具体时间），被许可方有权终止合同，并要求返还使用费。

10.1.3　在排他实施许可中，许可方向被许可方以外的第三方许可该专利技术，被许可方有权终止合同，并要求支付违约金_____。

10.1.4　在独占实施许可中，许可方自己实施或许可被许可方以外的第三方实施该专利技术，被许可方有权要求许可方停止这种实施与许可行为，也有权终止本合同，并要求许可方支付违约金_____。

10.2 对被许可方：

10.2.1 被许可方拒付使用费的，许可方有权解除合同，要求返回全部技术资料，并要求赔偿其实际损失，并支付违约金_____。

10.2.2 被许可方延期支付使用费的，每逾期_____（具体时间）要支付给许可方违约金_____；逾期超过_____（具体时间），许可方有权终止合同，并要求支付违约金_____。

10.2.3 被许可方违反合同规定，扩大对被许可技术的许可范围，许可方有权要求被许可方停止侵害行为，并赔偿损失，支付违约金_____；并有权终止合同。

10.2.4 被许可方违反合同的保密义务，致使许可方的技术秘密泄露，许可方有权要求被许可方立即停止违约行为，并支付违约金_____。

第十一条 侵权的处理

11.1 在合同有效期内，如有第三方指控被许可方实施的技术侵权，许可方应负一切法律责任；

11.2 合同任何一方发现第三方侵犯许可方的专利权时，应及时通知对方，由许可方与侵权方进行交涉，或负责向专利管理机关提出请求，或向人民法院提起诉讼，被许可方应予以协助。

第十二条 专利权被宣告无效的处理

12.1 在合同有效期内，许可方的专利权被宣告无效时，如无明显违反公平原则，且许可方无恶意给被许可方造成损失，则许可方不必向被许可方返还专利使用费。

12.2 在合同有效期内，许可方的专利权被宣告无效时，因许可方有意给被许可方造成损失，或明显违反公平原则，许可方应返还全部专利使用费，合同终止。

第十三条 不可抗力

13.1 发生不以双方意志为转移的不可抗力事件（如火灾、水灾、地震、战争等）妨碍履行本合同义务时，双方当事人应做到：

（1）采取适当措施减轻损失；

（2）及时通知对方当事人；

（3）在(某种事件) 期间，出具合同不能履行的证明；

13.2 发生不可抗力事件在(合理时间) 内，合同延期履行；

13.3 发生不可抗力事件在 ＿＿＿＿＿＿＿＿＿＿＿ 情况下，合同只能履行某一部分（具体条款）；

13.4 发生不可抗力事件，持续时间超过＿＿＿＿＿（具体时间），本合同即告终止。

第十四条 税费

14.1 对许可方和被许可方均为中国公民或法人的，本合同所涉及的使用费应纳的税，按中华人民共和国税法，由许可方纳税；

14.2 对许可方是境外居民或单位的，按中华人民共和国税法及其他相关法律法规，由许可方纳税；

14.3 对许可方是中国公民或法人，而被许可方是境外单位或个人的，则按对方国家或地区税法纳税。

第十五条 争议的解决方法

15.1 双方在履行合同中发生争议的，应按合同条款，友好协商，自行解决；

15.2 双方不能协商解决争议的，提请＿＿＿＿＿专利管理机关调处，对调处决定不服的，向人民法院起诉；

15.3 双方发生争议，不能和解的，向人民法院起诉；

15.4 双方发生争议，不能和解的，提请＿＿＿＿＿＿仲裁委员会仲裁；

注：15.2、15.3、15.4 只能选其一。

第十六条 合同的生效、变更与终止

16.1 本合同自双方签字、盖章之日起生效，合同的有效期为＿＿＿＿＿年（不得超过专利的剩余有效期）；

本合同以中文写成，一式两份，许可方和被许可方各执一份，具有同等效力。

16.2 （对独占实施许可合同）被许可方无正当理由不实施该专利技术的，在合同生效日后＿＿＿＿＿（时间），本合同自行变更为普通实施许可合同。

16.3 由于被许可方的原因，致使本合同不能正常履行的，本合同即告终止，或双方另行约定变更本合同的有关条款。

16.4 除16.2和16.3款约定的合同变更情形外，本合同其他未尽事宜，应当由双方依据诚实信用原则友好协商，经双方协商一致后，应当以书面方式进行修改与变更。

第十七条 通知

与本合同履行有关的通知应当以书面方式提交对方，书面方式可以以邮寄、挂号邮寄、专人送达、传真、电子邮件等方式送达。甲乙双方均可视需要选择合适的送达方式并明确告知对方。

第十八条 其他

前十六条没有包含，但需要特殊约定的内容，如：

其他特殊约定，包括出现不可预见的技术问题如何解决，出现不可预见的法律问题如何解决等。

以下无正文。

许可方：	被许可方：
法人代表（签章）：	法人代表（签章）：
联系地址：	联系地址：
联系电话：	联系电话：
传真：	传真：
签署时间：	签署时间：
签署地点：	签署地点：

6.3 专利实施许可合同的签订

6.3.1 专利实施许可的动因

6.3.1.1 专利权人的动因

专利权人进行专利实施许可，动因很简单，即实现其专利价值最大化。权利人申请专利，不是为了束之高阁，而是用公开技术方案来换取一定期限的垄断权，根本目的是要凭借这种垄断权来获取经济利益。但是，专利实施许可并不是专利应用的唯一途径，如果专利权人自身有能力实施该专利，且自己实施比许可他人实施更为有利时，不需要进行专利实施许可。因此，何时进行专利实施许可，还要看具体原因。

1. 自行实施有局限

专利权人如果没有足够的设备、资金、销售渠道等专利实施能力，或者自行实施成本太大，则可以许可他人实施其专利，以收取使用费来获利。

2. 市场拓展需要

如果专利权人主要精力在于技术开发，不擅长市场运营，或者暂时没有足够的资金和人力进行市场开拓，但又急于开拓市场，可以考虑将专利许可给实力较强的企业以拓展市场。上述情况，主要针对该专利是新技术或者其技术生命周期较短，不及时开发市场可能会错过该专利市场应用的最佳时机的情况。❶

3. 专利经营需要

有的企业，开发技术、申请专利及购买他人技术等，本就不是为了自己生产制造产品，而是为了进行许可收取使用费，例如美国高通公司；对于自身也进行生产制造的企业，亦可凭借专利许可，既可将市场拓展到更大的区域范围，又可收取不菲的专利使用费，一举两得。这是专利经营之道，专利不仅仅是用于使用的技术，也不仅仅是用于防御的工具，其同时也是一项经营资源，可以为权利人带来利润。

【案例 4】微软携手百文宝签署专利许可协议❷

2008 年 5 月上旬，微软公司和北京百文宝科技有限公司在美国签署了有关移动设备文本输入技术的专利许可协议。该专利许可协议允许百文宝公司将微软的统计语言建模技术运用到该公司面向数字小键盘和触摸屏类设备的下一代文本输入引擎当中，以便为全球移动终端用户提供创新的文本输入使用体验。

微软公司全球资深副总裁、微软（中国）有限公司董事长张亚勤博士表示："这次与百文宝公司的专利许可合作，是微软专利技术合作项目在中国的进一步扩展。双方签署了专利许可协议，再次表明了知识产权在确保 IT 产业健康蓬勃发展所起到的重要作用。"

据悉，微软自 2003 年启动知识产权许可项目以来，已经与合作方签署了 500 多项许可协议。其中，与阿尔派电子有限公司、富士施乐株式会社、LG 电子公司、三星公司以及精工爱普生公司等签署了类似的知识产权许可协议。

从微软公司知识产权许可项目的案例可知，目前跨国公司都很重视专利经营，通过专利许可项目来实现合作、拓展市场、增强市场竞争力。

6.3.1.2 被许可人的动因

寻求专利实施许可者，盖因专利之垄断性。专利被授权后，其他人若要使用该专利技术，则必须取得专利权人的许可，否则即构成侵权。因此，

---

❶徐红菊. 专利许可法律问题研究［M］. 北京：法律出版社，2007：63.

❷［EB/OL］.［2008－05－12］. http：//www. sipo. gov. cn/sipo2008/mtjj/2008/200805/t20080509_400159. html

被许可人的动因主要有：

1. 技术使用的需要

有些企业，比较关注专利，在了解某专利技术具有较大市场潜力后，会直接向专利权人寻求专利实施许可，从而进行合作生产销售或者经销。这种"拿来主义"，对于技术落后于市场发展的企业来说，不啻为一种现实而有用的方法。

【案例5】日本松下公司的早期跨越式发展案例❶

日本松下电器公司，由一个小企业跃居为日本第六大企业，主要靠的是专利引进及其二次开发。该公司从世界各国进口了400多项电视机生产专利技术，并又在此基础上进行了二次开发，将二次开发后的更先进技术申请国内外专利。因此，使该公司的电视机畅销国际市场。据有关资料数据显示，该公司在1994年前的30年间用于购买专利的资金达10亿多美元。

由松下公司的案例可见，对于技术暂时落后的企业来说，寻求先进专利技术许可，再在引进技术的基础上进行技术研发，是企业实现快速发展的一个途径。

2. 避免专利侵权

企业拟进行某个项目，如果在事先专利检索时，发现已经有他人就该技术申请专利，若要继续进行这个项目，必定构成专利侵权。该企业有两个途径可选，一是寻找或研发替代技术；二是如果无法找到替代技术，或者自行研发成本太大，则直接寻求专利实施许可。

6.3.2　专利实施许可的前期准备

6.3.2.1　专利权人的准备

1. 技术资料准备

专利权人拟进行专利实施许可，首先应准备好技术资料，一方面有利于清查自己的技术情况，另一方面以备应对潜在被许可人的查询。需要准备的技术资料包括以下文件：

（1）专利文件，包括专利证书、专利说明书，例如发明专利和实用新型，有权利要求书、说明书及附图，实用新型专利还可以包括由国务院专利行政部门作出的检索报告；

（2）专利申请文件，包括请求书、说明书及其摘要和权利要求书等文

❶张贰群．专利战法八十一计［M］．北京：知识产权出版社，2005：226－227．

件，如果是发明专利申请文件，在实质审查过程中有过修改，则包括审查员发出的审查通知书，以及修改后的替换文件；

（3）技术秘密文件，是指与实施该专利相配套的技术秘密资料；

（4）普通技术文件，是指与实施该技术相配套的公知技术资料；

（5）原材料清单；

（6）设备清单。

2. 专利实施许可项目研究

专利权人在资料准备的基础上，可以对拟进行的专利实施许可项目进行研究，评估其可行性。项目研究一般包括：

（1）机会研究；

（2）可行性研究；

（3）评价与决策。

3. 对潜在被许可人的资信调查

专利权人对潜在被许可人进行资信调查是必要的，这关系到合同签订及履行中双方的合作关系。专利权人需要了解潜在被许可人以下信息：

（1）主体资格，是个体还是企业，企业的性质等；

（2）专利实施能力，是否具备实施该专利项目的厂房、设备或资金等条件；

（3）信用情况。

6.3.2.2　被许可人的准备

1. 技术资料获取与分析

被许可人作为技术使用者，可以通过公开的专利检索途径，或者通过与专利权人的初步接触，获取必要的技术资料，并在此基础上进行分析：

（1）专利的有效性；

（2）专利的技术价值；

（3）是否存在可替代技术；

（4）是否存在相配套的技术秘密及其他技术等。

2. 专利实施许可项目研究

被许可人需要对拟寻求实施许可的专利进行项目研究。在对专利技术资料分析的基础上，从自己的技术需求出发，确定是否需要许可、需要何种形式的许可等。项目研究的关键在于：

（1）自身技术需求和经营需求；

（2）专利的市场价值。

3. 对专利权人的资信调查

被许可人作为技术需求者，与作为技术拥有方的专利权人相比，处于相对弱势地位。尽管如此，对专利权人进行资信调查还是必要的，调查重点主要在于：

（1）主体资格，尤其是该专利是否存在专利共有人，如果有，是否已有完备的授权手续；

（2）技术支持能力，包括技术咨询服务、技术培训服务等；

（3）信用情况。

6.3.3 专利实施许可合同的签订

6.3.3.1 专利实施许可合同的谈判策略

在前期接触和准备的基础上，专利实施许可的双方在正式签订合同之前，一般有一个谈判过程，就合同相关条款进行协商。

谈判焦点无外乎两者：授权范围和使用费价格。对此，双方在谈判过程中，需要把握的策略有：

1. 立足于自身实际需要

专利权人明确自己出于何种动因才要授权他人实施专利；被许可人亦如此，尤其是要根据自己对技术的实际需要而定。

2. 寻求授权范围和使用费这两者之间的最佳平衡点

在技术价值相等的情况下，授权范围越大，使用费越高。即一般情况下，独占许可费用最高，排他许可次之，普通许可最低，相对应被许可人获得的授权范围也越来越小。

3. 考察市场竞争情况

在商定授权模式时，双方都应考虑在拟授权区域内，可能应用同一技术生产相同产品的竞争者的情况。如果竞争者较多，可以采取独占许可，降低竞争；如果竞争者较少，则不一定需要采取独占许可。

6.3.3.2 专利实施许可合同的签订

1. 合同的形式

根据合同法对技术转让合同的规定，专利实施许可合同应当采用书面形式。

2. 合同条款商定

在合同签订前，双方对合同条款需要逐一仔细协商敲定，具体条款分析和合同范本请参见本章第 6.2 节。

3. 合同的生效

专利实施许可合同一般自双方签署后即生效，除非当事人另有约定。

6.3.4 专利实施许可合同的备案

6.3.4.1 备案的性质

根据《专利法实施细则》第 14 条和国家知识产权局第 18 号局令，专利权人与他人订立的专利实施许可合同，应当自合同生效之日起 3 个月内到国家知识产权局或地方知识产权局办理备案。对备案审查合格的专利实施许可合同，国家知识产权局或地方知识产权局将给予备案合格通知书及备案号、备案日期，并将通知书送交当事人。

专利实施许可合同备案工作，是国家知识产权局为了切实保护专利权，规范交易行为，促进专利实施，而对专利实施许可进行管理的一种行政管理手段。其性质是事后备案，并非专利实施许可合同的生效要件，不影响专利实施许可合同的效力。

6.3.4.2 备案的程序和相关事宜

1. 办理专利实施许可合同备案的管理部门

国家知识产权局负责全国专利实施许可合同的备案工作；

涉外专利实施许可合同备案，到国家知识产权局协调管理司市场处办理；

经国家知识产权局授权，各省、自治区、直辖市以及广州、武汉、沈阳、西安、石家庄五城市知识产权局负责本行政区域内专利合同的备案工作。

2. 办理备案的期限

鉴于专利权的时效性、稳定性，当事人应当在专利合同生效后 3 个月内到专利实施许可合同备案的主管部门办理备案手续。

3. 委托代理机构办理

在中国没有经常居所或者营业场所的外国人、外国企业或者外国其他组织在中国办理合同备案的，应当委托专利代理机构办理；

中国单位或者个人在国内办理合同备案的，可以委托专利代理机构办理；

由当事人一方办理合同备案的，应当提交对方出具的授权委托书；委托中介机构办理合同备案的，应当由当事人双方共同出具授权委托书。

4. 办理备案应当提交的文件和文件语言要求

当事人办理合同备案应当提交的文件包括：备案申请表、合同副本、专利证书或者专利申请受理通知书复印件、让与人身份证明等；

（1）备案申请表：备案申请表可以从国家知识产权局的网站下载；填写申请表时应准确填写专利号、项目名称、备案申请人、合同性质、许可种类、合同履行地、签订日期、使用费总计、权利稳定性声明等项目；

（2）合同副本：提交的合同副本必须是当事人双方签字盖章的合同原件；有正当理由无法提供合同副本的，可以提交经过公证的合同复印件；再许可合同的让与人，还应当提供前一合同副本或经过公证的原合同复印件；

（3）专利证书或者专利申请受理通知书复印件；

（4）让与人身份证明：让与人是自然人的，提交身份证复印件作为其身份证明；让与人是法人的，提交营业执照复印件作为其身份证明。

当事人提交的上述各种文件应当使用中文，用A4纸单面打印。提交的文件是外文的，当事人应当在指定期限内附送中文译文；期满未附送的，视为未提交。

5. 不予备案的情况

根据《专利实施许可合同备案管理办法》第15条规定，有下列情况的专利实施许可合同不予备案：

（1）专利权终止、被宣告无效，专利申请被驳回、撤回或者视为撤回的；

（2）未经共有专利权人或申请人同意，其中一方擅自与他人订立合同的；

（3）同一合同重复申请备案的；

（4）合同期限超过专利权有效期限的；

（5）其他不符合法律规定的。

6. 合同备案信息的查询

国家知识产权局通过两种方式定期公布合同备案的信息：一个是国家知识产权局的官方网站；另一个是在专利公报上发布有关信息。

7. 办理备案的其他事宜

（1）费用

政府部门免费为当事人办理专利实施许可合同备案（国外专利法律状态检索除外）。

（2）备案材料的提交方式

面交或者通过邮局邮寄。

（3）办理备案登记时间

在各项文件齐备的情况下，7个工作日内向当事人出具备案证明。

6.3.4.3 备案的效力

国家知识产权局出具的专利实施许可合同备案证明，是办理外汇、海关知识产权备案等相关手续的证明文件。

经过备案的专利实施许可合同的许可性质、范围、时间、许可使用费的数额等，可以作为人民法院、管理专利工作的部门进行调解或确定侵权纠纷赔偿数额时的参照。

已经备案的专利实施许可合同的受让人有证据证明他人正在实施或者即将实施侵犯其专利权的行为，如不及时制止将会使其合法权益受到难以弥补的损害的，可以向人民法院提出诉前禁令被申请人停止侵犯专利权行为的申请。其中，独占专利实施许可合同的受让人可以依法单独向人民法院提出申请；排他专利实施许可合同的受让人在专利权人不申请的情况下，可以提出申请。经过备案的专利合同的受让人对正在发生或者已经发生的专利侵权行为，也可以依照专利法第57条规定，请求地方专利备案管理部门处理。

6.3.4.4 备案的注销

根据《专利实施许可合同备案管理办法》相关规定，下列情况下注销合同备案：

（1）提交虚假备案申请文件或者以其他手段非法取得或伪造专利合同备案证明的；

（2）专利申请被驳回或者视为撤回的；

（3）专利合同履行期间专利权被宣告无效的。

6.4 专利实施许可合同的履行

6.4.1 专利实施许可合同的正常履行

专利实施许可合同生效后，即对合同双方产生约束力，双方当事人应履行各自的合同义务，以保证合同目的正常实现。

6.4.1.1 许可方的主要合同义务

1. 及时接收使用费

对被许可方支付入门费或使用费，许可方应予以配合，及时提供账号等进行接收并确认。

2. 按约定交付专利技术资料

就技术资料交付义务的履行，许可方应做到：

（1）及时交付，应在合同约定的期限内及时向被许可方交付约定的专利技术资料；

（2）资料齐备，应包括合同授权专利的全部专利文件、为实施该专利而必需的工艺流程文件、或提供实施该专利所涉及的技术秘密及其他技术文件等，须保证被许可方能够根据所交付的技术资料制造合格的合同产品；

（3）及时替换，如被许可方对交付的技术资料有异议，应在合理时间内予以答复、补充或更换。

专利技术资料的交付，是许可方的主要合同义务，如果技术资料交付存在瑕疵，容易产生纠纷，致使合同无法继续履行。

【案例6】鞍山×××科技研发咨询服务有限公司与贵州××热力设备制造有限公司、原审被告田某专利实施许可合同纠纷一案（（2007）黔高民二终字第75号）

【当事人】上诉人（原审被告）：鞍山×××科技研发咨询服务有限公司

被上诉人（原审原告）：贵州××热力设备制造有限公司

原审被告：田某

【案情简介】2005年3月22日，田某向国家知识产权局申请"磁加热低压工业采暖锅炉自动控制方法"发明专利，申请号为200510046064.6。2006年4月5日，田某又取得专利号为ZL 200520089409.1的"磁加热锅炉"实用新型专利。2006年4月21日，田某作为让与方与贵州××热力设备制造有限公司作为受让方签订了一份《专利技术实施许可合同》，项目名称为磁加热低压工业采暖锅炉，合同主要约定，"田某向贵州××热力设备制造有限公司提供的专利实施许可如下：（1）'磁加热锅炉'（实用新型，专利号ZL 200520089409.1）；（2）'磁加热低压工业采暖锅炉自动控制方法'（申请号为200510046064.6），田某保证对上述专利技术拥有独立的专利权和相应的证书；本合同中许可实施专利技术项目的技术参数为：蒸发量为1吨/小时，工作压力不大于0.7兆帕，在贵州××热力设备制造有限公司锅炉许可制造生产资质逐步升级后，田某随之提供相应的许可实施技术，不再另收入门费；首台'磁加热锅炉'的组装、调试完成后，经双方同意报请贵州省质量技术监督部门和环保部门对该'磁加热锅炉'进行技术、安全、节能、环保性能不超过三次的检测；本专利实施许可的入门费为人民币 15 万元整，双方约定，此款提存至贵阳市公证处；田某应向贵州××热力设备制造有限公司提交身份证、实施许可的专利技术资料、专利证书复印件；田某的专利技术许可不能实现合同约定，田某又不能以其有效的方法加以解决存在的问题，田某应赔偿贵州××热力设备制造有限公司因实施该技术所造成的全部经济损失。从合同生效之日起，8 个月内完成样机生产并通过鉴定。如因贵州××热力设备制造有限公司的责任不能按计划完成任务时，由贵州××热力设备制造有限公司承担田某的经济损失。如因田某的责任不能按计划完成任务时，由田某承担贵州××热力设备制造有限公司的经济损失。"同日，鞍山×××科技研发咨询服务有限公司作为让与方，与贵州××热力设备制造有限公司作为受让方签订了一份内容相同的《专利技术实施许可合同》。合同签订后，贵州××热力设备制造有限公司按照合同的约定，将 15 万元技术入门费存入贵阳市公证处专设账户。合同履行中，田某委托贵州××热力设备制造有限公司制作完善磁加热锅炉设计图，贵州××热力设备制造有限公司制作的设计图中，锅炉压力技术参数为"0.1 兆帕"，后贵州××热力设备制造有限公司向贵州省锅检中心提交有关磁加热锅炉设计文件进行技术鉴定，该设计文件中锅炉压力技术参数即为"0.1 兆帕"。同时，贵州××热力设备制造有限公司还按照田某的要求购买了阀门及变压器，共计支出 5 万元。2006 年 8 月 16 日，贵州××热力设备制造有限公司向田某发出公函，内容为："磁加热锅炉图纸报批过程中，贵州质量技术监督局要求提供的技术资料，是你方的责任和义务。现就 2006 年 8 月 16 日上午就此项目讨论的问题，经我司董事会研究决定，明确回复意见如下：1. 要求严格执行双方签订的《专利技术实施许可合同》，请田某于 2006 年 9 月 30 日前向贵州省质量技术监督局提供相关技术资料，使工作能正常开展，保证按《合同》约定的时间完成样机试制。"2006 年 9 月 27 日，鞍山×××科技研发咨询服务有限公司、田某向贵州××热力设备制造有限公司发函称："关于为你公司提供贵州锅炉检测中心要求的，上报审批的锅炉强度计算书中磁加热锅炉设计模拟试验上升管管壁壁温检测报告的数据，我们联系了多家技术权威部门，恳请他们为我公司研发设计的磁加热锅炉做在模拟试验条件下上升管（在设计加热温度工作状态下）管壁温度的检测试验，……现在我们正在和质量技术监督局下属的鞍山特种设备监督检验所进一步商量，确定给我们的试验做检测时间上的安排和具体的操作等事项。"后贵州省锅检中心对贵州××热力设备制造有限公司报送的磁加热锅炉设计文件未作出技术鉴定，合同不能继续履行，贵州××热力设备制造有限公司向一审法院提起诉讼，请求判决：1. 解除原被告签订的专利实施许可合同；2. 被告赔偿原告各项损失 80 078.40 元。诉讼费用由被告承担。2007 年 4 月 10 日，一审法院就贵州省锅检中心对贵州××热力设备制造有限公司提交的锅炉设计文件未作出技术鉴定的原因进行调查，该中心答复原因系锅炉的强度计算上，技术转让方有很多实验未做，缺少很多必要数据，主要是加热过程中金属壁温有多高，缺乏依据，贵州××热力设备制造有限公司的资质与未作出鉴定没有关系。贵州××热力设备制造有限公司生产锅炉的资质为 D 级锅炉制造许可证资质。

【法院判决】一审法院认为，从对锅检中心所做的调查笔录来看，锅炉设计文件技术鉴定做不下来的原因是转让方的磁加热技术用于锅炉中，在加热过程中金属壁温度到底升有多高，没有相应的实验数据支撑，从而导致鉴定无法做出。而贵州××热力设备制造有限公司生产锅炉的资质与鉴定不能做出没有关系。因此，导致合同无法继续履行的责任在于被告而不是原告。被告应对原告为履行合同而支出的损失承担赔偿责任。因此支持原告诉请，判决解除合同，两被告对原告承担赔偿责任。

二审法院认为，根据专利实施许可合同关于让与方田某及鞍山×××科技研发咨询服务有限公司应当对其许可实施的专利技术提供相关技术资料的约定，田某及鞍山×××科技研发咨询服务有限公司未按约提供有关技术资料，因此导致磁加热锅炉设计文件不能进行技术鉴定，故磁加热锅炉样机不能试制，合同无法继续履行，责任在田某及鞍山×××科技研发咨询服务有限公司，而不在贵州××热力设备制造有限公司。因此，二审法院维持一审对合同解除的判决。

【评析】从案例 6 可见，许可方保证技术资料的齐备，有时候需要获取相关机构的证明文件。如果因技术资料交付存在瑕疵，许可方即违反了主要合同义务，有可能导致合同解除，并承担违约责任。

3. 提供技术支持

根据合同约定提供技术支持，是许可方的主要合同义务；即使合同对此未有约定，在被许可方需要时提供必要的技术支持，也是许可方应当履行的合同附随义务。许可方应当提供的技术支持义务包括：

（1）授权后，及时向被许可方及其员工就专利技术的实施提供先期培训；

（2）技术难题的解决，在合同产品试制或者正式投产过程中，如果被许可方碰到技术困难，许可方应及时配合被许可方，寻找原因并提出技术解决方案；

（3）技术咨询，在合同履行期间，被许可方就技术问题咨询许可方的，许可方应及时给予答复。

4. 设备、原材料或零配件及时供应

如果双方为保证合同产品质量，在合同中约定设备、原材料或零配件等由许可方直接供给，许可方应当及时按合同约定向被许可方提供所需的设备、原材料或零配件，不得进行克扣、抬价等行为。

5. 自我约束义务

在授予独占许可的专利实施合同履行过程中，专利权人必须根据合同约定，在授权区域内不得自行实施及授权第三人实施该专利。

在授予排他许可的专利实施合同履行过程中，专利权人在授权区域内可以自行实施该专利，但不得授权第三人实施该专利。不过，有个例外情况。根据《最高人民法院关于审理技术合同纠纷案件适用法律若干问题的解释》第27条规定："排他实施许可合同让与人不具备独立实施其专利的条件，以一个普通许可的方式许可他人实施专利的，人民法院可以认定为让与人自己实施专利，但当事人另有约定的除外。"可见，没有能力自行实施的排他许可方，可以授权第三人实施该许可，且该授权方式为普通许可，视为许可方自行实施，除非被许可方在合同中明确排除许可方这一权利。

【案例7】淄博×××工贸有限公司与广州市××环保技术开发有限公司、林某、孙某专利实施许可合同纠纷（（2007）淄民三初字第11号）

【当事人】原告：淄博×××工贸有限公司

被告：广州市××环保技术开发有限公司

被告：林某（广州市××环保技术开发有限公司职员）

被告：孙某（个体工商户）

【案情简介】被告广州市××环保技术开发有限公司在已与孙某签订生产辅助合同（普通许可）后，又与淄博×××工贸有限公司签订生产辅助合同（独占许可），并约定在山东省内，广州市××环保技术开发有限公司不再设立辅助生产厂家。除原告外，被告广州市××环保技术开发有限公司及该公司的任何一家技术辅助生产厂家不得在山东省内发展经销商、代理商或销售本合同涵盖的任意一种产品。否则，视为广州市××环保技术开发有限公司违约，需承担赔偿责任。

【法院判决】一审法院认为，被告广州市××环保技术开发有限公司的行为已属违约，应依合同约定承担相应的违约责任。原告淄博×××工贸有限公司要求被告广州市××环保技术开发公司支付违约金及经济损失13万元的诉讼请求，法院予以支持。同时，原告淄博×××工贸有限公司与被告广州市××环保技术开发有限公司所签订的合同为有效合同，原告淄博×××工贸有限公司并未要求解除合同，因此，原告淄博×××工贸有限公司要求继续履行合同的诉讼要求，法院亦予以支持。

法院认为，在原告与被告广州市××环保技术开发有限公司所签订的合同中列明的银行账户户名为林某，淄博×××工贸有限公司亦将货款汇至林某账户中，因此，林某应当与广州市××环保技术开发有限公司共同承担违约责任。

被告孙某与广州市××环保技术开发有限公司签订的生产辅助合同早于原告淄博×××工贸有限公司与被告广州市××环保技术开发有限公司签订的合同，且原告无充足证据证明孙某系广州市××环保技术开发有限公司隶属生产厂家的负责人，因此，对于原告要求孙某承担责任的诉讼请求，法院不予支持。

【评析】案例7中，在同一地域内，普通许可授权在先，独占许可授权在后，两者效力如何？通过此案判决可知，在独占许可合同签订后，该合同有效；如果有在先普通许可合同尚未履行完毕，许可方有义务移除该在先普通许可，否则就构成违约。

6. 维持专利权有效的义务

许可方负有在合同有效期内维持专利权有效的义务。该义务包括：

（1）依法缴纳专利年费。一般情况下，都是由许可方缴纳专利年费；也有专利实施许可合同约定由被许可方负责缴纳专利年费，即便在这种情况下，许可方也应及时监督专利年费的缴付情况，以避免被许可方忘缴费用而导致专利权终止。

（2）积极应对他人提出宣告专利权无效的请求。在他人提出专利权无效宣告请求的情况下，许可方应及时充分地应对专利复审委员会的口审，以及可能后续进行的行政诉讼，以有效维持该专利的效力。

6.4.1.2 被许可方的主要合同义务

1. 缴纳专利使用费

按期如实缴纳专利使用费，是被许可方的主要合同义务。

（1）及时缴纳入门费或总付费用，一般是被许可方的先期履行义务，这是专利实施许可合同其他义务履行的"启动键"。

（2）如果约定提成费的，除每期按时缴纳外，数额应当按专利实施情况如实计算，否则容易引发纠纷。

2. 按约定实施专利

按约定实施专利，既是被许可方的权利，从另一个角度来说，也是被许可方的义务。

（1）按合同约定时间开始实施专利，保证合同产品质量。如果取得许可后，没有在约定期限开始生产销售，或者无法制造出合格的合同产品等情况，许可方有可能会解除合同。

（2）实施专利不得超出合同授权范围。例如，没有再许可授权的情况下，不得向第三人进行分许可。又如，不得在合同授权地域范围之外制造、销售合同产品等。

但是，独占许可或排他许可合同的被许可方，在不具备自己实施专利条件的情况下，可以与一个有实施能力的单位或者个人合作实施受许可的专利，这种情况下，被许可方的行为不属于违约行为。

6.4.2 专利实施许可合同的特殊履行

专利实施许可合同在履行过程中，除双方主要合同义务履行外，可能会出现一些特殊事件阻碍合同的正常履行。只有双方经协商或合作妥善处理这些问题，才能保证合同的继续履行。

6.4.2.1 合同变更

在专利实施许可合同生效后及在履行过程中，由于实际情况的变化，或者由于合同相关条款约定不明，致使合同履行受阻，双方可以经协商一致，变更合同相关条款。

由于专利实施许可合同应当采用书面形式，对专利实施许可合同的变更也应当采用书面形式，书面形式包括传真、电邮等。

同时，变更内容的约定应当清晰明确，否则，根据《合同法》第78条的规定："当事人对合同变更的内容约定不明确的，推定为未变更。"

【案例8】××广告公司与福州××电子有限公司专利实施许可合同纠纷一案（（2005）闽民终字第399号）

【当事人】上诉人（原审原告）：××广告公司

被上诉人（原审被告）：福州××电子有限公司

【案情简介】2001年5月31日，原告××广告公司与被告福州××电子有限公司签订了"户外高效灭蚊蝇灯箱"实用新型专利（专利号ZL00230114.8）的《专利权独家许可实施协议书》，协议书中约定，福州

××电子有限公司独家许可××广告公司在龙岩地区范围内实施"户外高效灭蚊蝇灯箱"专利，专利权独家许可实施使用费总额为 30 万元整。协议第二条约定："产品的安装、落地、维护、广告发布等政府部门的审批手续由原告自行负责办理。"协议第五条约定："被告负责提供高效灭蚊蝇电击框产品的全套技术，并为原告有偿提供产品重要部件。"协议第 6 条约定："专利权独家许可实施使用费分 6 期平均付款，首期为合同签订当日付款 5 万元。"2001 年 6 月 16 日，被告福州××电子有限公司给原告××广告公司发了一份传真，内容为：福州××电子有限公司的独家专利产品户外高效灭蚊蝇灯箱授权给原告龙岩地区独家经营，前期的开展工作由福州××电子有限公司负责协助，允许安装于公共场所，××广告公司首付 5 万元于被告，如前期工作未能开展，福州××电子有限公司退回××广告公司首付款项，另取消授权协议。同日原告付给被告 5 万元，被告福州××电子有限公司向龙岩市人民政府递交了《关于参与龙岩市灭蚊蝇工程》的申请报告。同年 7 月 31 日龙岩市爱国卫生运动委员会对该申请报告提出了书面意见，认为"如果该公司（福州××电子有限公司）愿意不计报酬，我市可选择 1～2 个点进行试点性安装……经市民评价好，再行较大范围内安装"。据此，××广告公司认为在龙岩无法实行该专利项目，福州××电子有限公司无法实现其承诺，遂诉至法院要求被告福州××电子有限公司返还其预付款人民币 5 万元。

【法院判决】此案焦点之一在于合同是否变更。一审法院认为，2001 年 6 月 16 日被告福州××电子有限公司给原告××广告公司发的传真没有变更双方签订的《专利权独家许可实施协议书》的内容。理由如下：该传真是被告愿意负责协助原告开展前期工作的意思表示，由于该函中"协助开展前期工作"内容不明确，"如前期工作未能开展"指何种情况，也不明确。被告福州××电子有限公司给龙岩市人民政府的《关于参与龙岩市灭蚊蝇工程》的申请报告，是否属于"前期工作"？在该份传真中未明确。另外，从原告提供的证据看，其支付的 5 万元是何款项不明确。因此，由于原被告双方在该传真中因约定不明确，法院推定该传真未变更双方签订的《专利权独家许可实施协议书》的内容。一审判决驳回原告诉请。

二审法院认为，××广告公司与福州××电子有限公司签订的《专利权独家许可实施协议书》为双方真实意思表示，内容合法，该协议书合法有效。福州××电子有限公司在 2001 年 6 月 16 日给××广告公司的传真中的相关表述，是对原协议书中首期付款的条件及解除合同的条件等提出了实质性变更，应视为新的要约。××广告公司在收到福州××电子有限公司的传真件后，立即支付了5万元的首付款，应视为以实际行为对福州××电子有限公司的要约所作的承诺。就此，双方签订《专利权独家许可实施协议书》的首期付款条件、解除合同的条件等已作了变更。传真件所谓"前期工作"应理解为政府相关部门允许福州××电子有限公司的户外高效灭蚊蝇灯箱"安装于公共场所"。因此，原审法院以福州××电子有限公司的传真件所称"前期工作"所指不明确，认定该传真件未改变双方签订的《专利权独家许可实施协议书》法律依据不足，应予变更。

关于预付款退还诉请，二审法院认为，依照双方的约定，退款的条件是前期工作未能开展。××广告公司以龙岩市爱国卫生运动委员会对福州××电子有限公司申请报告的书面意见，认为前期工作未能开展，主张返还所付5万元款项依据不足，其上诉请求不予支持。因此，二审判决驳回上诉，维持原判。

【评析】案例8是合同变更的典型案例。双方在合同生效后，通过传真件对合同原先约定的首期付款的条件及解除合同的条件作出变更。在此案中就合同是否变更这一事实认定，一审判决和二审判决存在分歧，一审认为变更内容约定不明确，推定未变更；二审则认定合同发生实质变更。案例8是具体案件具体分析。为防患于未然，双方当事人若要变更合同，最好是通过书面形式针对变更条款及内容明确加以约定。

6.4.2.2　分许可合同的履行

专利权人可以授权他人在某区域内代为转授权第三方实施专利。在分许可情况下，有两个合同关系。

一是专利权人与分许可人之间的基础合同，一般情况下专利权人会再向分许可人出具一个声明或授权委托书，用于表明该分许可人有代为授予许可的权利。

二是分许可人以自己的名义，与第三人签署分许可合同。因此，分许可与代理不同，第三人与专利权人之间并不存在直接的法律关系。分许可人直接向第三方收取相关专利实施的区域费，并直接向第三人履行交付技术资料、进行技术支持等义务。

6.4.2.3　违约纠纷后合同继续履行

在合同履行过程中产生违约纠纷，并不一定会导致合同解除。即使一方当事人诉诸法院，要求解除合同，而另一方当事人要求继续履行合同，在合同约定的解除条件以及法定解除条件未成立的情况下，法院亦有可能判决合同继续履行。

另外，即使合同继续履行，未违约的一方当事人仍然可以要求先前有违约行为的一方当事人承担违约责任。

6.4.2.4 第三方提出侵权指控/无效宣告请求

在第三方提出侵权指控的情况下，合同双方有及时通知对方的义务。许可方对于授权的专利权负有瑕疵担保义务，但是并不是一有第三方提出侵权指控，许可方就须承担违约责任，因为有可能第三方是出于不正当竞争的目的，恶意指控。一般惯例是，只有侵权指控得到权威机构的确认，例如有法院的判决或者行政机关的处理决定，才能确定许可方是否构成违约。在这之前，合同应当继续正常履行。

合同履行期间，当有第三方请求宣告该专利无效时，与第三方提出侵权指控一样，在专利复审委员会的无效宣告决定未生效之前，该专利是有效的，合同应当继续正常履行。

6.4.2.5 市场上出现侵权产品

在合同履行期间，如果发现有第三方侵犯专利权，合同双方应及时通知对方。专利权人有义务及时制止侵权行为。同时，独占实施许可的被许可方可以向侵权人或者有关执法/司法机构单独提出请求；排他实施许可的被许可方在专利权人不请求的情况下，可以单独提出请求；除合同另有约定外，普通实施许可的被许可方不能单独提出请求。由此可见，出现第三方侵犯专利权的行为，专利权人并不必然构成违约，专利实施许可合同可以继续正常履行。只有在专利权人不尽力制止侵权行为，致使被许可方利益受损、专利实施许可合同目的无法实现时，才有可能构成违约。

6.5 专利实施许可合同的终止

6.5.1 专利实施许可合同终止的情由

6.5.1.1 合同因期满而终止

许可方和被许可方按照合同约定履行，至合同期满，合同自然终止。

6.5.1.2 合同因无效/被撤销而终止

如果某一专利实施许可合同存在《合同法》第52条规定的无效事由，则该合同自始无效；如果存在《合同法》第54条规定的可撤销事由，享有撤销权的一方当事人依法行使撤销权，合同被撤销后自始无效。实务中，当事人往往是在合同实际履行一段时间后，才发现存在无效/可撤销事由。

在专利共有的情况下，必须经全部共有专利权人的同意才能授权，否则就有可能因为授权主体不适格而导致专利实施许可合同无效。

【案例9】陆某等与马某、××酒业有限公司专利实施许可合同纠纷一案（（2006）通中民三初字第0115号）

【当事人】原告：陆某等人

被告：马某、××酒业有限公司

【案情简介】原告陆某等人与马某签订葡萄酒冰桶定做合同，其中涉及"冰桶"实用新型专利授权，马某为专利权人。该《授权协议》附有缩印复制的实用新型专利证书一份。被告马某在复制专利证书时，覆盖了专利权共有人程某的名字，仅显示其一个人的名字。

【法院判决】2006年8月29日，通州市人民法院法官依法对此案所涉"冰桶"实用新型专利共有权人程某进行了调查，程某明确表示对该专利许可他人实施一事不清楚，其亦不同意将该专利许可给陆某等人实施。

因此，法院认定，由于该合同签订之前，对于专利的实施许可行为未征得专利共有权人程某的同意，且事后程某亦明确表示拒绝追认，故该专利实施许可合同应属无效。

【评析】案例9中因为专利权人隐瞒专利共有，以欺诈手段订立合同。事后，由于共同专利权人不予追认，而导致合同无效。该专利权人须向合同对方当事人承担缔约过失责任。在实务中，也有就专利申请订立"专利实施许可合同"，而后专利未获授权，则因权利自始不存在导致合同无效。

6.5.1.3　合同因解除而终止

合同解除分法定解除和约定解除两种。当解除条件成立时，有解除权的一方当事人主张解除合同的，应当通知对方，合同自通知到达对方时解除。

1. 法定解除

根据《合同法》第94条，有下列情形之一的，当事人可以解除合同：

（1）因不可抗力致使不能实现合同目的；

（2）在履行期限届满之前，当事人一方明确表示或者以自己的行为表明不履行主要债务；

（3）当事人一方迟延履行主要债务，经催告后在合理期限内仍未履行；

（4）当事人一方迟延履行债务或者有其他违约行为致使不能实现合同目的；

（5）法律规定的其他情形。

在专利实施许可合同履行实务中，法定解除情形出现较多的是迟延履行，例如被许可方逾期缴纳使用费，经催告后仍拒不支付；或者被许可方在合同生效后，不按约定实施专利等。

迟延履行催告的合理期限如何确定？根据《最高人民法院关于审理技术合同纠纷案件适用法律若干问题的解释》第 15 条的规定，"技术合同当事人一方迟延履行主要债务，经催告后在 30 日内仍未履行，另一方依据合同法第 94 条第（三）项的规定主张解除合同的，人民法院应当予以支持。当事人在催告通知中附有履行期限且该期限超过 30 日的，人民法院应当认定该履行期限为合同法第 94 条第（三）项规定的合理期限。"由此可见，法定的合理期限为 30 日，除非当事人另有指定。

2. 约定解除

约定解除有两种情形，一则双方事先在合同中约定一方解除合同的条件，解除条件成立时，解除权人可以解除合同；二则双方事后经协商一致，可以解除合同。

【案例 10】修某与济南××有限公司专利实施许可合同纠纷一案（（2006）济民三重初字第 2 号）

【当事人】原告：修某

被告：济南××有限公司

【案情简介】此案为二审判决发回重审案件。

2001 年 8 月 7 日，本院制作（2001）济知初字第 11 号民事调解书，对该案济南××有限公司与济南××水口研究所（系修某独资私营企业）、修某就专利实施许可合同纠纷达成的调解协议予以确认。调解协议第二条约定："被告济南××有限公司取得原告修某'自动启闭的保温瓶塞'发明专利（专利号 ZL95110414.4）在全国范围内的独家实施许可，专利使用费采取专利产品销售额提成方式支付，提成比例为 2%（专利实施许可合同由双方另行签订）。"同日，原告修某与被告济南××有限公司签订一份专利技术实施许可合同。合同约定，原告将其拥有的"自动启闭的保温瓶塞"（专利号 ZL95110414.4）专利技术许可被告独占实施，包括制造、使用和销售；许可使用费采取专利产品保温瓶销售额提成的办法，原告提成被告销售额的 2%，销售额以乙方的财务账为准，提成额每月核算一次，半年缴纳一次；如被告拖欠原告提成，按实际拖欠额付原告每日 0.2% 的滞纳金，并且原告有权解除合同。2001 年 8 月 21 日，原告将上述专利权证书交给被告。同日，原告给被告出具证明，同意从 2001 年 10 月 29 日开始提取专利使用费。2002 年 7 月 24 日，被告支付给原告自 2001 年 10 月 29 日至 2002 年 6 月 30 日期间的专利使用费 571.12 元。

2002 年 9 月 4 日，原告修某向被告济南××有限公司发出一份通知，内容为："作为发明专利第 ZL95110414.4 号'自动启闭的保温瓶塞'受让方，贵公司未按与转让方修某所签专利技术实施许可合同之约定向转让方支付有关费用，贵公司构成单方违约，转让方依据双方合同约定决定解除合同。"同日，原告修某与韩某签订一份专利产品生产合作合同，约定修某以涉案专利技术，韩某投入资金、设备共同组建公司，生产涉案专利产品及与其配套的保温瓶。2002 年 9 月 6 日，被告济南××有限公司给原告修某回函，内容为："你向我公司发的通知已收悉，根据我公司与你签订的专利技术实施许可合同第四条约定，我公司已经按合同履行，你已从我公司领取了相关的费用，你所提出的解除合同的意见不符《中华人民共和国合同法》第 93 条之规定，我公司不同意与你解除合同。"2002 年 9 月 2 日，原告修某曾向法院提起诉讼，请求判令解除其与被告济南××有限公司之间的专利技术实施许可合同。2003 年 11 月 3 日，原告修某申请撤诉并被本院裁定准许。

2003 年 12 月 25 日，被告济南××有限公司向原告修某发出一份"领取 2002 年下半年和 2003 年上半年专利技术实施合同提成款的函"，内容为"修某：按 2001 年 8 月所签合同第四条之约定，请你本人收函后速来我公司领取 2002 年下半年和 2003 年上半年提成款。并请于 2004 年元月十五日前领取 2003 下半年提成款，逾期后果自负"。章丘市公证处出具（2003）章证民字第 702 号公证书，对上述行为予以公证。2004 年 10 月 14 日，被告济南××有限公司向原告修某发出通知，内容为"修某：济南××有限公司已于 2004 年 10 月 12 日根据 2001 年 8 月 7 日双方签订的专利技术实施许可合同应付给你的提成款 1092 元，提存于章丘市公证处。请你接通知后，持本通知书、身份证、专利技术实施许可合同原件，尽快到公证处领取。否则将由你承担一切法律责任。"章丘市公证处出具（2004）章证经字第 199 号提存公证书，对济南××有限公司在 2004 年 10 月 12 日将合同提成款 1092 元提存于公证处的行为予以公证。

【法院判决】此案焦点之一在于涉案合同应否解除。一审法院认为，按照我国《合同法》的规定，当事人可以约定一方解除合同的条件，解除合同的条件成就时，解除权人可以解除合同。此案中，原、被告双方就其之间签订的专利技术实施许可合同的解除条件作了明确约定，即：许可使用费半年缴纳一次，如被告拖欠，原告有权解除合同。双方合同约定从 2001 年 10 月 29 日开始提取专利使用费，因此第一期专利使用费应于半年后即于 2002 年 4 月 29 日支付。而被告实际支付第一期专利使用费的时间是 2002 年 7 月 24 日，延期支付近三个月，被告的行为显然已构成违约，双方约定的合同解除的条件已经成就。原告修某在接受被告支付的 571.12 元专利使用费时没有提出异议，但不能表明其放弃了行使合同解除权。原告修某虽就涉案专利技术又与他人签订合作协议，但该协议系修某在作出解除合同意思表示的同时订立的，故该协议的订立也不妨碍原告修某行使合同解除权。据此，原告要求解除合同的理由正当，本院予以支持。按照我国《合同法》的规定，当事人主张解除合同的，应当通知对方，合同自通知到达对方时解除。原告修某已于 2002 年 9 月 4 日给被告发出要求解除合同的通知，被告在 2002 年 9 月 6 日的回函中已承认收到，故涉案合同应自 2002 年 9 月 6 日解除。被告不服一审判决，提起上诉。二审判决驳回上诉，维持原判。

【评析】案例 10 中，原被告双方在专利实施许可合同中约定了解除条件，在条件成就时，原告向被告发出通知，通知到达被告后合同即行解除。合同解除，并不影响原告对于解除前合同已经履行部分收取专利使用费。

6.5.2 专利实施许可合同终止的后续事宜

6.5.2.1 合同终止的效力

合同终止，双方的合同权利义务即行终止，但仍负有其他相关权利义务。

1. 合同无效/被撤销的效力

根据《合同法》的相关规定，对于被认定无效的合同或者被撤销的合同，自始没有法律约束力；如果合同被认定部分无效，不影响其他部分效力的，其他部分仍然有效。合同无效或被撤销，不影响合同中独立存在的有关解决争议方法的条款的效力。

合同无效或者被撤销后，双方应各自承担恢复原状的义务：因该合同取得的财产，应当予以返还；不能返还或者没有必要返还的，应当折价补偿；有过错的一方应当赔偿对方因此所受到的损失，双方都有过错的，应当各自承担相应的责任。

2. 合同解除的效力

根据《合同法》规定，合同解除后，尚未履行的，终止履行；已经履行的，根据履行情况和合同性质，当事人可以要求恢复原状、采取其他补救措施，并有权要求赔偿损失。

专利实施许可合同多为继续性合同。继续性合同的解除只是自解除时向将来产生效力，而对已履行的权利义务一般不具有追溯力，因此合同解除前应履行而未履行的义务应完全履行。

合同因解除而终止，不影响合同中结算和清理条款的效力，也不影响有关解决争议方法的条款的效力。

6.5.2.2 合同终止后的后续事宜处理

1. 专利使用费的收取

如果专利实施许可合同被认定无效或者被撤销后，许可方已经履行或者部分履行了约定的义务，并且造成合同无效或者被撤销的过错在被许可方的，许可方对其已履行部分可以收取使用费，其性质可视为因被许可方原因导致合同无效或者被撤销给许可方造成的损失。

如果专利实施许可合同因解除而终止，许可方对其已经履行部分可以向被许可方收取使用费，参见前述案例10。

2. 后续改进技术成果的归属

专利实施许可合同被认定无效或者被撤销后，因履行合同所完成新的技术成果或者在他人技术成果基础上完成后续改进技术成果的权利归属和利益分享，当事人不能重新协议确定的，由完成技术成果的一方享有。

专利实施许可合同因解除而终止的，因履行合同所完成新的技术成果或者在他人技术成果基础上完成后续改进技术成果的权利归属和利益分享，合同有约定的从约定，没有约定，当事人亦不能重新协议确定的，由完成技术成果的一方享有。

3. 技术资料的返回

专利实施许可合同终止后，被许可方从许可方处获取的技术资料应当根据合同约定进行处理，如果合同约定应当归还的，则应悉数归还给许可方，被许可方不得保留复印件；如果合同对此没有约定或者约定不明的，可以由双方协商处理，协商不成的，被许可方可以不归还技术资料，但对其中涉及技术秘密应当承担保密义务。

4. 剩余产品、原材料及设备的处理

专利实施许可合同终止后，如果被许可方处尚有未销售的合同产品、未用完的原料如零部件、或者因实施专利而购置的设备等应当如何处理？合同有约定的从约定；没有约定或者约定不明的，一般情况下，对于存货的处理,双方可以协商确定一个合理期限,允许被许可方在这个期限内继续销售,期满后不管有无销售完毕被许可方都必须停止销售。关于剩余原材料以及生产设备的处理,可以经协商由许可方回购,如果协商不成的,因被许可方对此享有所有权,有权自行处理。

5. 其他后合同义务

合同终止后,双方当事人应当遵循诚实信用原则,根据交易习惯履行通知、协助、保密等义务。对于专利实施许可合同来说,保密义务尤为关键。双方对于因该合同而获知的技术秘密以及经营信息等,在合同终止后,仍应承担保密义务。

【案例11】孟某与广东省高州市××机械厂专利实施许可合同纠纷一案((2006)粤高法民三终字第 233 号)

【当事人】上诉人(原审原告):孟某

被上诉人(原审被告):广东省高州市××机械厂(以下简称"高州机械厂")

【案情简介】1988 年 12 月 26 日,孟某向国家专利局申请名称为"夹头"的实用新型专利及发明专利。1989 年 11 月 22 日获得实用新型专利的授权,专利证书号是第 34077 号,专利号为 88217261.1。1992 年 1 月 22 日,国家专利局决定授予发明专利权,专利号为 88108736.X,专利权人均为孟某。

1991 年 6 月 10 日,高州机械厂与孟某签订了《专利实施许可合同书》,约定孟某将享有专利权的"高效多功能镗铣夹头(简称夹头)技术"许可高州机械厂在广东省范围内独家实施,合同期限 15 年,从 1991 年 6 月 10 日起至 2005 年 6 月 10 日止。技术使用费包括入门费 35 000 元和提成费,提成费按销售总额的 7%(提至 15 万元为止),从 1991 年 7 月 1 日开始计算,每半年结算一次,并于第 7 个月内付清,如逾期,则每日加付应付费用的 1% 作为滞纳金。如有提成,孟某有权查阅高州机械厂的有关账目。

2005 年 4 月 18 日,孟某向原审法院提起诉讼,请求判令:1. 高州机械厂支付自 2000 年 3 月 28 日起至保持架销售完毕之日止的技术使用费及滞纳金给孟某,截至 2005 年 4 月 15 日的技术使用费为 119 866.45 元;2. 高州机械厂交还夹头专利的所有技术资料给孟某,销毁专用的工卡量具和工艺设备及零部件;3. 高州机械厂赔偿给孟某造成的各种经济损失,包括专利申请年费 65 510 元;4. 高州机械厂支付孟某为追索技术使用费所支出的全部代理费、差旅费和电话费等合理费用,截止 2005 年 4 月 15 日为

7534 元；5. 此案诉讼费全部由高州机械厂负担。

双方确认，保持架是构成每台镗铣夹头产品的关键件之一，每台夹头需要一件保持架，且高州机械厂生产夹头所需的保持架均由孟某联系案外人生产后提供给高州机械厂使用。

此案孟某请求的起点时间是 2000 年 3 月 28 日，对此时间之前双方当事人之间因该专利、实用新型产生的纠纷已经在另案中处理，因此此案只对 2000 年 3 月 28 日后的事实予以调查。

2005 年 9 月 8 日，原审法院组织双方当事人，清点高州机械厂仓库库存保持架。依据上述各类型镗铣夹头的平均销售价格和销售数量可计算出高州机械厂销售镗铣夹头的金额。

【法院判决】此案焦点在于涉案合同因被许可人违约而解除，以及合同终止后的后续事宜处理。

一审法院认为，双方当事人签订的《专利实施许可合同书》是双方当事人的真实意思表示，内容合法，应为有效合同。合同签订后，孟某依约将其享有的专利技术提供给高州机械厂，高州机械厂亦已实施了该专利技术，高州机械厂应依约计算提成费给孟某。高州机械厂提出其 2000 年 3 月后就没有生产该产品，但未提供证据证明，也没有合理解释说明库存保持架减少的原因。一审法院支持孟某以库存的数量作为高州机械厂销售情况依据的主张。在另案中双方解除了《专利实施许可合同书》，但由于高州机械厂未能举证证明其产品的具体销售时间，一审法院认为此举证责任在高州机械厂，因此推定上述 90 件产品的销售时间在合同有效期内。因高州机械厂未就其销售金额举出相关证据，对孟某依据平均价格计算高州机械厂的销售总额的计算方法予以确认。综上，按双方合同约定的销售总额的 7%计算提成费，高州机械厂应支付给孟某的提成费为 8 885.83 元。依据《专利实施许可合同书》的约定，双方每半年结算一次，并于第七个月内付清，逾期计算滞纳金。由于孟某没有证据证明 2000 年 3 月 28 日后高州机械厂的销售情况，高州机械厂也没有提供相应证据，无法按照合同约定的起算时间进行计算。一审法院确定以孟某起诉之日起即从 2005 年 5 月 8 日起计算滞纳金。关于滞纳金的标准，高州机械厂认为约定的每日 1%的滞纳金过高，高州机械厂的该抗辩有理，予以调整，按同期中国人民银行同类贷款利率的 4 倍（包含利率本数）计算。

孟某主张要求高州机械厂交还夹头专利的所有技术资料，销毁专有的工卡量具和工艺设备及零部件。因双方签订的《专利许可合同》对于技术资料的内容约定不具体，且没有交还技术资料的约定，对孟某请求交还技术资料的诉请不予支持。另孟某提出销毁专有的工卡量具和工艺设备及零部件，孟某在庭审中表示这些设备及量具等也可以应用于生产其他产品，对产品专用的设备及型号无法明确，故对该诉讼请求不予支持。

对于孟某诉讼请求的第三项，认为孟某未能举证证明其因高州机械厂造成的已发生和可预见到的各种经济损失，不予支持。孟某请求差旅费及律师费等损失，高州机械厂认为这些费用部分已在另案中主张，对此一审法院予以支持。高州机械厂不同意孟某关于律师费的请求，但未提出相反证据，故对律师费予以确认。至于孟某增加的诉讼请求1326元，高州机械厂对此的真实性没有异议，一审法院认为这是孟某为诉讼支付的合理开支，予以支持。

综上所述，一审判决：（一）高州机械厂于本判决发生法律效力之日起10日内向孟某偿还提成费8885.83元，及支付相应的滞纳金（从2005年5月8日起至判决给付之日止，按同期中国人民银行同类贷款利率的4倍（包含利率本数）计算）。（二）高州机械厂于本判决发生法律效力之日起10日内，向孟某支付4000元律师费及为此案支出的合理费用1326元。（三）驳回孟某的其他诉讼请求。案件受理费5394元，由高州机械厂负担。

二审法院对于提成费滞纳金的起算时间作了改判，认为：依据双方当事人《专利实施许可合同书》的约定，双方每半年结算一次，并于第七个月内付清，逾期计算滞纳金。由于双方当事人均无证据证明此案夹头产品准确、具体的销售时间，故无法按照合同约定的起算时间进行计算。而依据上述计算提成费的方法和结论，高州机械厂自2000年3月28日至2005年9月8日期间销售镗铣夹头产品，故从2000年3月29日开始销售的产品，结算计付提成费的逾期滞纳金起算时间应是2000年8月1日。况且，由于负有举证责任的高州机械厂未提供产品的具体销售时间，故将高州机械厂开始销售后，逾期支付提成费的时间2000年8月1日，作为滞纳金的起算时间更为合理。一审法院确定以孟某起诉之日起即从2005年5月8日起计算滞纳金欠妥，应予纠正。

【评析】案例11是关于合同解除后，技术资料的返回、剩余零部件以及生产设备等后续事宜的处理。在签订专利实施许可合同时，应当清楚列明合同项下的技术资料范围，以及就在合同结束后如何处理这些技术资料作出明确约定，一般情况下许可方可以约定要求被许可方在合同结束后返还所有技术资料。对此如果没有约定的或者约定不明的，视为未约定，对许可方可能导致不利的后果。例如案例 11 中，因双方签订的《专利许可合同》对于技术资料的内容约定不具体，且没有交还技术资料的约定，因此法院对于许可方孟某请求交还技术资料的诉请不予支持。

专利实施许可合同结束后，被许可方往往还留有一定数量的成品、零部件以及生产设备等。对于符合合同约定的产品，双方可以协商一定期限，被许可方在该期限内将产品销售完毕，期限届满即使未销售完毕也不得再行销售；零部件以及生产设备等，属于被许可方的资产，如果其仅供生产专利产品用，则许可方可以向被许可方回购或者要求被许可方销毁；如果并非仅供生产专利产品用，许可方一般无权干预被许可方的处置权。例如，在案例 11 中，由于许可方孟某在庭审中承认这些设备及量具等也可以应用于生产其他产品，因此其提出销毁工艺设备及零部件等的诉请，法院不予支持。

6.6　专利实施许可合同的纠纷解决

6.6.1　专利实施许可合同纠纷处理的途径

6.6.1.1　专利实施许可合同诉讼

1. 诉讼管辖

在级别管辖上，专利合同纠纷案件实行特别指定管辖，根据最高人民法院有关司法解释的规定，专利纠纷案件由各省、自治区、直辖市人民政府所在地的中级人民法院和最高人民法院指定的中级人民法院作为第一审法院。没有知识产权庭的基层人民法院，对专利案件没有管辖权。

以上海为例，受上海第一和第二中级人民法院管辖的第一审专利权纠纷案例包括：

（1）诉讼标的金额为 1 亿元以下的案件；

（2）在本辖区有重大影响的案件；

（3）上级人民法院指定管辖的案件。

受上海市高级人民法院管辖的第一审专利权纠纷案件包括：

（1）诉讼标的金额为 1 亿元以上的案件；

（2）在本市有重大影响的案件；

（3）最高人民法院指定管辖的案件。

在地域管辖上，由被告住所地或合同履行地人民法院管辖。合同当事人还可以协议选择被告住所地、合同履行地、合同签订地、原告住所地、标的物所在地人民法院作为受理案件的一审法院。

2. 专利实施许可合同诉讼的类型

除确认合同无效外,专利实施许可合同诉讼最多的是违约纠纷,包括许可方违约和被许可方违约两大情形。

3. 法律责任

专利实施许可合同发生违约纠纷后,违约方应当承担的责任视具体违约行为而定。

许可方的主要违约行为及责任:❶

(1)未按合同约定交付技术资料和提供技术支持,或者提供的技术资料不能实施,或者因许可方的原因导致实施专利技术达不到合同约定的标准,许可方应向被许可方返还全部或部分使用费,并支付违约金或赔偿损失;

(2)侵害被许可方的专利实施权,例如在授权他人独占许可的范围内自行实施或再授权第三人实施,许可方除应承担违约责任外,还应承担侵权责任,包括停止侵害、消除影响等,由于是民事责任的竞合,赔偿损失不应重复计算;

(3)违反保密义务,如果专利实施有配套的技术秘密,且合同约定许可方应当承担保密义务的,若许可方泄露该技术秘密,则应承担违约责任。

被许可方的主要违约行为及责任:

(1)未按合同约定支付使用费,包括拒付和迟延支付,应向许可方如数补交使用费,并承担违约责任;在经许可方催告后仍不支付的,许可方有权解除合同,要求被许可方停止实施专利,并承担违约责任。

(2)侵害许可方的技术权利,例如擅自再许可他人实施专利,除承担违约责任外,还应承担侵权责任,同样由于是民事责任的竞合,赔偿损失不应重复计算;

(3)违反保密约定,擅自泄露相关技术秘密的,应承担违约责任。

6.6.1.2 诉讼外解决途径(ADR)

知识产权纠纷处理应当建立多元化纠纷解决机制。从广义上来说,诉讼途径之外的各种非诉讼纠纷解决方式统称为替代性纠纷解决方式,即ADR方式(Alternative Dispute Resolution)。ADR方式主要是和解、调解和仲裁。对于专利纠纷案件来说,因为技术生命周期和市场竞争的需要,

---

❶ 程永顺. 知识产权法律保护教程〔M〕. 北京:知识产权出版社,2005:389—390.

有时候，与其等待旷日持久的诉讼战取得胜利，还不如及早寻求其他解决途径。

1. 和解

据了解，在美国每年 90％以上的专利案件在法院审讯前即行和解，这一方面归因于美国专利诉讼官司的耗时耗力，一方面也是当事人审时度势的选择。在我国解决专利合同纠纷亦如此，在纠纷发生初期，双方当事人如果能够经过协商或谈判达成和解协议的，有利于纠纷的快速解决。和解协议依赖于双方当事人的自愿履行。

2. 调解

调解在纠纷已经进入诉讼程序、在正式判决之前的任何阶段均可进行。在法院的主持下，双方当事人达成调解协议，由法院制作民事调解书结案，当民事调解书经双方当事人签收后，即具有法律效力。以调解方式结案的专利实施许可合同纠纷案例参见案例 12。

【案例 12】江苏省×××研究所有限责任公司与无锡××药业股份有限公司专利实施许可合同纠纷一案（民事调解书）

民事调解书

（2006）苏民三终字第 0114 号

上诉人（原审被告）江苏省×××研究所有限责任公司，住所地江苏省无锡市××路×号。

法定代表人陆某，该公司董事长。

委托代理人刘某，南京天华专利代理有限责任公司专利代理人。

委托代理人徐某，南京天华专利代理有限责任公司专利代理人。

被上诉人（原审原告）无锡××药业股份有限公司，住所地江苏省无锡市新区××路×号。

法定代表人赵某，该公司董事长。

委托代理人叶某，江苏远闻律师事务所律师。

委托代理人王某，江苏远闻律师事务所律师。

上诉人江苏省×××研究所有限责任公司因与被上诉人无锡××药业股份有限公司专利实施许可合同纠纷一案，不服江苏省无锡市中级人民法院（2005）锡知初字第 0105 号民事判决，向本院提起上诉。本院于 2006年 7 月 19 日受理后，依法组成合议庭，于 2006 年 9 月 19 日公开开庭审理了此案。上诉人法定代表人陆某及委托代理人刘某、徐某，被上诉人委托代理人叶某、王某到庭参加诉讼。

在审理此案过程中，经本院主持调解，双方当事人自愿达成如下协议：

一、双方重申继续严格履行 1996 年 6 月 19 日签订的《关于新药依替米星（爱大霉素，89—07）原料药、水针剂国内独家生产补充合同书》和 1998 年 11 月 18 日签订的《硫酸依替米星原料药、水针剂专利使用权国内独家许可合同书》，双方关于新药硫酸依替米星原料药及制剂的销售分成继续严格按上述合同约定履行。

二、双方当事人就涉案合同中所指的新药硫酸依替米星水针剂是否包含大输液不再发生争议。

三、一审本诉案件受理费 39 012 元，由无锡××药业股份有限公司负担，一审反诉案件受理费 27 010 元，由江苏省×××研究所有限责任公司负担；二审本诉案件受理费 39 012 元、反诉案件受理费 27 010 元、其他诉讼费 200 元，合计 66 222 元，由江苏省×××研究所有限责任公司负担。

上述协议，符合有关法律规定，本院予以确认。

本调解书经双方当事人签收后，即具有法律效力。

3. 仲裁

与诉讼相比，仲裁具有自愿性、高效性、专家性和保密性；与和解及调解相比，仲裁裁决具有强制力，如果当事人不自觉履行，权利人可以向法院申请强制履行。专利实施许可合同纠纷适合于仲裁解决方式，双方当事人可以在事先合同中约定以仲裁为争议解决方式，也可以在事后达成仲裁协议。当然，在仲裁过程中，当事人也可以进行和解和调解。

目前，我国各地仲裁机构都在有针对性地研究和开展知识产权仲裁工作，例如天津市仲裁委员会成立知识产权工作站开展友好仲裁，陕西省知识产权局与西安仲裁委员会建立了知识产权行政执法与仲裁合作会商机制，厦门仲裁委员会成立了知识产权仲裁中心，武汉仲裁委员会则成立了知识产权仲裁院等等。可见，仲裁在知识产权纠纷解决的 ADR 方式中扮演着重要的角色。

6.6.2 专利实施许可合同纠纷处理应注意的问题

6.6.2.1 案由的确认

在实务中，很多涉及专利实施的合同并没有命名为"专利实施许可合同"，而是"生产销售合同"、"定作合同"等等，同时合同约定的内容也不仅仅局限于专利实施许可。

当事人将专利实施许可合同和其他合同内容或者将不同类型的技术合

同内容订立在一个合同中的，应当根据当事人争议的权利义务内容，确定案件的性质和案由。

如果专利实施许可合同名称与约定的权利义务关系不一致的，应当按照约定的权利义务内容，确定合同的类型和案由。

如果专利实施许可合同中约定许可方负责包销或者回购被许可方实施合同标的技术制造的产品，仅因许可方不履行或者不能全部履行包销或者回购义务引起纠纷，不涉及技术问题的，应当按照包销或者回购条款约定的权利义务内容确定案由。

6.6.2.2　认定专利实施许可合同违约行为应注意的问题

法院在审理专利实施许可合同纠纷时，秉持维护交易安全的原则，使当事人之间签订的专利实施许可合同能够履行的尽量履行。因此，法院关于专利实施许可合同违约行为的一些认定倾向值得注意。

（1）在履行专利实施许可合同中，许可方提供的技术比合同约定的技术有新的改进，使合同的履行产生了比原合同约定更为积极、有利的效果的，法院可以不认定许可方的行为构成违约；如果因该改进技术给被许可方增加了负担，造成了损失，则许可方应承担相应责任。

（2）在履行专利实施许可合同中，许可方为实现合同目的，适应客观情况的变化，对合同标的内容所作的技术调整，法院可以不认定许可方违约。

（3）专利实施许可合同明确约定合同标的为阶段性技术成果的，许可方应当保证在一定条件下重复试验可以得到预期的效果，在这种情况下，该技术不能工业化，法院不认定许可方构成违约。

（4）专利实施许可合同已经实际履行，被许可方已经生产出合格产品，但合同中没有明确约定许可方应该如何交付技术资料，许可方实际上也没有交付技术资料，由于被许可方已掌握技术内容，法院可以不认定许可方构成违约。❶

（5）法院不支持被许可方以被许可的技术不具有专利性为由要求许可方承担违约责任的诉请，因为根据我国专利法律制度，专利无效与否由国家知识产权局下属的专利复审委员会进行审查，法院没有直接裁判专利无效的权力。

6.6.2.3　专利实施许可合同侵害第三方的专利权

根据合同法相关规定，侵害他人专利权的专利实施许可合同无效。在

---

❶程永顺．知识产权法律保护教程［M］．北京：知识产权出版社，2005：391.

专利实施许可合同履行过程中，被许可方可以被许可的专利侵害他人技术成果为由请求确认合同无效。或者，法院在审理专利实施许可合同纠纷中发现可能存在该无效事由的，法院应当依法通知有关利害关系人，其可以作为有独立请求权的第三人参加诉讼或者依法向有管辖权的人民法院另行起诉。利害关系人在接到通知后 15 日内不提起诉讼的，不影响人民法院对案件的审理。❶

如果在专利实施许可合同履行过程中，被许可方按照合同的约定实施许可技术，有第三方提出侵权诉讼，该专利实施许可确属侵犯他人专利权的，许可方与被许可方构成共同侵权。

在专利实施许可合同双方作为专利侵权诉讼的共同被告时，除合同另有约定外，在确定责任时，应当由许可方首先承担侵权责任，被许可方承担一般连带责任。

在第三方提出的专利侵权诉讼中，若仅有被许可方作为被告的，被许可方提出合同抗辩的同时，要求追加专利实施许可合同的许可方为共同被告的，如果原告（提出侵权主张的第三方）同意追加，则法院应当将专利实施许可合同的许可方追加为共同被告；如果原告坚持不同意追加，被许可方在承担侵权责任后，可以另行通过合同诉讼或仲裁解决其与许可方之间的合同纠纷。❷

6.6.2.4 提出专利无效宣告请求，专利实施许可合同纠纷诉讼是否中止审理

专利实施许可合同纠纷诉讼中，如果被许可方或者有第三方向专利复审委员会请求宣告专利权无效的，人民法院可以不中止诉讼。在案件审理过程中专利权被宣告无效的，则按照《专利法》第 47 条的规定处理，即宣告专利权无效的决定对在宣告专利权无效前已经履行的专利实施许可合同不具有追溯力，但是因专利权人的恶意给他人造成的损失，应当给予赔偿。如果依照前述规定，专利权人不向被许可方返还专利使用费，明显违反公平原则，专利权人应当向被许可方返还全部或者部分专利使用费。

6.6.2.5 第三方提出权属争议，专利实施许可合同纠纷诉讼是否中止审理

在专利实施许可合同纠纷案例审理中，若有第三方向受理合同纠纷案件的人民法院就涉案专利权提出权属请求时，受诉人民法院对此也有管辖

---

❶《最高人民法院关于审理技术合同纠纷案件适用法律若干问题的解释》第 44 条。
❷《北京市高级人民法院关于专利侵权判定若干问题的意见》第 104～106 条。

权的，可以将权属纠纷与合同纠纷合并审理；受诉人民法院对此没有管辖权的，应当告知第三方向有管辖权的人民法院另行起诉或者将已经受理的权属纠纷案件移送有管辖权的人民法院。权属纠纷另案受理后，合同纠纷应当中止诉讼，待专利权归属问题解决后再恢复审理。❶

本章思考与练习

1. 在先专利实施许可合同与在后专利权转让合同的关系如何？

2. 什么样的专利权可以进行部分许可？

3. 我国专利法是否允许默示许可？

4. 发生专利实施许可的动因有哪些？

5. 专利实施许可合同备案起什么作用？

6. 第三方侵权主张对专利实施许可合同的效力有何影响？

7. 专利实施许可合同终止后，被许可方从许可方处获得的技术资料如何处理？

8. ADR 在专利实施许可合同纠纷解决中作用如何？

❶《最高人民法院关于审理技术合同纠纷案件适用法律若干问题的解释》第 45 条。

第七章　技术秘密转让合同与技术转移

本章学习要点

1. 把握技术秘密的法律状态及技术秘密转让合同特征。

2. 把握技术秘密转让合同的条款内容及签订注意事项。

3. 把握技术秘密转让合同签订、履行、终止的过程和每个阶段的特点。

7.1　技术秘密转让合同的法律状态

7.1.1　技术秘密与专利

7.1.1.1　技术秘密的概念

技术秘密，又称秘密技术（Know－how），源自英文"Knowledge of how to do something"。应该说，技术秘密是一个远比专利古老的话题，无论是在中国还是西方国家，都可以追溯到远古时期。技术秘密涉及的范围是相当广泛的，甚至可以涵盖到科学发现、发明专利和实用新型专利涉及的全部领域。它作为合同法明确的技术合同的客体之一，最初是国际经济技术贸易术语中的一个术语。目前在国际上较为权威的解释是国际商会（ICC）的《保护技术秘密标准条款》的定义。技术秘密是指单独或结合在一起，为了完成某种具有工业目的的技术，或者是为实际应用这种技术所必须的秘密技术及经验。❶在我国，学界对于技术秘密的概念也进行过探讨，比如有学者把技术秘密定义为：是指不为公众所知悉，能为权利人带来经济利益，具有实用性并经权利人采取保密措施的技术信息。包括工业专有技术，如能在生产中使用，只限少数人知道的生产、装配、维修等知识、经验、技巧，也包括组织生产、管理、经营的经验方法等。❷我国的立

---

❶ 转引自万家林. 国际技术贸易理论与实务［M］. 天津：天津大学出版社，1997：109.

❷ 孙邦清. 技术合同实务［M］. 北京：知识产权出版社，2005：11.

法上也对技术秘密的概念作出了相应的明确，2001 年最高人民法院颁布《全国法院知识产权审判工作会议关于审理技术合同纠纷案件若干问题的纪要》，其第 2 条对技术秘密的定义作了详尽的规定：《合同法》第 18 章所称的技术秘密，是指不为公众所知悉、能为权利人带来经济利益、具有实用性并经权利人采取保密措施的技术信息。前款所称不为公众所知悉，是指该技术信息的整体或者精确的排列组合或者要素，并非为通常涉及该信息有关范围的人所普遍知道或者容易获得；能为权利人带来经济利益、具有实用性，是指该技术信息因属于秘密而具有商业价值，能够使拥有者获得经济利益或者获得竞争优势；权利人采取保密措施，是指该技术信息的合法拥有者根据有关情况采取的合理措施，在正常情况下可以使该技术信息得以保密。合同法所称技术秘密与技术秘密成果是同义语。而在《最高人民法院关于审理技术合同纠纷案件适用法律若干问题的解释》中规定：技术秘密，是指不为公众所知悉、具有商业价值并经权利人采取保密措施的技术信息。从上述分析中，可以看出，该司法解释是对传统理解的一个总结。它把《反不正当竞争法》第 10 条、《刑法》第 219 条和上述《纪要》所确认的商业秘密（技术秘密）的构成要件中的"能给权利人带来经济利益、具有实用性的"的要求统一规定为"具有商业价值"。❶❷这样规定更符合国际标准和惯例，有利于我国加入世贸组织的承诺，加强了对技术秘密的法律保护。

7.1.1.2 技术秘密的特征

1. 秘密性

秘密性是技术秘密得以存在的关键，由于技术秘密不同于专利权，不享有专门的法律保护，由《民法通则》有关侵权的规定、《反不正当竞争法》《合同法》《刑法》等进行一般的保护，只能依靠其所有人的特有保护方式——保密，使技术秘密处于秘密状态，以此来维持它的垄断地位和商业价值。技术秘密的"秘密性"特征还衍生出技术秘密的另一特点，即技术秘密没有明确的保护期限。技术秘密，只要未被他人知悉，就受到实际上的保护，但一旦公开，则任何人均可使用，权利人不能凭借该秘密技术来获得利益或竞争优势。

❶我国《反不正当竞争法》第 10 条第 3 款、《刑法》第 219 条第 3 款均规定：本条所称的商业秘密，是指不为公众所知悉、能为权利人带来经济利益、具有实用性并经权利人采取保密措施的技术信息和经营信息。

❷邵中林. 对最高人民法院《关于审理技术合同纠纷案件适用法律若干问题的解释》的理解与适用［G］// 汤茂仁. 知识产权合同理论与判例研究. 苏州：苏州大学出版社，2005：32.

2. 保密性

保密性是技术秘密所具有的本质属性。权利人必须采取合理的保密措施，保障技术秘密不被公众知悉。因为技术秘密一旦被公开或被泄露，技术秘密的事实专有权就可能丧失殆尽，并且是无可挽回的，失去其应有的价值，与公共领域的一般技术没有任何的区别，任何人都可以自由、无偿地使用。同时，权利人也无法阻止他人获取技术秘密后先行申请专利。另外，技术秘密也无法对抗他人对技术的独立创造或反向工程的对于技术秘密的获取。因此，在订立技术秘密转让合同时，受让方要确知该技术属于技术秘密，不能从公共领域获知，以免支出不必要的费用。技术秘密的拥有者要尽可能确保技术的秘密状态，通过严格的保密措施、在合同中订立严密的保密条款，防止其被泄密。❶

3. 具有商业价值

技术秘密具有商业价值，也就是指其"实用性"和"价值性"，该技术信息因属于秘密而能够应用于生产实践，且能够使拥有者获得经济利益或者获得竞争优势。

4. 无地域性

一个国家或一个地区所授予的专利权，仅在该国或该地区内有效，对其他国家和地区不发生法律效力，其专利权是不被确认与保护的。技术秘密的地域限制是未知的，或者说权利人的使用权不受地域影响，因为其秘密性本身就是对外界而言，其范围可以大至整个世界。因此，一项好的技术秘密，可以较方便地在全球范围内体现其价值。

5. 内容可变性

技术秘密不存在任何限制，只要权利人有新的思路，有新的实施办法，随时可以改变一项技术秘密的内容，无须经他人同意，包括被许可使用人，权利人对新的技术秘密实施保护后，许可原被许可人使用新的技术秘密，仍可要求其另行交纳使用费。

根据这些特征，技术秘密大致有以下几种类型：❷

（1）依照《专利法》的规定，被排除在专利保护范围之外的技术，可以技术秘密的形式获得保护，这类技术包括：科学发现，智力活动的规则和方法，疾病的诊断和治疗方法，动物和植物新品种，用原子核变换方法获得的物质。

---

❶孙邦清. 技术合同实务［M］. 北京：知识产权出版社，2005：11.
❷同❶。

（2）未授予专利权的技术，比如某些难以表达为专利请求权的技术成果，如诀窍、配方、最佳参数等技术信息。

（3）没有申请专利保护的技术。有些技术虽然完全具备授予专利权的条件，但申请人没有申请专利，而是作为技术秘密保护。

7.1.1.3 技术秘密与专利的关系

无论是专利，还是技术秘密，从本质上来讲，都是通过赋予企业某种技术垄断来保护其对特定智力创作成果所享有的利益。只不过专利权人是依靠法律的直接规定取得排他性的使用权利，而技术秘密权利人则是通过自身的保护手段来获取同样的独占使用。

因此，从企业技术权益保护的层面上看，专利与技术秘密的意义在于提供了两种可以交叉互补的保护机制，二者采用完全不同的方式，保护范围也有差别，力度上各有优势。这就要求企业作为技术的拥有者，认真分析两种方式的不同特征，充分利用其各自的优势，选择合适的保护手段，最终形成一个完整严密的技术保护体系。❶

一、专利与技术秘密的区别❷❸

专利技术和技术秘密均属于人类智力活动的成果，具有价值和使用价值，两者的本质特征就是客体的无形性，同时，存在一些对应特性，然而，两者又具有很大的区别，主要表现在以下几个方面：

1. 产生方式

技术秘密权的取得，基于权利人的合法劳动或其他正当手段，是一种自然取得，无须任何部门审批；专利权的取得，则必须经知识产权局进行审查后决定。从两种权利取得方式进行比较，取得技术秘密权的门槛比取得专利权的门槛要低，其适用面更广。

2. 受保护的地域

专利申请人不可能向世界所有国家都申请专利保护。申请专利将技术公开后，对同一技术方案，会导致在未取得专利权国家，丧失一切保护。而技术秘密只要其技术未被公知，技术秘密权利人在一个国家受到的保护，不影响在其他国家对该技术秘密的保护。

3. 保护范围

技术秘密是商业秘密的一种，属于商业秘密中的技术信息。具体是指

---

❶ 李欣，梁琦. 企业管理中技术保护模式的战略选择——谈专利和技术秘密的比较与结合［J］. 科技进步理论与管理，2004（10）：120—122。

❷ 郝志国. 浅谈技术秘密与专利［J］. 纺织器材. 2006（3）：121—123.

❸ 周婷. 商业秘密与专利保护方式比较及其运用对策［J］. 科技信息，2005（1）：289—290.

技术秘诀、工艺流程、设计图纸、技术数据、化学配方、制造方法、技术资料、技术情报等专有技术，这些也就是技术秘密所保护的对象。

根据《专利法》第 2 条的定义，《专利法》所称的发明创造是指发明、实用新型和外观设计。并且根据《专利法实施细则》第 2 条的进一步解释，发明是指对产品、方法或者其改进所提出的新的技术方案；实用新型是指对产品的形状、构造或者其结合所提出的适于实用的新的技术方案。发明与实用新型应具备新颖性、创造性和实用性，同时还应符合《专利法》及实施细则其他条款的规定。技术秘密和专利之间又存在一定的重叠关系，即权利人就同一项新技术既可以去申请专利，受到《专利法》的保护，也可以选择作为技术秘密得到保护，但权利人只能选择一种保护方式，不能同时享受两种保护。

4. 条件

技术秘密要求不为公众所知悉（即秘密性）、能带来经济效益、实用性并采取保密措施（即保密性），其中采取保密措施是保证不为公众所知悉的重要保证，即说明采取保密措施属于不为公众所知悉的范畴；而授予专利权的发明和实用新型则应当具备新颖性、创造性和实用性。这里要指出的是，技术秘密的新颖性是技术秘密在质量上的特征，即法律保护的技术秘密，必须达到一定水平的新颖性和非显而易见性，在较长的时期内不易被他人总结、研究而被知。因此，一般常识、通用知识、信息或资料，以及根据已有技术和知识能显而易见的技能、知识，都不属于技术秘密。专利的新颖性是指在申请日以前没有同样的发明或者实用新型在国内外出版物上公开发表过、在国内公开使用过或者以其他方式为公众所知，也没有同样的发明或者实用新型由他人向国务院专利行政部门提出过申请并且记载在申请日以后公布的专利申请文件中。创造性是指同申请日以前已有的技术相比，该发明有突出的实质性特点和显著的进步，该实用新型有实质性特点和进步。技术秘密的新颖性和非显而易见性比专利的新颖性和创造性标准要低，但与实用新型的判断标准比较接近。鉴于我国现有的法律、法规没有明确规定判断技术秘密新颖性的具体标准，可以借鉴专利审查标准中对实用新型专利新颖性和创造性的评价模式。

5. 有效期限

技术秘密的保护期是以其保密状态的存续期间为准。只要严守秘密、不被新技术所取代，其保护期间在理论上是无限的。技术秘密可以无限期存在，这也正是它受到一些人青睐的原因。专利的专有使用权有法定的保护期，我国《专利法》第42条规定：发明专利权的期限为20年，实用新型专利权的期限为10年，均自申请日起算，期满之后，专利权将会自行消灭，相应的技术进入公有领域，任何人均可任意使用。

6. 权利和法律保护

技术秘密持有人的权利主要体现在阻止他人以不正当方法使用其技术秘密，如窃取他人技术秘密，违反保密条款向他人透露技术秘密等。技术秘密持有人无权制止他人通过正当途径发现或者获取技术秘密的行为。他人可通过自己的独立研究发现其技术秘密，或通过分析其产品而获知其技术秘密，这些都是法律所允许的。技术秘密的法律保护是通过多个法律条文的相互补充进行的，主要来自《合同法》与《反不正当竞争法》。技术秘密权利人在进行技术秘密的使用许可时、与被许可人签订使用许可合同时，一定要注意将保密条款写入合同，这就会基于双方约定产生了技术秘密的被许可人对许可人技术秘密的保密义务；依据《合同法》的规定，当事人在订立合同过程中知悉的商业秘密，无论合同是否成立，不得泄露或者不正当地使用。泄露或者不正当地使用该技术秘密给对方造成损失的，应当承担损害赔偿责任。《反不正当竞争法》和《国家工商行政管理局关于禁止侵犯商业秘密行为的若干规定》也对技术秘密提供了法律保护。根据《反不正当竞争法》第10条规定：经营者不得采用下列手段侵犯商业秘密：①以盗窃、利诱、胁迫或者其他不正当手段获取权利人的商业秘密；②披露、使用或者允许他人使用以前项手段获得的权利人的商业秘密；③违反约定或者违反权利人有关保守商业秘密的要求，披露、使用或者允许他人使用其所掌握的商业秘密。第三人明知或者应知前款所列违法行为，获取、使用或者披露他人的商业秘密。专利权人对专利技术享有排他的独占权。《专利法》第11条规定：发明和实用新型专利权被授予后，除本法另有规定的以外，任何单位或者个人未经专利权人许可，都不得实施其专利，即不得为生产经营目的制造、使用、许诺销售、销售、进口其专利产品，或者使用其专利方法以及使用、许诺销售、销售、进口依照该专利方法直接获得的产品。专利权人有权许可他人实施专利，并收取使用费，有权转让其专利权。任何单位或者个人实施他人专利的，除《专利法》有关规定许可和不视为侵犯专利权的情况以外，都必须与专利权人订立书面实施许可合同，向专利权人支付专利使用费，被许可人无权允许合同规定以外的任何单位或者个人实施该专利。

7. 保护成本

技术秘密的保护费用主要取决于现实的具体情况，对属于技术秘密的文件来说，在文件显眼处标明"技术秘密"等字样，锁进柜子就足够了；对于技术设备或工艺流程，也许只需要砌上围墙，配备保安人员就可以了；对于相关的技术人员，在劳动合同中约定负有保密责任，并给予技术开发或发明人适当的保密费。

申请专利的过程较长，不一定所有的专利都能够授权，并且需要交纳申请费、实质审查费和各种附加费用，授权之后每年要交年费，加起来不是一个小数目，相比来说要比技术秘密所花的费用高。

8. 风险

技术秘密权利人由于粗心大意而泄露秘密或由于其他人的独立发明而公之于众，都可能使技术秘密不复存在。前一种情况可以通过采取合理的保密措施避免他人以不正当方式窃取或使用技术秘密，或通过法律途径予以制止；对于后一种情况，技术秘密的权利人无能为力，但发明人如果愿意保守这一秘密，可以使技术秘密仍然存在。除此之外，在技术秘密侵权案中，法院可能裁定权利人的技术信息不符合技术秘密的条件，比如不具备新颖性、未采取必要的保密措施等，而不能作为技术秘密受到法律保护。

专利申请过程中，国务院专利行政部门将申请人发明创造的内容向公众公开，如果由于种种原因导致专利申请在实质审查的过程中被驳回，或者授权之后被宣告无效，那么对于申请人来说只能尽公开技术的义务，而无法实现独占该项技术的权利。因此，对于技术秘密来讲，必须采取积极的措施才能保证技术秘密的存续，而专利只要客观上满足条件，就可以在有限的期间内享有权利。当专利侵权行为产生时，专利权人可依法请求有关机构制止、处罚侵权行为，而技术秘密权人提起纠纷处理请求时，有关机构必须对秘密性、价值性、保密性要件先行判断，只有达到标准的，才予以保护，所以保护也存在着不确定性。相对来说，技术秘密权利人所承担的风险更大一些。

9. 技术内容

技术秘密保护比较灵活，往往会出现一项综合技术就已构成一个技术秘密整体。专利申请有单一性要求，即要求不同性质的技术、本质不同的技术方案，只能各自申请专利。

10. 推广应用方式不同

专利申请公开后，可以吸引专利许可的受让方，转让根据公开权利文献进行。而技术秘密不能以内容公开招揽受让方，转让时转让方担心谈判不成而不敢将秘密和盘托出，受让人因不了解内容而不敢贸然接受，故双方都存在着不便之处。

二、专利保护与技术秘密保护的选择

从上述专利保护与技术秘密保护之间的比较可见，两种方式各有利弊。对企业而言，无论采用专利保护方式或者是技术秘密保护方式，均存在着一定的风险，但是二者所包含的风险形式不同。对前者而言，其风险主要在于权利的取得存在着一定的难度，而且，一旦相关的发明创造在公开之后因缺乏新颖性、创造性等实质条件被驳回或者被宣告无效，该技术即成为公有技术，任何人均可随意利用。对后者而言，作为秘密保护的技术信息可能随着科学技术的发展被社会公众所知悉，或者是因其他第三人的违法行为而使秘密信息被泄露，从而导致其持有人失去原先所享有的专有使用权。

一项尚未被社会公众所知晓的新技术究竟是采用技术秘密方式加以保护，还是利用专利制度加以保护，要考虑多种因素，全面衡量了以上两者的特点和比较优势之后，再做决定。

一般的说，如果某项创新成果在下列情况中应尽量申请专利：❶

（1）从竞争角度考虑应申请专利的情形主要有：技术比较复杂、竞争对手难以绕过去的比较重要的技术创新成果，如企业的基本发明；❷通过申请专利能有效地控制竞争对手的技术创新成果的；企业的技术成果是形成对竞争对手的主要优势，有必要通过这个申请维持这一优势的。

（2）从技术开发难度的角度考虑应申请专利的情形主要有：竞争对手容易通过反向工程获得该发明创造成果技术要点的；属于那些市场潜力较大，但创造性较低的发明创造成果，否则容易坐失商业机遇的。

（3）从法律利用角度考虑应申请专利的情形主要有：企业申请专利的目的不在于自己利用，而是主要实施专利有偿转让战略时；专利产品容易被他人仿制。

（4）从市场角度考虑应申请专利的情况主要是对那些市场应用前景好、经济价值好的创新性成果，如药品的研究（开发时间长，耗资巨大），显然应申请专利。

---

❶周婷．商业秘密与专利保护方式比较及其运用对策［J］．科技信息，2005（1）：291.
❷转引自冯晓青．企业知识产权战略［M］．北京：知识产权出版社，2001；70—71.

在有些情况下，只要企业能够采取适当的保密措施使技术创新成果不被泄露，就可以考虑采用技术秘密的方式加以保护：❶

（1）明显不能适用专利保护的企业技术创新成果：如其不属于《专利法》保护的主题；不具有专利性，尽管它商业价值可能较大。

（2）虽然可以获得专利保护，但专利保护风险大，从技术、市场或经济方面分析，申请专利可能对竞争对手有利或对自己并无多大益处。这类情况有：①竞争对手能够在研究专利说明书后轻易绕过的技术创新成果；②技术创新成果商业应用价值不大，申请专利会公开发明创造内容，而对自己并无经济利益方面的好处；③技术创新成果经济寿命周期短，申请发明专利有可能出现等到授予时，该技术成果已有更先进的替代技术出现的情况。

（3）通过保密该技术，可以明显得到长期的、无国界的独占市场，而该技术很难被他人通过反向工程或其他途径"破译"，就像"可口可乐"饮料配方。

目前，随着科技和商业的飞速发展，商业运作和技术本身日益复杂化，现代企业对知识产权制度的运用日益成熟，从权利保护到经营管理，从防御侵权到战略规划，从法律资产到策略资产，经历了从传统法律保护到现代经营管理的理念的转换。作为知识产权重要组成部分的专利和技术秘密也必定同样面临这种转换。❷所以，现代企业对于它们的运用，正在从传统的法律桎梏中解放出来，而是综合运用市场、资产、成本、利润、风险等商业经营因素，把它们作为企业的商业资产和策略资产进行经营。企业从战略和策略角度，把它们从单一的法律保护手段变成动态的资产经营过程。因此，企业对于专利保护和技术秘密保护的选择并不是截然分开的，而根据技术本身的特点和企业自身经营战略，既可以单独运用，也可以组合使用，形式多种多样。比如二者的组合使用，此种选择策略为采专利技术保护与技术秘密保护所长，去其各自所短，适宜于一些大型复杂的技术。其中，将核心技术作为技术秘密保护，而整体技术作为专利技术保护。❸这样可以避免技术被仿制、冒用，同时也可以借助专利法律的保护有效获得独占的收益。

---

❶周婷. 商业秘密与专利保护方式比较及其运用对策 [J]. 科技信息，2005（1）：291.
❷袁真富. 企业知识产权的发展模式 [J]. 知识产权，2006（4）：35.
❸转引自杨建锋. 技术公开与保密两难困境的选择——专利技术与专有技术价值风险分析与比较 [J]. 厦门科技，2004（2）.

由此可见，技术秘密与专利制度在企业的技术管理中起着举足轻重的作用，它们不仅可以作为技术成果的法律保护手段，更是企业经营策略和战略的重要组成部分，利用得当就会使企业受益，而不顾实际情况盲目选择，以寸之所短比尺之所长，就会丧失自身优势，在竞争中处于不利地位。实践中各种情况复杂多变，各种因素也交互缠绕，同时并存，企业往往要同时考虑技术本身，企业的短、长期计划，整个企业发展的战略等多层因素，选择最合适的方案，才能使相关技术在整个企业的发展中发挥的作用最大。

7.1.2 技术秘密转让合同的定义与特点

7.1.2.1 合同项下技术秘密的权利状态

对于技术秘密权，和商标权、专利权不同，它的权利不是来自国家的授权，而是仅仅依靠保密来维持秘密状态，目前国家也没有制定专门的法律来保护，只能依靠《民法通则》有关侵权的规定、《反不正当竞争法》《合同法》《刑法》等进行一般的保护。对于权利人来说，他人通过反向工程和独立开发出与技术秘密相同的技术成果，权利人是无法干涉的，只有权利人能够证明他人是以不正当手段获取他的技术秘密，法律对这种行为才进行规制。

技术秘密具有秘密性，除了原创人，包括知识产权行政主管部门在内的任何人都是无法知悉的，因此技术秘密权的原始取得无疑属于自动取得，是一种形成权，行为人在技术秘密形成的同时即成为权利人。关于权利人的技术秘密能否构成所有权，目前仍是一个有争议的问题。一种意见认为，所有权应是一种对世权，而技术秘密只能秘而不宣，而且存在不能对抗他人的可能（两个或多个技术秘密合法权利人同时存在），所以技术秘密不能成为所有权。另一种意见认为，从所有权的特征来看，是指人们对权利客体的占有、使用、收益、处分的权利，技术秘密权利人并不缺乏对这些权利的行使能力，因此技术秘密权就是所有权。因此，技术秘密不同于传统意义上的物权，也不能用源自物权的"所有权"这一概念来表述人们对技术秘密取得的权利，也不同于传统知识产权中的专利权、商标权，技术秘密权是基于人们对"技巧"或"诀窍"的价值观的逐步形成，在知识产权领域建立的一项全新的、带有专有性和垄断性的设定财产权。它的特殊性在于：技术秘密权利人对技术取得的专有权或垄断权，并非法律确认和保护的"法定专有权"，而仅仅是一种"事实专有权"，它是通过合法持有人

对技术的保密来实现的。❶

从技术秘密的性质特点来看，技术秘密本身的权利内容应该包括：身份权、保密权、使用权、收益权和处分权。身份权表示技术秘密开发者的脑力劳动与其身份相连而表现出的一种身份权利，比如在技术秘密文件上写明自己是开发人或发明人的权利；保密权就是指权利人有权对其技术秘密予以保护，有权对其进行秘密占有、控制和管理；技术秘密的使用权，其效力体现在两个方面：一方面权利人有权使用技术秘密；另一方面权利人有权要求非法取得技术秘密的人停止使用技术秘密。技术秘密是被权利人所控制的，权利人有权使用技术秘密。使用的方式主要有两种：使用作为方法的技术秘密和使用技术秘密制造产品。而处分权有权处置技术秘密，包括转让或者将其公布于众。❷

7.1.2.2 技术秘密转让合同

技术秘密转让合同，是指让与人将拥有的技术秘密成果提供给受让人，明确相互之间技术秘密成果使用权、转让权，受让人支付约定的使用费所订立的合同。任何拥有技术秘密的自然人、法人或者其他组织都可以作为技术秘密转让合同的让与人，与他人订立合同转让其技术秘密。任何自然人、法人或者其他组织都可以作为技术秘密转让合同的受让人，支付约定的使用费后实施该技术秘密成果。

7.1.2.3 技术秘密转让合同具有的特征❸

1. 技术秘密转让合同的标的物是一项未公开的技术方案

不能是单纯的信息和若干数据，而应构成一个具有实用价值的技术方案，并且该方案未公开。

2. 技术秘密成果应当具有实用性、可靠性

由于技术秘密转让合同的技术方案可以是处于不同研究开发阶段的技术成果，对实用性、可靠性应当作不同理解。对于已经完成商品化开发的技术秘密成果，应当保证它达到合同约定的技术标准。对于尚处于小试阶段、中试阶段的技术秘密成果，应保证重复实验时达到合同约定的技术指标。合同没有约定或者约定不明确的，按照《合同法》第 61 条不能达成协议的，应按本行业科技工作的一般要求处理。

应当特别注意的是，不能把对技术秘密的鉴定作为认定技术秘密的实

---

❶ 王三明. 浅析技术秘密的保护［EB/OL］.［访问日期不详］. http://www.cdmc.gov.cn/admin/xsyj/html/200542715114948.htm.

❷ 翁国民. 民营企业的技术秘密的保护［M］. 北京：经济科学出版社，2006：26—27.

❸ 孙邦清. 技术合同实务［M］. 北京：知识产权出版社，2005：159—160.

用性、可靠性的依据，也不能把鉴定作为技术秘密转让合同无效的依据。科技成果的鉴定仅仅是在一个法院认定技术秘密具有实用性的参考依据，或者说是一个参考证据而已，认定技术秘密成果的实用性还需根据合同的约定等其他情况来判断。

3. 技术秘密成果当事人采取保密措施的技术秘密范围与国家科学技术秘密是不同的

国家科学技术秘密在转让时必须遵守国家技术秘密保密的规定，经过有关主管部门的批准，办理必要的手续，采取相应的措施。

4. 技术秘密转让合同转让人对技术秘密成果享有独占权

由于合同标的具有秘密性质，所以技术秘密转让合同转让人对作为合同标的的技术秘密成果也就享有事实上的独占权，因此，在技术秘密转让合同中，一般也都包含独占实施许可、排他实施许可和普通实施许可的形式。

7.2 技术秘密转让合同主要条款

7.2.1 技术秘密转让合同的类型

我国没有专门法律对技术秘密进行调整，技术秘密权作为一项知识产权，从民法理论上可以将技术秘密纳入财产法来调整，允许权利人以赠予、有偿转让、进行投资、由他人继承等方式来处分，进行技术秘密财产权或使用权的转移。由于技术秘密权与专利权在性质上有重大区别，技术秘密是权利人自己行使的一种权利，所以它的转让与专利权的转让不同，不需要进行公示。因而技术秘密转让合同与专利转让合同也有重大区别。专利权的转让应该是将专利权作为一个整体转让，不应有地域、期限的限制，而技术秘密转让合同的双方当事人按照自己的需要，可以在合同中自由约定详细的权利、义务。比如可以约定转让人无权使用技术秘密；可约定转让人有权使用技术秘密；可以给受让人约定使用的范围和期限；可以约定受让人除自己使用外，还可约定受让人决定以后怎么处理这个权利，比如放弃、申请专利、分许可等。从这个意义上，技术秘密转让实际上只能是一种使用许可，而不是所有权的转让。❶

根据《合同法》第 347 条规定："技术秘密转让合同的让与人应当按照

---

❶ 张玲. 新合同法中有关技术合同的几个问题 [J]. 南开学报，1999（4）.

约定提供技术资料，进行技术指导，保证技术的实用性、可靠性，承担保密义务。"第 348 条规定："技术秘密转让合同的受让人应当按照约定使用技术，支付使用费，承担保密义务。"从这两条规定中可以看出，《合同法》中的"技术秘密转让合同"中的"转让"，指的不是技术秘密所有权的转让，而是具体界定为使用权的许可，合同当事人中让与人仅是"按照约定提供技术资料，进行技术指导，保证技术的实用性、可靠性，承担保密义务"，而无需转让技术秘密的所有权。也就是说，签订完转让合同后，他还是所有权人，还可继续使用他的技术成果。而合同的受让人则只能"按照约定使用技术"，支付的也是使用费。因此，在实践中，技术秘密转让合同名称为转让，实际为许可。根据《合同法》的规定，按照合同当事人约定转让方和受让方使用技术秘密形式的不同，可将技术秘密转让合同分为以下三类：

（1）除受让方可以使用该技术秘密外，转让方还可以许可他方使用标的技术秘密，其类似于普通专利实施许可合同；

（2）虽然转让方与受让方都可以使用该技术秘密进行生产经营活动，但转让方不得再向他方转让或提供标的技术秘密，其类似于排他专利实施许可合同；

（3）除受让方可以拥有、使用该技术秘密外，转让方不得向他方转让或提供并且自己也不得实施该技术秘密，其类似于独占专利实施许可合同。

实质上，技术转让合同中的"转让"一词同时包括所有权转让和实施许可两种含义，比如专利权转让合同和专利实施许可合同，合同名称用词本身非常明确，让人一目了然，不会产生歧义。但根据上文对《合同法》第 347 条、第 348 条的分析可知，"技术秘密转让合同"中的"转让"，指的不是技术秘密所有权的转让，而是具体界定为使用权的许可，无需转让技术秘密的所有权，这已经在学界引起过争论。在实践中，虽然希望得到先进技术的人，通常只想得到有关技术的使用权，但也不能绝对地否认有想得到技术所有权的。因此，在实践中还是存在着狭义上的积极秘密转让情形，包括权利人不再行使包括署名、使用、对外许可等权利的一次性卖断的技术秘密所有权转让合同。同时，技术秘密许可使用合同被许可人对于技术秘密的处置也存在着多种情形，比如申请专利、放弃、分许可、交叉许可等。所以，技术秘密转让合同的类型是个复杂的问题。法律上对于技术秘密的转让也有非常灵活的方式，比如《全国法院知识产权审判工作会议关于审理技术合同纠纷案件若干问题的纪要》第 51 条规定：根据《合同法》第 341 条的规定，当事人一方仅享有自己使用技术秘密的权利，但其不具备独立使用该技术秘密的条件，以普通使用许可的方式许可一个法人或者其他组织使用该技术秘密，或者与一个法人、其他组织或者自然人合作使用该技术秘密，或者通过技术入股与之联营使用该技术秘密，可以视为当事人自己使用技术秘密。因此，基于技术秘密权的私权的权利性质，本着合同自由的原则，技术秘密当事人可以就合同的类型和内容在法律的范围之内自由约定。

7.2.2　技术秘密转让合同必须约定的内容

7.2.2.1　技术秘密转让合同纠纷的常见表现形式

实践中，引起技术秘密转让合同纠纷的原因很多，纠纷的表现形式也很多，一般说来，主要有以下几种：

1. 技术秘密转让合同中违背保密条款的纠纷

保密条款在技术秘密转让合同中的重要性是显而易见的，也是合同中的重要条款，合同双方在合同签订前、履行中、终止后都有保密义务，在具体的操作过程中很复杂，所以，在这方面的纠纷也非常之多。

2. 因当事人签订技术秘密转让合同对所转让的技术规定模糊及内容约定不明确引起的纠纷

技术秘密转让合同所涉及的技术秘密具有很强的专业性，势必涉及大量的技术术语和专有名词，同时也涉及一些法律术语。若双方当事人在订立合同中没有准确地界定和理解，也没有准确的解释，引发的歧义也比较多，从而导致纠纷。因为订立合同是个很专业的事情，所以，此因素导致的纠纷也异常之多。❶

3. 转让合同履行过程中对于技术秘密应具备的性能或技术指标等约定不明确引发的纠纷

技术秘密转让合同双方应当对合同标的的技术要求，包括其技术特征、技术性能和应当达到的技术标准、指标与技术参数等在合同中订明，这是判断技术转让方是否履约和承担违约责任的基本依据。技术秘密可能是处于不同工业化、商业化开发阶段的技术成果，对于实用性、可靠性的判断可能难以有统一的国家标准或者行业标准，此时合同双方依靠的是合同约定的技术水平、技术指标、技术参数。所以，在这个方面发生的技术秘密转让合同纠纷也是比较多的。❷

❶栾兆安，周翔．商事合同签订指南与纠纷防范［M］．北京：中国法制出版社，2007：644.
❷栾兆安，周翔．商事合同签订指南与纠纷防范［M］．北京：中国法制出版社，2007：649.

4. 利用转让的技术所生产的产品，依法须经审批而未经审批时的技术秘密转让合同效力纠纷

根据《合同法》第 44 条规定，依法成立的合同，自成立时生效。法律、行政法规规定应当办理批准、登记等手续生效的，依照其规定。对于技术秘密转让合同来说，国家对于关系到人民生命安全的产品的质量监控比较严格，我国的一些行政法规和部门规章规定生产这些产品须经有关部门审批或者取得行政许可。在现实中，合同双方没有约定由哪一方来办理审批或许可手续和因没有办理审批而经常导致合同纠纷。❶

5. 技术秘密的权利归属纠纷，比如职务发明引起的合同主体不适格纠纷；在技术入股、合作开发、联营、再转让中的技术秘密转让纠纷

技术秘密可以进行股份投资、合作开发、联营、再转让，在此过程也伴随技术秘密转让问题，也经常导致纠纷。

6. 技术秘密转让合同中的迟延交付、定金、违约金纠纷

这个主要是合同条款设置的问题，因为迟延交付、定金、违约金约定不明而导致技术秘密转让合同纠纷。

7. 因损害国家利益、社会公共利益等导致合同无效纠纷，比如：非法垄断技术的技术秘密转让合同认定及其合同效力纠纷等

合同内容违反法律规定导致合同无效引起的纠纷，此条款对于责任的划分很重要。

【案例 1】关某某与孙某某技术秘密转让合同纠纷一案

【案情简介】2003 年 4 月 16 日孙某某（甲方）和××油库（乙方）签订了《技术转让协议书》，约定：1. 甲方将环保掺水型柴油添加剂配方及生产技术转让给乙方，乙方拥有该配方及生产技术的广东省内使用权。2. 使用本技术配方生产的产品属于新型产品，该技术是否成功必须经过市场实际使用的验证，验证期从本协议签订之日起 4 个月。协议签订后，甲方提供给乙方添加剂配方及生产技术，负责跟进购买全部原材料、指导生产、配制添加剂及掺水环保柴油产成品；乙方预付给甲方配方及技术转让费 30 万元。双方对合同履行过程中的权利义务做了详细的规定。

2003 年 5 月 14 日，关某某向孙某某支付转让费 30 万元。孙某某当日即向关某某以书面形式交付配方。关某某认为其未收到孙某某技术，遂提起诉讼。

---

❶栾兆安，周翔. 商事合同签订指南与纠纷防范［M］. 北京：中国法制出版，2007：660.

原告诉称：其未收到孙某某技术，孙某某只是到生产现场调配，产品并无继续生产，要求孙某某按合同约定退回转让费30万元并赔偿损失5162元，并承担诉讼费用。

被告辩称：收到转让费当日即向关某某以书面形式交付配方，自己未到关某某生产现场调配，而是关某某到孙某某供职单位广州××公司生产车间学习，学好后即回顺德生产。不同意退还技术转让费。

一审法院征询双方当事人意见是否需对孙某某转让的技术进行鉴定，双方均认为不需要。关某某还向一审法院申请财产保全，并预交保全费2020元。

一审法院认为：关某某、孙某某双方签订的《技术转让协议》合法有效，双方应按约履行该协议。虽然关某某否认收到该书面配方，但关某某主张因该配方影响到柴油质量导致购货单位的损失并提供多种证据以证明，即已承认其使用孙某某技术生产柴油，因此，对关某某称孙某某从未向其交付配方的主张，法院不予采信。虽然无法确认孙某某提交的检测结论是针对此案技术，但关某某亦未为其主张提供确切证据证明孙某某技术不合格，关某某提交的有关孙某某技术存在问题的证据均已超过双方合同约定的4个月的验证期。关某某亦不申请鉴定，法院认为关某某主张孙某某技术为不合格技术证据不足，关某某诉讼请求缺乏依据，法院不予支持。原审法院未同意关某某的财产保全申请，其预交的财产保全费应予退回。至于双方当事人是否解除合同及关某某是否立即停止使用孙某某技术的问题，不属此案诉争范围，不予处理。

一审判决：根据《合同法》第384条、《民事诉讼法》第64条第1款的规定，判决：驳回关某某的诉讼请求。此案案件受理费7087元由关某某负担，关某某预交的2020元财产保全费原审法院予以退回。

关某某不服一审判决，提起上诉。

原告上诉请求：请求撤销原审判决，支持关某某的一审诉讼请求，一、二审诉讼费由孙某某承担。理由是：一、一审判决认定事实不清，证据不足，孙某某转让的技术属于职务技术成果，其无权转让，转让权属于广州××公司，因此，双方签订的技术转让协议无效。二、一审判决遗漏诉讼主体，违反程序规定，广州××公司应当参加诉讼。三、孙某某的技术为不合格技术，孙某某有义务保证技术的可靠性、实用性，不受合同中4个月期限的限制。

被告答辩：同意一审判决，请求二审法院驳回关某某的上诉。

二审法院审理查明：原审法院查明的事实属实，双方当事人亦没有异议，本院予以认可。

另查明，本院二审审理期间，关某某向本院提交了佛山产品质量监督检验所出具的《检验报告》一份。本院二审审理期间，孙某某向本院提交了广州××公司出具的《证明》一份，关某某明确表示放弃《技术转让协议》无效的主张，认为《技术转让协议》有效，本院对此予以确认。2004年4月6日，关某某向广州市中级人民法院起诉孙某某。

【法院判决】二审法院认为：此案属于技术秘密转让合同纠纷。认定《技术转让协议》合法有效。

关某某对涉案技术进行了试用，而且，关某某主张因该配方影响到柴油质量导致购货单位的损失并提供多种证据以证明，并主张送交佛山产品质量监督检验所鉴定的送检样品是根据孙某某转让的技术生产出来的。上述事实足以证明关某某称孙某某从未向其交付配方的主张不能成立。二审期间，关某某也未就此问题提出上诉，因此，本院认定孙某某已经将涉案技术秘密配方交付关某某。

根据《合同法》，技术秘密可以是处于不同工业化、商业化开发阶段的技术成果，对于实用性、可靠性的判断难以有统一的国家标准或者行业标准，因此，判断技术秘密转让合同所涉技术秘密是否具有实用性、可靠性，应当根据合同约定的技术标准和验收标准确定。此案中，根据双方签订的《技术转让协议书》，关某某主张其在4个月的验证期内曾向孙某某提出过涉案技术秘密达不到合同约定要求，但未提交相应的证据。而且，关某某在一审期间提交的证据，亦无法证明孙某某转让的技术在验证期内不具有实用性。二审期间，关某某向本院提交的《检验报告》，由于关某某不能提供证据证明该《检验报告》中的送检样品是根据孙某某转让的技术生产出来的，而且，关某某是单方送检，未得到双方同意，因此，该份《检验报告》不能作为认定事实的证据，本院不予采信。由于关某某对自己的主张不能提供确切的证据予以支持，因此，关某某关于涉案技术秘密不具有实用性的主张不能成立，本院不予采信。

关于关某某向本院提交的鉴定申请是否应予采纳问题。原审法院审理期间，原审法院曾征求双方当事人是否需要对涉案技术进行鉴定，双方当事人均明确表示不需要技术鉴定，应视为双方当事人对申请鉴定权利的放弃。二审期间，关某某再向本院提出鉴定申请，没有法律依据，本院不予采纳。

二审法院判决：原审判决认定事实清楚，适用法律准确，诉讼程序合法，应予维持。关某某的上诉请求不能成立，应予驳回。依据《中华人民共和国民事诉讼法》第 153 条第 1 款第（一）项的规定，判决如下：

驳回上诉，维持原判。

二审案件受理费 7087 元由关某某负担。

本判决为终审判决。

【评析】此案属于典型的技术秘密转让合同纠纷，案情本身实际上很简单，但是从合同的签订、履行、产生纠纷，到一审，二审，最后终审判决，过程是非常复杂的。它把技术秘密转让合同的特征、签订、履行、纠纷、诉讼中的问题全面展现出来。就纠纷类型来说，它不能归属于上面罗列的某一种类型，是多种纠纷类型的聚合。有职务发明引起的合同主体不适格的权利归属问题；转让合同履行过程中对于技术秘密应具备的性能或技术指标等约定不明确的问题；合同效力认定问题；合同履行原则问题；诉讼过程中证据提交、权属证明、技术鉴定效力认证等程序性问题等。从这个案件可以看出，技术秘密转让合同复杂性的特点表现为表述难、定价难、履约难，因此，技术秘密转让合同自签订到履行是复杂而艰巨的。技术秘密转让合同纠纷本身反映出来技术秘密的特点，其技术的秘密状态导致其技术标准的不确定性，因其技术标准的不确定性导致其可靠性和实用性的鉴定难度，因此也给合同受让人带来相应的风险，给这种形式的技术转移带来很多难题。比如：由于技术出让方熟悉自己出售的技术秘密，比较熟悉技术贸易的有关程序、特点和法律、法规，所以，由技术秘密出让方形成的文字合同，不可避免地在某些内容上有利于技术秘密出让方，而对技术秘密受让方的利益考虑不周，或者体现不明确。作为技术秘密受让方，应熟悉自己所需要的技术秘密，仔细推敲技术合同的各个条款及细节，以免留下隐患。因此，任何一个转让技术秘密或者经营技术秘密资源的主体，除了必须充分了解对手、掌握谈判技巧等技能之外，更重要的是对于技术秘密转移的认识必须是全面、客观、充分的，包括技术秘密本身的特性；规制技术秘密转让合同的相应的法律资源；技术秘密转让合同特点的文本选择、条款设置；技术秘密转让合同的签订、履行、终止的各种情形；技术秘密转让合同纠纷的常见类型和诉讼的特点等。否则，在技术秘密转让的运作过程中必然会受到很大的制约。

7.2.2.2 技术秘密转让合同的主要条款设置及注意事项❶❷

签约人：技术秘密转让双方在签订合同时，双方的名称及其住址必须具体、确定，否则，就会导致合同的无法履行，或者导致一方履行后却无法要求另一方进行相应的履行。若为自然人的，其姓名应当以合法有效的身份证件或者户口簿所载明的为准，若为法人或其他组织的，名称应以国家有关部门所登记、注册的全称为准。简称或变更后未经登记的名称不宜作为订立合同时的名称。同时，要载明法定代表人或者负责人的姓名以及项目联系人的姓名、通讯地址、电话、传真、电子信箱等联系方式。

前　言

本部分为正式合同文本的序言，说明了双方订立技术秘密转让合同所遵循的原则，并说明双方订立合同的性质，即技术秘密转让合同及其表述即所转让的技术秘密的名称。

第一条　合同术语定义

例如：技术秘密、合同产品、考核产品、技术资料、补充技术、改进技术、净销售额等。

这一条款把整个合同的核心内容，而且是最容易引发争议和歧义的部分予以明确，可以明确各方责任，减少不必要的隐患，特别是合同产品、考核产品。改进技术等在技术秘密转让合同中是特有的变化中的因素，合同双方在签订时对此认识要达成一致。

第二条　合同的种类、内容、范围

合同转让双方的技术秘密的内容必须明确、具体、具有转让的价值。合同种类的定性决定了合同的履行中双方权利义务的界定。独占转让、排他转让还是普通转让，要明确规定。在技术秘密的内容的规定中，要明确使用权（受让人使用技术秘密的权利）和转让权（技术秘密持有者通过技术合同转让该项技术秘密的权利）。同时要明确规定其标的不包括保护专利技术、专利申请权、已申请专利但尚未被授予专利权的技术成果以及其他已经公开的技术。

当事人可在本条款中约定，在何地区范围内以何种方式使用该技术秘密。技术秘密的转让期限是指受让人依据合同有权使用该技术秘密的期间，双方当事人必须在合同中对此作出明确的规定。

---

❶孙邦清．技术合同实务［M］．北京：知识产权出版社，2005：138．
❷栾兆安，周翔．商事合同签订指南与纠纷防范［M］．北京：中国法制出版社，2007：629－640．

第三条　本合同生效前实施或转让本项技术的状况

技术秘密转让合同签订的目的，是受让方为了获得技术秘密的使用权或转让权。在双方签订合同之前，转让方对技术秘密的实施情况以及许可他人实施的情况，对评估该技术秘密的价款、受让方受让该技术秘密后的权利使用以及利益预期有直接的影响。因此，双方在签订时应明确：在技术秘密转让合同中，双方当事人应当对转让方在本合同生效前实施本项技术秘密的状况（时间、地点、方式和规模）和转让他人使用本项技术秘密的状况（时间、地点、方式和规模）。

第四条　费用：入门费、提成费、计算方法

受让人的基本义务就是按照合同约定的时间、方式、数额向让与人支付约定的技术秘密使用费。因此，合同双方当事人应当在合同中对受让方实施该技术秘密的使用费的数额及方式作出明确的规定。特别是入门费、提成费和它们的计算方法必须明确。

第五条　支付条件和支付方法

《合同法》第325条规定，技术合同价款、报酬或者使用费的支付方式由当事人约定，可以采取一次总算、一次总付或者一次总算、分期支付，也可以采取提成支付或者提成支付附加预付入门费的方式。约定提成支付的，可以按照产品价格、实施专利和使用技术秘密后新增的产值、利润或者产品销售额的一定比例提成，也可以按照约定的其他方式计算。提成支付的比例可以采取固定比例、逐年递增比例或者逐年递减比例。当事人可以在技术合同中约定采取如下方式支付价款、报酬和使用费：

（1）一次总算、一次总付：这种方式是技术合同的一方当事人在合同成立后，将合同约定的全部价款、报酬或者使用费向另一方当事人一次付清。

（2）一次总算、分期支付：这种方式是技术合同的当事人将技术合同的价款、报酬、使用费在合同中一次算清，一方当事人在合同成立后，分几次付清合同约定的价款、报酬或者使用费。

（3）提成支付：这种方式是技术合同的一方当事人在接受技术成果或者其他智力劳动标的后，从付诸实施所获得的收益中，按照约定的比例提取部分收入交付另一方当事人作为技术合同的价款、报酬或者使用费。由于这种支付方式存在着计算、监督、检查复杂等问题，因此，当事人应当在合同中约定查阅有关会计账目的办法。

（4）提成支付附加预付入门费。这种方式是指接受技术的技术合同的一方当事人在合同成立后或者在取得技术成果后先向另一方当事人支付部分价款、报酬或者使用费（称为入门费或初付费），其余部分按照合同约定的比例提成，并按照合同约定的时间支付。

为了便于支付使用费，可以在合同中将出让方的开户银行名称、地址和账号在合同中载明。

第六条　技术资料的交付

此条款应写明合同分期履行的具体操作步骤。合同当事人对于合同的履行过程中的各自权利义务在风险对等的情况下约定清楚。对于让与方的技术资料的交付要明确规定。具体包括技术秘密转让应当提交的技术情报、资料，包括工艺设计、技术报告、工艺配方、文件图纸等有关内容。这些技术资料应该是能体现合同标的的技术指标、参数及技术水平、性能的资料，以及有关辅助性材料。当事人还应该明确约定有关情报、资料提交的具体时间、地点、提交方式，还可约定提交有关资料的清单、份数，以备查验。同时，对于一些细节问题，比如技术资料在邮寄中有丢失、损坏、短缺等情况下的责任承担等；每包（箱）技术资料的包装封面内容和写法；技术资料包（箱）的具体内容要约定清楚。

第七条　后续技术的修改和改进

后续改进是指在转让合同有效期内，一方或双方对作为合同标的的专利技术或者非专利技术成果所作的革新和改进。根据《合同法》第343条技术合同不得限制技术发展与技术竞争的规定，合同双方都有权作后续改进。当事人应就后续改进的分享作出约定。《合同法》第354条规定，当事人可以按照互利原则，在技术转让合同中约定实施专利、使用技术秘密后续改进的技术成果的分享办法。没有约定或者约定不明确的，可以由当事人协议补充；不能达成补充协议的，按照合同的有关条款或者交易习惯确定；仍然不能确定的，任何一方都无权分享另一方后续改进的技术成果。就技术秘密来说，双方要约定转让方的修改和改进的义务；双方对合同产品的任何改进和发展，都有通知对方的义务；未经转让方确认的技术资料，受让方保证不先实施于合同产品的义务；双方共同进行合作开发所产生的改进和发展技术的所有权归属；双方所取得的任何改进和发展技术·优先使用权规定等事项。

第八条　考核、验收、技术指导

受让方对实施本项技术秘密、对让与方提供的技术服务和技术指导进行验收及接受验收合格的技术秘密及技术服务和技术指导是其享有的合同权利。验收的目的在于检验让与方许可实施本项技术秘密、提供技术服务和技术指导是否符合双方约定的技术指标，是否达到双方约定的技术标准，是否具备实施的技术性能。进行验收必须通过一定的验收方式，对此最好在合同中作出约定。可以委托技术鉴定部门或组织专家组进行鉴定，也可以约定由受让方单方调试、检测并经签字确认视为通过验收。不管采用何种方式验收，验收的标准均以合同约定的技术标准、技术指标和参数、技术性能以及技术服务和指导标准为依据，经验收合格应当出具验收证明。在实践中，有的技术要经过多次验收，因此，在合同条款中要写清考核人员、考核办法、考核结果、第一次、第二次、第三次考核不合格处理办法和责任承担等事项。

具体来说，在此条款中应当写明所转让技术的项目名称，所涉及的技术领域、行业，所转让技术的性能，达到的有关技术指标等内容。同时，对于技术秘密的工业化开发程度也要明确，就是指技术秘密的技术成熟度、使用程度、经济效益、预计年产量、预计年产值、设备的生产能力等内容。该技术秘密应能够在合同约定的范围和领域内应用，可以达到约定的技术经济指标。

在技术秘密转让合同中，让与人不仅应当按照约定转让技术秘密，而且有为受让人实施该技术秘密提供必要的技术指导的义务。在技术秘密转让后的使用以及实施过程中，当事人一方就另一方提供的技术设备、技术资料、配方等技术内容，要求进行必要的技术指导、培训、交流、现场操作及解决实施技术过程中出现的问题，以保障技术秘密顺利实施和应用。当然，指导方式是多种的，如传授技术、解答有关实施合同技术的问题、派出技术人员现场进行技术指导和服务、负责培训等。因此，需在本条款约定技术指导的有关内容。

第九条　保证和索赔

本条款是合同双方对于己方义务而向对方作出的具有合同法效力的承诺。

让与方的保证义务是所提供的技术资料是其实际使用的最新的、完整的、正确的技术资料，并保证在合同有效期内及时免费向受让方提供任何改进和发展技术的资料；以及延迟交付技术资料的责任承担。同时，让与人还要保证自己是所提供的技术秘密的合法拥有者，不得侵害他人的专利权。为了保证受让方的正当权益和防止因让与方侵犯他人知识产权所带来的风险，双方在合同中可以约定，让与方应当保证其转让的技术秘密不侵犯任何第三人的合法权益，否则，承担相应的责任。

受让方的保证义务是在合同有效期内充分实施该技术秘密，并严格按照让与方提供的技术资料和技术指导操作；后续改进和发展技术，将及时告知及分享；按时支付使用费，如超过规定的期限，则应在规定期限内补交使用费等。

第十条　侵权和保密

保守技术秘密是指技术转让合同中，当事人双方就特定技术情报和资料的秘密不得向他人泄露的保证。保守技术秘密一般由双方当事人在技术转让合同订立阶段就特定技术资料和情报的保密等内容事前达成协议。双方应约定，合同即使未生效、被撤销或者宣告无效，以及合同被解除或者终止，合同的保密条款仍有效。根据《合同法》的规定，技术秘密转让合同的受让人、转让人应承担保密义务；技术秘密转让合同的受让人应当按照约定的范围和期限，对转让人提供的技术中尚未公开的秘密部分承担保密的义务。

技术秘密实现其价值的重要方式之一就是进行技术秘密使用许可。在签订许可合同时，从理论上讲，技术秘密每经一次许可，失密的风险就会加大，尤其是国际技术许可贸易合同，保密条款无疑是合同的一个重要部分。所以，转让方在设置条款时，应当包括保密的范围和内容、保密办法、保密期限、失密责任等。

据此，技术保密协议一般包括以下内容：

（1）保密范围：即对当事人双方以外多大范围的人们进行保密。

（2）保密内容：即需保密的技术情报和资料。

（3）保密办法：即具体的保密措施。

（4）保密期限：即保密条款的有效期限。一般情况下技术秘密的保密性不受期限限制，只要该技术未被公开，无论合同期限是否已经届满，都应当继续承担保密义务。保密期限是对保密义务的特别约定。若在合同保密期限内技术被合法公开，受让人不再单方面承担保密义务。

（5）违反保密的责任等。根据《合同法》第351条的规定，双方当事人在订立转让合同时应当确定违反保密义务的责任。使用技术秘密超越约定的范围的，应当停止违约行为，承担违约责任；违反约定保密义务的，应当承担违约责任。使用技术秘密的范围，包括使用技术秘密的期限、地域、方式以及接触技术秘密的人员等。这里有一个情况要注意，技术秘密转让合同让与人承担的保密义务中不限制其申请专利，但当事人约定让与人不得申请专利的除外。

第十一条 争议的解决

本条款双方约定争议解决的方式，以及在解决争议过程中合同应该如何履行。

第十二条 不可抗力

不可抗力是合同签订的重要内容，双方应该约定，合同有效期内由于战争、严重水灾、火灾、台风和地震及其他双方同意的不可抗力事故后通知对方的方式、合同的继续履行等事项。

第十三条 合同的生效、终止及其他

合同双方要约定合同生效要件（如签字、盖章等）、合同有效期、合同是否延期、期满时双方发生的未了债权和债务处理、合同附件效力，合同各条款及附件的任何变更、修改和增减的效力等事项；

同时，关于限制性条款也是必要考虑的内容，所谓限制性条款，即在技术秘密转让合同中，约定转让人或者受让人使用技术秘密范围的条款。合理的限制性条款受法律保护。由于技术秘密转让合同是一种许可合同，即技术的所有者允许对方当事人使用其技术秘密的合同，因此，当事人双方有权根据实际情况来确定合同的性质，从而约定双方使用该技术秘密的范围与程度。如分许可合同，受让人有权许可他人使用该技术秘密；而独占许可合同，转让人不但不能再许可他人使用该技术秘密，甚至自身也不能再使用该技术秘密。

订立这类条款应当注意，根据《合同法》第343条之规定，技术转让合同可以约定转让人和受让人使用技术秘密的范围，但不得限制技术竞争和技术发展。不得使用欺诈、乘人之危等手段订立这类条款。

其他相关事项：补充材料、附件，签名盖章等。

需要注意的是，签名盖章事项中，当事人为公民的，应当签署其身份证件中所载明的姓名；若为法人的，除公章之外，还需法定代表人、负责人加盖个人名章或个人签名。双方当事人应当在合同中载明签约时间。

7.2.3　技术秘密转让合同参考文本❶

技术秘密转让合同

本合同于＿＿＿＿＿＿＿＿年＿＿＿＿＿月＿＿＿＿日签订

受让人＿＿＿＿＿＿＿＿（以下简称甲方）

地址＿＿＿＿＿＿电话＿＿＿＿＿开户银行＿＿＿＿＿账号＿＿＿＿＿＿＿

让与人＿＿＿＿＿（以下简称乙方）

地址＿＿＿＿电话＿＿＿＿开户银行＿＿＿＿账号＿＿＿＿

前言：鉴于：乙方持有设计、制造、安装以及销售的技术秘密，并有权向甲方许可上述技术秘密；

甲方愿意利用上述技术秘密设计、制造、安装并销售合同产品，但不单售零部件。

双方通过充分协商达成如下协议：

第一条　定义

1.1　除非本合同中下文另有明确规定的含义，用于本合同下列术语定义为：

A. 技术秘密：指设计、制造、安装及销售合同产品所需的一切技术知识和经验，以及一切与之相关的秘密技术资料和技能技巧，包括已申请专利部分和未申请专利部分的一切所需资料。

B. 合同产品：指甲方根据乙方的技术秘密设计、制造的产品。详见本合同附件一。

C. 考核产品：指甲方根据乙方许可的技术所设计、制造，并按本合同附件五的规定进行考核验收的各型号的第一批中的任一合同产品。

D. 技术资料：指附件二中所列乙方用于设计、制造、安装、维修和销售合同产品技术资料、图纸、技术数据以及乙方现有的一切有关的其他资料。详见本合同附件二。

E. 补充技术：指本合同有效期内由乙方进一步开发的与设计、制造、安装及维修合同产品有关的技术。

F. 改进技术：指在本合同有效期内由甲方开发的，对本合同产品的设计、制造、安装和维修技术作出的改进。

---

❶孙邦清．技术合同实务［M］．北京：知识产权出版社，2005：163—168．

G. 净销售额：指从合同产品的总销售价中扣除运输费、包装费、保管费和保险费后所剩的金额数。

第二条 合同的种类、内容和范围

2.1 本合同为_____。甲方无权将该技术秘密透露或许可给任何第三方。

2.2 乙方同意甲方享有在_____厂设计、制造合同产品的权利及在除港、澳、台之外的中国境内使用、维修和销售合同产品的权利。销售权不包括单售零部件。

2.3 甲方承担义务不向国外及港、澳、台出售合同产品及零部件，如有违约，则应承担由此而产生的一切法律和经济责任。

2.4 乙方有责任向甲方提供所有有关的技术秘密资料，其具体内容和交付时间详见本合同附件二。

2.5 乙方有责任对甲方的技术人员进行培训和技术指导，使甲方技术人员尽快掌握上述技术，具体要求详见本合同附件三。

2.6 乙方将派遣技术人员赴甲方工厂进行技术服务，具体要求详见本合同附件四。

2.7 乙方授予甲方使用乙方商标的权利，合同产品的商标如下：

_____

_____

第三条 本合同生效前实施或转让本项技术的状况

乙方在本合同生效前实施或者转让本项技术秘密的状况如下：_____

第四条 费用

4.1 入门费：甲方须向乙方支付入门费_____元。该入门费包括资料交付前的费用及甲方应向乙方支付的各种技术服务和培训费。

4.2 提成费：从本合同生效之日起3年内，甲方每销售一台合同产品，乙方从中提取使用费_____元。

4.3 从本合同生效之日起3年内，甲方向乙方支付使用费的计算方法为：第一年最低提成合同产品的数量为_____台；第二年最低提成合同产品的数量为_____台；第三年最低提成合同产品的数量为_____台。

4.4 从本合同生效之日起满3年后的第四个年度算起，甲方向乙方支付每台合同产品净销售额的_____%作为使用费。

第五条 支付条件和支付方式

5.1 甲方向乙方支付本合同规定的一切费用，均以人民币转账支付。

5.2 入门费_____元按下列方式和比例由甲方支付给乙方。

A. 合同生效后 7 日由甲方将入门费的 20％即_____元支付给乙方。

B. 甲方收到乙方提供的附件二中所规定的第一批技术资料后 3 日内，将入门费的 50％即_____元支付给乙方。

C. 甲方收到乙方提供的附件二中所规定的最后一批技术资料后 3 日内，支付入门费中其余 30％即_____元。

5.3 根据本合同第 7 条第 2 款规定，考核产品验收后，从合同生效之日起 3 年内，甲方按以下要求支付使用费。

A. 每年 12 月 31 日后的 15 天内，甲方将上一年度合同产品的实际销售量和销售价通知乙方。

B. 甲方在收到乙方的单据后 15 天之内向乙方支付使用费。

5.4 在合同生效满 3 年后，第四年度开始，按下列要求支付使用费。

A. 在每一年度 12 月 31 日后的 15 天内，甲方将上一年度合同产品的实际销售量和销售价通知乙方。

B. 甲方在收到乙方对销售量和销售价的确认书以及该年度使用费计算书后 15 天内，向乙方支付使用费。

第六条 技术资料的交付

6.1 乙方应按本合同附件二规定的技术资料交付时间和内容，通过邮局将资料挂号寄给甲方。

6.2 甲方所在地所属邮局的落地印戳日期为技术资料的实际交付日期。甲方在收到资料后 7 天内须将收到单据复印件寄给乙方。

6.3 乙方在技术资料寄出后 48 小时之后，须将合同号、寄出资料的挂号单复印件、资料目录清单、件数用挂号信通知甲方。

6.4 如技术资料在邮寄中有丢失、损坏、短缺等现象，乙方应在收到甲方的书面通知后 15 天内，再次免费补寄给甲方。

6.5 每包（箱）技术资料的包装封面上应写明：

A. 合同号；

B. 收货人；

C. 目的地；

D. 件号、箱号

6.6 技术资料包（箱）内须附详细的技术资料清单二份，标明序号、文件代号、名称和号码。

第七条 技术资料的修改和改进

7.1 乙方提供的技术资料，如有不适合甲方实际生产条件的，在不影响合同产品性能的原则下，乙方有义务协助甲方修改技术资料，并加以确认。具体要求详见本合同附件六。

7.2 在本合同有效期内，双方对合同产品的任何改进和发展，都有义务及时通知对方，免费把改进和发展的技术资料提交给对方，并向对方提供改进发展技术的处理意见，但其所有权属于提供技术的一方。

7.3 未经乙方确认的技术资料，甲方保证不先实施于合同产品。

7.4 在本合同有效期内，凡属甲乙双方共同进行合作开发所产生的改进和发展技术，其所有权归双方共有。

7.5 甲乙双方对双方所取得的任何改进和发展技术，都享有优先使用权，所有方应提供各种帮助，使对方顺利实施其改进和发展技术，但如果没有得到所有方的同意，另一方不得擅自向任何第三方泄露改进和发展技术。

第八条 考核与验收

8.1 为验证乙方在技术资料的正确性、可靠性和考核甲方生产合同产品的能力，由甲方和乙方技术人员共同在甲方工厂对合同产品进行考核验收，具体办法详见合同附件五。

8.2 经考核，合同产品的技术参数和性能如符合乙方提出的要求，双方应共同签署合同产品考核验收合格证书一式二份，双方各执一份。

8.3 如考核产品的技术性能达不到合同规定的技术指标，双方应友好协商，共同研究分析原因，采取措施消除缺陷后进行第二次性能考核。考核合格，按7.2条规定，双方签署合格证书。

8.4 第二次考核仍不合格，如系乙方责任，例如提供技术资料、培训、技术服务不正确等原因，乙方应承担第二次考核的全部费用，并且自费派人参加第三次考核；如系甲方责任，则由甲方承担第二次考核的全部费用，并承担乙方技术人员参加第三次考核的全部费用。

8.5 第三次考核合格，合同产品按7.5条规定签署合格证书，仍不合格，则双方应协商研究本合同进一步执行的具体问题。

第九条 保证和索赔

9.1 乙方保证乙方是所提供的技术资料合法的拥有者，任何第三人对此技术都没有权利要求。同时，本项技术是实际使用的最新的、完整的、正确的技术资料，并保证按时提供。

9.2 乙方保证在本合同有效期内及时免费向甲方提供任何改进和发展

技术资料。

9.3　乙方如果迟交技术资料超过 6 个月，甲方有权终止合同。

9.4　甲方保证在本合同有效期内充分实施该技术秘密，并严格按照乙方提供的技术资料和技术指导操作。

9.5　甲方保证对在本合同有效期内所实行的任何改进和发展技术，都将免费、及时地提供给乙方。

9.6　甲方保证按照本合同第 4 条和第 5 条的规定，按时支付使用费。如超过规定的期限，则应在规定期满后的 15 天内补交使用费，并加 10％的利息。

9.7　甲方保证，未经乙方同意，不将乙方提供的任何图纸和技术资料用于实施本合同之外的其他目的。

第十条　侵权和保密

10.1　乙方保证是合同所述技术秘密和技术资料的合法所有者，并有权向甲方转让。如果发生第三方指控，乙方负责与第三方交涉并承担法律上和经济上的全部责任。如果第三方直接指控甲方，甲方应立即通知乙方，仍由乙方出面交涉并承担法律上和经济上的全部责任。

10.2　甲方同意在本合同有效期内，对与乙方向甲方提供的技术秘密相关的一切技术资料、图纸予以保密。未经乙方同意，不得将上述技术秘密及有关资料泄密。未经乙方同意，不得将上述技术秘密及有关资料泄密给任何第三方。同时还保证采取措施防止任何泄密情况发生。

10.3　如果甲方发生泄密情况，乙方有权根据泄密的范围和程度要求对方赔偿损失。

10.4　如果上述技术秘密的部分或全部由乙方或第三方公开，则甲方对已公开部分将不再承担保密义务。在本合同履行过程中，因本项技术秘密已经由他人公开（以专利权方式公开的除外），一方应在_____日内通知另一方解除合同，逾期未通知并致使另一方产生损失的，另一方有权予以赔偿。若是乙方将本项技术秘密申请专利或以其他方式公开的，应当征得甲方同意；乙方就本项技术秘密申请专利并取得专利权的，甲方依本合同有继续使用的权利。

第十一条　争议的解决

11.1　因执行本合同所发生的或与本合同有关的一切争议，均应由双方通过友好协商解决。协商不成的，报请专利局（处）调处，调处费由双方均摊。

11.2 调处不成的，任何一方均可向人民法院起诉，诉讼费由败诉方负担。

11.3 除了进行调处或诉讼的部分外，本合同的其余部分应继续执行。

第十二条 不可抗力

12.1 在本合同有效期内，签约双方中的任何一方由于战争、严重水灾、火灾、台风和地震及其他双方同意的不可抗力事故而影响合同执行时，则延长履行合同的期限，延长期相当于事故所影响的时间。

12.2 遭遇不可抗力的一方应于事故发生之日起5天内，用传真或信件通知对方，并于15天内将有关部门出具的关于该事故的证明文件用挂号信提交对方确认。

12.3 任何一方都无权以上述事故为理由终止合同，也无权向另一方提出因此而不能履行或不能完全履行或推迟履行的损失赔偿要求。

12.4 如不可抗力事故延续到120天以上时，双方应在事故解除之日起15天内通过友好协商解决继续执行合同的问题，逾期不能达成协议，本合同自动解除。

第十三条 合同的生效、终止及其他

13.1 本合同由双方代表签字、盖章后生效。

13.2 本合同有效期从生效之日算起为_____年。有效期满后，本合同自动失效。

13.3 根据双方中任何一方提议，本合同可按双方满意的条件延期，并在本合同期满前6个月进行商谈。

13.4 在本合同有效期内，甲方会计人员对合同产品的销售情况要单立账簿，在每台（批）合同产品的销售单据上，应对1.10款中所列的各项支出分别列项。对没有分别列项或项目不全的单据，将被视为已经扣除上述各项支出计算的单据。

13.5 本合同期满时，双方发生的未了债权和债务，不受本合同期满的影响。债务人应向债权人继续偿付未了债务。

13.6 本合同期满之日前甲方已经完成制造或接近完成制造的合同产品，应视为已销售的合同产品，并按规定支付使用费。

13.7 本合同一式_____份，具有同等法律效力。本合同附件一至六为本合同不可分割的组成部分，与本合同正文具有同等效力。

13.8 对本合同各条款及附件的任何变更、修改和增减，须经双方友好协商，由授权代表签署书面文件，作为本合同的组成部分，具有同等效力。

13.9 本合同受《中华人民共和国民法通则》《中华人民共和国合同法》约束。

签订合同双方：

甲方：（签章）   乙方：（签章）

代表人：（签字）   代表人：（签字）

附件一：合同产品品种、规格（略）

附件二：技术资料清单（略）

附件三：技术培训（略）

附件四：技术服务（略）

附件五：验收标准及办法（略）

附件六：技术资料的修改及确认（略）

7.3 技术秘密转让合同的签订

在订立技术秘密转让合同时，首先要遵守《民法通则》和《合同法》的基本原则，双方当事人要遵守法律、法规，自愿、公平、平等、诚实信用，维护社会公德，尊重社会秩序等。对于技术合同来说，还要有利于科学技术进步，促进科技成果转化应用推广，不得约定非法垄断技术、妨碍技术进步的限制性条款。当事人要根据相关法律和交易习惯，在法律范围内，注意审查对方当事人资格、合同类型、合同的内容、合同订立中的意思表示及合同订立的程序等内容。

7.3.1 合同签订前的前期准备

7.3.1.1 技术秘密的前期评估

技术秘密转让合同转让的标的是技术秘密，所以，对于这个合同来说，在合同前的准备有两项，一个是合同的标的，一个是合同的主体。对于技术秘密来说，第一个需要注意的问题就是怎样认定它的可靠性、实用价值。这两个方面也决定了技术秘密的未来的商业价值。所以，正确把握技术秘密的状态，商业价值、保密难度、反向工程的难易程度都是必须考虑之因素。同时，实践中，合同签订前期，转让方在技术资料中往往使用一些类似于广告的宣传性词来描述其技术效果。而作为技术的受让方容易被这些词语所吸引。对于受让方来说，这些描述性语言是模糊的、不确定的，是不能作为技术的成熟性、可靠性、实用性的标准的。

7.3.1.2 合同主体的前期调查

但实际上，正是因为技术秘密的自身特性，技术秘密能否保持它的秘密性，除了考察它自身的特性外，其主要危险来自合同当事人。所以，在签订之前，合同双方对于对方的经营能力、诚信度、保密能力应该有一个粗略的评估。因为，一旦合同双方开始接触谈判协商，就意味着技术秘密面临着风险。在实践中，在技术秘密转让合同的谈判磋商中，受让方违反合同义务披露技术秘密或者因保密能力不强而致使技术秘密泄密的事情经常发生。

7.3.2 合同的签订

对于合同双方来说，技术秘密转让合同条款的科学设置和双方权利义务的合理设置是个关键，双方各有一些需要注意的事情：

7.3.2.1 技术秘密转让合同的签订，受让人应明确的问题❶

(1) 技术秘密转让合同的受让人应当约定转让人对该技术秘密承担保密义务，否则一旦该技术秘密公开，受让人得到的技术秘密将失去其意义。

(2) 受让人签订合同时，一定要弄清权利归属，要注意：职务技术成果作为技术秘密转让合同标的时，转让人应当是单位；发明人不得转让属于职务技术成果的技术秘密；离休、退休专业技术人员，停薪留职人员，对于原单位明确要求不对外提供或者转让的技术秘密，未经原单位同意，不得私自转让或者提供该技术秘密；国家机关工作人员以个人的名义订立技术合同、取得报酬的，应经所在机关批准。

(3) 根据《最高人民法院关于审理技术合同纠纷案件适用法律若干问题的解释》第 29 条规定，《合同法》第 347 条规定，技术秘密转让合同让与人承担的"保密义务"，不限制其申请专利，但当事人约定让与人不得申请专利的除外。从这个规定可以看出，这里的技术秘密转让合同，实质上为技术秘密许可使用合同，因为如果是技术秘密所有权被转让的情形下，继续承担保密义务的是转让方，但是已不存在其再申请专利的可能。据此规定，专利申请提出以后、公开之前，当事人之间就申请专利的发明创造所签订的合同，如果是技术秘密转让合同，原则上受让人应承担保密义务，并不得有妨碍转让人申请专利的行为；当然，当事人可以例外约定。在此

❶孙邦清. 技术合同实务 [M]. 北京：知识产权出版社，2005：161—162.

期间，还有一个特别规定，就是《专利法》第 24 条规定："申请专利的发明创造在申请日以前 6 个月内，有下列情形之一的，不丧失新颖性：……（三）他人未经申请人同意而泄露其内容的。"这里的发明创造对于合同双方来说就是技术秘密，他人未经申请人同意而泄露其内容的，即他人违反申请人本意的公开。他人未经申请人同意泄露其发明创造的内容的方式可以包括：他人未遵守明示的或者默示的保密义务而将申请人的发明创造的内容公开；他人用威胁、欺诈、偷盗、间谍活动等不正当手段从发明人或者经他人告诉而得知发明创造内容的任何其他人那里得知发明创造的内容而后公开。这两种情况的公开都是违反申请人本意的，是非法的公开。公开可能对专利的申请没有太大的影响，但是不能排除因此泄密而造成各种损失。因此，技术秘密转让合同双方当事人可据此约定，不管哪一方将技术秘密申请专利期间，均负有保密义务，双方可在合同中设置相应的保密条款，并对泄密造成的损失和其他纠纷而产生的责任进行约定。

而专利申请公开以后批准之前订立的技术秘密转让合同，申请人（转让人）要求实施其发明的单位或个人支付适当的费用，可依照《合同法》第 345 条规定，专利实施许可合同的让与人应当按照约定许可受让人实施专利，交付实施专利有关的技术资料，提供必要的技术指导，同时，根据第 346 条规定，专利实施许可合同的受让人应当按照约定实施专利，不得许可约定以外的第三人实施该专利；并按照约定支付使用费，确定合同当事人的权利义务；专利申请被批准以后，技术秘密转让合同当事人所签订的技术秘密转让合同转为专利实施许可合同；专利申请被公开驳回，技术秘密转让合同效力终止，但是，经双方当事人协商，可改为技术服务合同，当事人双方的保密义务亦终止。

（4）对于技术秘密的状态，受让方要搞清下列情况：在明知或应知下述侵犯技术秘密的行为时，不应签订技术秘密转让合同，获取或使用该技术秘密，否则将构成侵权。

①以盗窃、利诱、胁迫或者其他不正当竞争手段获取权利人的技术秘密；

②披露、使用或者允许他人使用以前项手段获取的权利人的技术秘密；

③违反约定或者违反权利人有关保守技术秘密的要求，披露、使用或者允许他人使用其所掌握的技术秘密；第三人明知或者应知前款所列违法行为，获取、使用或者披露他人的商业秘密。

（5）在技术秘密转让合同中，充分了解技术标的的成熟性和稳定性，该项转让是否能转化为生产力，作为标的的技术秘密必须具有特定的完整的技术内容。所形成的技术方案不是抽象的理论，而是有特定的技术目标、特定功能和特定的适用范围，并且为合同当事人所掌握的现有的技术成果。正在开发的、未被人掌握的、专利期届满的技术、属于社会公知的技术不能成为技术秘密合同的标的。因此，在对技术秘密的实用性、可靠性进行评估时，一般认为，不能以产品技术等个别因素来衡量，最好聘请专业机构和人员进行全面鉴定，当事人可以在合同中约定一个双方都可以接受的检验方法，在发生纠纷时，可以迅速解决。

7.3.2.2 签订技术秘密转让合同，转让人应注意的事项

对于转让人来说，如何预防技术秘密转让合同中技术秘密的泄露是其最应该注意的问题，因为，一旦技术秘密被泄露，转让价值就会丧失。

当事人在缔结合同过程中，一方当事人很可能会了解到对方当事人所拥有的技术秘密。当然，这种获悉技术秘密的途径是由合同的性质所决定的，是合法的。在一些合同的要约、承诺过程中，也很可能会了解到一方当事人所掌握的技术秘密。在这种情况下，技术秘密很可能因为对方当事人的知悉而泄露或者被不正当地使用。所以，就技术秘密转让合同而言，其"泄密"的主要危险来源于合同当事人。

因此，《合同法》第 42 条和第 43 条确立了缔约过失责任。《合同法》第 42 条规定，当事人在订立合同的过程中有违背诚实信用原则的行为，给对方造成损失的，应当承担损害赔偿责任。《合同法》第 43 条规定，当事人在订立合同过程中知悉的商业秘密，无论合同是否成立，不得泄露或者不正当地使用。泄露或者不正当地使用该商业秘密给对方造成损失的，应当承担损害赔偿责任。第 43 条为受让方在缔约阶段对作为转让合同标的的技术秘密负有的附随保密义务。

所以，对于转让方来说，技术秘密的积极保护是必要的，这主要指权利人对技术秘密采取的保密措施，保密措施既是权利人自觉采取的保护措施，同时，也是技术秘密构成的必要条件之一。因为技术秘密权以保持秘密状态为首要条件，要保证这一条件，最基本的途径就是权利人积极主动地保护。通常实践中，有以下几种保护措施：❶

（1）预防性保护。一般认为，技术方案形成以后，技术秘密权利人在

---

❶ 王三明．浅析技术秘密的保护 ［EB/OL］．［访问日期不详］．http：//www.qdmc.gov.cn/admin/xsyj/html/200542715114948.htm.

实施之前，要充分考虑方法或产品进入市场后他人最可能采用的一些破密行为，尤其是要预防反向工程。可有针对性地采取保密措施，例如在方法上增加破坏性前置程序、在配方中加入中性无害成分、在产品上增加防拆装置等，目的在于迷惑他人的视线，加大他人反向研究的成本投入，迫使他人放弃研究。这些措施，在签订合同中，转让方完全可以作为谈判技巧使用，在具体的合同条款中间，可以采取分期履行合同的方式，逐次解密，这样，也可以相对减少己方之风险。

（2）保密条款的设置。在技术秘密转让合同中，让与人有提供技术资料和情报的义务，不能为了保密而不技术"交底"。其实当事人完全可以签订保密条款，保证技术秘密不泄露。保密条款主要是用在技术秘密转让合同中，也可以用在其他技术转让合同中未公开技术部分。具体内容在合同签订指南第 10 条已有详细论述。

（3）升级式保护。前两项措施是在签订前和签订过程中采取的，而这一项主要是针对合同签订后履行过程中采取的。对技术进行更新改进，使之不断升级，既能适应市场的要求，也不失为技术秘密保护的良策，这样可以使窃密者望尘莫及。这也是非常重要的合同条款，对于双方在修改和改进的成果，双方要及时通知对方，并对利益分配最好明确地规定。对于投入市场后发现有可能已被侵权、有失密风险的技术秘密，双方可以共同商量，果断选择申请专利，以防被他人抢先申请而使自己陷于被动。其他保护形式，包括半成品保护、技术秘密与专利、商标等知识产权结合进行保护，以及与有实力的大公司进行合作保护等，也可以配合在合同条款中灵活设置。

技术秘密转让合同的签订涉及的条款较多，比如合同类型、履行方式、不可抗力条款、限制性条款等，都是双方要综合考虑的。

对于转让人，一些细节问题也不能忽视，比如技术秘密使用的范围、期限等，必须在合同中明确规定。根据《最高人民法院关于审理技术合同纠纷件适用法律若干问题的解释》第 28 条规定，《合同法》第 343 条所称"实施专利或者使用技术秘密的范围"，包括实施专利或者使用技术秘密的期限、地域、方式以及接触技术秘密的人员等。当事人对实施专利或者使用技术秘密的期限没有约定或者约定不明确的，受让人实施专利或者使用技术秘密不受期限限制。从这规定看出，一旦这些细节问题被忽视，对于整个合同的正常履行将留下很大隐患。

7.3.2.3 合同双方共同注意的事项

根据《合同法》，合同生效的要件包括：当事人要有相应的行为能力，意思表示真实，不违反法律或社会公共利益，形式条件符合要求等。因此，一项技术秘密转让合同的成功签订，这些条件也要同样具备。一旦不能满足这些条件，可能就会导致合同无效。因此，对于合同双方当事人来说，签订合同过程中，除了上述各自特别要注意的事项外，比较常见的注意事项也要放在同等重要的地位。

首先，在签订合同过程中，不得有《合同法》关于导致合同无效的几种情形，比如：一方以欺诈、胁迫手段订立技术合同；恶意串通，损害国家、集体或者第三人的利益的行为；以合法形式掩盖非法目的的行为；损害公共利益的行为；侵害他人技术成果等行为等。

其次，要合理设置技术秘密转让合同条款，使双方利益在合同中平等合理地得到体现。通过上述技术秘密转让合同主要条款的分析，双方当事人在合同签订中应对这些主要条款进行合理设置，除了必备条款之外，还要设置一些补充性的条款，以备将来灵活处理合同出现的新情况。比如，下列问题合同必须涉及。

(1) 合同主要条款包括：项目名称；标的的内容、范围和要求；履行计划、进度、期限、地点、地域、方式；技术的保密；技术成果改进的归属与分享；验收标准；费用支付的时间、方式；违约金或者损害赔偿的计算方法；合同争议的解决方式；风险分担等；

(2) 合同条款的细节问题，包括合同名词和术语的解释、附件内容和排序、合同文本的语言使用、双方的各种联系方式、诉讼解决方式中关于诉讼时效的约定、诉讼管辖地的确定等；

(3) 补充性条款的设置，基于技术秘密转让合同的复杂性，在履行过程中会出现很多在合同签订时不能预计的情况。为了合同的正常履行，双方在不违背合同基本原则的前提下，制定概括性的弹性条款，以备将来在形势变迁时予以运用。比如：条款不完备的处理方案等。

技术秘密转让合同不得约定不合理的条款。当然，凡是属于不合法的条款都不能约定。这里要特别要注意的是不得设置不合理的限制性条款，比如阻碍后续技术研发、单方回授条款等。具体如下：

关于不合理的限制性条款，很多法律、法规、规章等都做过相应的规定。《合同法》第343条规定："技术转让合同可以约定让与人与受让人实施专利或者使用技术秘密的范围，但不得限制技术竞争和技术发展。"《合同法》第 329 条："非法垄断技术、妨碍技术进步或者侵害他人技术成果的技术合同无效。"《最高人民法院关于审理技术合同纠纷案件适用法律若干问题的解释》第 10 条规定：下列情形，属于合同法第 329 条所称的"非法垄断技术、妨碍技术进步"。

（一）限制当事人一方在合同标的技术基础上进行新的研究开发或者限制其使用所改进的技术，或者双方交换改进技术的条件不对等，包括要求一方将其自行改进的技术无偿提供给对方、非互惠性转让给对方、无偿独占或者共享该改进技术的知识产权；

（二）限制当事人一方从其他来源获得与技术提供方类似的技术或者与其竞争的技术；

（三）阻碍当事人一方根据市场需求，按照合理方式充分实施合同标的技术，包括明显不合理地限制技术接受方实施合同标的技术生产产品或者提供服务的数量、品种、价格、销售渠道和出口市场；

（四）要求技术接受方接受并非实施技术必不可少的附带条件，包括购买非必需的技术、原材料、产品、设备、服务以及接收非必需的人员等；

（五）不合理地限制技术接受方购买原材料、零部件、产品或者设备等的渠道或者来源；

（六）禁止技术接受方对合同标的技术知识产权的有效性提出异议或者对提出异议附加条件。

2001 年科技部的《技术合同认定规则》，对此限制性条款也有相应规定，第 18 条规定：申请认定登记的技术合同，其合同条款含有下列非法垄断技术、妨碍技术进步等不合理限制条款的，不予登记：

（一）一方限制另一方在合同标的技术的基础上进行新的研究开发的；

（二）一方强制性要求另一方在合同标的基础上研究开发所取得的科技成果及其知识产 权独占回授的；

（三）一方限制另一方从其他渠道吸收竞争技术的；

（四）一方限制另一方根据市场需求实施专利和使用技术秘密的。

从这些条款的内容可以看出，之所以规定如此之多的规定来规范技术合同的转让行为，其实就是为了促进科学技术的进步。在实践中，技术秘密转让合同中这些不合理的限制性约定条款，人民法院将以显失公平或者非法垄断技术等理由，予以撤销或者认定无效而不予保护。

根据《合同法》第 343 条技术合同不得限制技术发展与技术竞争的规定，合同双方都有权作后续改进。当事人应就后续改进的分享作出约定。

《合同法》第 354 条规定：当事人可以按照互利原则，在技术转让合同中约定使用技术秘密后续改进的技术成果的分享办法；没有约定或者约定不明确的，可以由当事人协议补充；不能达成补充协议的，按照合同的有关条款或者交易习惯确定；仍然不能确定的，任何一方都无权分享另一方后续改进的技术成果。因此，就技术秘密转让合同双方来说，双方要约定：转让方的修改和改进的义务；双方对合同产品的任何改进和发展，通知对方的义务；未经转让方确认的技术资料，受让方保证不先实施于合同产品的义务；双方共同进行合作研究所产生的改进和发展技术的所有权归属；双方所取得的任何改进和发展技术，优先使用权规定等事项。

【案例 2】原告钟某某与被告王某某、孙某某技术秘密转让合同纠纷一案

【案情简介】2003 年 9 月 17 日，原告钟某某（乙方）与被告王某某（甲方）签订了一份电动机定子冲片技术转让协议书，约定：甲方发明创造的电动机定子冲片技术同意有偿转让给乙方使用，并达成如下协议：一、甲方自愿将电动机定子冲片技术有偿转让给乙方使用，使用年限为 10 年，自 2003 年 10 月 1 日至 2013 年 10 月 17 日止；二、甲方自本协议达成之日起将该项技术转让给乙方，并培训乙方技术人员；三、转让费分两种形式给付，第一种形式为自本协议签订之日起付清使用费人民币 50 万元；第二种形式为到账的税前利润 30％按季结算给付甲方，具体纳税按乙方当地的纳税办法计算；四、乙方使用该技术的企业周转资金不少于人民币 100 万元；五、使用许可范围：甲方在浙江省首家许可，甲方不得在台州市范围内另行许可他人使用，甲方如果许可他人使用的，应无条件退还使用费 50 万元及已分到的利润，还应赔偿乙方的一切经济损失；六、甲方转让的该项技术保证具有真实性、工艺技术的完整性，所出的产品电器性能符合国家规定的标准，几何尺寸保证规范，否则按第 5 条规定处理。协议同时约定，为保证合同的履行，甲方要求被告孙某某为甲方履行合同的担保人，如果甲方对本合同无法履行或者该技术不属于甲方的，则孙某某自愿为其担保，如引起经济赔偿及按第 5 条规定处理时，孙某某自愿承担连带责任。协议还对其他事项作了约定。原告钟某某、被告王某某、孙某某分别作为合同当事人、合同担保人在协议上签字、按印确认。

2004 年 3 月 21 日，被告王某某向原告钟某某出具了一张收条，确认根据双方签订的电动机定子冲片转让协议书，原告钟某某向被告王某某支付了人民币 50 万元整，金额已付清，双方开始执行合同。

原告钟某某诉称：2003 年 9 月 17 日，被告王某某称将其已申请专利权的电动机定子冲片技术有偿转让给原告使用，原告信以为真，遂与被告王某某签订了《电动定子冲片技术转让协议书》。根据协议书第一、第二条规定，被告王某某将电动机定子冲片技术有偿转让给原告使用，使用年限 10 年，并规定被告王某某为原告培训技术人员。协议第 3 条规定，技术转让费人民币 50 万元，协议第 6 条规定被告王某某应保证该项技术具有真实性、完整性，产品性能符合国家规定的标准、几何尺寸等均保证规范，否则按协议第 5 条的规定退还使用费用赔偿损失，被告孙某某在协议上签字为被告王某某提供担保，协议经双方签字生效。2004 年 3 月 21 日，原告给付转让费人民币 50 万元。此后，原告要求被告王某某履行技术转让协议，被告王某某来了一次，但技术转让却始终无法达到规定的标准，也根本不存在其电动机定子冲片技术。当原告要求被告王某某返还转让费时，被告王某某已偷偷溜走，原告遂与被告孙某某协商返还转让费无果，但又找不到被告王某某。因此，原告无奈，特提起诉讼。综上，原告认为，双方签订的技术转让协议书有效，被告王某某收到转让费后，应当履行协议，为原告培训技术人员，将技术转让给原告。但是被告王某某所谓的技术达不到协议书规定的标准，依协议书规定，被告王某某应当返还转让费及赔偿损失，可是被告王某某对此置之不理，一走了之，致使协议无法履行。因此作为担保人的被告孙某某应当对该技术转让及该技术因瑕疵引起的退款和赔偿承担连带责任。请求判令：1. 被告王某某返还技术转让费人民币 50 万元及按银行同期贷款利率赔偿损失，被告孙某某负连带责任。2. 此案诉讼费由被告负担。

被告王某某辩称：1. 原告在 2003 年 3 月 21 日要求答辩人把其分三次支付的技术费人民币 50 万元的收条合为壹张。2. 2003 年 3 月 21 日答辩人与模具工已完成了样机的制作工作。3. 答辩人在原告第一次付款后于 2003 年 11 月已开始为其在广东制造模具工装，于 2003 年 12 月已在其厂内生产出合格样品。

被告孙某某辩称：1. 原告二次出具的起诉状中所陈述的"事实和理由"自相矛盾。2. 事实的澄清。起诉状中称"原告向温岭市人民法院提起诉讼，后移送杭州中级人民法院管辖"这有悖事实。3. 原告起诉理由和要求不能成立。4. 鉴于上述事实，答辩人请求杭州市中级人民法院裁决：一、驳回原告的诉讼请求。二、撤销温岭市人民法院对第三人孙某某的不合理裁定，并由原告赔偿孙某某的房产在查封期间的经济损失计人民币 7

万元整；（房产至今还在查封之中）。三、原告应补偿答辩人因办理此案而付出的费用计人民币 6000 元整。

被告王某某在举证期限内递交了证明一份。

【法院判决】被告王某某向原告钟某某返还技术转让费人民币 50 万元，并支付利息人民币 43 500 元（计算至 2005 年 11 月 2 日，2005 年 11 月 2 日起至本判决生效之日止的利息，按中国人民银行有关规定计付），于本判决书生效之日起 10 日内履行完毕，被告孙某某对上述款项负连带清偿责任。

案件受理费人民币 10 010 元，财产保全申请费人民币 3020 元。均由被告王某某、孙某某共同负担。

【评析】此案属于已经提交专利申请的技术秘密的转让。根据合同内容，双方签订的合同就是技术秘密转让合同，因为合同中规定被告在浙江首家许可，在台州为独家许可，因此属于排他技术秘密技术转让。整个案件情节很简单，但是已经全面反映了技术秘密转让合同的签订、履行和终止的全过程。原告方按照约定履行了合同义务，被告没有履行其合同义务，因为他交付不出符合合同约定要求的技术秘密，按照合同约定，技术秘密转让人不能对技术缺陷及时改进，因此，应该承担合同履行不能的责任。同时，此案还约定了合同担保人，根据《合同法》相关规定，其应该负连带责任。

从整个案件发展的过程来看，此案让与人在签订合同前缺乏对于技术秘密的可靠性和实用性的评估，因为最后自己得出的调查结论是此种技术不存在，这就说明他在签订合同之前没有对相关技术很好地检索，导致合同的不能履行。同时，虽然在风险的分担上，受让人设置了担保，但是，这只能在一定程度上弥补合同的损失，没有做到在条款上科学的预防。此案在条款的设置上对于合同履行应该是分期支付使用费，并设置违约金条款，这样，对于合同双方的风险分配就相对合理，也给让与人在权利受到侵害时维权带来便利。

7.4 技术秘密转让合同的履行

技术秘密转让合同一经依法成立，就具有相应的法律效力，当事人双方就应当按照约定全面履行自己的义务。在履行合同期间，应当遵循诚实信用原则，根据合同的性质、目的和交易习惯履行通知、协助、保密等义务。一般来说，技术秘密转让合同履行中应注意下列问题[1]：

---

[1] 严明．技术合同签订与履行过程中应注意的问题 [J]．青海科技，2005（6）：55.

1. 技术资料交接必须规范

技术资料对技术秘密转让合同的履行具有举足轻重的作用。一般性资料，可积累一定数量后让对方签收；涉及技术项目的保密资料，需要对方当场签收。值得注意的是，技术资料的签收人必须具有能够代表合同主体的资格，不得随意将技术资料交付他人。

2. 履行过程中合同的变更应严格依照法律程序

合同中一般的条款变更，如申请延迟交付资料等，如果延迟期不长，只需双方口头或书面同意，并记录备查。合同实质性条款发生变更，如合同主体变更，即形成了新的要约或承诺，则必须经双方确认并签订书面协议。

3. 技术转让方提供的研究成果必须是合法的

技术转让方必须保证自己是合法的权利人，不存在侵权的问题，如有发生，技术转让方要承担相应的法律责任。

7.4.1 技术秘密转让合同的正常履行

技术秘密转让合同的正常履行是指双方完全遵守合同约定，按照合同约定内容和程序实现各自权利和承担义务。所以，双方权利义务的约定是核心内容。

7.4.1.1 转让人的权利

（1）有要求受让人支付技术使用费的权利。

（2）受让人不支付费用，有依据《合同法》第94条的规定解除合同的权利。

根据《合同法》第94条规定，"有下列情形之一的，当事人可以解除合同：（一）因不可抗力致使不能实现合同目的；（二）在履行期限届满之前，当事人一方明确表示或者以自己的行为表明不履行主要债务；（三）当事人一方迟延履行主要债务，经催告后在合理期限内仍未履行；（四）当事人一方迟延履行债务或者有其他违约行为致使不能实现合同目的；（五）法律规定的其他情形。受让人不支付费用，属于上述（二）（三）（四）情形之一的，转让方都可以解除合同。"

（3）有权要求受让人承担保密义务。

（4）有权要求受让人按照约定使用技术。

（5）有权依照合同约定分享技术秘密后续改进的技术成果。

7.4.1.2 转让人的义务

（1）按照合同约定提供技术资料，进行技术指导。目的在于保证受让人正常顺利地使用所受让的技术秘密。

（2）保证技术的实用性、可靠性、具有商业价值，保证技术实施能达到预期目标。实用可靠性也是相对的，由于技术秘密转让合同的标的可以是处于不同工业化开发阶段的技术成果。

（3）权利瑕疵担保义务，即保证技术秘密的合法性，保证其是技术秘密成果的合法拥有者。

（4）保密义务。保密义务是合同当事人的主要义务，在合同履行过程中，严格按照合同的约定并且采取切实有效的措施保证技术秘密的"秘密性"是履行合同中的重要义务。其中有一个情况要注意，根据《最高人民法院关于审理技术合同纠纷案件适用法律若干问题的解释》第29条规定，合同法第347条规定技术秘密转让合同让与人承担的"保密义务"，不限制其申请专利，但当事人约定让与人不得申请专利的除外。

7.4.1.3 受让人的权利

（1）有权实施转让人按合同约定条件转让的技术秘密。

（2）有权接受转让人按照合同约定提交的技术资料和技术指导。转让人逾期未提供合同约定的技术秘密的，受让人有权根据《合同法》第94条解除合同。

（3）有要求转让人保密的权利。

7.4.1.4 受让人的义务

（1）在合同约定的范围内使用技术秘密。

（2）按合同约定支付使用费。

（3）承担合同约定的保密义务。

（4）未经转让人允许，不得擅自许可第三人使用该技术秘密。

对于技术秘密合同，只要合同内容不违反有关限制性条款，比如根据《合同法》第343条之规定，可以约定转让人和受让人实施专利或者使用技术秘密的范围，但不得限制技术竞争和技术发展。不得使用欺诈、胁迫手段订立这类条款。而且，技术秘密转让合同也没有形式要件的法律规定，只要各方履行自己的权利义务，合同即告履行。

【案例3】魏某某与上海××公司技术秘密转让合同纠纷一案

【案情简介】2003年4月8日，原、被告签订"年产200吨21℃苗脑技术转让协议书"一份。该协议约定：一、甲方（被告）责任：甲方付给乙方（原告）技术转让费人民币65 000元，分四期付清。合同签订后，乙方向甲方提供有关技术资料的同时，甲方应支付乙方技术转让费人民币2

万元；生产设备定位、安装、调试完成，且乙方试生产的三批产品合格后，甲方支付技术转让费人民币 2 万元；在乙方指导下，经培训的操作人员能够连续试生产三批产品达到技术要求后，甲方再支付技术转让费人民币 15 000 元；双方确认综合得率（10 批为基数）达标后，甲方付清技术转让费余额人民币 1 万元。甲方承担乙方往返两地期间的差旅费用。二、乙方责任：乙方向甲方提供 21℃ 茴脑的生产技术资料包括厂房平面布置示意图及配置工程技术要求、生产工艺流程图、说明书及生产操作规程、生产设备一览表及要求并提供生产制作厂家供甲方参考，非标准设备提供加工图纸，提供生产所需原料标准及成品标准，双方认可签字（原料含脑量最低为 86.5%，冻点最低 15.2℃，成品冻点 21℃，含量最低 99.3%～99.5%，草蒿脑不大于 0.2%）；乙方指导设备定位、安装、调试、生产，直至安装调试成功，成功的标志为连续生产三批产品的质量达到成品质量的验收标准；乙方提供书面的全面的 21℃ 茴脑生产操作规程，并对甲方车间的操作人员进行生产技术培训，直至操作人员能够掌握 21℃ 茴脑的生产操作，完成的标志为甲方工人能够独立操作出合格的成品。保证生产技术指标达到设计要求，月综合合格成品的得率为 76%～80%，根据设备生产能力月投料 33～37 吨。三、验收方法与标准：甲乙双方现场验收，验收步骤按照甲方责任及对应的乙方责任逐步实施，合同中总计四个过程，甲乙双方每完成一个过程，双方现场验收并要求书面确认。质量验收依据双方认可的质量标准进行，如双方对产品的检测结果不能确认时，可请双方认可的权威机构检测。四、本技术及相关资料未经乙方同意，甲方不得转让给第三方。五、由于不可抗力造成本协议无法执行，双方协商可予终止。六、本协议须双方签字并盖章生效，如违约，违约方承担违约责任等。协议签订后，原告于 2003 年 4 月 9 日向被告交付协议约定的技术资料，被告收到相关技术资料后支付原告转让费人民币 2 万元。

原告诉称：协议签订后，原告依约将相关技术资料、图纸全部交给被告，被告支付原告人民币 2 万元。原告多次对被告方有关人员进行技术培训，指导和参加 21℃ 茴脑生产车间的建设，现被告已能批量生产 21℃ 茴脑，但之后被告拒绝履行协议，原告多次与被告交涉无果。故原告请求法院判令被告：1. 支付原告技术转让费人民币 45 000 元；2. 支付原告经济损失人民币 20 995 元（其中利息 5820 元、误工费 7800 元、律师费 4375 元、差旅费 3000 元）。

被告辩称，被告不同意原告的诉讼请求。原告仅履行了协议约定的部分义务，被告也已支付了相应费用，原告诉称被告拒绝继续履行协议，构成违约，没有依据。

【法院判决】原告要求被告支付技术转让费余款人民币 45 000 元的请求能否成立。审理中，原告还提供了王某某的证明、2004 年 11 月 18 日给被告的传真及 2004 年 12 月 10 日发给被告的函等证据材料，旨在证明被告拒绝履行协议，但被告对上述证据材料提出异议。本院认为，王某某未出庭作证，无法认定该证词的真实性，且该证词亦未能明确反映出被告在履约过程中存在违约行为；2004 年 11 月 18 日的传真及 2004 年 12 月 10 日的信函系原告的单方意思表示，同样不能证明被告存在违约行为，故本院对上述证据材料不予采纳。原告提供的广告宣传册及被告产品的网页资料仅能证明被告有 21℃茵脑的产品，并不能证明 21℃茵脑系被告自行生产，故本院对上述证据材料亦不予采纳。

被告在诉讼中提供了张某于 2005 年 10 月 25 日出具的证明、网上资料、原料分析报告等，因上述证据材料与此案争议的事实均无直接关联性，故本院对上述证据材料均不予采纳。

本院认为，原、被告签订的"年产 200 吨 21℃茵脑技术转让协议书"系双方当事人的真实意思表示，且不违反国家法律和法规的规定，应为合法有效，双方都应受该协议的约束。该协议对双方的权利和义务作了明确约定，其中原告的主要义务是将 21℃茵脑的生产技术转让给被告，最终能使被告独立生产出符合协议约定的成品，并保证产品的月综合合格成品的得率达到 76％～80％；被告的主要义务是根据原告的技术转让进程分四次支付原告技术转让费人民币 65 000 元，并承担原告相关的差旅费用。在履约期间，原告根据协议向被告交付了相关生产技术资料，被告亦支付了相应的部分转让费人民币 2 万元。此案的主要争议焦点是原告要求被告支付技术转让费余款人民币 45 000 元的请求能否成立。本院认为，根据《最高人民法院关于民事诉讼证据的若干规定》的有关规定，当事人对自己提出的诉讼请求所依据的事实或者反驳对方诉讼请求所依据的事实有责任提供证据加以证明。没有证据或者证据不足以证明当事人的事实主张的，由负有举证责任的当事人承担不利的后果。此案中，原告主张被告应支付其技术转让费余款人民币 45 000 元，但根据协议约定，被告支付上述款项有三个前提条件，即"生产设备定位、安装、调试完成，且原告试生产的三批产品合格后，被告支付技术转让费人民币 2 万元；在原告指导下，经培训的操作人员能够连续试生产三批产品达到技术要求后，被告再支付技术转让费人民币 15 000 元；双方确认综合得率（10 批为基数）达标后，被告付清技术转让费余额 1 万元。"但原告提供的其单方面出具的"技术培训概况"等证据材料难以证明其已经履行了上述义务。原告关于被告拒绝继续履行此案系争协议而构成违约的主张，因原告提供的证据材料未能充分证明被告存在违约行为，且被告对此予以否认，故本院对原告的该主张难以支持。原告认为根据被告于 2003 年 6 月至 2003 年 11 月期间开具的上海增值税专用发票的记载表明，被告已经能够生产系争协议约定的 21℃茴脑，故被告已经掌握了原告转让的相关技术。本院认为，仅凭被告上述发票的记载并不能证明原告已履行了协议约定的义务，况且被告提供了相关的进货发票，以此证明其销售的 21℃茴脑并非自己生产。因此，本院对原告的上述主张亦不予支持。综上所述，原告的诉讼请求没有充分的证据予以佐证，本院难以支持，被告的抗辩理由成立。审理中，被告自愿补偿原告人民币 15 000 元，于法无悖，本院可予准许。

据此，依照《合同法》第 60 条第 1 款、第 67 条、《最高人民法院关于民事诉讼证据的若干规定》第 2 条、第 5 条第 2 款的规定，判决如下：

一、被告上海××公司于本判决生效之日起 10 日内支付原告魏某某人民币 15 000 元；

二、原告魏某某的其余诉讼请求不予支持。

案件受理费人民币 2490 元，由原告魏某某负担。

【评析】从案件展示的技术秘密转让合同的相关条款来看，此案技术秘密转让合同的条款设置比较合理，从合同双方权利义务的设置、合同履行的分期设置、合同风险的分配、双方责任的划分等内容都约定得非常详细。以至于双方发生争议时，责任划分显而易见。此案的特色在于合同履行过程中，对于双方的履行是分批对等同时履行。在合同的第一阶段，双方能够按照约定正常履行，但是在第二阶段，双方对于合同的履行上都存在问题，从双方提供的证据的证明力都存在问题，这说明技术秘密转让双方对于自身履行合同的行为要做好证据保留，特别是发现被告生产出和技术秘密产品雷同的产品时，证据的保留能够直接决定诉讼的胜败。

所以，此案合同的履行是合同双方依据合同条款本身的正常履行，合同分阶段履行，双方能够正常履行。双方产生争议并不是合同本身设置的问题，是合同履行在第二个阶段，当事人一方不履行合同，尽管原告收集了被告拥有和转让技术同样的产品，但是，并没有形成有证明力的证据链。对于合同双方来说，合同正常履行过程中，任何一个细节的处理就能直接决定诉讼或者纠纷的结果，因此，对于合同履行过程中的履行责任的处理也是合同双方当事人必须重视的问题。

7.4.2 技术秘密转让合同履行中的特殊问题

尽管《合同法》对当事人订立技术秘密合同作了立法引导，但由于主观或客观原因，当事人订立的技术秘密转让合同可能存在各种缺陷，包括没有约定有关条款、约定过于概括导致内容不明确。在这种情况下，《合同法》并不是把这类合同归于无效，而是允许当事人完善合同内容，使合同的权利义务确定。实践中的方法一般采用第 61 条协议补充的规定和第 62 条的规定办理。

《合同法》第 61 条规定，合同生效后，当事人就质量、价款或者报酬、履行地点等内容没有约定或者约定不明确的，可以协议补充；不能达成补充协议的，按照合同有关条款或者交易习惯确定。因此，遇到特殊情况的，首先是转让双方协议补充，如果不能达成协议补充的，可以按照合同有关条款或者交易习惯确定，也就是对合同进行解释。当然，合同解释应根据合同的文义、合同的目的、合同的整体、合同的背景、交易习惯以及诚实信用原则来解释。

我国《合同法》第 62 条规定，当事人就有关合同内容约定不明确，依照本法第 61 条的规定仍不能确定的，适用下列规定：

（一）质量要求不明确的，按照国家标准、行业标准履行；没有国家标准、行业标准的，按照通常标准或者符合合同目的的特定标准履行。

（二）价款或者报酬不明确的，按照订立合同时履行地的市场价格履行；依法应当执行政府定价或者政府指导价的，按照规定履行。

（三）履行地点不明确，给付货币的，在接受货币一方所在地履行；交付不动产的，在不动产所在地履行；其他标的，在履行义务一方所在地履行。

（四）履行期限不明确的，债务人可以随时履行，债权人也可以随时要求履行，但应当给对方必要的准备时间。

（五）履行方式不明确的，按照有利于实现合同目的的方式履行。

（六）履行费用的负担不明确的，由履行义务一方负担。

对于技术秘密转让合同来说，这两条规定也同样适用，对解决技术秘密转让合同的特殊履行更有意义。特别是第 62 条的第 1 项，在实践中，技术秘密转让合同因为技术秘密的实用性和可靠性的鉴定上，第 1 项作为法律依据特别广泛。具体来说，技术秘密转让合同履行中出现的特殊情况有：

（1）后续改进技术的归属。它包括许可方的后续改进、受许可方的后续改进。技术秘密在转让的过程中，双方对这种技术成果在具体推广应用中不断地改进。而且，对于技术的每一步提升就意味着技术未来商业价值的增大，因此，对于这种改进，双方可以按照互利的原则在转让合同中约定分享的办法。如果约定办法不能解决技术改进的局面或者没有约定，双方就分享办法还可以补充协议。不能达成协议就按照合同的有关条款或者交易习惯确定。通常，是由技术秘密双方保持共有，双方合同仍然继续履行。合同约定比较概括，在履行过程中，具体的细化随着合同的履行进一步完善。

（2）第三人主张权利/侵权指控。是指在履行过程中，第三人对技术秘密主张权利，这个主要由转让方负责解决，所有责任由其负担。若主张权利无效或侵权不成立，但技术秘密公开，合同可以转为技术服务合同；若成立，则解除。

（3）技术秘密遭遇反向工程和独立创造。技术秘密在遭遇反向工程和独立创造后，技术秘密成为公知技术，技术秘密转让合同履行过程发生转化，转化为技术服务合同。否则，可以解除合同。

（4）履行过程中一方违反约定擅自申请专利，如果合同双方通过谈判，授予专利转为共有，则技术秘密转让合同可以变更为专利实施许可合同；否则，可以解除合同或转化为其他合同形式。

（5）履行过程中的合同变更的继续履行。在合同履行过程中，若合同主体、内容发生变更，可以补充协议和更改协议。当事人协商一致，变更后继续履行。

（6）转让的技术所生产的产品依法须经审批，审批过程中发生的特殊情形，比如药品的生产，需要行政部门的审批或者行政许可，但是，有些药品有国家或者行业标准，而有些药品没有，双方对于合同约定的标准认知不同，造成不能正常履行。

【案例4】上海华源长富药业有限公司与四川三民药业有限公司、四川乐山药物科技开发有限公司技术秘密转让合同纠纷一案

【案情简介】2003年3月3日原告与被告乐山药物公司签订《技术转让合同》，被告乐山药物公司向原告转让中药新药黄芪氯化钠注射液的生产工艺。双方约定了技术成果转让要求及验收标准、被告乐山药物公司的责任和义务、原告的义务、双方对风险的承担和违约责任等条款。合同签订后，原告分别于2003年3月17日向被告乐山药物公司付款50万元，2004年3

月 11 日付款 50 万元，4 月 30 日付款 50 万元，7 月 5 日付款 50 万元，被告乐山药物公司于 2004 年 8 月 26 日开具了发票。2003 年 12 月 19 日被告乐山药物公司取得黄芪注射液药物临床研究批件。2004 年 10 月 27 日被告乐山药物公司的药品注册申请被国家食品药品监督管理局受理。

2004 年 6 月在四川武警总队乐山医院进行试验，但未生产出合格样品。

2005 年 5 月 18 日原告与被告乐山药物公司法定代表人罗明生签订《补充协议》，明确了被告乐山药物公司提供的生产工艺存在缺陷，导致无法生产出符合质量标准的样品，致使该项目的继续运行陷入困境。据此双方约定：被告乐山药物公司全力解决工艺中存在的问题，时间最迟不得超过 2005 年 6 月 10 日，原告配合，发生的费用由被告乐山药物公司承担等。对于被告乐山药物公司无法使用申报临床批件中的工艺解决产品质量问题，原告有权终止《技术转让合同》，被告乐山药物公司于收到原告通知一个月内，全额退还 200 万元技术转让费。但 2005 年 5 月的这次试验仍未生产出合格样品。

2005 年 10 月 28 日，原告与被告三民药业公司签订《交接备忘录》，约定：鉴于双方在近两年的时间里均未生产出符合质量标准的样品，由于双方对工艺的可行性有分歧，在《补充协议》中原告给被告解决工艺的时间不够充分，双方决定进行生产临床用样品最后一次交接试验，试验结果作为确定临床试验用样品生产工艺是否可行的结果，如果可行则进行临床试验，否则终止该项目的合作。并界定了双方的责任。该试验于 2005 年 11 月 10 日前开展，于 14 日内完成提取合格的多糖和甲苷，于 10 日内完成黄芪氯化钠注射液小样试制工作，合格样品最迟于 12 月 10 日前发往原告所在地，进入稳定性考察，全部试验于 2006 年 2 月底结束。并规定了判定工艺可行的必备条件。

2005 年 11 月 16~21 日原告和被告三民药业公司借用上海秀龙中药有限公司中试车间进行黄芪提取放样，其工艺及操作由被告三民药业公司提供和负责安排。2005 年 11 月 16 日双方在黄芪氯化钠注射液中试提取质保确认书上签字确认。12 月 5 日将完成灌装的黄芪氯化钠注射液运至被告三民药业公司，经检测与被告三民药业公司提供的配制工艺不符；12 月 6 日被告三民药业公司对灌装的黄芪氯化钠注射液进行检测；12 月 7 日原告与被告三民药业公司签订《黄芪氯化钠注射液第三次中试实验工艺操作汇总记录》；12 月 12 日原告自行将黄芪氯化钠注射液进行检验，检验报告书显示澄明度不符合规定，总固体含量、氯化钠的含量均高于标准，其余项目的检测结果在标准规定范围内。

2006 年 2 月 21 日原告向被告三民药业公司发出《技术转让合同》终止通知书,提出终止双方签订的技术转让合同,并要求全额退还技术转让费 200 万元。2 月 24 日被告三民药业公司回复原告,称其已完成了生产工艺交接,生产工艺是可行的,产品除灌封单位未经其同意重复加入氯化钠和抗氧剂外,产品其他指标均符合要求,原告未在符合 GMP 条件的车间进行中试,终止合同是不合理的,如果原告坚持终止合同,其也同意,但应依照《技术转让合同》第 6 条第 4 款的约定返还 50% 的转让费。

2006 年 4 月 12 日原告将对留样的黄芪氯化钠注射液观察 1～3 个月的情况作了汇总,注射液的澄明度合格率为 0。

另查明,被告乐山药物公司原企业名称为四川省乐山市三民药物研究所,该研究所于 2003 年 5 月 9 日变更企业名称。

原告华源药业公司诉称:原告与被告乐山药物公司于 2003 年 3 月 3 日签订了《中药新药黄芪氯化钠注射液技术转让合同》(以下简称《技术转让合同》),约定被告乐山药物公司将技术转让给原告。原告按约支付了转让费 200 万元,但由于被告提供的生产工艺存在缺陷,无法生产出符合质量标准的样品。2005 年 5 月经协商,原告与被告三民药业公司签订《中药新药黄芪氯化钠注射液技术转让合同补充协议》(以下简称《补充协议》),罗明生作为被告三民药业公司、乐山药物公司的共同法定代表人在补充协议上签名。补充协议约定被告最迟于 2005 年 6 月 10 日生产出符合申报质量标准的临床用样品,否则原告有权终止技术转让合同。被告在收到原告终止通知的一个月内,全额退回技术转让费。2005 年 10 月 28 日,双方签订了《黄芪氯化钠注射液生产工艺交接备忘录》(以下简称《交接备忘录》),约定再给被告最后一次交接试验的机会,但被告进行第三次中试后仍然不能生产出符合标准的样品。2006 年 2 月 21 日原告向被告发出《终止通知书》,并要求被告在接到通知后一个月内返还技术转让费 200 万元,但被告拒不返还。故原告要求被告乐山药物公司返还技术转让费 200 万元,并支付自 2006 年 3 月 22 日至实际付款之日止的逾期付款利息(暂计至 2006 年 5 月 21 日止为 18 600 元),被告三民药业公司承担连带清偿责任。

被告三民药业公司辩称:其是 2005 年 1 月 25 日登记成立的公司,与被告乐山药物公司不存在变更的关系,与原告之间也不存在技术转让关系,其没有义务与被告乐山药物公司一起履行技术转让合同,因此其不是此案适格的被告,原告要求其承担连带清偿责任没有法律依据。

被告乐山药物公司辩称：1. 被告三民药业公司接受其委托进行技术指导，后果应由被告乐山药物公司承担，因而被告三民药业公司不是此案适格的被告。2. 被告乐山药物公司的企业名称是 2003 年 3 月变更的，因此其以原来的企业名称与原告签订的《补充协议》是无效协议。3. 被告乐山药物公司只是委托被告三民药业公司提供技术服务，并未授权该公司与原告就履行技术合同进行协商，因此被告三民药业公司与原告签订的《交接备忘录》对被告乐山药物公司不具有约束力。4.《药物临床研究批件》的取得证明被告乐山药物公司发明的黄芪氯化钠注射液的生产工艺是可行的，由于原告不听从技术指导，且拒不提供符合《药品生产质量管理规范》规定的生产样品的条件，是导致不能生产出合格样品的主要原因。

【法院判决】一、被告四川乐山三民药物科技开发有限公司应于本判决生效后 10 日内返还原告上海华源长富药业（集团）有限公司技术转让费人民币 200 万元。

二、原告上海华源长富药业（集团）有限公司其余诉讼请求不予支持。

此案案件受理费人民币 20 103 元（原告已预付），由原告上海华源长富药业（集团）有限公司承担 103 元，被告四川乐山三民药物科技开发有限公司承担 20 000 元。

【评析】从案情来看，此案案情非常复杂，首先，合同标的是正在实验中的药品，产品为处于工业化、商业化开发阶段的技术成果，对于实用性、可靠性的判断难以有统一的国家标准或者行业标准，合同约定的技术标准也存在很大的不可知性，也就意味着对于双方来说，在履行过程中存在着很大的风险；其次，此案的合同主体也不是固定的，在合同履行过程中，合同变更，合同主体变更；再次，合同内容也在发生变更，在合同履行过程中，合同因为履行不能，双方在合同变更之后继续履行，通过补充协议的方式使合同得以继续；最后，这个技术秘密转让合同的标的是药品，因为国家对于药品的生产控制比较严格，需要依法经过审批，所以，这也是决定合同是否能够正常履行的重要因素，在合同履行过程中，国家在这个方面的规定也是导致合同充满变数的重要因素。这几个原因造成合同的履行不是一个正常的履行过程，而是集中技术秘密几种非常特殊的情形：产品需要审批；履行不能后变更合同继续履行；合同主体变更等。

此案技术秘密转让合同首先涉及的一个问题，就是合同制定之初，合同存在约定不明的或者概括签约的情况，导致双方采取补充协议的办法进行补救。虽然是因为技术的原因导致如此，但是，这种补充协议来继续履行合同，对于受让方来说，在合同的履行过程中，承担风险过大，而且，后来还进行第三次签约。从条款的设置来说，受让方签约前的准备和条款约定是有问题的，但在现实中，对于企业来说，成本有些过大。第二，受让方对于签约人、履约人的规定不明确，导致合同主体变更，造成合同承担责任主体不明，导致后来纠纷的复杂，增加了诉讼的成本。第三，在本合同中，技术标准的达到要求的鉴定问题在合同条款中间没有非常明确的规定，导致双方对此关键问题认知不同，引起影响合同正常履行和纠纷后责任的界定困难，这也是合同期签订时没有做好相应的评估和准备造成的。

7.5　技术秘密转让合同的终止

7.5.1　技术秘密转让合同的无效

合同无效的情形法律规定很明确，根据《合同法》第 52 条之规定，有下列情形之一的，合同无效：

（一）一方以欺诈、胁迫的手段订立合同，损害国家利益；

（二）恶意串通，损害国家、集体或者第三人利益；

（三）以合法形式掩盖非法目的；

（四）损害社会公共利益；

（五）违反法律、行政法规的强制性规定。

对于技术秘密转让合同来说，这些合同无效的情形在现实中间也同样存在，由于技术秘密转让合同是个特殊的合同，这些无效的情形在技术秘密转让合同中的表现形式有：

（1）因技术秘密的内容危害国家秘密导致合同无效；

（2）因一方或双方的恶意行为导致技术不再处于秘密状态而致合同无效；

（3）其他失效情形。比如非法垄断技术、妨碍技术发展的技术秘密转让合同；违反法律、行政法规的强制性规定的技术秘密转让合同等。

7.5.2　技术秘密转让合同终止的原因

技术秘密转让合同终止的原因很多，具体有：

（1）因期满而终止；

（2）因反向工程和独立创造使技术秘密失密而终止；

（3）因合同解除而终止等。

7.5.3 技术秘密转让合同终止后的后续事宜

7.5.3.1 侵害技术秘密的技术合同无效后的法律后果处理

这里有一个特殊的情形，就是有关侵害技术秘密的技术合同无效后的法律后果的法律规定，对于技术秘密转让合同的受让人来说，若是善意取得，可以继续使用技术秘密，但是要付费和保密。《最高人民法院关于审理技术合同纠纷件适用法律若干问题的解释》第12条规定，根据《合同法》第329条的规定，侵害他人技术秘密的技术合同被确认无效后，除法律、行政法规另有规定的以外，善意取得该技术秘密的一方当事人可以在其取得时的范围内继续使用该技术秘密，但应当向权利人支付合理的使用费并承担保密义务。当事人双方恶意串通或者一方知道或者应当知道另一方侵权仍与其订立或者履行合同的，属于共同侵权，人民法院应当判令侵权人承担连带赔偿责任和保密义务，因此取得技术秘密的当事人不得继续使用该技术秘密。从这一条看出，在制裁侵权行为的同时，既保护技术秘密权利人的合法权益，又保护善意使用人的正当权益，注意实现当事人之间正当权益的平衡。因此，技术秘密善意取得人（一般是受让人）要能够熟悉此法律规定，以免因合同问题受到不必要的损失。

该司法解释第13条规定：依照前条第1款规定可以继续使用技术秘密的人与权利人就使用费支付发生纠纷的，当事人任何一方都可以请求人民法院予以处理。继续使用技术秘密但又拒不支付使用费的，人民法院可以根据权利人的请求判令使用人停止使用。人民法院在确定使用费时，可以根据权利人通常对外许可该技术秘密的使用费或者使用人取得该技术秘密所支付的使用费，并考虑该技术秘密的研究开发成本、成果转化和应用程度以及使用人的使用规模、经济效益等因素合理确定。不论使用人是否继续使用技术秘密，人民法院均应当判令其向权利人支付已使用期间的使用费。使用人已向无效合同的让与人支付的使用费应当由让与人负责返还。这一条是关于善意第三人使用费的处理，原则上首先由使用人和权利人协议，协议不成请求裁决，并给出了法院裁决善意第三人使用费的参考因素。这一法律规定对技术秘密转让合同的受让人相当重要，如果一旦发生此类情况，受让人可以以此抗辩或者谈判，作为合同后的后续处理方式，在最低的程度上减小损失。

7.5.3.2 合同终止后转让人采取的保密措施

技术秘密转让合同因为技术秘密的特殊性，保密义务存在于合同中的全过程，它不仅体现在合同前、合同中，更重要的是还有后合同义务，因此，有人认为保密义务不仅仅是合同附随义务，而应该是合同的主要义务、独立义务。若当事人违反保密义务，可以要求损害赔偿。因此，合同终止后，受让人要在解除合同之后采取措施保密，具体包括：

（1）技术资料的返回。因为技术秘密本身的特性，所有转让的资料必须全部返回，包括交给受让方的一切记录着技术秘密的文件、资料、图表、笔记、报告、信件、传真、磁带、仪器以及其他任何形式的载体，还应该包括样品和样机。

（2）保密措施的继续约定。技术秘密转让合同的后合同义务之主要义务就是保密，《合同法》第 92 条规定，合同的权利义务终止后，当事人应当遵循诚实信用原则，根据交易习惯履行通知、协助、保密等义务。所以，这个处理很重要，要么在合同条款中设置，要么在事后完善。

（3）零配件的处理。根据技术秘密的规定，它包括并不限于：技术方案、工程设计、电路设计、制造方法、配方、工艺流程、技术指标、计算机软件、数据库、研究开发记录、技术报告、检测报告、实验数据、实验结果、图纸、样品、样机、模型、模具、技术文档、相关的函电。这意味着凡是涉及技术秘密的，在转让方的监督之下，都必须保证由转让方回收，零配件也不例外。

（4）存货的处理。涉及技术秘密的存货也要在转让方的监督之下，由转让方全部回收。

7.6 技术秘密转让合同的纠纷解决

对技术秘密转让合同中违约行为进行法律保护，实际上是一种事后救济。违约发生后，技术秘密权利人可以选择司法救济途径，比如负有保守秘密的一方当事人违反保密合同约定，泄露或者擅自使用其知悉的商业秘密，即违约，应承担违约责任。合同双方在此情形下，可以根据保密合同中约定的解决争议的方式，选择仲裁或者诉讼方式，向约定的仲裁机构申请仲裁，或者根据民事诉讼法的规定向有管辖权的人民法院起诉，保护权利人的合法权益。

7.6.1 违约责任

根据相关法律规定，技术秘密转让合同双方当事人的违约责任包括：

7.6.1.1 让与人的违约责任

（1）让与人未按照合同的规定，逾期未提供技术、技术资料或者技术指导的，让与人应当支付约定的违约金或者赔偿损失，受让人有权解除合同，让与人应当返还使用费。

（2）让与人向受让人提供的技术秘密未达到合同约定的指标，让与人应支付违约金或者赔偿损失。

（3）让与人超越合同约定的范围，擅自许可第三人实施使用该项技术秘密的，应支付违约金或者赔偿损失。

（4）让与人违反约定保密义务的，应支付违约金或者赔偿损失。

（5）受让人按照合同的约定使用技术秘密侵害他人合法权益的，让与人应当承担责任。

7.6.1.2 受让人的违约责任

（1）受让人未按照约定支付使用费的，应当补交使用费并按照约定支付违约金。不补交使用费或者支付违约金的，应当停止使用技术秘密，交还技术资料，承担违约责任。

（2）受让人使用技术秘密超越约定的范围的，应当停止违约行为，承担违约责任，支付违约金或者赔偿损失。

（3）受让人未经让与人同意擅自许可第三人实施或者使用该技术秘密的，应当停止违约行为，承担违约责任，支付违约金或者赔偿损失。

（4）受让人违反合同约定的保密义务，泄露技术秘密，给让与人造成损失的，应当支付违约金或者赔偿损失。

7.6.2 纠纷解决方式的选择

协商、调解、仲裁、诉讼都是纠纷的解决办法，如何选择，是合同纠纷双方的自由。合同相对方合法取得技术秘密后无疑也成为权利人，一旦有纠纷产生，纠纷解决方式完全取决于权利主体。所以，纠纷解决方式对于合同双方来说并不是一个很复杂的问题，重点是关注技术秘密转让合同纠纷过程中的特殊现象。

7.6.2.1 技术秘密转让合同的诉讼时效

《民法通则》规定的一般诉讼时效为 2 年。因此，对于技术秘密转让合同来说，诉讼时效是 2 年，诉讼时效从当事人知道或者应当知道其权利受到侵害之日起计算。例如在技术秘密转让合同中，合同约定受让人不得将该技术向第三人泄露，后来转让人在参观第三方生产现场时发现自己的技术秘密被泄露，诉讼时效从发现之日起。应当知道则是根据法律规定和从事实判断自己的权利被侵害。

7.6.2.2　技术秘密转让合同诉讼管辖地的确定

2004 年《最高人民法院关于审理技术合同纠纷案件适用法律若干问题的解释》第 43 条规定，技术合同纠纷案件一般由中级以上人民法院管辖。各高级人民法院根据本辖区的实际情况并报经最高人民法院批准，可以指定若干基层人民法院管辖第一审技术合同纠纷案件。其他司法解释对技术合同纠纷案件管辖另有规定的，从其规定。合同中既有技术合同内容，又有其他合同内容，当事人就技术合同内容和其他合同内容均发生争议的，由具有技术合同纠纷案件管辖权的人民法院受理。

因此，对于合同双方当事人，在上述法律规定之下，要注意：诉讼管辖地关系到可能发生诉讼的法院地点，可能会影响到发生诉讼的费用和诉讼的成败，必须在了解法律的相关规定的情况下谨慎对待。对诉讼管辖地的确定❶：

（1）有约定的从约定；

（2）没有约定的按"履约地为管辖地"，"履约地"则按合同条款中的"有关履约地的约定"来判断或按"实际履约地"来判断；

（3）履约地约定不明确的，按被告所在地为管辖地。

7.6.2.3　案由的确定

《最高人民法院关于审理技术合同纠纷案件适用法律若干问题的解释》第 42 条规定：当事人将技术合同和其他合同内容或者将不同类型的技术合同内容订立在一个合同中的，应当根据当事人争议的权利义务内容，确定案件的性质和案由。技术合同名称与约定的权利义务关系不一致的，应当按照约定的权利义务内容，确定合同的类型和案由。技术转让合同中约定让与人负责包销或者回购受让人实施合同标的技术制造的产品，仅因让与人不履行或者不能全部履行包销或者回购义务引起纠纷，不涉及技术问题的，应当按照包销或者回购条款约定的权利义务内容确定案由。

技术秘密转让合同属于技术合同的一种，也同样适合上述规定，特别是技术名称与约定权利义务的不一致和包销或者回购产品的情形，应该注意案由的确定方法。

7.6.2.4　技术秘密转让合同诉讼中的举证

7.6.2.4.1　原告举证难的问题

由于技术秘密的非法定专有性，决定了技术秘密侵权诉讼确定侵权主

❶严明．技术合同签订与履行过程中应注意的问题［J］．青海科技，2005（6）：55．

体（即被告）的举证难度远高于专利侵权诉讼。专利侵权的判断标准比较明确，在专利权有效时空范围内，某人未经许可的行为（包括制造、销售产品、使用方法等）落入专利的保护范围，即有侵权嫌疑；而尽管技术秘密最终总要进入市场（通常是通过产品来体现），但权利人却不能据此认为他人侵权，因为他人可以通过自行开发、反向工程研究等合法取得技术秘密。目前对于技术秘密纠纷举证责任的分配存在很大争议，很多人对这种举证责任分配形式提出过质疑，甚至主张举证责任倒置。最高人民法院知识产权审判庭庭长蒋志培认为：在涉嫌侵犯商业秘密的案件中，原告是商业秘密的权利人，被告也说自己被控的技术方案或者其他信息属于商业秘密，在被告是否使用原告的商业秘密上，不能适用举证责任倒置，而应当适用谁主张谁举证的原则，原告的举证责任就重于被告：不但要证明自己享有权利，还要证明被告通过不正当的手段获取了或者使用了自己的商业秘密。❶在实践中，技术秘密侵权诉讼适用的是过错责任原则，且当事人均可以以侵权为由提起诉讼，举证责任还是"谁主张，谁举证"。这就意味着在审理技术秘密侵权案件中，原告在提起技术秘密侵权诉讼时，应当向法院提供证据证明自己是技术秘密合法的拥有者或使用者。原告要从技术秘密的构成条件即秘密性、价值性、保密性、实用性等方面来证明其技术秘密的存在。除此之外，原告还应举证证明被告所使用的信息与自己的技术秘密具有一致性或者相同性，侵权行为的证据，被告主观上存在过错，被告行为给原告造成了损害，被告侵害商业秘密的行为与原告的损害之间具有因果关系。如果原告不能举证证明上述内容，则应由原告承担败诉责任。可见，它是一种完整、理想化的举证责任分配情形。然而，近年来，利用高科技手段来窃取技术秘密已成为现代商战的一大特色，这使得技术秘密侵权更具有隐蔽性和不可捉摸性。实践中，一般以"接触加相似"作为审判工作的原则。其中对于"接触点"，法律没有明确的、可操作性强的界定。对"接触"一般有广义和狭义之分。广义的接触是指知情人"接触"原单位的技术秘密；之后带着所接触的技术秘密与新单位"接触"；并且新单位使用了这一技术秘密。实际上，这是先后发生的三个阶段。只有知情人和新单位完成这三个阶段后才能构成侵权行为。而狭义的"接触"是指第一个阶段。"相似"是指侵权人所使用的技术信息或经营信息与权利人的技术秘密表现得非常接近。这种接近不一定是完全相同，但至少达到"实

---

❶蒋志培．知识产权审判中证据认定应把握的几个问题［J］．中国审判新闻月刊，2006（6）：65．

质相同"。可见原告举证之难，这也是技术秘密诉讼胜诉率低的原因之一。这个问题对于合同转让方来说是非常重要的，需要在技术秘密转让合同转让过程中，在每一个环节做好相应的证据保存工作，以免在日后的纠纷中陷于被动。

　　7.6.2.4.2　技术秘密诉讼中的"二次泄密"问题

　　技术秘密的价值的维持在于保密，而技术秘密转让本身就是一种"泄密"过程，一旦转让双方引起纠纷，技术秘密就随时有失密的危险。在技术秘密开庭前，如公开审判极有可能使技术秘密公之于众，给权利人造成无法挽回的损失。因为，证据规则要求："证据应当在法庭上出示，由当事人质证。未经质证的证据，不能作为认定案件事实的依据。"在诉讼阶段，如果由于当事人、诉讼参与人、司法机关工作人员没有严格保密，或者由于诉讼程序上的法律漏洞，造成技术秘密泄露，就会给权利人造成"二次泄密"。质证公开的要求，导致技术秘密权利人面临着"提起诉讼，面临再次全面完整公开其技术秘密而可能产生的利益损失"和"放弃诉讼，让侵权人继续侵权而产生的利益损失"的两难境地。因此，对于在技术秘密诉讼过程中，如何防止"二次泄密"是诉讼策略的重要组成部分。下列考虑和做法是必须的：❶❷

　　（1）根据《民事诉讼法》第120条第2款规定："离婚案件、商业秘密案件，当事人申请不公开审理的，可以不公开审理。"因此，权利人必须向人民法院申请不公开审理的，在实践中人民法院一般应予准许；人民法院对于这种不公开审理的案件，从案件审理开始，尽量减少接触技术秘密的人员，只允许办理此案的审判人员、书记员、当事人和其他诉讼参与人参加，其他人员不准进入法庭。在这一阶段，权利人还可以向人民法院申请，要求相关人员回避、扣押、查封有关的技术秘密证据等要求，以防其进一步流失泄密。比如最高人民法院在审判美国伊莱利利公司与江苏豪森药业股份有限公司方法专利侵权纠纷上诉案时，为了保护一审被告主张的商业秘密，在审理中采取了措施：一是不公开审理，不但排除了与当事人无关的公众的旁听，对当事人各方参与庭审旁听的人员也进行了限制，只允许法定代表人和他的两名委托代理人以及律师和必要的记录人员参与诉讼。同时允许各方当事人可以聘请各两名专家证人出庭，对案件涉及的专业技

❶上海市第二中级人民法院．审理商业秘密侵权案件的几点做法［EB/OL］．［访问日期不详］．http://www.shezfy.com/spyj/xsyt_view.aspx?id=3170.

❷山东省高级人民法院民三庭．知识产权诉讼证据规则专题研究（下）［J］．山东审判，2005（6）.

术问题进行说明。❶这些探索的方法都可以借鉴。

(2) 庭审质证过程中，应将案件所涉技术秘密知情人员限制在最小的范围内，技术秘密案件的诉讼参与人，均应严格按照人民法院的保密要求行事，不得泄露诉讼过程中知悉的商业秘密，否则应依法追究法律责任。比如最高人民法院在审判美国伊莱利利公司与江苏豪森药业股份有限公司方法专利侵权纠纷上诉案时，是当庭发出命令，各方当事人不能就庭审所掌握的案件情况特别是对方提供质证的信息，进行披露、扩散和使用等未经授权的行为，否则属于故意侵权，应当承担更重的法律责任甚至承担妨害诉讼的法律责任。❷

(3) 在当庭质证方面。《民事诉讼法》第 66 条规定："证据应当在法庭上出示，并由当事人互相质证。对涉及国家秘密、商业秘密和个人隐私的证据应当保密，需要在法庭上出示的，不得在公开开庭时出示。"因此，涉及技术秘密的证据属于依法应当保密的证据，人民法院可视具体情况决定是否在开庭时出示。当然，需要出示的，也不得在公开开庭时出示。

(4) 证据开示制度的理论与实践。证据开示制度源于西方，近年来为我国在诉讼过程中所采用，还处于尚不成熟的探索阶段。我国《民事诉讼法》中并没有证据开示的内容，2002 年 4 月 1 日起实施的《最高人民法院关于民事证据的若干规定》中才出现有关证据交换的规定。该司法解释第37 条"经当事人申请，人民法院可以组织当事人在开庭审理前交换证据。人民法院对于证据较多或者复杂疑难的案件，应当组织当事人在答辩期届满后、开庭审理前交换证据"，从原则上对证据交换予以肯定，确立了我国民事证据开示制度的基本雏形。❸然而我国目前证据开示制度尚存在多重缺陷，目前还存在很多争论和问题：证据开示案件的适用范围问题、证据开示的范围问题、证据开示的司法主体问题、证据开示的制度保障问题等等。❹具体来说，比如：❺

(1) 民法中并没有当事人调查取证程序的具体规定，实际上，我国当事人的调查取证权是虚化的。我国民法规定法院是调查取证程序的主体，

❶蒋志培. 知识产权审判中证据认定应把握的几个问题 [J]. 中国审判新闻月刊，2006 (6)：64.

❷蒋志培. 知识产权审判中证据认定应把握的几个问题 [J]. 中国审判新闻月刊，2006 (6)：64.

❸施云. 论民事证据开示制度在我国的构建 [EB/OL]. [访问日期不详]. http://www.chinacourt.org/html/article/200503/25/155767.shtml.

❹李俊霞. 试论我国民事证据开示制度 [EB/OL]. [访问日期不详]. http://www.studa.net/sifazhidu/070113/15265821-2.html.

❺金夏. 论构建我国独特的民事审前程序——从借鉴美国审前程序 [EB/OL]. [访问日期不详]. http://www.chinalawedu.com/news/2005/11/ma722613296132115002 6992.html.

法院依职权调查取证有制度上的保障，但这是建立在职权主义视角下的立法。当事人的调查取证权实际上也是证据开示制度实施的必要条件，因为从逻辑上来说，当事人之间的证据开示的前提是有证据可供开示。

（2）我国立法对证据交换范围并未具体规定，既不要求明确争点，也不要求把双方当事人持有的证据固定化。与案件的诉讼标的相关的任何材料都应当出示，不仅包括将要作为庭审出示的证据材料，也包括不出示但与案件诉讼标的有关联的材料；不仅包括直接的必然的联系，也包括间接的偶然的联系。

（3）其他如：没有证据开示方式的细化规定、缺失证据开示中的法院保护命令和法院制裁规定相关的证据失权制度和举证时限制度等。

从上面的分析可看出，证据开示制度的理论在我国仍然处于争论之中，立法上相当不完备，实践操作依据不多。鉴于技术秘密纠纷审判和证据开示制度的特殊联系，实践中，广东、北京、上海的一些法院在法律允许的范围之内，在现有的法律资源之下，在审判技术秘密合同纠纷时对证据开示制度的运用有所探索，比如：庭前证据交换。并总结了技术秘密纠纷的证据开示的一些原则：

（1）证据开示的对等原则与证据材料逐层开示原则。技术秘密应重视平衡当事人正当的诉讼权利和保护当事人的技术秘密。具体做法是，如果当事人要求保密具有合理理由，应根据案件的不同类型，确定技术秘密的交换程度，法院在组织证据交换时有较大的自由裁量权。需要把握的主要尺度就是证据交换材料的对等原则。即原告在举证技术秘密材料时，向被告展示到什么程度，被告也应该向原告展示到什么程度。这样既平衡了双方当事人的利益，又容易被双方当事人接受。在实际操作中，也可将原被告涉及技术秘密的技术资料区分为外围技术和核心技术，并将外围、核心技术分为若干层次。在对比当事人技术是否相同或相近似时，按照对等原则从外围技术到核心技术层层展开，然后依照对比结果确定被告是否侵犯原告技术秘密。展开的层次以足以认定被告侵权与否为限，当然逐层开示并不意味着逐层举证，各方当事人应当在举证期限内将有关证据材料全部提交法院，而法院可以根据当事人的申请，暂不将证据交换至对方当事人，不进行原被告直接质证。在必要时引进专家证人协助法官做出判断，但对于涉及技术秘密内容的鉴定文书的质证，法院仅告知鉴定结论，不向原被告宣读双方的对比材料等具体内容，原被告有相反意见可单独向法院提出。

（2）保全材料先保后示。对于保全到的资料，一般先不交换给原告。

到质证阶段，再按照前述两项原则开示并质证，以平衡双方当事人的合法权益，并避免原告提前根据保全资料调整自己的所谓秘密内容。

（3）判决书的有限公开原则。人民法院在制作法律文书时，可涉及技术秘密点的有关名词，但不可展示其具体内容；可写明鉴定文书的有关结论，但不可展示其具体内容。案件结案后，涉及技术秘密点的材料一律归入密卷，案件增加密级，设立专人归档。

（4）证据材料的有限交换原则。为避免当事人掌握对方当事人的书面技术秘密资料而导致技术秘密传播的失控，在证据交换的方式上，应尽量不在当事人之间交换核心技术资料，而应要求各方当事人到法院阅卷，在法庭组织下进行证据开示并质证。此种方法因能够保护自身的权益，且遵循对等原则，各方当事人一般都愿意接受。而对于保全到的材料，一般先不应该交换给原告。直到质证阶段，再按照证据开示的对等原则与证据材料的逐层开示原则进行证据开示并质证，以平衡双方当事人的合法权益，并避免原告提前根据保全资料调整自己所谓的秘密内容。另外，让原告指出被告侵权的技术秘密点让被告质证，如被告不认可，法院可委托鉴定机构鉴定，得出被告是否侵权的结论。

（5）强化涉密人员的保密意识。为避免因诉讼导致原告技术秘密的二次泄密，或被告技术秘密的泄密，在技术秘密的案件审理过程中，应严格控制参与诉讼的涉密人员，并要求涉密人员签署保密承诺书。规定涉密人员应严格遵守法律的规定，对于在案件审理过程中接触到的技术秘密无条件地承担保密义务。除因案件需要而正当使用有关信息外，不对有关信息作任何形式的扩散、披露、使用或者允许他人使用。保密义务不因诉讼终结而解除，应一直延续到有关信息被公开为止，否则应承担相应的法律责任。上述涉密人员是指除审判人员外，一切可以接触到有关信息的人，包括当事人个人或法定代表人、委托代理人、证人、鉴定人、翻译人员以及当事人申请的就案件专门性问题进行说明的具有专门知识的人员。

证据开示制度是审前准备程序中非常重要的制度，也是获得公正审判的重要手段。我国目前实施这一制度还有诸多制约因素。而对于其在技术秘密纠纷中的使用，更具复杂性，因为如何把握证据的开示与技术秘密的保密性的协调关系是相当困难的事情，比如技术秘密证据开示的方式，证据开示过程中的保密责任的处理，当事人在证据开示中的具有怎样的权利和义务等都是审判实践必须面对的问题。因此，这种制度在技术秘密纠纷审判中的运用，根据我国目前的法制环境和民事司法运行环境，还需要很长的探索实践。

7.6.2.5　诉讼中的鉴定问题

对于技术合同纠纷中的技术鉴定问题，《全国法院知识产权审判工作会议关于审理技术合同纠纷案件若干问题的纪要》有相关的规定：

（1）在技术合同纠纷诉讼中，需对合同标的技术进行鉴定的，除法定鉴定部门外，当事人协商推荐共同信任的组织或者专家进行鉴定的，人民法院可予指定；当事人不能协商一致的，人民法院可以从由省级以上科技行政主管部门推荐的鉴定组织或者专家中选择并指定，也可以直接指定相关组织或者专家进行鉴定。指定专家进行鉴定的，应当组成鉴定组。鉴定人应当是三人以上的单数。

（2）鉴定应当以合同约定由当事人提供的技术成果或者技术服务内容为鉴定对象，从原理、设计、工艺和必要的技术资料等方面，按照约定的检测方式和验收标准，审查其能否达到约定的技术指标和经济效益指标。

（3）当事人对技术成果的检测方式或者验收标准没有约定或者约定不明确，依照《合同法》第61条的规定不能达成补充协议的，可以根据具体案情采用本行业常用的或者合乎实用的检测方式或者验收标准进行检测鉴定、专家评议或者验收鉴定。对合同约定的验收标准明确、技术问题并不复杂的，可以采取当事人现场演示、操作、制作等方式对技术成果进行鉴定。

（4）对已经按照国家有关规定通过技术成果鉴定、新产品鉴定等，又无相反的证据能够足以否定该鉴定结论的技术成果，或者已经使用证明是成熟可靠的技术成果，在诉讼中当事人又对该技术成的评价发生争议的，不再进行鉴定。

在技术秘密案件中，由于所涉内容有较强的技术性，对于原告主张信息是否构成技术秘密中的某些事实问题，委托专家进行鉴定时，还要注意以下问题：

（1）鉴定材料是鉴定的基础，鉴定专家只解决技术问题，而不负责证据真伪的判断或证据的取舍，为保证鉴定的有效进行，鉴定材料应该是合议庭认为可以作为案件证据的材料。因此，经过当事人质证，并经合议庭对真实性、合法性、关联性进行认证，确定可以作为证据，才可以作为鉴定材料送交鉴定。值得提出的是，鉴定过程中，因鉴定需要当事人补充提交材料的，这些材料同样要经质证和认证，当事人不得直接向鉴定机构提供材料。上述事项应该在鉴定开始时告知各方当事人和鉴定机构。

（2）鉴定标准——对"不为公众所知悉"的理解，在判断原告主张内容是否构成技术秘密时，"是否为公众所知悉"往往是要首先提交专家鉴定的内容。而该判断既有法律解释问题，又有技术问题。法律解释问题就是如何理解"不为公众所知悉"。实践中，有的法官任由鉴定机关或鉴定专家解释上述含义，并作出判断。事实上，不同鉴定机关或专家的理解不一样，得出的结论也不一样。因此，法官负有向鉴定专家解释何谓"不为公众所知悉"的义务。一般认为"不为公众所知悉"包含了新颖性和相对秘密性，更侧重于新颖性的判断。《国家工商行政管理局关于禁止侵犯商业秘密行为的若干规定》对"不为公众所知悉"作了界定：是指该信息不能从公开渠道直接获取。

7.6.3 纠纷的预防策略

（1）慎重选择签约对象，订立合同前要对对方的缔约能力、法律地位、经营范围、资信状况以及履约能力、商业信誉进行必要的调查，以免引起不必要的纠纷。❶

（2）对标的进行仔细观察，论证其是否真的具有技术优势，并准确把握合同性质。❷

（3）合同风险。技术秘密的合同风险的分担非常重要，转让方的技术秘密随时面临被公开的风险，而受让人则担心技术的使用性、可靠性，双方都要通过履约方式来界定各自的风险承担责任。

（4）后续改进技术成果的归属，这个在前面已经讲过，就是尽量不要把合同条款做得过于概括，有缺陷的合同条款设置更要避免，对双方责任要规制清楚。

（5）技术秘密的使用范围和保密责任。对于合同类型的规定就决定使用范围，对于双方的保密义务也要重点处理，可以分别规定双方的先合同义务、履行中义务和后合同义务。技术秘密的技术生命在于保密，双方保密责任的不同也是制定条款需要注意的。

（6）在签订技术秘密转让合同时，双方可以对有关的办理审批或对取得行政许可义务作出明确约定。根据《最高人民法院关于审理技术合同纠纷案件适用法律若干问题的解释》第8条规定，生产产品或者提供服务依法须经有关部门审批或者取得行政许可，未经审批或者许可的，不影响当事人订立的相关技术合同的效力。当事人对办理前款所称审批或者许可的

---

❶ 孙邦清. 技术合同实务［M］. 北京：知识产权出版社，2005：288.
❷ 栾兆安，周翔. 商事合同签订指南与纠纷防范［M］. 北京：中国法制出版社，2007：670.

义务没有约定或者约定不明确的，人民法院应当判令由实施技术的一方负责办理，但法律、行政法规另有规定的除外。因此，为了防止办理审批或者取得行政许可义务不明引起纠纷，当事人最好在合同中对此作出明确约定。❶

本章思考与练习

1. 简述技术秘密的特征。
2. 简述技术秘密和专利的关系。
3. 简述技术秘密转让合同的特征。
4. 技术秘密转让合同必须约定哪些条款？
5. 签订技术秘密转让合同需要注意哪些事项？
6. 签订技术秘密转让合同前要考虑哪些事项？
7. 简述技术秘密转让合同的权利义务。
8. 技术秘密转让合同的特殊履行有哪些情形？
9. 简述技术秘密转让合同诉讼过程中的二次泄密现象及采取的措施。
10. 对于技术秘密转让合同纠纷的预防能采取哪些措施？

❶栾兆安、周翔．商事合同签订指南与纠纷防范［M］．北京：中国法制出版社，2007：659.

第八章　技术进出口与专利技术转移

本章学习要点

1. 专利技术转移的国际性界定。
2. 我国专利技术国际转移的主要情形。
3. 我国关于对外贸易经营者的备案登记制度。
4. 技术进出口的分类管理。
5. 限制类技术进出口的许可证管理。
6. 自由类技术进出口的合同登记管理。
7. 涉及专利权的技术引进合同的处理。
8. 涉及专利权的技术出口合同的处理。

8.1　国际技术转移与专利技术转移

8.1.1　技术转移的国际性界定

关于国际技术转移的界定，各国存在分歧。在 20 世纪 80 年代联合国贸易与发展会议制定《国际技术转让行动守则》❶ 的讨论中，发达国家认为，国际技术转移是指跨越国境的技术转移，要求当事人至少有一方为非定居于或设立于同一国家，即发达国家认为技术转移是否具有国际性，并不是以技术的供方和受方是否属于不同国籍的自然人或法人作为标准，而是要看技术转移是否跨越国境；❷ 而发展中国家则认为，即使技术转移的双方当事人处于同一国家，只要其中一方是外国实体的分公司、子公司、附属公司或在其他方式下直接地或间接地由外国实体所控制，应属于国际技术转移，即发展中国家认为技术转移的国际性标准还应包括当事人的国籍

---

❶ 该守则并非正式国际法律文件。
❷ 谢富纪．技术转移与技术交易［M］．北京：清华大学出版社，2006：32.

因素。虽然存在上述分歧，但各国一致赞同对跨越国境的技术转移视为国际技术转移。

我国《技术进出口管理条例》第 2 条规定："本条例所称技术进出口，是指从中华人民共和国境外向中华人民共和国境内，或者从中华人民共和国境内向中华人民共和国境外，通过贸易、投资或者经济技术合作的方式转移技术的行为。"可见，我国对于国际技术转移，主要采用跨越国境标准。

确定技术转移的国际性界定标准，关系到国际技术转移的法律适用问题。一般来说，国际技术转移涉及两类法律：一类是各国国内法上关于技术转移的规定；另一类是国际条约或国际贸易惯例。就国际技术转移合同来说，因具有涉外因素易产生法律冲突问题，其法律选择有三种途径：

（1）明示选择：双方当事人在合同中明确约定争议解决所依据的国家法律；

（2）默示选择：合同未约定或者约定不明，当争议提交法院或仲裁机构时，由法院或仲裁机构根据合同和一切与合同有关的事项推定适用何种法律；

（3）直接适用国际公约：如果双方当事人的所属国均为某一双方条约或多边条约的缔约国，当事人所签订的合同适用该国际条约，在这种情况下，合同当事人无权自由选择。

8.1.2 专利权的地域性与专利技术国际转移

专利权的地域性决定了在某一国家内申请并获权的专利，只在该国领域内有效，其效力不能延伸到其他国家。这源于《巴黎公约》规定的专利权独立性原则，指各成员国所授予的专利权是相互独立的，各成员国在专利权授予条件、权利期限和权利无效等方面有权根据本国法律的具体规定独立作出决定，不受其他成员国决定的影响。根据专利权的独立性原则，各国都只保护根据本国专利法授权的发明创造，没有义务保护在外国被批准的专利的义务。即使是 PCT 专利或者欧盟专利，只是在申请审批程序上的简化，其授权必须经过国家阶段。

从地域性限制来看，一国的专利权是不可能"跨越国境"的，这是专利权与技术秘密的最大区别。要实现专利技术的"跨越国境"，须在他国就同一技术申请专利。这种就同一发明创造的不同国家授权的专利权，即为专利族，相互之间为同族专利。但是，就他国同族专利进行转移，依据的是所在国的法律，与本国没有任何法律关系，这是专利权的地域性所决定的。

8.1.3　专利技术国际转移的相关规定

8.1.3.1　国际技术转移的模式

根据联合国《国际技术转让行动守则》规定，国际技术转移包含各种工业产权的转让或授权许可。可见，国际技术转移的行为有两种：转让和许可。国际技术转移的客体包括：专利权和专利申请权、商标权、技术秘密、计算机软件、集成电路布图设计、技术服务等等。在实务中，国际技术转移的主要模式有：技术贸易，其中许可证贸易占重要地位；直接投资，主要是以技术入股；合作研发等等途径。

目前，国际技术转移以发达国家为主，其中跨国公司成为技术转移的重要组织形式。跨国公司立足于其技术研发创新储备，通过国际化生产销售网络体系，以各种方式推动国际技术转移，例如技术入股、技术设备销售以及技术专家派遣等方式。但是，技术转移内部化仍然是跨国公司技术转移的基本特征，例如，跨国公司在各国设立研发机构，通过关联公司等组织优势把技术资源在内部进行调配，使技术转移"出国不出公司"。❶

根据我国《技术进出口管理条例》的规定，技术进出口行为包括专利权转让、专利申请权转让、专利实施许可、技术秘密转让、技术服务和其他方式的技术转移。

8.1.3.2　我国有关专利技术国际转移的规定

根据国际技术转移的"跨越国境"标准和专利权的地域性，专利技术似乎不可能进行国际转移。实际上，无论是《国际技术转让行动守则》的规定，还是我国对技术进出口的界定，国际技术转移都包括专利权或专利申请权的转让和许可。因此，专利技术转移的国际性界定标准有所扩大，除跨越国境外，还包括国籍因素，即使专利技术转移发生在国内，但是至少有一方当事人为外国人，则该专利技术转移亦为国际技术转移。

根据《最高人民法院关于适用〈中华人民共和国民事诉讼法〉若干问题的意见》第304条规定："当事人一方或双方是外国人、无国籍人、外国企业或组织、或者当事人之间民事法律关系的设立、变更、终止的法律事实发生在外国，或者诉讼标的物在外国的民事案件，为涉外民事案件。"因此，专利权案件只要具备当事人为外国人（是指具有他国国籍的自然人、法人及无国籍的自然人），或者法律事实发生在外国（是指当事人之间的法

❶谢富纪.技术转移与技术交易 ［M］.北京：清华大学出版社，2006：42.

律关系的设立、变更、终止的法律事实发生在外国)，或者诉讼标的物在外国（关于标的物，须考虑知识产权各国保护的地域性）这三个因素之一，即为涉外专利权案件。同时，我国专利法对于向外国人转让专利申请权或专利权的有限制性规定，要求按照《技术进出口管理条例》的有关规定办理。由此可见，针对专利技术转移的国际性界定标准，我国兼采跨越国境和当事人国籍因素这两个标准。

8.1.3.3 我国专利技术国际转移的主要情形

在我国发生专利技术国际转移的，主要有以下三种途径：

（1）专利许可：许可行为发生在中国，被授权许可的专利为中国专利，但许可方或受许方至少有一方为外国主体。

（2）混合许可：也称"国际许可证协定"，将专利、技术秘密或商标等在一个协议进行一揽子许可。混合许可是国际技术贸易中最常用的一种许可贸易形式，其中尤其以专利和技术秘密结合在一起的许可形式最多。因为技术秘密可以跨越国境，与之相结合的专利视情况而定，如果中国是技术引进国，则该专利应为中国专利；如果中国是技术输出国，则该专利应为技术实施国的专利。

（3）专利申请权或专利权的转让：是指向外国主体转让专利申请权或者专利权，转让行为发生在中国，转让方为中国单位或者个人，受让方为外国人，转让客体为中国专利申请权或者专利权，在转让前后其性质不变。

其实，不论何种情形下的专利技术国际转移，都可以划入技术引进或者技术出口两种模式中的一种。

8.2 技术引进合同与专利技术转移

8.2.1 我国对技术引进的行政管理

8.2.1.1 技术引进主体的备案登记

根据我国《对外贸易法》和《对外贸易经营者备案登记办法》的规定，从事技术进出口的对外贸易经营者，应当向中华人民共和国商务部（以下简称"商务部"）或商务部委托的机构办理备案登记；但是，法律、行政法规和商务部规定不需要备案登记的除外。对外贸易经营者未按照规定办理备案登记的，海关不予办理进出口的报关验放手续。因此，技术引进主体应当办理备案登记手续。

1. 备案登记机关

商务部是全国对外贸易经营者备案登记工作的主管部门，其具体办事机构为商务部下属的外贸司。

对外贸易经营者备案登记工作实行全国联网和属地化管理。商务部委托符合条件的地方对外贸易主管部门（以下简称"备案登记机关"）负责办理本地区对外贸易经营者备案登记手续；受委托的备案登记机关不得自行委托其他机构进行备案登记。地方对外贸易主管部门包括各地方商务厅（局），根据商务部的授权，主管本行政区划内的对外贸易工作，其具体办事机构为其下属的对外贸易处（科）。

2. 备案登记的程序❶

作为对外贸易经营者的技术引进主体在本地区备案登记机关办理备案登记，流程如下：

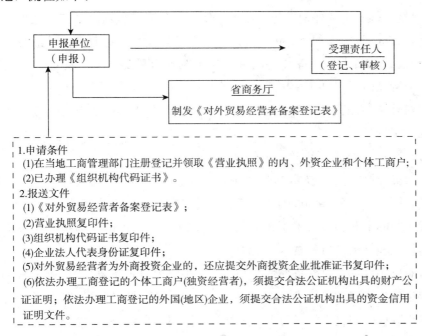

图8—1　对外贸易经营者备案登记流程图

可见，备案登记的具体程序是：

（1）领取《对外贸易经营者备案登记表》（以下简称《登记表》）。对外贸易经营者可以通过商务部政府网站（http：//www.mofcom.gov.cn）下

---

❶《对外贸易经营者备案登记办法》自2004年7月1日起施行。

载，或到所在地备案登记机关领取《登记表》。

（2）填写《登记表》。对外贸易经营者应按《登记表》要求认真填写所有事项的信息，并确保所填写内容是完整的、准确的和真实的；同时认真阅读《登记表》背面的条款，并由企业法定代表人或个体工商负责人签字、盖章。

（3）向备案登记机关提交上述报送文件。

备案登记机关应自收到对外贸易经营者提交的上述材料之日起 5 日内办理备案登记手续，在《登记表》上加盖备案登记印章。

备案登记机关在完成备案登记手续的同时，应当完整准确地记录和保存对外贸易经营者的备案登记信息和登记材料，依法建立备案登记档案。

对外贸易经营者应凭加盖备案登记印章的《登记表》在 30 日内到当地海关、检验检疫、外汇、税务等部门办理开展对外贸易业务所需的有关手续。逾期未办理的，《登记表》自动失效。

《登记表》上的任何登记事项发生变更时，对外贸易经营者应按照有关规定，在 30 日内办理《登记表》的变更手续，逾期未办理变更手续的，其《登记表》自动失效。备案登记机关收到对外贸易经营者提交的书面材料后，应当及时予以办理变更手续。

对外贸易经营者在备案登记机关在办理备案登记或变更备案登记手续均是免费的。

8.2.1.2　技术引进的分类管理

我国原则上允许技术的自由进口，尤其鼓励先进、适用的技术进口。但是，国家基于公共政策等原因考虑，可以限制或者禁止某些技术的进口。因此，实际上我国对技术引进实行分类管理，分禁止进口的技术、限制进口的技术和自由进口的技术三大类。

商务部根据《对外贸易法》和《技术进出口管理条例》，有权公布《中国禁止进口限制进口技术目录》❶，并根据客观情况进行修订。未列入《中国禁止进口限制进口技术目录》的技术，则属于自由进口的技术。

我国根据技术的性质对技术引进合同区分管理，属于禁止进口的技术，不得进口；属于限制进口的技术，实行许可证管理；属于自由进口的技术，实行合同备案登记管理。

8.2.1.3　限制进口技术合同的许可证管理

我国对限制进口的技术实行许可证管理，未经许可，不得进口。

---

❶《中国禁止进口限制进口技术目录》，2007 年 10 月 23 日公布，2007 年 11 月 23 日生效。

技术进口经营者申请许可证的程序如下：

1. 《限制进口技术申请书》的递交和审查

引进属于限制进口的技术，技术引进主体应当向商务部提出技术进口申请并附有关文件。技术进口项目需经有关部门批准的，还应当提交有关部门的批准文件。

商务部有关部门收到技术进口申请后，会同国务院有关部门对申请进行审查，并自收到申请之日起 30 个工作日内作出批准或者不批准的决定。因申请材料不完备、申请内容不清或其他申请不符合规定的情形，退回申请人修改或补充的，申请人重新申请或补充最后材料之日为收到申请日。

商务部就限制技术引进的审查包括贸易审查和技术审查两部分：

（1）贸易审查的主要内容

①是否符合我国对外贸易政策，有利于对外经济技术合作的发展；

②是否符合我国对外承诺的义务。

（2）技术审查的主要内容

①是否危及国家安全或社会公共利益；

②是否危害人的生命或健康；

③是否破坏生态环境；

④是否符合国家产业政策和经济社会发展战略，有利于促进我国技术进步和产业升级，有利于维护我国经济技术权益。

2. 《技术进口许可意向书》的取得

技术进口申请经批准的，由商务部发给《技术进口许可意向书》。进口经营者取得技术进口许可意向书后，就可以对外签订技术引进合同。

3. 技术引进合同的签订

技术进口经营者与技术供方经过谈判，签订技术引进合同。

4. 技术进口许可证的申请

进口经营者签订技术引进合同后，应持《技术进口许可意向书》，向商务部提交技术引进合同副本及其附件、签约双方法律地位证明文件，申请技术进口许可证。

商务部对技术进口合同的真实性进行审查，并自收到技术进口合同副本及有关文件之日起 10 个工作日内，对技术进口作出许可或者不许可的决定。

请注意，除按 1～4 流程进行外，技术进口经营者在向商务部提出技术进口申请时，也可以一并提交已经签订的技术进口合同副本。商务部应当依照规定对申请及其技术进口合同的真实性一并进行审查，并自收到前述文件之日起 40 个工作日内，对技术进口作出许可或者不许可的决定。

5.《技术进口许可证》的颁发

技术进口经许可的，由商务部颁发《技术进口许可证》。技术引进合同自技术进口许可证颁发之日起生效。

技术进口经营者获得《技术进口许可证》后，如需更改技术进口内容，应按有关规定重新履行技术进口许可手续。

技术进口经营者凭技术进口许可证办理外汇、银行、税务、海关等相关手续。

经许可的技术进口合同终止的，应当及时向国务院外经贸主管部门备案。

8.2.1.4 自由进口技术合同的登记管理

进口属于自由进口的技术，合同自依法成立时生效，不以登记为合同生效的条件，但技术进口经营者应当向商务部或其委托的部门办理登记。我国对自由进口技术合同实行网上在线登记管理。

技术进口经营者办理合同登记时应并提交下列文件：

（1）技术进口合同登记申请书；

（2）技术进口合同副本；

（3）签约双方法律地位的证明文件。

合同登记主管部门应当自收到上述文件之日起 3 个工作日内，对技术进口合同进行登记，颁发技术进口合同登记证。

技术进口经营者凭技术进口合同登记证，办理外汇、银行、税务、海关等相关手续。

经登记的技术进口合同，合同的主要内容发生变更的，应当重新办理登记手续。

经登记技术进口合同终止的，应当及时向国务院外经贸主管部门备案。

8.2.2 涉及专利权的技术引进合同

8.2.2.1 涉外专利申请权/专利权实施许可合同

根据《技术进出口管理条例》的规定，技术进出口包括专利实施许可，这主要是指具有涉外因素的专利申请权/专利权实施许可合同。由于专利权的地域性，专利申请权/专利权实施许可合同的涉外因素主要是指许可方或被受许可方至少一方为外国人，包括在中国设立的外资企业。这种情形下的专利申请权/专利权实施许可合同，与不具有涉外因素的国内专利实施许可合同相比，在合同签订及其备案、履行、终止等方面没有实质差别，双方也无需根据《对外贸易法》和《技术进出口管理条例》办理相关审批或登记手续。只是在专利合同纠纷诉讼上，适用有关涉外民事诉讼程序的相关规定。

【案例1】美国史坦富资本有限公司与被告聊城史坦富新型建材有限公司专利实施许可合同纠纷（（2006）济民三初字第48号）

【当事人】原告美国史坦富资本有限公司（STANFORD（USA）CAP-ITAL，INC.），住所地美国纽约州纽约市公园大道300号17楼。

被告聊城史坦富新型建材有限公司。

【案情简介】2002年1月8日和2004年1月6日，原告分别与龙口塑胶新技术研究所和杨某某、杨某签订专利使用权转让合同，取得了涉案12件专利的使用权及将上述专利许可其下属公司、合资公司使用的权利。

2005年5月8日，柯谷公司与原告签订《聊城史坦福新型建材有限公司合同》一份，约定：双方共同在山东省聊城市投资设立聊城史坦富公司，注册资本为人民币650万元，柯谷公司现金出资357.5万元，占55％股份；原告现金出资292.5万元，占45％股份（如以外币出资，按照缴款当日的中国国家外汇管理局公布的外汇牌价折算成人民币）；合资公司在领取营业执照后15天内双方将各自投入40％的现金注入合资公司账户，之后60天内投入剩余的60％现金；同意由合资公司出资购买原告所拥有的12件专利使用权，该使用权作价70万元，具体条款按双方签订的《专利使用权协议书》。同日，柯谷公司（甲方）与原告（乙方）签订《专利使用权协议书》，约定：甲、乙双方一致同意合资公司出资70万元购买乙方所拥有的12件专利使用权及相关的技术服务，双方首期资金到位后10天内先付40万元，之后40天第二批资金到位后再付30万元，本协议作为合资公司合同的附件与合资合同具有同等的法律效力。

2005年6月13日，被告取得了批准号为商外资鲁府聊字（2005）1068号的中华人民共和国外商投资企业批准证书，该证书载明被告注册资本为650万元，其中柯谷公司出资357.5万元，原告出资292.5万元。同日，被告取得了企业法人营业执照，法定代表人为雷某某。

2005年7月5日，原告向被告聊城史坦富公司投入99 980美元；2005年7月18日，原告通过济南赐辰科技开发有限公司支付给被告300万元人民币，此后被告退回150万元人民币；2005年11月1日，原告向被告投入99 940美元。上述两笔美元投入按缴款当日中国人民银行公布的外汇牌价折算成人民币后，原告共向被告出资 3 136 400 元人民币。2005 年 9 月 20 日，柯谷公司向被告出资 3 581 980 元。2005 年 10 月 8 日，被告开机投产，但至今未向原告支付专利使用费。

【法院判决】此案焦点是专利使用费的支付问题。法院查明，被告聊城史坦富公司由原告美国史坦富公司与柯谷公司两股东组成，两股东协议作出的由被告聊城史坦富公司出资购买原告专利使用权的意思表示，其约束力及于被告聊城史坦富公司。被告聊城史坦富公司理应按协议约定在两股东投资全部到位后向原告支付 70 万元的专利使用费。2005 年 11 月 1 日，两股东对被告聊城史坦富公司的投资已全部到位，而被告聊城史坦富公司一直未支付上述专利使用费。因此，原告要求其支付 70 万元的专利使用费符合法律规定，本院予以支持。原告要求被告聊城史坦富公司支付为此案支出的律师费、调查费，但未提供相应的证据，对该诉讼请求不予支持。一审判决如下：

一、被告聊城史坦富新型建材有限公司于本判决生效之日起 10 日内支付原告美国史坦富资本有限公司 70 万元；

二、驳回原告美国史坦富资本有限公司其他诉讼请求。

如不服本判决，原告美国史坦富资本有限公司可在本判决送达之日起 30 日内，被告聊城史坦富新型建材有限公司可在本判决送达之日起 15 日内，向本院递交上诉状和上诉状副本共 6 份，并预交上诉案件受理费 12 010 元，上诉于山东省高级人民法院。

【评析】案例 1 中，专利实施许可关系很清楚，主要是当事人具有涉外因素，此案许可方即专利权人为美国公司。在诉讼程序上，外方当事人适用涉外民事诉讼程序的规定，例如上诉期限的计算有差别，原告美国公司上诉期限为 30 日，而被告系中国法人，则上诉期限为 15 日。

关于涉外专利申请权/专利权实施许可合同的合同文本参见本节 8.2.3 专利技术许可证合同范本。

8.2.2.2 涉及专利许可的混合技术引进合同

在国际技术转移的混合许可当中，一个技术引进项目往往包括多项技术，其中既有专有技术，也有专利技术。中方作为技术引进方，应注意两大问题：

1. 引进前辨清专利真伪虚实

在技术引进谈判阶段，若外方在一揽子许可中列明专利技术，中方需要对该专利技术进行检索，查清：

该技术是否在中国国家专利局获得专利授权；

该专利权的法律状态，例如剩余存续年限、是否提前终止、是否被宣告无效等等；

该专利权的有效性，通过比较该技术在其他国家的同族专利授权情况，查看该中国专利的效力范围。

查清上述事实，有利于增加谈判筹码。例如，专利剩余存续年限如果短于技术引进合同的有效期，则专利期满终止后的期间，技术使用费应该降低。

【案例 2】辨清专利真伪

美国斯丹高（Standco）公司向中国天津棉制品厂转让"刹车块布"技术时，提出要包括专利入门费在内的 300 万美元转让费。天津棉制品厂进行了专利文献检索调查，得知，该技术并未申请专利。最后，美国斯丹高公司不得不将转让费降至 30 万美元。

【案例 3】辨清专利虚实

案例 3-1　1973 年，中国某公司与日本曹工程株式会社等 3 家厂商签订了乙二醇生产合同，100 万美元买下 22 个专利使用权。事后查阅专利文献得知，签订合同时，已有 7 件专利过期，为失效专利；有 2 件差几个月过期；5 件为无用的催化剂专利。该公司因此多支出费用 64 万美元。

案例 3-2　英国皮尔金顿公司向中国某公司转让浮法玻璃生产技术时，要求支付 2500 万英镑的专利入门费。该中国公司进行了专利文献检索调查，查得该公司围绕此技术共申请了 137 件专利，其中已有 51 件失效。最后，英国皮尔金顿公司不得不把入门费降至 52.5 万英镑。❶

【评析】案例 2 外方的技术并没有在中国申请专利；案例 3 的两个实例中，虽然外方主张的确实为中国专利，但专利的质量存在严重问题，例如包括已失效专利、马上期满失效的专利等。因此，中方对一揽子许可中，外方主张的专利权必须认真清查，而不能贸然全盘接受；在此基础上，与外方据理商谈，力争合理的技术使用费价格。

2. 技术引进合同中与专利许可相关的主要条款

（1）专利描述条款

技术引进合同中包括的专利，必须是技术供方拥有的、已由国家知识

---

❶案例 2 和案例 3 来源参见张贰群. 专利战法八十一计［M］. 北京：知识产权出版社，2005：230-231.

产权局授权的发明专利（或实用新型专利或外观设计专利），专利的基本信息包括专利号、申请日、发明创造名称、专利权人以及专利权的有效期限必须一一列明。

如果涉及多项专利技术，必须列明专利清单，并且附上中国专利证书。

（2）维持专利有效性条款

在技术引进合同有效期间，供方必须维持合同项下专利权的效力，包括按时缴纳专利年费、积极应对他人提起的专利无效宣告请求等。

由于技术引进合同还包括技术秘密，合同的有效期限可能会超过专利权的存续期限。针对一揽子许可的专利权先于合同期满前终止的情形，合同应当对此作出约定，相应调整技术使用费。

（3）权利不争条款

在国际技术转移合同中，往往包括一些限制性条款。与专利权相关的主要有权利不争条款，即技术供方要求受方接受专利技术许可后，在整个技术引进合同有效期内，不得质疑该专利的有效性，包括不得提出专利无效宣告请求。

我国《对外贸易法》禁止权利不争条款。同时，根据《最高人民法院关于审理技术合同纠纷案件适用法律若干问题的解释》第10条的解释，权利不争条款属于"非法垄断技术、妨碍技术进步"的情形，应属无效条款。

（4）第三人侵权指控的处理

技术引进合同履行过程中，中方在技术实施过程中，或遇第三方侵权指控，因此必须在技术引进合同中明确约定由技术供方负责与第三方进行交涉，并承担由此产生的一切经济上和法律上的责任。这是技术供方的权利瑕疵担保责任。

实际上，不仅是包含专利权的技术引进合同需要强调技术供方承担第三方侵权指控的责任，对于仅包含专有技术的技术引进合同，也有可能遇第三方知识产权侵权指控。

【案例4】法国卡尔滕巴赫—蒂林有限公司（KALTENBACH－THURINGS. A）与法国格兰德—派罗斯有限公司（GRANDEPAROISSES. A）等专利侵权纠纷上诉案（（2005）冀民三终字第22号）

【当事人】上诉人（原审被告）：法国卡尔滕巴赫—蒂林有限公司（KALTENBACH－THURING S. A）（以下简称"KT公司"）；

被上诉人：（原审原告）：法国格兰德—派罗斯有限公司（GRANDE PAROISSE S. A）（以下简称"GP公司"）；

被上诉人（原审被告）：河北省沧州大化（集团）有限责任公司（以下简称"沧州大化"）。

【案情简介】GP 公司通过受让方式成为中国第 86105683.3 号"浓缩硝酸铵溶液制备的方法"发明专利的合法专利权人，该专利的申请日为 1986 年 7 月 4 日，该项发明专利的权利保护期限应为 15 年，自申请日起计算，保护期限应于 2001 年 7 月 4 日届满。

KT 公司作为供方（乙方）于 1995 年 2 月 10 日与沧州大化的代表中国国际信托投资贸易有限公司（甲方）签订了《年产 5 万吨多孔粒状硝铵装置合同》。该合同主要内容为：甲方同意购买乙方的特许、基础设计包、专有设备、特殊设备详图及装置的设计、工程、建设和开车过程提供有关工艺的协助，并按合同规定的期限和条件向乙方支付相应的报酬，并对价格、支付条款和条件、资料和设备的交付、技术文件的修改和改进、侵权和保密等条款有明确约定，其中在侵权保密条款中约定：乙方保证其是合同的合法所有者，并且其转让给甲方的专有设备的合法性。如果发生侵犯第三方权利的指控，乙方应有义务与第三方进行交涉并承担由此引起的法律责任和经济责任等。沧州大化向法院提交了《中华人民共和国对外经济贸易部技术引进合同批准书》、编号为 95 RM MY/MDOID《合同》及 13 份合同附件、工艺流程图、操作手册、管式反应器技术说明这些证据证明上述事实。

KT 公司已按合同约定将年产 5 万吨多孔粒状硝铵装置技术提供给沧州大化。GP 公司认为 KT 公司提供给沧州大化的该项技术侵犯了其专利权。

【法院判决】一审法院认为：1. GP 公司通过受让方式合法成为中国专利第 86105683.3 号"浓缩硝酸铵溶液制备的方法"的专利权人。KT 公司和沧州大化认为 GP 公司不是中国专利第 86105683.3 号发明专利的权利人，无权提出侵权诉讼之理由，已被中华人民共和国国家知识产权局 1999 年 5 月 26 日总第 689 号《发明专利公报》及该局 2000 年 7 月 29 日出具的"对 2000 年 7 月 10 日专利登记簿副本的更正证明"所否定，因此，GP 公司在第 86105683.3 号中国专利的专利权利延续期间，有权因他人侵犯该项专利权提起诉讼，应为适格的原告。2. 从沧州大化提交的《中华人民共和国对外经济贸易部技术引进合同批准书》、编号为 95RM MY/I－MDOID《合同》及 13 份合同附件看，KT 公司是作为合同供方向沧州大化提供了年产 5 万吨多孔粒状硝铵装置，技术文件提供、技术培训等均由 KT 公司负责，其又是合同支付款项的接收人；且在《合同》第 9.2 项中明确约定

"乙方（第一被告）保证其是合同的合法所有者，并且其转让给甲方的专有设备的合法性。如果发生侵犯第三方权利的指控，乙方应有义务与第三方进行交涉并承担由此引起的法律责任和经济责任"，据此，GP 公司将 KT 公司作为此案被告没有错误。3. 经技术鉴定，KT 公司构成专利权侵权。因此，对 GP 公司请求确认 KT 公司向沧州大化许可使用的"以管式反应器制造浓硝酸铵溶液"的技术侵犯了其第 86105683.3 号发明专利权及请求赔偿的诉讼请求，一审法院予以支持，但对 GP 公司的索赔额不全额支持；专利权为一种财产权，在该案中，KT 公司和沧州大化之行为仅对 GP 公司经营市场造成了冲击，使其市场份额相应减小，经济收益相应减少，KT 公司侵犯的仅是 GP 公司的财产权，不涉及侵犯其无形的人身权之行为及事实理由，不适用赔礼道歉；对 GP 公司请求判令 KT 公司向 GP 公司书面赔礼道歉之诉讼请求本院不予支持。

一审判决：1. 第一被告 KT 公司提供给第二被告沧州大化的"以管式反应器制造浓硝酸铵溶液"的技术侵犯了原告 GP 公司中国专利第 86105683.3 号发明专利权；2. 第一被告 KT 公司赔偿原告 GP 公司经济损失人民币 50 万元；自本判决生效后 30 日内一次性支付给原告；3. 驳回原告 GP 公司的其他诉讼请求。

KT 公司不服一审判决，提起上诉。上诉主要围绕 KT 公司提供给沧州大化的"以管式反应器制造浓硝酸铵溶液"的技术未落入 GP 公司中国专利第 86105683.3 号发明专利权的权利要求范围而展开。最终，二审法院认定，KT 公司许可沧州大化的技术并未侵犯 GP 公司的"浓缩硝酸铵溶液的制备的方法"的发明专利权。因此二审改判如下：1. 撤销中华人民共和国河北省石家庄市中级人民法院（1999）石知初字第 162 号民事判决；2. 驳回 GP 公司的诉讼请求。

【评析】案例 4 中，中方与外方签订技术引进合同，该合同本身没有涉及专利技术。但是，在合同履行过程中遭到第三方专利侵权指控。从另外一个角度看此案，中方引进技术时，应全面了解该技术内容，如果发现同时有专利技术存在，专利权人亦为技术供方，则应一并寻求许可；如果专利权人为第三方，则可就此与技术供方协商，寻求回避技术方案，并可通过谈判降低技术使用费。

8.2.3 专利技术许可证合同范本

在技术引进中含有专利技术，在制订技术引进合同时有两种途径，可以在技术引进合同中设置相关条文明确专利技术许可；也可以另附一份专利技术许可证合同，作为一揽子合同中的一部分。专利技术许可证合同范本如下❶，仅供参考：

专利技术许可证合同

签约时间：_____

签约地点：_____

签约编号：_____

中国_____（以下简称"接受方"）为一方，_____ 国_____ 公司（以下简称"许可方"）为另一方；

鉴于许可方是_____技术的专利持有者；

鉴于许可方有权，并且也同意将_____专利技术的使用权、制造权和产品的销售权授予接受方；

鉴于接受方希望利用许可方的专利技术制造和销售产品；

双方授权代表通过友好协商，同意就以下条款签订本合同。

第一条 定义

1.1 "专利技术"是指本合同附件一中所列的技术，该技术已于____年_____月____日经国家知识产权局批准，获得了专利权，其专利号为_____。

1.2 "许可方"是指_____ 国_____ 市_____公司，或者该公司的法人代表、代理和财产继承者。

1.3 "接受方"是指中国_____公司，或者该公司的法人代表、代理和财产继承者。

1.4 "合同产品"是指本合同附件二中所列的产品。（在附件中列明合同产品的名称、型号、规格和技术参数）

1.5 "合同工厂"是指生产合同产品的工厂，该工厂在____省____市，名叫____工厂。

1.6 "净销售价"是指合同产品的销售发票价格扣除包装费、运输费、保险费、佣金、商业折扣、税费、外购件等费用后的余额。

1.7 "专利资料"是指本合同附件一中所列的有关资料。（在附件中列

❶本合同范本来源中国国际经济贸易仲裁委员．国际技术贸易合同书示范文本及相关法律法规［M］．北京：法律出版社，2002：164—179．

明许可方应该提供的专利申请文件和专利文件资料)。

1.8 "合同生效日"是指本合同双方有关当局的最后一方的批准日期。

第二条 合同范围

2.1 接受方同意从许可方取得,许可方同意向接受方授予合同产品的设计、制造和销售、许诺销售、使用的权利。合同产品的名称、型号、规格和技术参数详见合同附件二。

2.2 许可方授予接受方在中国设计制造合同产品,使用、销售、许诺销售和出口合同产品的许可权,这种权利是非独占性的,是不可转让的权利。

2.3 许可方负责向接受方提供合同产品的专利资料,包括专利的名称、内容、申请情况和专利编号等,具体的资料详见本合同附件一。

2.4 在合同的执行中,如果接受方需要许可方提供技术服务或一部分生产所需的零部件或原材料时,许可方有义务以最优惠的价格向接受方提供,届时双方另行协商签订合同。

2.5 许可方同意接受方使用其商标的权利,在合同产品上可以采用双方的联合商标,或者标明"根据许可方的许可制造"的字样。

第三条 合同价格

3.1 按照第二条规定的内容和范围,本合同采用提成方式计算价格,计价的货币为美元/人民币。

3.2 本合同提成费的计算时间从合同生效之日后的第_____个月开始,按日历年度计算,每年的12月31日为提成费的计算日。

3.3 提成费按当年度合同产品销售后的净销售价格计算,提成率为_____%,合同产品未销售出去的不应计算提成费。

3.4 在提成费结算日10天之内接受方应以书面通知的形式向许可方提交上一年度合同产品的销售数量、净销售额和应支付的提成费,净销售额和提成费的具体计算方法详见本合同附件三。

3.5 许可方如需查核接受方的账目时,应在接受方根据第3.4条规定开出的书面通知后10天之内通知接受方,具体的查账内容和程序详见本合同附件四。

第四条 支付条件

4.1 在本合同第三条中规定的提成费,接受方将通知_____银行(此处为接受方的业务银行)和_____银行(此处为许可方的业务银行)支付给许可方,支付中使用的货币为美元/人民币。

4.2　许可方在收到接受方按第 3.4 条的规定发出的书面通知后应立即开具有关的单据，接受方在收到许可方出具的下列单据后 30 天内，经审核无误，即支付提成费给许可方。

A. 提成费计算单一式四份；

B. 商业发票一式四份；

C. 即期汇票一式两份。

4.3　按本合同规定，如许可方需要向接受方支付罚款或赔偿时，接受方有权从上述支付中直接扣除。

第五条　资料的交付和改进

5.1　许可方应按本合同附件二的规定向接受方提供专利资料的名称、内容，以及许可方向国家知识产权局申请专利的有关情况。

5.2　许可方应在签订合同的同时，将第 5.1 条中规定的专利资料交付给接受方。（注：由于专利资料都是现成的，因此要求许可方在签约时提交。）

5.3　在合同有效期内，双方对合同产品涉及的技术如有改进和发展，应相互免费将改进和发展的技术资料提供给对方使用。

5.4　改进和发展的技术，其所有权属于改进和发展一方，另一方不得利用这些技术资料去申请专利或转让给第三方。

第六条　侵权和保证

6.1　许可方保证是本合同一切专利技术和专利资料的合法持有者，并且有权向接受方转让，如果在合同实施过程中一旦发生第三方侵权指控时，则由许可方负责与第三方交涉，并承担由此引起的一切法律和经济上的责任。

6.2　许可方保证本合同中涉及的专利在合同执行期间是有效的和合法的。如果由于许可方的原因导致专利提前失效时，许可方应将专利失效后接受方支付的费用偿还给接受方，并按_____％的年利率加计利息，与本金一起偿付给接受方。

6.3　在合同有效期内，许可方应根据国家知识产权局的有关规定按时缴纳专利费用，以维持专利的有效性。

6.4　在合同有效期内，如果本合同涉及的专利的法律状态发生了变化，许可方应立即将此情况以书面形式告知接受方，然后双方再协商本合同的执行问题。

第七条　税费

7.1 中华人民共和国政府根据其现行税法征收接受方有关执行本合同的一切税费由接受方负担。

7.2 中华人民共和国政府根据其现行税法征收许可方有关执行本合同的一切税费由许可方负担。

第八条 不可抗力

8.1 合同双方中的任何一方，由于战争或严重的水灾、火灾、台风和地震等自然灾害，以及双方同意的可作为不可抗力的其他事故而影响合同执行时，则延长履行合同的期限，延长的期限应相当于事故所影响的时间。

8.2 受不可抗力影响的一方应尽快将发生不可抗力事故的情况以电传通知对方，并于14天内以航空挂号信件将有关当局出具的证明文件提交给另一方进行确认。在中国，出具证明的机构为中国国际贸易促进委员会。

8.3 如果不可抗力事故的影响延续到120天以上时，合同双方应通过友好协商解决合同的执行问题。

第九条 争议的解决

9.1 因执行本合同所发生的或与本合同有关的一切争议，双方应通过友好协商解决。

9.2 如双方通过协商不能达成协议时，则应提交中国国际经济贸易仲裁委员会，按照申请仲裁时该会现行有效的仲裁规则进行仲裁。仲裁裁决是终局的，对双方均有约束力。

第十条 合同生效和其他

10.1 本合同由双方授权代表于＿＿年＿＿＿月＿＿日在＿＿签字。

各方应分别向其有关当局申请批准，以最后一方的批准日期为本合同的生效日期。双方应尽最大努力争取在90天内获得合同的批准，然后用电传通知对方，并用信件确认。

10.2 本合同自签字之日起6个月内如仍不能生效，双方均有权取消合同，一旦本合同被取消，接受方应将第5.2条中规定的专利资料退还给许可方。

10.3 本合同的有效期从合同生效日算起共＿＿＿＿年，有效期满后本合同自动失效。

10.4 本合同失效后，如果合同中涉及的专利仍然有效时，接受方不得继续使用此专利，如需继续使用，则应与许可方续签合同；本合同失效后，如果合同中涉及的专利也随之失效时，接受方可以继续使用此专利而不需要向许可方支付任何费用。

10.5　本合同执行中，对其条款的任何变更、修改和增减，都须经双方协商同意并签署书面文件，作为合同的组成部分，与合同具有同等效力。

10.6　本合同期满后，双方的未了债权和债务不受合同期满的影响，债务人应对债权人继续完成未了债务。

10.7　本合同由第一条至第十条和附件一至附件四组成，合同的正文和附件都是不可分割的部分，具有同等法律效力。

10.8　本合同用英文写就，双方各持两份。在合同有效期内，双方通讯以英文进行。正式通知应以书面形式，航空挂号邮寄，一式两份。合同双方的法定地址如下：

A. 接受方：＿＿＿＿＿＿＿＿ 公司

地　　址：＿＿＿＿＿＿＿＿＿

电　　话：＿＿＿＿＿＿＿＿＿

传　　真：＿＿＿＿＿＿＿＿＿

B. 许可方：＿＿＿＿＿＿＿＿ 公司

地　　址：＿＿＿＿＿＿＿＿＿

电　　话：＿＿＿＿＿＿＿＿＿

传　　真：＿＿＿＿＿＿＿＿＿

接受方授权代表：　　　　　　　　　　　许可方授权代表：

（签字）　　　　　　　　　　　　　　　（签字）

8.3　技术出口合同与专利技术转移

8.3.1　我国对技术出口的行政管理

8.3.1.1　技术出口主体的备案登记

技术出口主体作为对外贸易经营者，也应进行备案登记，其登记程序参照本章第 8.2 节 8.2.1.1 技术引进主体的备案登记。

8.3.1.2　技术出口的分类管理

我国鼓励成熟的产业化技术出口。与技术引进的管理一样，对技术出口我国也实行分类管理，分为禁止出口的技术、限制出口的技术和自由出口的技术三大类。

商务部根据《对外贸易法》和《技术进出口管理条例》，有权公布《中国禁止出口限制出口技术目录》，并根据客观情况进行修订。未列入《中国禁止出口限制出口技术目录》的技术，则属于可以自由出口的技术。

我国根据技术的性质对技术出口合同区分管理，属于禁止出口的技术，不得出口；属于限制出口的技术，实行许可证管理；属于自由出口的技术，实行合同备案登记管理。

8.3.1.3　限制出口技术合同的许可证管理

我国对属于限制出口的技术，实行许可证管理，未经许可，不得出口。

技术出口经营者限制出口技术及相关产品时，应向商务部申请许可证，程序如下所述。

1.《限制出口技术申请书》的递交和审查

商务部在收到技术出口申请后，应当会同科技部对申请出口的技术进行审查，并自收到申请之日起 30 个工作日内作出批准或者不批准的决定。限制出口的技术需经有关部门进行保密审查的，按照国家有关规定执行。

因申请内容不清、申请材料不完备或其他申请不符合规定的情形，退回申请人修改或补充的，申请人重新申请或补充最后材料之日为申请日。

商务部对限制出口技术审查包括贸易审查和技术审查两部分：

（1）贸易审查的主要内容

①是否符合我国对外贸易政策，并有利于促进外贸出口；

②是否符合我国产业出口政策，并有利于促进国民经济发展；

③是否符合我国对外承诺的义务。

（2）技术审查的主要内容

①是否危及国家安全；

②是否符合我国科技发展政策，并有利于科技进步；

③出口成熟的产业化技术是否符合我国的产业政策，并能带动大型和成套设备、高新技术产品的生产和经济技术合作；实验室技术，鼓励首先在国内开发，转变为产业化技术后再出口；国内暂不具备条件转化应用的，则应在国家利益不受损害并取得知识产权有效保护的前提下方可出口；

④出口的技术是否成熟可靠并经过验收或鉴定，未经验收或鉴定但已经生产实践证明的，应由采用单位出具证明。

2.《技术出口许可意向书》的取得

技术出口申请获得批准后，由商务部颁发《技术出口许可意向书》，该许可意向书有效期为 1～3 年。

技术出口经营者在申请出口信贷、保险意向承诺时，必须出具《技术出口许可意向书》。金融、保险机构凭《技术出口许可意向书》办理有关业务。

技术出口经营者在《技术出口许可意向书》有效期内，未签订技术出口合同，需延长有效期的，应于到期前至少 30 个工作日按规定的程序向商务部提出延期申请。

3. 技术出口合同的签订

技术出口经营者只有在取得《技术出口许可意向书》后，方可对外进行实质性谈判，签订技术出口合同。对没有取得《技术出口许可意向书》的限制出口技术项目，任何单位和个人都不得对外进行实质性谈判，不得作出有关技术出口的具有法律效力的承诺。

这是限制技术出口与限制技术引进的不同之处，限制引进技术合同可以在提出技术进口申请之前签订。

4. 技术出口许可证的申请

技术出口经营者签订技术出口合同后，应持《技术出口许可意向书》、合同副本、技术资料出口清单（文件、资料、图纸、其他）、设备出口清单和相关产品出口清单、签约双方法律地位证明文件到商务部申请技术出口许可证。

商务部门对技术出口合同的真实性进行审查，并自收到上述文件之日起 15 个工作日内，对技术出口作出许可或者不许可的决定。

5. 《技术出口许可证》的颁发

对许可出口的技术由商务部颁发《技术出口许可证》。限制出口技术的技术出口合同自技术出口许可证颁发之日起生效。

技术出口经营者获得《技术出口许可证》后，如需更改技术出口内容，应按规定的程序重新履行技术出口许可手续。

凡经商务部批准允许出口的国家限制出口技术出口项目和国家秘密技术出口项目在办理海关事宜时，必须出具《技术出口许可证》和有关清单，海关验核后办理有关放行手续。

经许可的技术出口合同终止的，应当及时向国务院外经贸主管部门备案。

8.3.1.4　自由出口技术合同的登记管理

我国对属于自由出口的技术，实行合同登记管理。出口属于自由出口的技术，技术出口合同自依法成立时生效，不以登记为合同生效的条件，但技术出口经营者应当向商务部或其委托的部门办理登记。我国对自由出口技术合同实行网上在线登记管理。

技术出口经营者办理合同登记时应提交下列文件：

（1）技术出口合同登记申请书；

（2）技术出口合同副本；

（3）签约双方法律地位的证明文件。

合同登记主管部门应当自收到上述文件之日起 3 个工作日内，对技术出口合同进行登记，颁发《技术出口合同登记证》。

技术出口经营者凭《技术出口合同登记证》办理外汇、银行、税务、海关等相关手续。

经登记的技术出口合同，合同的主要内容发生变更的，应当重新办理登记手续。

经登记技术出口合同终止的，应当及时向国务院外经贸主管部门备案。

8.3.2 涉及专利权的技术出口合同

8.3.2.1 向外国人转让专利申请权或专利权

由于专利权的地域性，涉及专利权的技术出口合同主要是指，中方作为专利权人，将其拥有的专利申请权或专利权许可或者转让给外方主体。其中，涉外专利申请权或专利权许可合同参见本章第 8.2 节对涉外专利申请权/专利权实施许可合同的阐述。

涉及专利权的技术出口主要情形即为向外国人转让专利申请权或者专利权。根据《专利法》第 10 条规定，中国单位或者个人向外国人、外国企业或者外国其他组织转让专利申请权或者专利权的，应当依照有关法律、行政法规的规定办理手续。针对该规定，国家知识产权局于 2003 年 12 月 26 日就办理向外国人转让专利申请权或者专利权的审批和登记事宜发布公告：

一、若待转让的专利申请权或者专利权涉及禁止类技术，根据《技术进出口管理条例》的规定予以禁止，不得转让；

二、若待转让的专利申请权或者专利权涉及限制类技术，当事人应当按照《技术进出口管理条例》的规定办理技术出口审批手续；获得批准的，当事人凭《技术出口许可证》到我局办理转让登记手续；

三、若待转让的专利申请权或者专利权涉及自由类技术，当事人应当按照《技术出口管理条例》和《技术进出口合同登记管理办法》的规定，办理技术出口登记手续；经登记的，当事人凭国务院商务主管部门或者地方商务主管部门出具的《技术出口合同登记证书》到我局办理转让登记手续。

因此，结合专利法和技术进出口相关规定，中方向外方转让专利申请权或者专利权的基本程序如下：

1. 根据《中国禁止出口限制出口技术目录》区分待转让的专利申请权或者专利权的性质。

如果属于禁止出口的技术，则不得转让；

如果属于限制出口的技术，必须按本节第 8.3.1.3 点的程序事先申请《技术出口许可意向书》。

2. 签订专利申请权或者专利权转让合同，办理许可/登记手续

属于限制出口的技术的，中方在取得《技术出口许可意向书》后，再与外方进行实质性谈判，签订专利申请权或者专利权转让合同，然后按本节第 8.3.1.3 点的程序办理《技术出口许可证》；

如果属于自由出口的技术，中方在与外方签订专利申请权或者专利权转让合同后，应按本节第 8.3.1.4 点的程序办理合同登记，取得《技术出口合同登记证》。

3. 办理专利权人变更手续

当事人应当凭专利申请权或者专利权转让合同，以及《技术出口许可证》或《技术出口合同登记证》到国家知识产权局专利局办理变更手续。

因转让而变更专利权人的，由国家知识产权局在专利登记簿上进行登记，并在专利公告上予以公告，但并不换发专利证书。

专利申请权或者专利权的转让自登记之日起生效。

8.3.2.2 技术出口中的专利权保护

中方与外方签订技术出口合同时，如果合同仅涉及专有技术的，除约定保密条款外，应另行明确约定，该技术的全部知识产权属于中方，外方未经中方许可不得以自己的名义申请专利。在必要的情况下，中方应该事先在国内提出专利申请后，再进行技术出口。

本章思考与练习

1. 专利技术能否实现国际转移？

2. 技术进出口主体如何进行备案登记？

3. 专利申请权/专利权实施许可合同的涉外因素有哪些？

4. 涉外专利申请权/专利权实施许可合同与技术引进合同之间有什么关系？

5. 涉及专利权的技术引进合同应包含哪些特殊条款？

6. 限制技术出口合同与限制技术引进合同签订有何不同?

7. 向外国人转让专利申请权或专利权与技术出口有什么关系?

8. 技术出口中如何进行专利权保护?

第九章　专利技术转移的其他模式

本章学习要点

1. 在我国进行专利投资的法律依据。
2. 专利投资的基本流程。
3. 专利交叉许可的应用。
4. 专利联营的界定。
5. 专利联营中的专利技术转移。
6. 专利联营许可与专利权滥用。
7. 企业并购中的专利技术转移。
8. 特许经营中的专利技术转移。
9. 专利侵权纠纷中的专利技术转移。

9.1　专利投资与专利技术转移

9.1.1　专利投资概述

9.1.1.1　专利投资的法律依据

专利作为一项财产权，可以由权利人自由支配。《公司法》第 27 条规定，股东可以用货币出资，也可以用实物、知识产权、土地使用权等可以用货币估价并可以依法转让的非货币财产作价出资。《中外合资经营企业法》第 5 条规定，合营企业各方可以现金、实物、工业产权等进行投资。《外资企业法实施细则》第 25 条规定，外国投资者可以用可自由兑换的外币出资，也可以用机器设备、工业产权、专有技术等作价出资。《中外合作经营企业法》第 8 条规定，中外合作者的投资或者提供的合作条件可以是现金、实物、土地使用权、工业产权、非专利技术和其他财产权利。

从上述法律规定可见，专利技术作为知识产权，可以作为非货币财产作价出资，参与企业利润分配。

9.1.1.2 投资入股的专利技术形式

根据专利技术的法律状态，可以分为专利申请权、专利权和专利使用权（实施许可）这三种形式。三者是否都可以作价投资入股？专利权可以作价投资，没有任何异议。实践中，对专利申请权和专利使用权是否可以作价投资存有争议。"三资"企业法对此并没有作出明确规定，而《公司法》对于作价出资的非货币财产，有两个要求：一是可以用货币估价，二是可以依法转让。可以依这两个要求作为标准进行判断。

1. 专利申请权

有人认为专利申请权是一种期待权，不易评估价值，因此不能作价出资。实则不然，须根据具体情况分析。

《专利法》规定，专利申请权可以转让，符合《公司法》的要求。至于"可以用货币估价"这一要求，须区分专利申请的性质。如果是实用新型专利申请和外观设计专利申请，由于不实行形式审查制度，其授权是可预期的，因此对该技术在专利申请阶段的估价和专利授权后的估价是一样的。如果是发明专利申请，由于实行实质审查制度，其授权存在一定风险，所以对发明专利申请技术的估价比较难以把握，但不是不可估价。例如，在发明专利申请尚未公开前，可以比照专有技术进行估价；在发明专利公开后、授权前，可以按专利权进行估价，如果在公司成立后，专利获准授权，则专利申请权出资相应变更为专利权出资；如果专利权未获授权或授权范围缩小的，导致其实际价额低于公司章程所定价额的，则要求出资者补足其差额。由此可见，专利申请权可以作价投资入股。

2. 专利使用权

专利使用权是基于专利实施许可合同的一种债权，依附于专利权，被许可方只能基于合同约定范围实施专利。

如果专利实施许可合同同时授予被许可方再许可权，则被许可方可以许可他人实施该专利；另外，独占许可或排他许可合同的被许可方，在不具备自己实施专利条件的情况下，可以与一个有实施能力的单位或者个人合作实施受许可的专利。这种再许可权或与他人合作实施的权利是否达到"可以依法转让"的要求？理论上是可行的。但是，由于专利使用权受制于专利实施许可合同的期限，而且专利使用权的范围只能限于在合同约定范围，因此难以评估价值。以专利使用权作价出资，不利于保护其他出资者和公司的利益，因此在实践中不建议接受专利使用权投资入股。

9.1.1.3 专利投资的情形

在我国进行专利投资，根据投资主体是否具有外资因素进行区分。

（1）内资企业：投资主体均为中国单位或个人，可以根据《公司法》的规定进行专利技术投资；

（2）中外合资经营企业：投资主体既有中国单位或个人，也有外国主体，则各方均可以根据《中外合资经营企业法》的规定进行专利技术投资；

（3）中外合作经营企业：合作各方既有中国单位或个人，也有外国主体，根据《中外合作经营企业法》的规定进行专利技术投资；

（4）外商独资企业：外国投资者可以根据《外资企业法》的规定进行专利技术投资。

除第一种情形外，后三者可能涉及技术进口问题。根据《技术进出口管理条例》第22条的规定，设立外商投资企业，外方以技术作为投资的，该技术的进口，应当按照外商投资企业设立审批的程序进行审查或者办理登记。因此，外商通过专利技术的直接投资行为涉及技术引进的，应该适用"三资"企业法及其他相关规定。

9.1.2 专利投资的基本流程

9.1.2.1 专利技术投资的可行性分析

首先，应审查拟用于投资入股的专利技术是否符合法定条件。在我国进行投资的专利技术必须满足下列基本要求：

（1）必须是经国家知识产权局授权合法有效的专利权，或者是在国家知识产权局递交有效申请的专利申请权；

（2）出资者必须是该专利技术的专利权人，能够自由处分该专利技术，如果是专利共有，那么出资者必须获得其他共同专利权人的授权；

（3）如果是外方以专利技术出资的，则该专利技术必须是先进技术。根据《中外合资经营企业法》及其实施条例的规定，外国合营者作为投资的技术必须确实是适合我国需要的先进技术，必须符合下列条件之一：

①能显著改进现有产品的性能、质量，提高生产效率的；

②能显著节约原材料、燃料、动力的。

其次，在查清专利技术的基本状态后，投资各方应就该专利技术投资项目进行调查分析，出具可行性分析报告。

9.1.2.2 专利技术作价

专利技术作价评估，是专利投资入股前必须的关键步骤。根据《中外合资经营企业法实施条例》第22条的规定，就专利技术作价可以由出资各方按照公平合理的原则协商确定，或者聘请出资各方同意的第三方有资质的评估机构评估。由于专利权的价值评估具有较高专业性，建议聘请有资质的知识产权评估机构评估。

9.1.2.3 订立合同、制定章程

出资者可以就专利投资签订一份合同，其中明确约定以专利技术投资入股及其作价等内容。

在制定章程时，根据专利技术的作价，列明专利技术的出资比例。须注意，不同场合下的专利技术出资比例有不同的限制。

设立内资有限责任公司的，根据《公司法》的规定❶，专利权作价出资金额不得超过有限责任公司注册资本的70%。

设立中外合资经营企业的，如果外国合营者仅以专利技术出资的，则专利技术作价后的出资额占合营企业的注册资本中的投资比例一般不得低于25%，最高不得超过注册资本的70%。

设立外商独资企业的，如果外国投资者以专利技术作价出资的，其作价金额不得超过外资企业注册资本的20%。

9.1.2.4 提交专利技术资料，履行相关报批手续

在中外合资经营企业设立中进行专利投资的，根据《中外合资经营企业法实施条例》的规定，外国合营者以专利技术出资的，应当提交该专利技术有关资料，包括专利证书、有效状况及其技术特性、实用价值、作价的计算根据、与中国合营者签订的作价协议等有关文件，作为合营合同的附件。同时，以专利技术出资的，应当报审批机构批准。

在外商独资企业设立中进行专利投资的，根据《外资企业法实施细则》的规定，对作价出资的专利技术，应当备有详细资料，包括专利证书的复制件，有效状况及其技术性能、实用价值，作价的计算根据和标准等，作为设立外资企业申请书的附件一并报送审批机关。在作价出资的专利技术实施后，审批机关有权进行检查，若该专利技术与外国投资者原提供的资料不符的，审批机关有权要求外国投资者限期改正。

在内资企业设立中进行专利投资的，出资者也应提交作价出资的专利技术的详细资料，包括全套专利申请文件和专利授权文件。

9.1.2.5 履行出资手续，办理专利权转移手续

以专利技术投资入股的出资方即专利权人，应当依法到中国国家知识

---

❶《公司法》第27条第3款规定，有限责任公司全体股东的货币出资金额不得低于有限责任公司注册资本的30%。推论之，非货币财产作价出资金额最高不得超过有限责任公司注册资本的70%。

产权局办理其专利权转移手续，实际上是专利申请权/专利权的转让手续。国家知识产权局就该专利权的转让在专利登记簿上进行登记，并发布专利公告，该专利权的转移自登记之日起生效。

9.1.2.6 出资验证

专利技术出资义务的履行，以国家知识产权局就该专利权转让的登记和公告为准，再经相关验资机构出具验资报告后，发给出资证明书。

在上述专利投资流程之后，结合其他出资验证，即可申请/报批设立登记。

9.1.3 有关专利投资的若干问题

9.1.3.1 专利投资的弊端及应对

从专利权的经营管理角度出发，专利投资有利于实现专利价值最大化，便于一些缺乏启动资金的小型高新技术企业的发展。从技术引进角度看，外商通过专利技术转移进行直接投资，有利于先进技术的引进。但是专利投资也存在较多弊端，尤其是在跨国公司国际技术专利内部化的趋势下，专利投资有利于先进技术的引进这一效用不是那么明显，而专利投资本身存在的一些难题，中方企业还不能有效应对。

专利投资中的主要难题有：

（1）专利技术作价的准确性；

（2）专利权在出资后被宣告无效，或者遭遇第三方侵权指控；

（3）技术投资的长期性与专利权的期限性之间的矛盾，以及利润分享问题；

（4）外方凭借技术优势，在技术转让合同中设置一些限制性商业条款，实现对合营企业控制的问题等。

针对专利投资中的弊端，中方应采取措施积极应对：

（1）对专利技术进行合理作价；

（2）在合资合同中明确约定专利被宣告无效后，技术出资方应承担的责任，例如该技术出资合同自始无效，技术出资方所占的公司股权应撤销，除非技术出资方采取其他措施弥补出资；

（3）在合资合同中明确约定，如果出资的专利技术侵害他人权益的，由该专利技术出资方承担责任，如果因侵权指控给公司或其他出资者造成损害的，由该专利技术出资方承担赔偿责任；

（4）要求专利技术投资方在其投资的技术老化后，尤其是在专利技术终止后，或提供新技术或改进原有技术或采取其他措施，例如增加其他方式的出资来弥补其由于技术贬值带来的企业资本的实质上的减少；

（5）合理限制专利技术出资的期限，例如，合资企业的合资年限可以根据专利权的存续期限而定。

9.1.3.2 专利投资中常见纠纷

在专利投资中，围绕着专利技术作价和专利技术出资义务的履行这两点较易产生纠纷。例如，因对专利技术作价有争议而产生违约纠纷；或者，因专利技术出资方违反出资义务，未按约定技术转移手续，导致投资合同无效等。

【案例1】上海某公司要求法国某公司实际履行出资仲裁案❶

【案情简介】上海某公司（以下简称"甲方"）与法国某公司（以下简称"乙方"）计划在上海设立一家合营企业生产电脑磁头悬针。双方于2001年2月20日签订了合资合同，约定：新公司的注册资本为500万美元。其中：甲方出资300万美元，占注册资本60%；乙方出资200万美元，占注册资本40%。甲方以美元现金作为出资方式，用于购买合营公司生产机器设备和办公设备、运输车辆等；乙方以技术（含专利权和相关非专利技术）出资。合营公司的注册资本由甲、乙双方按其出资比例在工商部门注册登记后3个月内一次缴付。合资合同还约定：乙方应向合资企业及时转移相关工业产权，并针对合资产品的设计、制造工艺、测试检验等环节提供全面、完整、准确、可靠、先进的技术，并对此承担法律后果。同年底，合资公司领取了营业执照。

然而，合营公司成立后半年内一直未能生产出合格产品，陷入无法继续经营下去的境地。甲乙双方因此产生争议，甲方遂将争议依据合资合同约定提请中国国际经济贸易仲裁委员会上海分会（以下简称"仲裁委"）仲裁，请求裁决乙方立即移交全部技术资料并赔偿甲方经济损失45万元人民币。甲方声称，合资公司成立后，乙方一直没有提供全面完整的技术。在产品设计方面，被诉人仅提供了"产品图样"，而像"产品标准"、"产品设计计算书"、"产品设计说明书"、"产品工作原理图"等产品设计文件都未能提供；在产品制造方面，仅提供了冲床操作规范方面的文件，而生产过程中所需工艺技术文件明细表等程序文件、各道工序，特别是工序中的激光焊接、清洗、热处理的操作守则、作业指导书等文件均未提供；测试和

---

❶案例来源金春卿．国际技术贸易与资本化法律的理论与判解研究［M］．苏州：苏州大学出版社，2005：168－170.

检验方面，检验测试标准、各道工序检验测试方法及计量测试的控制等亦未提供。甲方向仲裁委提供了乙方向合营公司移交的部分技术资料作为证据。

针对甲方的申诉，乙方向仲裁委提出三点主要答辩意见：（1）甲方向仲裁委提供的技术资料是不完全的，实际上乙方此前也通过电子文本方式向合营公司移交了部分技术资料；（2）就乙方已经提供的技术资料而言，完全可以制造出合同约定的产品。但由于甲方没有选择训练有素的人去学习、消化乙方提供的技术资料，因此导致无法形成实际生产能力；（3）甲方的索赔金额没有法律依据，不应予以支持。根据上述理由，乙方请求仲裁委驳回甲方的申诉请求。

【争议焦点】

1. 乙方是否按照约定向合营公司移交了全部专利和相关的非专利技术？

2. 在没有详细列明专利和非专利技术清单的情形下，如何认定乙方是否已经履行了技术出资义务？

3. 原告提出的赔偿数额是否具有合法依据？

【仲裁庭裁决】仲裁庭经审理认为：由于甲乙双方并未对工业产权及技术资料的移交方式作出明确约定，因此应以合营公司是否实际收到并知悉有关工业产权及技术资料作为判定标准。由于电子邮件也是一种信息传递的方式，因此对于其作为移交方式之一予以认可。据此，仲裁委组织甲乙双方对乙方提供的电子文本形式的技术资料（以下简称"电子资料"）进行质证。除了对少部分电子资料予以认可外，甲方对于大部分电子资料都声称并未收到。由于乙方不能提供充分证据证明其已将全部电子资料移交甲方，仲裁委仅对甲方认可的部分电子资料予以认定。在关于乙方提供的全部技术资料（包括书面资料和甲方认可的电子资料）是否达到合同约定要求方面，仲裁委委托上海市知识产权研究会组织专家组进行鉴定，结论为：乙方提供的技术资料不能涵盖生产合同约定的产品所必需的全部技术资料，仅凭乙方提供的技术资料无法生产出符合合同约定的产品。据此，仲裁委作出如下裁决：（1）被诉人立即按照合资合同约定向合营公司提供全面、完整的技术资料；（2）被诉人赔偿申诉人经济损失243万元人民币；（3）仲裁费和鉴定费由被诉人承担70％。

【评析】在案例1中，争议焦点在于技术出资义务的履行。以专利技术出资的，如果在合营合同中又没有明确约定出资的技术形式，一般认为是以专利权出资入股，出资方应按照《公司法》的规定，办理专利权转移手续，同时应交付完整的专利技术资料。

9.2 专利交叉许可与专利技术转移

9.2.1 专利交叉许可的概述

9.2.1.1 传统的专利交叉许可

传统意义上的专利交叉许可（cross license），是指两个专利持有人之间互相授权对方使用各自专利的一种许可协议。专利交叉许可是因为某一个技术上存在多个专利权，且这些专利权分属不同的专利权人而引起的。

传统专利交叉许可的特征在于：

（1）专利权人互相免费授权对方使用各自的专利权；

（2）双方的专利在技术上具有关联性，或称对应性；

（3）双方的专利在价值上大致相等；

（4）相互授权的交叉许可一般是普通许可。

9.2.1.2 扩展的专利交叉许可

随着高新技术的快速发展，在同类技术上专利密布，尤其在同行业的竞争者之间，各自要想绕开对方的专利布局都比较困难。解决困境的方法之一，以专利对冲，寻求专利交叉许可。在这种情形下的专利交叉许可，不再局限于双方专利技术之间的对应性，而是重在寻求竞争对手的技术弱点，看自己是否拥有相关专利，或者直接向第三方购买相关专利，正好可以涵盖竞争对手相关产品，作为交叉许可的筹码。因此，跨国公司都会部署和储备大量自身不会使用的专利，主要目的就在于防御，必要时用作交叉许可。由此可见，扩展后的专利交叉许可主要是从经营管理的角度出发，或者为避免专利纠纷讼累，而在竞争对手之间达成的一种合作或者妥协。

与传统专利交叉许可相比，扩展的专利交叉许可有以下特征：

（1）突破专利技术的对应性，以不相关的专利技术进行"错位"交叉许可；

（2）突破一对一交叉许可，与一揽子许可相结合，以专利组对专利组，有时候甚至不作区分，以公司全部的专利进行交叉许可；

（3）突破专利许可的地域性，采用全球性专利交叉许可协议，以 A 国专利对 B 国专利；

（4）以专利使用费为补充，在双方专利组价值不对等的情形下，以一方向对方缴纳一定的专利使用费为补充。

9.2.1.3　专利交叉许可中专利技术转移的实质

不论是传统的专利交叉许可，还是扩展后的专利交叉许可，其实质是以各自的专利权通过非排他性的普通许可模式相互授权对方专利实施许可。也就是说，在专利交叉许可协议中，至少包括两个专利普通许可，各为对价，因此专利交叉许可一般是不涉及专利使用费的。

9.2.2　专利交叉许可的应用

除了纯粹因技术需要而进行的传统专利交叉许可外，专利交叉许可在技术研发、合作经营以及诉讼策略上有着更为广泛的应用。

9.2.2.1　专利交叉许可与促成专利侵权纠纷和解

在各国，专利侵权诉讼官司都是耗时耗力，有时候，即使最后赢得了官司，结果是输掉了市场。因此，通过专利交叉许可达成和解，是解决专利侵权诉讼的有效途径。

【案例2】柯达与索尼、索爱等公司的专利纠纷和解签订交叉许可协议❶

【案情简介】柯达于1991年获得了数码照相技术领域的第一项专利，至今该公司在全球拥有1000多项与数码相机相关的专利。

早在1987年，柯达就在纽约将索尼告上了法庭，称索尼侵犯了柯达多项数码成像专利。2004年3月，柯达再次起诉索尼，称索尼在其数码相机、便携式录像机侵犯了自己在1987年至2003年间申请的10件专利，要求索尼赔偿经济损失，并停止侵权行为，但索尼立即反诉柯达。

2007年初，柯达与索尼就前述多年来因数码相机业务专利纠纷达成和解。双方就专利纠纷达成交叉许可协议，两家公司将允许对方使用自己的专利。同时，索尼会支付柯达一定的专利使用费，柯达也表示该协议将为它带来部分权利金收入。索尼认为，签订该协议只是双方就专利共享而采取的行动，并不代表未来两家公司会加强在数码相机等方面的合作。

与索尼和解的同时，柯达还与索尼爱立信达成了类似的专利交叉许可协议，索尼爱立信也将向其支付专利使用费。其实，在2001年，柯达就分别与日本三洋公司、奥林巴斯公司达成交叉许可协议，允许两家公司使用其数字成像技术。

【评析】案例2中，柯达、索尼、索爱、三洋以及奥林巴斯等公司，各自都在数码相机领域内拥有众多专利，若真的继续专利侵权诉讼，可能引

❶　[EB/OL]．[2008—05—10]．http：//news．51hejia．com/article/a—218，335．jhtml．

发更多的报复性专利侵权纠纷诉讼，系列纠纷的解决不是三年五载就可以了结的。因此，通过签订专利交叉许可协议达成和解，对纠纷双方来说都是明智的。柯达公司在数码相机技术领域内的专利部署最早，因此在交叉许可中占技术优势，所以其进行交叉许可的同时收取专利使用费。

9.2.2.2 专利交叉许可与增强企业市场竞争力

在专利部署和技术实力相当的竞争者之间，可以在经营合作的基础上，通过签订专利交叉许可协议，实现强强联手，增强市场竞争力。这种专利交叉许可，主要是出于市场战略合作的考虑，结合双方的专利技术力量，增强彼此的技术力量和市场竞争力，案例3中LG电子与通用电气之间的合作就是此种专利交叉许可应用的典型例子。

【案例3】LG电子与通用电气签订家电专利交叉许可协议❶

2008年4月，全球顶级消费电子厂商LG电子与通用电气消费与工业产品集团，签订了家电专利交叉许可协议。根据协议内容，LG电子和通用电气在不支付许可费的前提下，双方可交互使用对方在冰箱和烹饪器具领域上所拥有的专利权。

自1999年以来，LG电子和通用电气在烹饪器具的技术和产品开发方面开展了长期的密切合作，这次再度牵手，双方都希望以此来提高产品领先地位以及技术竞争力，从而强化双方的全球竞争力。继通过北美三大电器连锁零售商家得宝（Home Depot）、西尔斯（Sears）和百思买（Best Buy）成功开拓家电市场之后，LG电子这次与通用电气的合作，无疑为其业务的持续增长增加了更为重要的砝码。

LG电子数字家电公司李荣夏总裁表示："这次与通用电气的家电专利交叉许可协议的签订，将进一步提升我们产品的市场竞争力，使我们向全球TOP1家电品牌的目标又一步靠近了。"

通用电气消费与工业产品集团美洲公司总裁兼首席执行官Lynn S. Pendergrass指出："这次合作对于通用电气和LG电子来说无疑是一项双赢的举措，彼此之前长期以来建立起来的良好关系，将进一步保证通用电气和LG电子的合作成功。"

9.2.2.3 专利交叉许可与合作研发

在专利部署和技术实力相差较远的竞争者之间，也可以进行交叉许可。一些大型跨国公司研发实力雄厚，在某一技术领域拥有较多基础专利；而

❶ [EB/OL]．[2008－05－05]．http：//www.gbicom.cn/gbicom/supesite/html/78/n－1078.html.

一些实力较弱、但创新能力较强的后起之秀可能在该技术领域拥有一些改进技术的专利。在这种情况下，由于从属专利的实施离不开基础专利，而基础专利的再创新也有可能无法回避该从属专利，因此双方之间可以达成专利交叉许可，进行合作创新，避免重复研发。案例4中Spansion与IBM之间就是典型的为合作研发需要而签订专利交叉许可协议。

【案例4】Spansion与IBM签署7年专利交叉许可协议❶

2008年4月29日，脱离AMD与富士通独立上市的闪存公司Spansion宣布，已与IBM达成为期7年的专利交叉许可协议。

IBM已连续15年成为全球获得最多美国专利的公司，其专利包括了存储解决方案。最近，IBM推出了开发代号为"Racetrack"的下一代技术，这是一种将闪存驱动器（数码相机和手机中常用的）与计算机硬盘驱动器的最佳属性相结合的电子存储解决方案。这一突破性技术将带来更低廉、更耐用的电子设备，并可在相同空间内极大提高数据存储容量并加快启动速度。

而Spansion的专利组合包括与其MirrorBit技术相关的专利，Spansion相信这一电荷捕获技术将最有可能替代浮动门技术，将闪存推进至45nm以下光刻技术节点。Spansion是全球唯一一家致力于在领先的闪存生产中全面使用电荷捕获技术的公司，而基于MirrorBit技术的产品销售额有望在2008年达到20亿美元。Spansion相信，该公司对MirrorBit技术的投入将使其在制程、设计和生产技术方面获得强大的电荷捕获专利组合。

Spansion研发执行副总裁LouisParrillo博士表示："IBM对突破性技术投入的承诺及其专利组合的广度和深度给我们留下了非常深刻的印象。我们相信，与IBM达成这项专利交叉许可协议，将使Spansion能够接触一些全球最先进的技术，从而有机会进一步加强我们在闪存设计、制造和整体创新方面的领导地位。"

IBM技术和知识产权部业务开发副总裁TomReeves表示："随着存储市场在技术和经济两方面的不断发展，IBM将继续在新存储和内存技术领域开展前沿性研究。IBM非常乐于就这些技术的开发和商品化建立新型合作关系。"

9.2.3 专利交叉许可的反垄断考量

在当前技术竞争和市场竞争中，专利交叉许可在大多场合中是以纠纷

---

❶ [EB/OL].[2008-05-05].http://www.china-vision.net/news/hyzx/bdt/200805/34835.html.

调解者的身份登场的，无论是前述的专利侵权纠纷和解，还是共享专利以实现合作研发等，当事人均通过专利交叉许可实现了"双赢"。因此，专利交叉许可与单向发放专利实施许可相比，更多的是作为一种防御策略，而非进攻手段。而且，专利交叉许可的往往实现了"强强联手"，这是否涉嫌妨碍市场竞争呢？

美国早期就专利许可的反垄断规制中，是将交叉许可划入"可能违法"范畴，结合合理分析原则进行考量。即，专利交叉许可这一专利许可形式本身没有问题，看其实施效果是否阻碍市场竞争。就专利权的技术性质而言，纯粹的专利交叉许可应当是发生在互补专利之间或者是基础专利和后续改进专利之间，因为这些专利本身处在不同的技术市场中，签订专利交叉许可协议并不构成水平竞争者之间的联合协议。如果进行交叉许可的双方专利属于竞争性专利，即两者专利处于同一技术市场，则该交叉许可协议属于水平竞争者之间的联合协议，消除双方之间本应存在的竞争，属于非法垄断。事实上，实践当中的专利交叉许可协议中涉及的专利权之间的技术关系往往比较复杂，互补专利、竞争性专利甚至是没有任何技术联系的无关专利都用于交叉许可。有时候，在专利侵权纠纷中，持有专利的公司发现其专利很有可能被宣告无效，为继续维持该专利的效力，则接受对方提出的无对价关系的专利进行交叉许可，获取对方对该专利效力的认可。以竞争性专利进行交叉许可，或者通过专利交叉许可来维系本应无效的专利等情形都涉嫌专利权滥用和非法垄断，阻碍市场竞争，此类专利交叉许可协议应当归于无效。

9.3 专利联营与专利技术转移

9.3.1 专利联营的概述

9.3.1.1 专利联营的界定

1. Patent Pool[1]语源

何为 Patent Pool? 有学者形象地将其翻译为"专利池"；因 pool 在英文中有联营的含义，所以也有人翻译为专利联营；又因其主要行为是进行专利许可，也有人称之为专利组合许可或专利联合许可；台湾学者则称之为专利集管或专利集中授权。专利联营重在对入池专利的整合管理经营上，

[1]英文中也有称为 patent portfolio license 或 joint licensing program。

所以本书采专利联营这一称呼，在述及实例时，也会用专利联营来描述，不论称呼差别，均同指 Patent Pool 这一专利许可模式。

2. 专利联营的定义

美国专利商标局（USPTO）在 2000 年底发布的专利联营白皮书中❶指出：专利联营是两个或两个以上专利所有人之间关于将其一个或多个专利许可给对方或第三方的协议；或者说，专利联营是以交叉许可为条件的知识产权的集合，无论这些专利权是直接由专利权人或是通过一个媒介如专门为管理专利联营而建立的一个合资公司来许可给被许可人。可见，USP-TO 从两个角度对专利联营进行界定，从专利权人的角度看，专利联营是不同专利权人关于共同许可各自持有的不同专利的协议；从专利权的角度看，专利联营是不同专利权人所持有的具有某种特定关系的不同专利权的集合。USPTO 的定义为后来介绍和探讨专利联营引用最多。

3. 交叉许可、一揽子许可和专利联营的区别

专利的交叉许可（cross license），是指两个专利持有人之间互相授权对方使用各自专利的一种许可协议。

专利的一揽子许可（package license），或称打包许可或包裹授权，是专利持有人通过一个许可协议或一组相关许可协议进行多项专利的许可。

专利联营究其本质，是专利许可的一种模式；但其比纯粹的专利许可更为复杂，因为其融合了专利整合管理以及专利联营标识捆绑等内容，而不仅仅限于专利许可。所以专利联营与专利的交叉许可和打包许可这两种纯粹的专利许可方式是不同的。专利联营实际上是综合运用了交叉许可的内部性与打包许可的外部性的特点。一个简单的专利联营实际上就是基于两个专利持有企业之间的交叉许可，并且/或者共同对外进行打包许可；而涉及更多成员的复杂专利联营，内部成员的关系一般也是基于交叉许可，然后对外统一打包许可。专利联营与交叉许可以及打包许可的最大不同之处，在于其对入池专利的整合管理上。

9.3.1.2 专利联营出现的背景

专利联营其实于 19 世纪中后期就在美国出现，从 1856 年美国缝纫机联合会（Sewing Machine Combination）组建的关于缝纫机专利的第一个专利联营算起，专利联营距今已有 150 多年的历史。比较西方国家资本主义

---

❶参见 2000 年美国专利商标局（USPTO）发布的专利联营白皮书。Jeanne Clark. Patent Pools：A Solution to the Problem of Acces in Biotechnology Patents?，USPTO, Office of Patent Legal Administration at 4（Dec. 5, 2000）［EB/OL］.［2006—03—16］. http：//www. uspto. gov/web/offices/pac/dapp/opla/patentpool. pdf.

的发展史，可以发现在 19 世纪中后期到 20 世纪初，正是以电力的广泛应用和内燃机的发明为标志的第二次工业革命兴起并促生垄断组织的阶段。专利联营正是在这种技术发展背景下出现的。"二战"后至 20 世纪 70 年代末这段时期，美国政府反垄断规制比较严厉，由于受到反垄断法的限制，尤其是美国 1969 年出现"九不准"（Nine No－Nos）对专利许可的限制，专利联营的数量和重要性都大大下降。20 世纪 80 年代后，信息技术、新能源技术、新材料技术、生物技术等高科技成为经济发展的重点。尤其是在 90 年代后，随着美国、西欧和日本反垄断政策的调整，专利联营在高科技领域开始复兴。这段时期伴随经济全球化的趋势，资本主义走向国际垄断，与早期的专利联营不同，近期的专利联营多为跨国公司组建，专利联营这一美国产物开始在欧洲和日本公司中间兴盛。

随着科技进步，技术的复杂性越来越强，即一个产品的制造涉及众多不同技术，而一个技术涉及不同技术点，每一个技术点都有可能对应一个或多个专利，即存在大量互补性专利；同时，新旧技术更替的周期越来越短，从过去的几十年到现在的几年。但是，专利保护期限并未随之改变，当有新的改进技术完全可以替代旧的基础技术时，因该基础技术仍在专利保护期，新技术无法顺利实施。这种大量封锁性专利和互补性专利的重叠就出现"封锁局势"（blocking position）。前述的技术复杂化和短周期性在高科技领域尤为凸显，特别是在计算机、半导体、通信技术以及生物技术领域专利密布，某一技术上众多专利权重叠且相互依赖，本质上是封锁性专利和互补性专利的牵制作用，要实施该项技术就必须向众多分散的专利权人一一寻求许可，否则动辄构成专利侵权，这就是所谓的"专利灌丛"现象。专利灌丛会阻碍技术的实施或提高技术商业化的成本，使得开发新技术的市场前景不明，进而阻碍企业投资研发的动机，最终阻碍了创新。专利联营将分散的专利集中起来进行"一站式"许可，成为一些企业突破"专利灌丛"的利器。

9.3.1.3 专利联营的种类

根据不同的分类标准，可以对专利联营进行多种划分，例如根据涉及的技术、专利联营的组建者等。从宏观角度来看，根据专利联营组建目的进行划分将专利联营主要划分为三种，一是"政府型专利联营"，这种专利联营一般由政府相关部门带头组建，带有公用目的，是国家旨在引导产业发展或者其他国家利益需要；二是"行业型专利联营"，一般由某个行业内的行业协会或主要企业组成的联盟自发建立的专利联营，其目的在于促进行业发展；三是"契约型专利联营"，由多家企业通过协议将各自目前或将来拥有的专利组建成专利联营，这类专利联营多在企业间合作开发新产品/新技术时出现。目前活跃的大多数专利联营属于后两者。

自 20 世纪 80 年代末 90 年代初以来，专利联营与技术标准开始相互结合。技术标准本身带有公用性；但是，随着科技进步，技术标准不可避免地纳入专利，两者关系越来越紧密，如何协调技术标准的公用性和专利的私有性成为各大标准化组织知识产权政策的重点。将技术标准中的核心专利组建成专利联营进行许可，成为技术标准专利政策的主要模式。事实上，目前很多专利联营都是随着技术标准的制定而组建起来的，尤其是在高新技术领域，例如 MPEG 系列专利联营就是随着 MPEG 系列技术标准而组建的。

9.3.2　专利联营中的专利技术转移

9.3.2.1　专利联营的组建

关于专利联营的组建，先看三个实例：

【实例 1】MPEG－2 专利联营❶

MPEG－2 专利联营是基于 MPEG－2 标准❷于 1997 年组建的。该专利联营成员最初有 9 家机构❸，把他们在 MPEG－2 压缩技术标准中的 27 件必要专利（essential patent）拿出来组建而成的。该专利联营是开放型的，接受后来成员和新增必要专利的加入，截至 2006 年 12 月 26 日，MPEG－2 专利联营成员为 25 家❹，共有 800 多件专利。

MPEG－2 专利联营由四个不同的协议组成：

（1）专利持有人之间关于组建专利联营的协议，承诺将他们 MPEG－2 的必要专利通过一个普通许可由管理机构对外统一许可，并一致同意该专

---

❶ MPEG 是活动图像专家组（Moving Picture Coding Experts Group）的简称。MPEG 成立于 1988 年 1 月，是致力于研究、开发数字压缩标准，以保证活动图像质量的前提下，压缩传输码率的组织，参见［EB/OL］．［2007－03－06］．http：//www.cnii.com.cn/20050508/ca300709.htm.

❷MPEG－2 标准在 1991 年 7 月开始研究，是针对标准数字电视（SDTV）和高清晰度电视（HDTV）在各种应用下的压缩方案和系统层的详细规定，1992 年被 ISO/IEC 批准为正式标准，正式标准编号是 ISO/IEC13818。参见［EB/OL］．［2007－03－06］．http：//www.cnii.com.cn/20050508/ca300709.htm.

❸该 9 家机构分别为：The Trustees of Columbia University（哥伦比亚大学）、Fujitsu Limited（富士通公司）、General Instrument Corp.（美国通用设备公司）、Lucent Technologies Inc.（美国朗讯科技公司）、Matsushita Electric Industrial Co.，Ltd.（松下公司）、Mitsubishi Electric Corp.（三菱公司）、Philips Electronics N.V.（荷兰皇家飞利浦公司）、Scientific－Atlanta, Inc.（美国科学亚特兰大公司）和 Sony Corp.（索尼公司）。

❹其中新增的 16 家机构为 Alcatel Lucent, Canon, Inc.，CIF Licensing, LLC, France Télécom（CNET）、GE Technology Development, Inc.，Hitachi, Ltd.，KDDI Corporation（KDDI），LG Electronics Inc.，Nippon Telegraph and Telephone Corporation（NTT），Robert Bosch GmbH, Samsung, Sanyo Electric Co.，Ltd.，Sharp, Thomson Licensing, Toshiba, and Victor Company of Japan, Limited（JVC），来自［EB/OL］．［2007－03－22］.http：//www.mpegla.com/m2/.

利联营组合的基本条款，例如经授权的使用领域、使用费的数额和分配、从专利联营中增加或减少专利等；

（2）专利持有人和MPEG—LA（管理机构）之间的许可管理协议；

（3）每个专利持有人给MPEG—LA的一个许可，以便其进行统一打包许可；

（4）对外统一许可（portfolio license）。

【实例2】3C专利联营

1998年底，荷兰皇家飞利浦公司、日本索尼公司和日本先锋公司（Pioneer）三家联合设立关于向DVD光盘和播放机制造商提供符合DVD—ROM和DVD—Video格式的专利联营，俗称3C专利联营。该专利联营也是开放型的，LG电子后来加入3C。截至2006年底，3C专利联营成员为4家。

在该专利联营协议下，索尼公司和先锋公司一致同意将其所有符合DVD—ROM和DVD—Video格式的必要专利非独占性许可给飞利浦公司。飞利浦公司随后将这些必要专利对"所有利益相关者……为制造、已经制作或制造零部件、使用和销售或者其他处置"的符合该格式的光盘和播放器的人发放许可。即，该专利联营由两个协议构成：

（1）两个独立但实质相同的、由索尼公司和先锋公司将其必要专利许可飞利浦公司的许可协议，使飞利浦能够向所有相关第三方发放统一许可；

（2）对外统一许可。

【实例3】6C专利联营

1999年，日立公司、松下公司、三菱公司、时代华纳、东芝公司和日本JVC公司组建了关于DVD—ROM和DVD—Video格式的另一个专利联营，俗称6C专利联营。该专利联营也对有意基于该联营条款和条件进行许可的任何必要专利所有者开放。截至2006年底，该专利联营成员增至9家❶。

在该专利联营中，日立、松下、三菱、时代华纳和JVC一致同意将它们现在和将来拥有的符合DVD光驱和DVD视频格式的必要专利许可给东芝公司。东芝同意将包括其拥有的专利在内的所有必要专利集合成一个组合，并打包许可给所有DVD产品制造商，然后将获取的许可使用费分配给

❶新增成员为Sanyo、Samsung和Sharp．［EB/OL］．［2007—03—22］．http：//www.dvd6cla.com/index. html.

其他许可人。所有这些公司可以在该专利联营外自由许可其必要专利。该专利联营构成如下：

（1）每个公司给东芝公司的许可，是东芝公司能够向使用该项关于DVD光盘、DVD播放器和DVD解码器的规格的当事人进行许可；

（2）东芝将联营专利向DVD产品制造商发放的分许可。

从上述三个专利联营组建实例来看，专利联营中专利许可关系可以划分为两层：

（1）内部许可：专利持有人推举其中一方或者委托一个独立组织作为专利联营许可的执行者，专利持有人就各自的入池专利均向其授予一个普通许可以及允许其再许可的权利；同时，组建专利联营的专利持有人之间就所有入池专利进行交叉许可；

（2）外部许可：专利联营许可的执行者向第三方统一许可，该许可为普通许可。

9.3.2.2　专利联营的合理要件

专利权作为法定垄断权，而组建专利联营的专利持有人之间一般是竞争对手关系，竞争者之间的合作协议具有垄断嫌疑。为避免这种垄断嫌疑，并不是所有专利都可以用作组建专利联营，那么，什么样的专利技术可以进入专利联营呢？先看美国司法部反垄断署（DOJ）对几大专利联营的态度：

【实例4】MPEG—2专利联营被DOJ认定合法的原因

1997年6月26日，DOJ发布商业评论函❶，认可该专利联营，基于：

1. 该专利联营只包括互补的非竞争性专利

每个入池专利依据MPEG—2标准都被认为是必要的。该联营协议关于"必要性"审查尤其值得注意，它要求：（1）入池专利没有替代技术；（2）入池专利只有在相互结合时才对MPEG产品有效。专利持有人没有联合竞争性技术，而是集合了单个技术的互补部分。

2. 许可是非独占的

每个入池专利仍然能够从单个许可人那里取得单独许可。因此该专利联营不会成为要求被许可人接受他们不需要的一揽子多重许可（a package of multiple licenses）的一个机制。要求多重许可通常在反垄断法里被称为搭售（tying），许可搭售在特定情形下会妨害竞争。

---

❶Joel I. Klein. ［EB/OL］. ［2006—03—16］. http：//www. usdoj. govatrpublicbusreview1170. pdf.

3. 该专利联营会雇用一个独立专家来选择哪些专利是"必要的",从而可以进入专利联营

独立专家评估机制能避免该专利联营变得过于宽泛或者纳入那些与入池专利相竞争的替代专利。该联合许可人 MPEG LA 来聘请专家和支付该专家评估费用,MPEG LA 是一个独立主体,本身不拥有专利权。

另外,因为每个成员的许可费是基于其贡献的必要专利数量,这种许可费结构使得专利联营成员有强烈动机来排除其他公司的非必要专利。

4. 该专利联营承诺平等许可(非歧视许可)

该专利联营对所有被许可人提供相同的条款和条件。"平等许可"会消除任何将该专利联营用于损害专利联营成员的竞争对手的潜在可能。

5. 允许与该标准(MPEG—2 标准)的单方面竞争

该联营协议不会限制许可人开发替代技术,因而不会限制创新。

6. 该专利联营具有显著功效

该专利联营协议避免为生产 MPEG—2 产品而需取得一一许可,节省了时间和费用,因此该专利联营的效果是促进竞争的。

【实例 5】3C 和 6C 被 DOJ 认定合法的原因

1998 年 12 月 16 日,DOJ 发布商业评论函❶,认可 3C 专利联营;1999 年 6 月 10 日,DOJ 发布商业评论函❷,认可 6C 专利联营。这两个专利联营被 DOJ 认定合法的原因主要是其体现了 MPEG—2 专利联营类似的特点:

1. 3C 和 6C 专利联营结合了互补专利

3C 和 6C 专利联营的入池专利也仅限于必要专利,且有独立专家来评估入池专利的必要性。虽然 DOJ 认为 3C 和 6C 的独立专家机制存在一定瑕疵,但基本上能使入池专利限于必要专利;而该专利联营的使用费分配方式也鼓励会员排除非必要专利。

2. 3C 和 6C 专利联营尚无阻碍竞争的潜在可能

根上述 DOJ 的商业评论函,可以总结出美国政府目前对专利联营的合法条件基本要求如下:

(1)入池专利须为必要专利,即入池专利只有在相互结合时才对该专利联营所对应的技术方案的实施是有效用的,而非竞争性的重复专利;

(2)专利持有人授权给专利联营的许可须为非独占许可,即允许各个专利持有人对外单独许可;

❶ Joel I. Klein. [EB/OL]. [2006—03—16]. http://www.usdoj.govatrpublicbusreview2121.pdf.
❷ Joel I. Klein. [EB/OL]. [2006—03—16]. http://www.usdoj.gov/atr/public/busreview/2485.htm.

（3）专利联营许可对方发放的许可必须是统一的公平、合理、非歧视许可。

因此，只有达到上述要求的专利联营，才具有积极作用，可以在"专利灌丛"中，起到整合互补专利、清除专利封锁、节省交易成本、避免诉讼拖累等促进竞争的作用。

9.3.3　专利联营许可对中国企业的影响

9.3.3.1　专利联营许可中的专利权滥用现象

中国 DVD 产业中的众多制造商是我国企业中最早面临专利联营许可的，并且因核心技术受制于人，对专利联营许可规则的不熟悉，留下了惨痛教训。

【实例 6】中国 DVD 产业的大起大落

截至 2004 年，中国曾一度是全球最大的 DVD 机生产国，占到世界 DVD 机总产量的三分之二；同时，中国也是最大的 DVD 机消费国与出口国，例如 2002 年中国 DVD 机出口额为 35 亿美元。❶

而根据海关的统计数据显示：2005 年 1～5 月，上海口岸国内企业生产出口的 DVD 机同比下降了 78.6%，而外资企业的出口却以 10.7% 的速度增长。在上海口岸出口的 278.7 万台 DVD 中，256.3 万台由在华的外资企业生产，国内企业仅占 19.3 万台，97% 为加工贸易方式出口，原先的一些出口大户的牌子已悄然隐退。❷

为何中国 DVD 产业会出现如此大起大落之势？原因即在于 DVD 相关核心专利技术均由外国公司所掌握，中国 DVD 厂商做的是组装业务，核心芯片等零部件都必须依赖国外进口，而这些跨国公司组建的专利联营于 2002 年前后纷纷开始向中国 DVD 厂商主张专利许可费。

DVD 产品规格的专利技术主要由几大跨国公司或跨国公司联盟所拥有，例如 3C、6C、汤姆逊（Thomson Group）、杜比、DVA、MPEG－2、DVD CCA、Macrovision 等。

1999 年 11 月至 2002 年 1 月 10 日，6C 与 30 多家中国 DVD 企业的谈判代表中国电子音像工业协会（CAIA）前后进行了 9 次谈判，中间一度因意见分歧而中断。2002 年 4 月 19 日，6C 与 CAIA 达成框架协议，30 多家

---

❶ 2004 年国产高清碟机终级论述报告［EB/OL］．［2005－12－06］．www.dvd288.com/html/2005/03/20050329132624.shtml.

❷ 张冉．MPEG LA 挥舞专利大棒，中国 DVD 产业已经彻底完了？［EB/OL］．［2006－06－06］．www.lmtw.com/tech/mpeg/200605/22647.html.

中国 DVD 企业将分别与 6C 签订专利联营许可协议，就生产 DVD 向 6C 支付专利许可费。

2002 年，3C 也与代表中国 DVD 厂商的 CAIA 经过谈判达成协议，CAIA 的成员将就出口的 DVD 产品向 3C 支付专利许可费。

2004 年 4 月，法国汤姆逊公司（1C）与 CAIA 达成初步意向，汤姆逊向 CAIA 的成员收取有关 DVD 产品的专利许可费。

期间，美国杜比公司也向中国 DVD 厂商主张专利许可费。

2006 年 4 月 27 日，美国 MPEG 专利授权管理公司（MPEG LA）与 CAIA 和中国机电产品进出口商会就 MPEG—2 专利联营许可达成谅解备忘录。根据谅解备忘录，以 2005 年 7 月 1 日为执行始点，每年 MPEG LA 将对中国每台 DVD 收取专利许可费，而对 2005 年 7 月 1 日之前中国生产的 DVD 产品，MPEG LA 也将进行"追溯收费"。

综上，从 2002 年截至 2006 年，向中国 DVD 厂商征收专利许可费的跨国企业由当初的 1 家变成了近 40 家❶，总共收取的专利许可费超过了每台 20 美元。而由于跨国公司不断主张的专利许可费，加上 DVD 的降价，到 2006 年中国企业生产每台 DVD 的利润微薄到仅剩 30 元人民币左右。所以，大量中国 DVD 企业破产或被迫转型，中国 DVD 产品出口锐减。

虽然，从经济效用的角度看，专利联营起到促进竞争的作用，符合合理条件的专利联营许可，确实为专利权人和技术使用者节省了大量交易成本。但是，作为专利权人的跨国公司之间的这种联营，无疑是增加了其市场优势地位，很容易产生专利权滥用或市场支配力被滥用的情形。例如，某一专利联营可能包含非必要专利，这些专利是与实现该专利联营所对应的技术方案无关的专利、无效专利或过期专利，而专利联营是打包许可，即必要专利和非必要专利被捆绑许可，涉嫌非法搭售；或者，专利联营往往包含上百个必要专利，专利信息繁多且复杂，专利联营许可人详细掌握入池专利的情况，而被许可人是处于信息劣势，有的专利联营许可人在谈判时，拒绝提供必要专利的详细情况或其他重要的协议信息，这些信息有可能潜在影响被许可人是否接受联营许可的决策，这种隐瞒信息的行为，涉嫌滥用市场支配地位等。实际上，在向中国 DVD 企业征收使用费的众多专利联营，并不是都符合专利联营的合理要件，其中存在搭售、歧视许可等诸多专利权滥用现象。

---

❶ 截至 2006 年，3C 专利联营的 4 家企业，6C 专利联营的 9 家企业，MPEG—2 专利联营的 24 家企业，再加上 1C、美国杜比公司等，共近 40 家企业。

从 DVD 收费事件可窥见专利联营对我国企业所带来的负面影响，而这只不过是一个序幕，数字电视、数码相机等专利联营收费将接踵而至。如何在这些领域里避免重蹈 DVD 收费事件的覆辙才是中国企业应认真面对和思考的问题。问题在于，我国企业并非专利联营的既得利益方，而是处于支付使用费的受控地位，当务之急是找出在专利联营许可下求得生存与发展的应对之道。

9.3.3.2　我国企业对专利联营的应对之道

1. 审慎选择标准专利联营

如本节第 9.3.1.3 点所述，目前在高新技术领域很多专利联营都是随着技术标准的制定而组建起来的，将技术标准中的核心专利组建成专利联营进行许可，成为技术标准专利政策的主要模式。由于专利联营和技术标准紧密相关，选择专利联营，其实就是在选择该专利联营对应的技术规格/标准。

（1）避免逆向选择

中国企业目前虽然处于技术劣势，但是在当前各大标准逐鹿之际，其也有一个可以善加利用的优势——销售市场。目前高科技领域里面，现在通行方式是标准制定走在生产前面，这种技术标准制定出来实际上尚未真正推广；同时，由于这些技术标准大多是数家企业联盟之间制定的，而跨国企业之间存在的不同利益集团，就出现了标准之争，如关于数字电视传输技术就有三大标准争雄：欧洲的 DVB－T 标准、美国的 ATSC 标准和日本的 ISDB－T 标准；还有下一代 DVD 技术中的蓝光 DVD（Blue－ray disc）和高清晰 DVD（HD DVD）两大标准之争等。而这些标准为了得到推广，就必须为自己拓展市场，途径无非两种：其一，通过政府途径，使其上升为法定标准而推广；其二，寻找本土制造商，通过其制造和销售，将其推广为主导市场的事实标准。中国企业在这第二种标准推广方面占有优势，因为中国消费市场的广大和中国厂商的制造能力对跨国公司具有很大的吸引力。在这种有几个竞争性标准可供选择的情况下，中国企业在与跨国公司关于标准专利联营许可谈判过程中，就有了一定优势，因为很明显"不是非你不可"，所以借机使得几个专利联营相互竞价而降低中国企业所需支付的专利使用费是有可能的。

在目前标准之争的形势下，其中还包括我国自己的国家标准，选择哪一标准专利联营是中国企业必须审慎考虑的前提问题，因为选择了该专利联营，就代表选择了该技术标准。由于技术劣势，我国企业对于跨国公司组建的专利联营相关技术信息掌握不全，在这种信息不对称的情况下很有可能作出逆向选择，选择了一个事后有可能遭淘汰或非主流的技术标准，或者选择的技术标准与企业要开拓的市场不一致，而造成生产投入的浪费。

如何避免逆向选择，首先需掌握本企业拟采用的技术。企业在项目投产时，要清楚自己在使用或准备使用什么技术；这种技术是否存在相关技术标准，有竞争性标准的话则研究其间关系；再了解这些技术标准下的专利许可政策，主要是分析标准专利联营的许可政策。

其次，了解自己企业的规划和拟开发的市场，是仅在国内生产销售，还是要发展国际市场；在后者情况下，列出产品出口或拟出口的国家。

（2）标准专利联营的信息分析

为确定选择哪一技术规格/标准，就需要对该技术标准下的专利联营进行专利信息分析。获取完备信息需要付出信息成本，可能单个企业不愿意投入。建议相关行业的企业可以进行联合或者由行业协会进行推动，分摊信息获取成本，对相关专利联营进行专利检索和分析。

根据所获得的专利清单和其他信息（标准化组织、专利联营管理者提供或向其索取等途径），对专利联营进行全面检索和分析。对企业来说，从这一专利信息分析中要关注的主要因素是：

1）专利联营技术是否覆盖本企业需要的技术，这是前提条件；

2）专利联营入池专利是否为该技术规格/标准所需的必要专利，即有没有搭售无关专利；

3）检验入池专利的质量，挑出过期/无效专利。

找出专利族，分析同族专利布局，即根据检索信息，得出同族专利国别分布图，对照企业目前或将来市场发展规划，来决定是否需要接受该专利联营。有可能大部分入池同族专利对其是没有用处的，因为其想进行市场拓展的国家或地区内分布的同族专利可能没有几个。在对专利联营进行专利检索时，不能遗漏尚未进入国家阶段的 PCT 申请，以及考虑该专利联营可能增加的将来专利的价值。

如果同时存在几大竞争性技术标准，对于这些标准下的专利联营在进行上述专利信息分析后还需做一个横向比较。

（3）比较取得替代技术、寻求单独许可和接受专利联营许可的成本

在掌握专利联营的专利信息后，根据本企业对该技术的需求度和发展规划来决定是否选择该专利联营。如果对该专利联营需求度不是很高，可以转向替代技术或寻求单独许可。可以比较取得替代技术、寻求单独许可

和专利联营许可三者之间的成本。但是如果在前两者的获取成本超过专利联营许可的话，接受专利联营许可也许为更佳途径，因为取得专利联营许可，可以获得该技术相关的较为完备的信息，可能有助于企业的后续改进创新。

2. 合理应对专利联营许可谈判

（1）争取合理的使用费

如前分析，针对标准之争，中国企业凭借本土消费市场的潜力，在与标准专利联营的谈判中具有优势，我国企业应善用这一谈判筹码。首先，与各许可方，要求预先披露完备的专利信息；其次，在相关标准中作选择，使得各方标准竞价；再次，力争取得优惠使用费。其实，这种做法日本企业早就采取，2003 年，日本 NTT DoCoMo 的"iMotion"及 KDDI 的"ezmovie"等手机动态图像发送服务，出现了专利授权问题。5 月 23 日，日本内容运营商业界团体致函美国 MPEG LA，警告说：如果该公司不改变目前的专利授权方针，"将有可能放弃使用 MPEG－4 Visual 技术"。目前，iMotion 及 ezmovie 使用的动态图像压缩技术就是 MPEG－4 Visual。

同时，根据对上述专利信息分析，提出该专利联营所存在的弱点，以此为谈判筹码，争取更为优惠的使用费。

使用费是谈判的关键所在，专利权人提出的使用费计算方式并不是权威，企业应该根据自身情况和收益预期等因素建立一套对自己有利的使用费计算方式。

（2）检查协议中包含的限制条件

依据我国可用法律资源，尤其是《专利法》《对外贸易法》《技术进出口管理条例》等法律法规中对于技术许可协议中限制条款禁止性规定，对照专利联营许可协议的条款，分析其对本企业的产品产量、销售价格等影响，尤其要注重分析该专利联营的限制条款是否会影响本企业将来发展和研发创新。

（3）比较其他被许可人的授权条件

收集该专利联营对其他被许可人的授权条件，看有没有存在实质上的歧视许可。大多专利联盟是公开承诺非歧视许可，但这可能只是表面上的非歧视许可。实际上，由于不同国家或不同地区的被许可人生产制造成本不同，许可费用在生产成本中所占比例不同，再加上各国汇率等因素，就形成了表面许可条件相同，但实质上对不同被许可人造成不同负担的现象。这种实质上的歧视许可条件，中国企业在专利联营许可谈判之初就应当加以考虑。

（4）应对海外知识产权侵权指控

在谈判过程中，许可方往往会在相关国家运用知识产权行政和司法保护程序，来向中国企业施压。中国企业必须熟悉跨国公司这种路径：其要在某一个国家起诉，就从专利联营中找出覆盖该国家的专利；同时，利用知识产权行政执法措施、海关保护措施或提起专利侵权诉讼，来阻挠中国企业的产品参加展会、扣押进口产品，而且会连带打击经销商，使中国企业的产品市场萎缩。面对跨国公司这种做法，中国企业应采取的措施是积极应对，提出专利权滥用/反垄断反诉。

3. 拒绝许可的应对措施

（1）强制许可

如果专利许可方利用优势地位，坚持高额使用费或不合理的限制条款，以致谈判破裂，我国企业可以根据《专利法》第48条的规定，向国家知识产权局申请对该相关专利进行强制许可。只是须注意，强制许可仅限于国内市场使用，而且须缴纳合理的使用费，具体规定参见本书第十章关于我国专利强制许可制度的介绍。

（2）市场转移

应对拒绝许可的另一途径，就是绕开该专利联营覆盖的国家，即开拓其他市场。因为各大专利联营覆盖地区主要是北美、欧洲以及东南亚地区，我国企业能转移的市场主要是第三世界国家。而实际情况是，根据商务部的2006年统计：欧盟仍是中国第一大贸易伙伴，美国是中国最大出口市场和顺差来源地。❶因专利问题而舍弃欧洲和北美市场并非上上之策。

4. 联合反对专利联营的反竞争行为

在专利联营许可协议签署之后、履行过程当中，因为市场形势的变化，一些许可条款或使用费已经变得不合理，或者专利联营许可方期间又采取一些限制做法，针对这种反竞争行为，国内企业作为被许可人可以联合提出质疑并要求修正协议。

5. 在国内提出反垄断调查要求

我国《反垄断法》第55条规定，"经营者依照有关知识产权的法律、行政法规规定行使知识产权的行为，不适用本法；但是，经营者滥用知识

---

❶ 参见商务部综合司，研究院．中国对外贸易形势报告［EB/OL］．［2007－01－28］．http：//www.mofcom.gov.cn/aarticle/s/200611/2006110.

产权，排除、限制竞争的行为，适用本法。"因此，如果专利联营许可中有涉及排除、限制竞争的行为，就有可能涉嫌非法垄断，而受到我国《反垄断法》的规制。对专利联营许可中的涉嫌垄断行为，任何单位和个人有权向我国反垄断执法机构举报，并提供相关的事实和证据，提请反垄断执法机构进行调查。

9.3.3.3　我国企业对专利联营借鉴和利用

1. 利用专利联营进行后续改进技术开发

在电子消费品等高科技产品领域，我国大部分企业处于产业链末端，做的是组装业务，这种局面亟须改善。要研究在专利联营的基础专利上做改进创新的可能性，而不应只是交纳许可使用费后，便把专利联营抛在一边。

而且，参照前述专利联营的回授条款，被许可人可以基于与所有许可人一样的条件向专利联营增加必要专利。也就是说，如果本企业的改进专利符合必要专利的要求，那么该企业就有可能基于交叉许可降低使用费或参与专利联营的使用费分配。

2. 采用专利联营模式进行联合研发创新

我国企业目前虽然处于技术劣势，但是这并不代表我国企业的创新能力必然弱于跨国企业。我国企业最为欠缺的创新资源——研发人员和资金投入可以通过我国同行业的相关企业组成研发联盟，整合现有创新资源来加以补强。但是，由于涉及商业利益，我国企业之间也存在利益分歧，如我国 EVD 标准在开发过程中，不仅受到蓝光 DVD 和 HD DVD 外强夹攻，还受到 HVD 即上海信息家电行业协会制定的联合性企业标准内部争斗，再加上内容提供的不足，以及投资商的问题，曾被认定为国家推荐标准EVD 标准目前已经沉潜。但是，也有彩电联盟和闪联等在尝试进行市场合作或者联合研发，中国企业目前确实应整合各自创新资源，通过借鉴专利联营这一模式来确定利益分配，进行联合研发创新，才能抗衡跨国公司联盟，实现长久发展之道。

9.4　专利技术转移的其他主要模式

9.4.1　企业并购与专利技术转移

9.4.1.1　企业并购中的技术需求

企业并购是指企业的兼并和收购。兼并，是指一个企业通过购买等有偿方式取得其他企业的产权，使其失去法人资格的一种企业合并形式。收购，是指一个企业购买另一家企业的股票或者资产，以获得该企业的控制权的行为。

企业间发生并购的动因很多，一般是为了获取市场份额、规模经济效应、战略重组或者是寻求技术资源等。其中，由于技术需求而进行的企业并购近年来呈上升趋势。例如，2004 年 1 月，TCL 并购法国汤姆逊彩电业务，成立了 TCL－汤姆逊电子有限公司；同年 4 月，TCL 并购了法国阿尔卡特公司的手机业务，成立了 TCL－阿尔卡特移动有限公司等；12 月，联想以 12.5 亿美元并购 IBM 全球 PC 业务。在这几起中国企业进行的大规模跨国并购案中，除了考虑品牌和海外市场等因素外，企业内部技术需求是一大动因。由此可见，除了因其他因素并购而顺带获取技术资源外，企业也可以主动根据技术需求，寻找拥有相关技术资源的目标公司进行并购。

9.4.1.2 企业并购中的专利技术转移

1. 并购前对目标公司的专利技术清查

企业在进行并购项目时，需要编制资产负债表及财产清单，这时尤其要关注目标公司的无形资产状态，尤其是以目标公司的技术资源作为并购基础的，则应当对目标公司所拥有专利技术、专利权以及其他知识产权的法律状态进行详尽的清查。其中，涉及专利权的，需要将目标公司名下拥有的专利申请权以及专利权相关情况一一清查并编制在册：

（1）专利效力确认

查询专利登记簿，了解目标公司拥有的所有专利权的法律状态，尤其要注意审查目标公司是否按时缴纳专利年费以维持其专利权的有效性，专利权是否已被宣告无效，或因其他原因而提前终止等。

（2）专利权属调查

调查目标公司是否为真正的专利申请人或专利权人，是否存在共有专利权利人，是否存在进行中或者潜在的权属纠纷。

涉及职务发明创造专利申请的，需要审查目标公司的规章制度以及其与员工签订的劳动合同中对职务发明创造归属的规定或约定，有约定，从其约定；如果没有约定或者约定不明的，应根据《专利法》相关规定来确定归属。

对于目标公司合作开发和委托开发的技术项目，就专利申请权以及专利权的归属，首先审查开发合同中双方有无约定，有约定从其约定；如果没有约定或者约定不明的，委托开发的技术成果的专利申请权以及专利权属于受托方，合作开发的则属于合作各方共有。

对于目标公司与他人共有的专利，需要审查专利共有人之间有无协议，尤其是对专利权转让是否有限制性的规定等。

（3）专利价值评估

在并购前，还需要对目标公司拥有所有专利技术进行价值评估。

以发明专利为例，仅要看目标公司是否拥有该专利，必要时需要研究该专利的保护范围。因为专利的权利要求书书写不完备会使专利保护范围过窄，竞争者较易进行回避设计；该专利存在较多竞争专利；或者，该专利本身存在瑕疵，可能会被宣告无效等情况，导致该专利对于收购公司来说可能没有太大价值，收购公司就必须对收购价格乃至收购的必要性重新作出评估。

（4）侵权纠纷查明

收购公司还需要调查目标公司的专利权是否有专利权纠纷，或者可能会有第三方提出侵权主张。例如，目标公司的专利可能是重复授权的专利；或者，可能为改进专利，而基础专利掌握在他人手中等。

（5）实施许可确认

收购公司需要查明目标公司的专利是否授权他人实施许可，且专利实施许可合同尚未履行完毕，则收购公司在并购后需要承担该实施许可合同的继续履行。

上述问题的查清，有利于收购价格的谈判，同时尽量避免企业并购后因专利权存在瑕疵而带来后遗症。

2. 专利权的转移

（1）专利文件的完整交付

在并购协议中，除在查清基础上对目标公司专利列明专利清单外，还须列明目标公司应交付给收购公司的有关专利权的所有文件：

①专利证书；

②专利申请文件及相关文件，如专利申请权的转让文件；

③专利授权的过程文件，如专利审查通知书、意见陈述书等；

④专利年费缴纳凭证；

⑤专利权的转让、实施许可、交叉许可等相关合同文件；

⑥涉及权属纠纷或侵权纠纷诉讼的文件等。

（2）专利权人的变更登记

被收购的专利权只有在办理权利人变更登记手续后，即由国家知识产权局在专利登记簿上作专利权人变更登记，并在专利公告上发布公告，自登记之日起收购公司才成为真正的专利权人。

9.4.2 特许经营与专利技术转移

9.4.2.1 特许经营权组合中的专利

商业特许经营，简称特许经营，是指拥有注册商标、企业标志、专利、专有技术等经营资源的企业（特许人），以合同形式将其拥有的经营资源许可其他经营者（被特许人或受许人）使用，被特许人按照合同约定在统一的经营模式下开展经营，并向特许人支付特许经营费用的经营活动。

专利权是特许经营权组合中常见的经营资源。涉及专利技术的特许经营，其特许经营协议中必然附带专利实施许可。

根据《商业特许经营管理条例》第3条规定，特许人必须是企业，企业以外的其他单位和个人不得作为特许人从事特许经营活动。特许商是否必须为特许经营权组合中的专利的权利人呢？不一定。特许商可以是专利权人，也可以是被授权许可实施该专利者。也就是说，特许经营权组合的专利技术既可以是专利权，也可以是专利使用权。

9.4.2.2 特许经营中的专利技术转移

特许经营权组合中包含专利的特许经营主要涉及专利实施许可问题。在签订特许经营合同时，特许商和加盟商可以就其中的专利实施许可等另行签订协议。特许加盟中的专利许可模式，要看特许加盟模式而定。如果是单店加盟，则根据特许经营合同中双方就授权范围的约定，确定是独占、排他还是普通许可；如果是区域加盟，则加盟商有权发展下属单店，除根据授权范围的约定确定是独占、排他还是普通许可外，还要授予再许可的权利。

至于专利技术文件的提交、技术服务等内容，一般都纳入特许经营操作手册以及其他特许经营文件当中。

9.4.3 专利侵权纠纷中的专利技术转移

在专利侵权纠纷或者侵权诉讼中，常常会出现当事人双方签订和解协议而解决纠纷或终止诉讼。这种和解协议主要涉及两种专利技术转移：专利实施许可和专利交叉许可。

9.4.3.1 专利侵权纠纷中达成的专利实施许可

在专利侵权纠纷中，如果被指控侵权方发现自己确实存在侵权行为，而又需要继续使用该专利技术，为避免侵权诉讼败诉的可能，可以与专利权人协商来补签实施许可协议而达成和解。

对于这种情形下签订的专利实施许可协议，被许可方应及时按约定向专利权人支付之前未经许可而使用其专利技术的使用费，否则，非但起不到和解的效用，还有可能导致专利权人再次提起专利侵权诉讼或者违约之诉。

【案例5】尹某与邱某、临江市××助滤剂有限公司专利实施许可合同纠纷一案（（2006）吉民三终字第167号）

【当事人】上诉人尹某

被上诉人邱某、临江市××助滤剂有限公司

【案情简介】临江市××助滤剂厂（以下简称助滤剂厂）是私营独资企业，领有企业法人营业执照，已于2004年3月24日注销，其债权债务由临江市××助滤剂有限公司承担。

1990年8月1日，尹某向国家专利局申请"粉末状产品的生产方法及其专用生产装置"发明专利。2000年1月22日，国家专利局授予尹某ZL90105168.1号专利权。

2003年8月10日，尹某持《关于解决专利侵权纠纷的协议书》到助滤剂厂，该厂会计王某在未经法定代表人授权的情况下在协议书上加盖了公章。协议称："甲方：吉林省临江市××助滤剂厂，乙方：尹某，甲方在2000年10月采用了乙方的专利技术和年产3000吨硅藻土助滤剂的设计建成了一座助滤剂厂，并投入工业化生产，2001年7月至2003年7月底共生产2800吨产品。2002年7月16日乙方到甲方工厂协商侵权事宜未成，于2003年7月向长春市中级人民法院起诉。为解决专利侵权纠纷，甲乙双方在临江市经友好协商，达成如下协议：1. 甲方承认未经乙方许可使用了乙方的专利技术和设计建设了年产3000吨助滤剂的工厂一座，甲方承认这是专利侵权和著作权侵权行为，希望乙方撤诉，由双方协商解决。2. 考虑到甲方的实际困难，乙方同意不计收侵权赔偿费，甲方只给付乙方15万元（不含个人所得税）作为专利技术使用费（不包括扩大的助滤剂生产线）和诉讼费及律师代理费的补偿。甲方同意签约后7日内给付乙方5万元，2003年底前给付5万元，2004年底前给付5万元；乙方的个人所得税由甲方负责缴纳。3. 签字后，乙方向法院申请撤诉。4. 签字后，乙方同意甲方利用现有生产线继续生产，但未经乙方同意不得私自扩大规模或向他人转让，如有此情况发生将按专利侵权处理。5. 在甲方付清费用后，乙方放弃追究甲方侵权和停止甲方生产、销毁设备以及不准已有产品出厂销售的权利。6. 双方商定使用费每晚付一日，甲方向乙方缴纳日0.3%的滞纳金，超过 3 个月不付清，乙方可以再次追究甲方的侵权责任，由此产生的全部诉讼费用由甲方承担。7. 本协议一式三份，甲乙双方各一份，长春市中级人民法院一份，双方同意并签字后生效。"协议签订后，助滤剂厂向尹某支付了 5 万元。

另，原告尹某于 2003 年 7 月以专利侵权纠纷为由起诉助滤剂厂至原审法院，于 2003 年 8 月 11 日撤诉。2005 年 8 月 8 日尹某以要求邱某、临江市××助滤剂有限公司承担专利侵权责任给付专利技术使用费 10 万元，违约金 10 万元，立即停止专利侵权行为为由再次诉至原审法院。

【法院判决】一审法院认为，庭审中尹某无证据证明被告对其专利侵权，故由侵权转为使用费的约定无真实的基础，因而判决驳回原告尹某的诉讼请求。

二审法院认为，《关于解决专利侵权纠纷的协议书》系双方当事人真实意思表示，内容不违反法律法规的强制性、禁止性规定，该协议有效。该协议已由助滤剂厂履行了 5 万元，助滤剂厂已注销，其债权债务由临江市××助滤剂有限公司承担，因此应由临江市××助滤剂有限公司按协议约定给付尹某人民币 10 万元并按合同约定支付违约金，但双方协议中约定的日 0.3% 的违约金过高，应予调整。原审判决认定事实错误，适用法律不当。经本院 2007 年 5 月 16 日第十三次审判委员会讨论决定，依照《民事诉讼法》第 153 条第 1 款第（二）项之规定，判决如下：

一、撤销吉林省长春市中级人民法院（2006）长民三重字第 5 号民事判决；

二、临江市××助滤剂有限公司于本判决生效后十日内给付尹某人民币 10 万元并给付利息（自 2004 年 12 月 31 日起计算，按中国人民银行规定的同期贷款利率计算至给付之日止）。临江市××助滤剂有限公司如不按期履行给付义务，应当加倍支付迟延履行期间的债务利息。

一、二审案件受理费 11 020 元由被上诉人临江市××助滤剂有限公司负担。

【评析】在案例 7 中，该公司未经专利权人许可擅自使用其专利，在专利权人第一次提起的专利侵权诉讼中，双方达成和解协议后，专利权人撤诉。但在随后的和解协议履行过程中，该公司未按约定支付使用费，致使专利权人以合同违约为由提起第二次诉讼，该公司不仅要全额支付使用费，还要承担违约责任。

9.4.3.1 专利侵权纠纷中达成的专利交叉许可

在专利侵权纠纷中，被指控侵权方未必构成专利侵权，但由于专利侵权诉讼耗时耗力，为尽快定纷止争，被指控侵权方从自己储备的专利中挑选专利或者有直接向第三方购买专利，该专利恰好覆盖原告的生产或销售的产品，以此为筹码，与原告诉称的侵权专利达成交叉许可来解决纠纷。这在本章第9.2节关于专利交叉许可的应用中亦有阐述。

本章思考与练习

1. 专利申请权和专利使用权能否用于投资入股？
2. 对专利技术作价出资金额有何限制？
3. 专利技术出资在何时生效？
4. 专利投资存在哪些弊端？如何应对？
5. 专利交叉许可在专利经营管理中起什么作用？
6. 专利联营中，对入池专利有哪些要求？
7. 专利联营许可中存在哪些专利权滥用现象？
8. 中国企业如何应对专利联营？
9. 因专利技术需求动因而进行的企业并购如何实现？
10. 专利使用权能否成为特许经营权组合中的经营资源？
11. 专利侵权纠纷和解达成的专利实施许可履行的要点是什么？

第十章　专利技术转移中的限制性规范

本章学习要点

1. 世界知识产权组织对限制性条款的规定。
2. 《与贸易有关的知识产权协议》（TRIPS）对限制性条款的规定。
3. 美国知识产权许可的反垄断指南（1995年指南）的规定。
4. 我国对技术转移中限制性条款的类型化规定。
5. 反垄断法与专利法的关系。
6. 专利技术转移中的反垄断规制。
7. 专利权滥用原则的发展。
8. 专利技术转移中的反滥用规制。
9. 我国的专利强制许可制度。

10.1　国际技术转移中的限制性规范

10.1.1　限制性条款的概述

10.1.1.1　限制性条款的界定

国际技术转移协议中往往包含限制性条款，尤其是在许可证贸易当中。限制性条款（restrictive clause），也称限制性做法或限制性商业惯例（restrictive business practices），TRIPS称为之反竞争做法（anti—competitive practices），1980年12月5日联合国的第35届大会通过的《关于控制限制性贸易做法的多边协议的公平原则和规则》将限制性条款表述为："凡是通过滥用或者滥用市场力量的支配地位，限制进入市场或以其他方式不适当地限制竞争，对国际贸易、特别是发展中国家的国际贸易及其经济发展造成或可能造成不利影响，或是通过企业之间的正式或非正式的、书面的或非书面的协议以及其他安排造成了同样影响的一切行动或行为"。在国际技术转移活动中，占市场力量或者技术力量优势地位的技术供方利用限制性条款不合理地限制技术受方的权利，控制或限制其市场或技术发展，有害于市场竞争。目前，各国一致认为应当对限制性条款进行规制，但对限制性条款的范围各国规定却不尽相同，这是各国经济和技术力量不同所致。

10.1.1.2 世界知识产权组织对限制性条款的规定

世界知识产权组织（WIPO）在 20 世纪 80 年代初提出的《技术转让合同管理示范法》第 305 条中规定了 17 种限制性贸易条款，如果技术引进合同包含其中任何一条，政府主管部门可以要求当事人修改，否则可以对有关合同不批准登记。❶这 17 种限制条款分别为：

（1）要求技术接受方进口在本国即能够以相同或更低价格取得的技术；

（2）要求技术接受方支付过高（即与所引进的技术应有使用费不相当的使用费）；

（3）搭售条款；

（4）限制技术接受方选择技术或选择原材料的自由（但为保证许可证产品质量而限制原材料来源的情况除外）；

（5）限制技术接受方使用供方无权控制的产品或原料的自由（但为保证许可证产品质量而实行这种限制除外）；

（6）要求技术接受方把按许可证生产的产品大部或全部出售给供方或供方指定的第三方；

（7）条件不对等的回授条款；

（8）限制技术接受方的产量；

（9）限制技术接受方的出口自由（但供方享有工业产权地区不在此列）；

（10）要求技术接受方雇用供方指定的、与实施许可证中技术无关的人员；

（11）限制技术接受方研究与发展所引进的技术；

（12）限制技术接受方使用其他人提供的技术；

（13）把许可证合同范围扩大到与许可证目标无关的技术，并要求技术接受方为这些技术支付使用费；

（14）为技术接受方的产品固定价格；

（15）在技术接受方或第三方因供方的技术而造成损害时，免除或减少

❶郑成思．WTO 知识产权协议逐条讲解［M］．北京：中国方正出版社，2001：134－135.

供方的责任；

（16）合同期届满后限制技术接受方使用有关技术的自由（但未到期的专利除外）；

（17）合同期过长（但只要不超过所提供的专利的有效期，即不能认为是"过长"）。

WIPO 所提出的这 17 种限制性条款，对国际专利技术转移和 Know—how 技术转移均适用。

10.1.1.3 《与贸易有关的知识产权协议》（TRIPS）对限制性条款的规定

联合国相关组织一直试图对限制性条款进行规制。从 1975 年到 20 世纪 80 年代中期，一些国家提出要制定一个国际技术转让的行动守则，然而由于各国利益、观点不一致，于是出现了两个行动守则。一个是以日本为代表的工业发达国家提出的《关于编制国际行动守则的技术转让修正草案大纲包括国际技术转让指导性原则在内的行动守则大纲》，另一个是以巴西为代表的 77 国集团（代表发展中国家）提出的《关于编制国际性技术转让行动守则的修正草案大纲》。这两个行动守则在限制性条款中出现了较大的差异，发达国家提出了 8 条，而发展中国家则提出了 40 条，反映了世界两大集团之间的利益冲突。[1]后来联合国贸易发展委员会试图从中协调，提出了《国际技术转让行动守则草案》，其中将限制性条款综合为 20 条，由于上述利益集体意见不一致，这一草案至今还未能通过。

1994 年 WTO 的《与贸易有关的知识产权协议》（TRIPS）为防止知识产权权利人在贸易谈判中滥用专有权，在第 40 条规定了对知识产权滥用活动的禁止，其规定如下：

（1）全体成员一致认为：与知识产权有关的某些妨碍竞争的许可证贸易活动或条件，可能对贸易具有消极影响，并可能阻碍技术的转让与传播。

（2）本协议的规定，不应阻止成员在其国内立法中具体说明在特定场合可能构成对知识产权的滥用，从而在有关市场对竞争有消极影响的许可证贸易活动或条件。如上文所规定，成员可在与本协议的其他规定一致的前提下，顾及该成员的有关法律及条例，采取适当措施防止或控制这类活动。这类活动包括诸如独占性返授条件，禁止对有关知识产权的有效性提

---

[1] 杨为国，钟长欣. 技术引进中限制性条款的法律调整 [J]. 科技进步与对策，2006（6）：20.

出异议的条件，或强迫性的一揽子许可证。

（3）如果任何一成员有理由认为作为另一成员之国民或居民的知识产权所有人正从事违反前一成员的有涉本节内容之法规的活动，同时前一成员又希望不损害任何合法活动，也不妨碍各方成员作终局决定的充分自由，又能保证对其域内法规的遵守，则后一成员应当根据前一成员的要求而与之协商。在符合其域内法律，并达成双方满意的协议以使要求协商的成员予以保密的前提下，被要求协商的成员应对协商给予充分的、真诚的考虑，并提供合适的机会，提供与所协商之问题有关的、可公开获得的非秘密信息，以及该成员能得到的其他信息，以示合作。

（4）如果一成员的国民或居民被指控违反另一成员的有涉本节内容的法律与条例，因而在另一成员境内被诉，则前一成员应依照本条第 3 款之相同条件，根据后一成员的要求，提供与之协商的机会。

由此可见，由于各国利益不一致，TRIPS 第 40 条只是不完全列举了三种限制性做法，分别为：

（1）独占性回授条款；

（2）禁止对有效知识产权的有效性提出异议的条款；

（3）强制性一揽子许可。

TRIPS 规定的这三项限制性做法在专利技术转移中都有可能存在。

10.1.2　美国对技术转移中限制性条款规定的历史沿革

除了司法判例外，20 世纪六七十年代以来美国司法部反垄断部门与美国联邦贸易委员会发布了一系列对知识产权转移的反垄断政策指南，其中大多涉及专利技术转移的限制性条款。了解这些曾经被禁止的限制性做法，有助于在专利技术转移谈判时审查可能包含的限制性条款。

10.1.2.1　"九不准"

在"二战"后至 20 世纪 70 年代早期，是美国反垄断政策的严厉期。这段时期美国司法部反垄断署对专利许可的态度也是很严格的，突出反映在美国司法部官员在 1969 年提出"九不准"（the Nine "No—Nos"），任何类型的专利许可若包括这九个特定限制当中任何一个都构成本身违法。

这九种明令禁止的做法分别为：

（1）搭售，即要求被许可人向许可人购买非专利材料；

（2）回授，即要求被许可人将许可协议生效后所批准的专利权转移给授权人；

（3）区域限制，即企图限制专利产品再销售的消费者范围；

（4）在专利权外限制被许可人处分其产品或服务的自由；

（5）要求被许可人未经其同意不得再授权他人；

（6）一揽子许可，即要求被许可人接受一揽子许可；

（7）高额使用费，即要求被许可人支付的使用费内包含全部销售额使用费，其数额与专利所涵盖的被许可人产品销售额无合理关系；

（8）企图限制被许可人以专利方法所生产产品的销售；

（9）价格固定，即要求被许可人销售被授权产品须遵循任何特定或最低价格。

"九不准"在 70 年代占美国专利许可协议限制性条款分析的主导。进入 80 年代后，随着美国反垄断政策的转变，"九不准"基本上已经不再适用。

10.1.2.2　关于国际贸易活动的反垄断指南（1988 年指南）❶

根据谢尔曼法，美国司法部于 1988 年颁布了关于国际贸易活动的反垄断指南，其中有专节规制知识产权许可协议，适用于专利许可协议。❷

1. 实质许可标准

美国司法部（DOJ）分析所有国际许可协议及其限制性条款，首先是看该技术转让是否虚假或限制了双方之间的竞争，而先不考察许可协议的限制性条款。如果发现该许可是虚假的，伴随该协议而来的限制性做法就是本身违法。

如果该协议不虚假，美国司法部适用合理性规则来分析该许可协议。根据合理性规则分析，如果该许可协议是共谋或阻碍竞争，或如果阻碍竞争效果超过促进竞争效果，则违法。根据这一分析，DOJ 考虑该许可内所有限制性做法的累积效果。总而言之，如果该许可没有阻碍竞争效果，或者阻碍竞争效果没有超过促进竞争效果，DOJ 不会对该许可的合法性提出异议。

2. 程序要求

美国反垄断法对国际专利许可协议没有规定强制备案或评估程序，而司法部确实允许对许可协议进行"商业评论"。因此，如果司法部质疑一特定国际专利许可协议，只能通过法院进行。要消除涉嫌许可协议的限制性

---

❶ Department of Justice Antitrust Guidelines for International Operations, 53 Fed. Reg. 21,584,21,584 (1988).

❷ Nhat D. Phan, Leveling the Playing Field: Harmonization of Antitrust Guideline for International Partent Licensing Agreements in the United States, Japan, and the European Union, The American University Journal of International Law & Policy, Fall, 1994.

条款，司法部必须证明该协议产生垄断效果、不合理限制贸易或不正当竞争。

10.1.2.3 知识产权许可的反垄断指南（1995 年指南）❶

自 1977 年以来，美国司法部反垄断署就有行政程序来评价私人公司试图采取的各种商业做法，即前述的商业评论函。1979 年以来，美国联邦贸易委员会开始采取相似程序，企业对拟采取的商业做法寻求美国联邦贸易委员会的建议。美国司法部和美国联邦贸易委员会（DOJ/FTC）通过这些程序得出在知识产权许可领域的政策，1995 年 4 月 6 日联合发布了《知识产权许可的反垄断指南》（以下简称"95 指南"），取代 1988 年指南中关于知识产权许可协议的规定。95 指南是 DOJ/FTC 的实务经验总结，对企业的专利技术转移具有重要的指导意义。95 指南确立的三大原则具有重要意义，分别是：

（1）在反垄断分析下，知识产权等同于其他财产；

（2）在反垄断分析下，不推定知识产权产生市场支配力；

（3）肯定知识产权许可使公司结合生产的互补因素有利于竞争。

继 95 指南后，DOJ/FTC 于 2000 年 4 月 7 日颁布《关于竞争者之间协作的反垄断指南》；2007 年 4 月 DOJ/FTC 发布了《反垄断执法与知识产权：促进创新和竞争》❷报告，其中重申了 95 指南的宗旨，认为知识产权法和反垄断法有着共同的目的：即提高消费者福利，促进创新，同时对知识产权拒绝许可、技术标准中知识产权的反垄断问题以及专利联营许可等问题进行了分析。

10.1.3 欧盟对技术转移中限制性条款规定的历史沿革

欧盟立法中关于技术转移中限制性条款的规定多放在竞争法框架中解决，早期规制比较严格，近年来由于意识到促进科学研究的发展重要性而有所缓和。

10.1.3.1 罗马条约

《罗马条约》❸具有优先于成员各国国内法适用的效力，经《欧盟条约》

---

❶Antitrust Guidelines for the Licensing of Intellectual Property，issued by DOJ and FTC，at April 6，1995 ［EB/OL］．［2006—03—16］．http：//www.usdoj.gov/atr/public/guidelines/0558.pdf.

❷U. S. DEP'T OF JUSTICE & FED. TRADE COMM'N，ANTITRUST ENFORCEMENT AND IN-TELLECTUALPROPERTY RIGHTS：PROMOTING INNOVATION AND COMPETITION（2007）［EB/OL］．［2008—07—15］．www.usdoj.gov/atr/public/hearings/ip/222655.pdf.

❸是指建立欧洲经济共同体条约，Treaty Establishing the European Economic Community［EEC Treaty］（1958）．

等修改和补充后，成为欧盟现有的竞争法主干。《罗马条约》是欧盟规制专利许可协议的基本反垄断规定❶。该条约的精华体现在第 3 条、原第 85 条和原第 86 条❷。其中，第 3 条是关于建立竞争保护机制、使之不受扭曲的原则规定，第 85 条是关于禁止和在一定条件下豁免反竞争性协议的规定，第 86 条是关于禁止滥用市场支配地位的具体规定。第 85 条（1）款规定了 5 种禁止性事项，（2）款重申（1）款规定事项的无效性，（3）款将（1）款事项的豁免条件列举出来，接下来对此进行具体介绍。

1. 禁止限制竞争协议

该条约第 85 条（1）款规定禁止两个和多个企业之间限制在欧盟内的竞争的协议和协定行为，具体如下：

下列行为因与共同体市场相矛盾而应被禁止：所有企业之间的协议、企业联合体的决议和协定行为，可能影响成员国之间的贸易，以及因其目的和效果阻止、限制和扭曲共同体市场内的竞争，尤其是：

（a）直接或间接固定购买或销售价格或任何其他贸易条件；

（b）限制或控制产量、市场、技术开发或投资；

（c）分享市场或供应来源；

（d）与其他贸易方的同等交易适用不同条件，从而使他们处于竞争劣势；

（e）使合同缔结服从于其他当事人增补义务的承诺，这些承诺究其本质或依据商业用法都与该合同标的无关。

2. 禁止任何企业和企业联盟滥用在欧盟内的优势地位

该条约第 86 条规定禁止任何企业和企业群滥用在欧盟内的优势地位，但是该条很少适用。具体规定如下：

一个或多个企业所采取的对其在共同体市场或其实际部分区域拥有优势地位的滥用只要其影响了成员国之间的贸易，都应被禁止，因其与共同体相矛盾。这种滥用特别包括：

（1）直接或间接强加不公平的购买或销售价格或其他不公平贸易条件；

（2）限制产量、市场或技术开发，损害了消费者；

❶Nhat D. Phan, Leveling the Playing Field: Harmonization of Antitrust Guideline for International Partent Licensing Agreements in the United States, Japan, and the European Union, The American University Journal of International Law & Policy, Fall, 1994.

❷经修订原第 85 条现为第 81 条，原第 86 条改为第 82 条，本书为对原条文介绍方便起见，仍然按原条文的称呼。

（3）与其他贸易方的同等交易适用不同条件，从而使他们处于竞争劣势；

（4）使合同缔结服从于其他当事人增补义务的承诺，这些承诺究其本质或依据商业用法都与该合同标的无关。

与第 85 条（1）款相比，第 86 条不允许任何例外。第 86 条在与知识产权许可相关的反垄断规定中被引用最少，欧洲法院的司法判例显示在很窄的含义上适用第 86 条。以下主要讨论第 85 条（1）款的适用，行政救济和可用例外。

3.《罗马条约》原第 85 条（1）款的对专利许可协议的具体适用

（1）微量允许标准例外（De Minimis）

根据欧洲法院（ECJ）的解释，第 85 条（1）款仅是适用那些具有评估性的（appreciability）限制竞争和影响欧盟成员国之间的贸易的协议。当决定一具体协议被察觉是限制竞争和影响贸易，要求分析该协议作用的整个经济范围。欧盟委员会对 ECJ "appreciability" 解释为"微量允许通知"（De Minimis Notice）。该通知将那些对竞争只产生可忽略不计的影响的从而不构成侵犯第 85 条（1）款的协议进行类型化。

根据该通知，第 85 条（1）款不适用于下列公司之间的协议：

①产品服从于该协议，并且当事人生产的任何替代产品没有超过该协议所影响的欧盟领域内这种产品的整体市场的 5%；

②当事人总共年收入总额没有超过 2000 万欧洲货币单位。

另外，该通知规定，即使该协议的当事人的合计市场份额、总共年收入总额或者两者都在连续两个财政年度上升 10%，该协议仍然不受原第 85 条（1）款规制。

如果微量允许例外不适用，垄断专利许可协议将违反第 85 条（1）款的反垄断禁止，有三个可能后果：第一，该许可无效；第二，委员会可能对许可当事人进行罚款；第三，许可当事人可能要向第三方进行损害赔偿。除非欧盟委员会根据第 85 条（3）款单独豁免该协议，该协议可以由欧盟委员会和成员国的法院在任何时间撤销。

（2）单独豁免（Individual Exemptions）

根据第 85 条（3）款，违反第 85 条（1）款的协议如果是促进竞争的，就有可能得到单独豁免。

第 85 条（3）款规定当协议符合下列 4 个条件就可单独豁免：

①促进产品的生产和销售，或者促进技术和经济进步；

②使消费者能公平分享因此带来的经济收益；

③只包括必要限制；

④并没有消除该产品市场的实质部分的竞争。

只有欧共体委员会❶有权授予第85条（3）款的单独豁免。但是，如果被拒绝授予第85条（3）款豁免的当事人可以向ECJ上诉。特别是，寻求第85条（3）款豁免的专利许可人必须将其协议的实质告知欧共体委员会。由于人力和资源有限，欧共体委员会难以评价所有提交的协议，并评估他们是否可能符合欧共体委员会的豁免条件。为应对评论未决的大量协议和正式决定所需的时间长度，委员会设置了几个程序来处理那些没有被第85条（1）款覆盖或者应受到第85条（3）款豁免的协议。这些可供选择的程序即安抚信、逆向证明书和集体豁免，接下来进行介绍。

（3）安抚信（The Comfort Letter）

欧共体委员会可能会发布一个行政声明，通常被称为"安抚信"，通知许可当事人第85条（1）款不适用其协议，或者第85条（3）款是可行的。如果许可当事人收到一封安抚信，他们就能希望欧共体委员会有更进一步的行动。

（4）逆向证明书（The Negative Clearance）

除了安抚信外，专利许可人也可以寻求一份"逆向证明书"。该逆向证明书是一个关于不适用第85条（1）款所有禁止的欧共体委员会的正式决定。当：

①双方之间没有依法可审理（legally cognizable）的协议；

②通知的行为没有影响成员国之间的贸易；

③通知的行为没有显见的影响欧盟的竞争。

因此，该证明书暗示第85条（3）款豁免是不必要的。

（5）集体豁免（The Block Exemptions）

欧共体委员会1965年通过第19号条例，赋予欧共体委员会颁布对特定种类的许可协议的集体豁免的权力。根据该职权，欧共体委员会指明那些因为其阻碍竞争效果而落入第85条（1）款范围、但根据第85条（3）款自动豁免反垄断法的协议的类型。其中一个类型就是专利许可协议。集体豁免在接下来的欧共体委员会颁布的条例里详细讲述。

❶也有称之为欧共体理事会或欧洲委员会。

❷Regulation No 19/65/EEC of the Council. of 2 March 1965. on application of Article 85（3）of the Treaty to certain categories of agreements and concerted. practices. OJ P 36，6. 3. 1965，p. 533.

10.1.3.2 欧共体1996年《关于技术转让协议集体豁免的条例》

1996年1月31日，欧共体委员会颁布了关于对若干类型的技术转让协议适用罗马条约原第85条（3）款的第240/96号条例，即《关于技术转让协议集体豁免的条例》（以下简称1996年条例）。该条例自1996年4月1日起施行，原定至2006年3月31日止，但已于2004年为新条例所取代。

如前所述，获得罗马条约第85条（3）款规定的豁免有两种方式。第一种是"单独豁免"，由相关人就许可协议向欧共体委员会提出申请，请求认定所申报的合同是否违反了罗马条约相关规定。第二种就是"集体豁免"方式，它不是应有关方面的申请，而是由欧共体委员会主动作出的一种公告，从总的特点和类型方面告知公众，哪些许可协议是不必申报的，哪些许可协议会引起委员会的关注，最好申报。集体豁免制度建立了三种类型的清单：白色、灰色和黑色清单。

列入"白色清单"的限制性条款被认为不会对竞争产生限制性影响，不必予以申报。白色清单主要是允许许可方对被许可方作一定条件的地域和产品数量限制。

列入"灰色清单"的限制性条款会对竞争产生一定的限制作用，从其本身来看属于第85条（1）款禁止的范围，但根据已有的实践来看，包含有关条款的许可协议经过申报以后，欧共体委员在大多数情况下不会得出不利的结论。因为这些限制性条款多涉及保密协议、分许可、质量监督、有条件回授改进技术等，而且多是为了保护专利许可人的相关技术秘密与声誉，而不单纯是市场份额。

列入"黑色清单"的行为是明显触犯第85条（1）款的行为，基本没有豁免的可能性。黑色清单条款有下列7种：

（1）限制合同一方自由确定许可产品价格、价格组成或折扣比例的；

（2）限制合同一方在共同市场上与合同对方或与相关的企业就相互竞争的产品在研究、开发、生产和销售方面进行竞争的，但在此种情况下，许可人解除原合同的排他性和不再许可后续改进技术的除外；

（3）没有客观上正当的理由，要求一方或双方拒绝接受在各自地域内而有可能向共同市场其他地域销售产品的用户或转售商提出的订单，或使用户或转售商难以从共同市场上的其他转售商处获得许可产品的，特别是行使知识产权或采取其他措施，妨碍用户或转售商从某一许可地域外获得许可产品，或在某一许可地域内销售其从共同市场上合法获得许可产品的；

（4）相互竞争的制造商之间订立的许可合同，限制一方只能为特定的或某一种类的顾客交易，或只能采用特定销售形式，或为分配顾客只能采用特定的产品包装的；

（5）除基本豁免范围以内和白色清单条款所列的情形以外，限制一方生产或销售许可产品的数量或限制利用标的技术的其他经营指标的；

（6）要求被许可人将其就许可标的所作的后续改进技术或新应用方法上的权利全部或部分转让给许可人的；

（7）直接或间接地要求一方或双方在超出规定的豁免期限后仍受地域限制约束的。

虽然在实践中上述黑色条款并非总是会严重影响竞争而违法，但因其不能享受集体豁免，所以需要承担违法而被追究的风险。

10.1.3.3　欧共体 2004 年《技术转让协议豁免条例》❶

2004 年 4 月 27 日欧共体委员会就罗马条约原第 85 条（3）款适用于技术转让协议颁布了委员会条例（EC）No. 772/2004 条例，同日颁布适用指南，这是在废除了欧共体委员会 1996 年条例之后制定的新的关于技术转让协议集体豁免的条例和指南。该条例自 2004 年 5 月 1 日起生效，有效期 10 年，但是在 2004 年 5 月 1 日到 2006 年 3 月 31 日期间，对于在 2004 年 3 月 30 日已经生效的协议，如果其不符合该条例的豁免条件却符合 1996 年条例的豁免条件的，该条例不适用。

2004 年条例与 1996 年条例相比发生了较多改变：

（1）扩大适用的"技术"的范围。1996 年条例中的"技术许可"仅仅限于纯专利、纯技术秘密及专利和技术秘密混合的许可。2004 条例明确将"技术"的范围扩大到受版权保护的软件，而且明确"专利"的范围包括专利、专利申请、实用新型、实用新型注册申请、外观设计、半导体产品图、药品或其他产品的补充保护证书、植物育种者证书。"技术秘密（know—how）"的定义也扩大界定为不受专利保护的"实用信息（practical information）"，而不仅仅限于技术的范畴。

（2）扩大适用的"协议"的范围。1996 年条例中的"协议"仅限于纵向的许可协议，而不包括横向的"联合行为（concerted practice）"。而新条例则适用于"联合行为"，特别是两个企业间的"交叉协议（reciprocal agreement）"。不过，2004 年条例仍然未明确规定联营许可协议。但是在欧

❶ 张伟君. 欧共体 2004 年技术转让协议豁免条例介绍［EB/OL］.［2007－03－20］. http：// web. tongji. edu. cn/～ipi/communion/zwj21. htm.

共体委员会的"指南"中，对联营协议进行了规定。

（3）不再采用 1996 年条例列举式的"三色清单"模式来规定有关限制条款是否能够适用集体豁免，而采用制定一个"宽泛的、伞状的"集体豁免条例再加上一系列详尽的"指南"的形式。2004 条例首先确定了一个"市场份额门槛（market—share thresholds）"，对许可协议的参与方不到一定市场份额的，规定了可以享受豁免的"安全港（safe harbor）"。然后，根据是否属于竞争者之间的协议的不同，对限制条款进行区分：

①不可以享受豁免的严重的限制竞争条款即"赤裸裸的限制（hardcore restrict）"，主要包括固定价格、限制产量、划分市场、限制销售对象等行为（但是有严格的限定和例外）；

②"被排除的限制（excluded restrictions）"，主要是独占性的回授条款、对权利效力的不争条款、限制技术研发的条款，这些限制也不享受豁免（但是也有严格的限定和例外）；

最后，赋予欧共体委员会在个别案件中撤销豁免和制定条例宣告不适用该豁免条例的权力。

可见，2004 条例只是规定了安全港和不可以豁免的严重限制竞争的条款，而不再列举原来的可以豁免的"白色清单"以及可能豁免的"灰色清单"等不确定性条文，使得该豁免条例更为简练而明确。这样，企业只需要注意避免那些不可以豁免的严重的限制条款，而无需过多担心那些可能违法的条款，可增加企业对技术转让中的积极性，促进技术的转让。不过，对于该条例没有涉及的许可协议中的众多限制（如许可费义务、独占和独家协议、销售限制、产量限制、使用领域限制、控制使用限制、搭售和捆绑、不竞争的义务等），在适用指南中仍然进行了详细的分析。

（4）2004 条例反映了欧共体委员会对于技术转让协议的观念有了重大的改变。欧共体委员会认为，"因为技术转让能够减少研发上的重复、增强基础研发的动力、刺激创新的增加、促使技术的扩散和加大产品的市场竞争，因此技术转让协议通常会提高经济效率和促进竞争。要使出现这种提高效率和促进竞争效果的可能性，大于因在技术转让协议中的限制条款而产生限制竞争后果的可能性，取决于订立协议的企业拥有的市场力量的程度，以及这些企业所面临的来自拥有替代技术或制造替代产品的企业的竞争程度。"因此，新条例对于限制性协议的豁免不像过去那样简单地规定这些协议是否属于欧共体条约原第 85 条（1）款所禁止的范围，而是考虑多种因素，特别是相关技术市场和产品市场的市场份额和竞争受影响程度。

因此，2004 条例根据许可协议当事人的竞争状态，规定了以固定市场份额为依据的"安全港"：在其有影响的相关技术市场和产品市场，对于相互竞争的企业订立许可协议的，如果其合并的市场份额没有超过 20% 的，对于相互没有竞争的企业订立许可协议的，如果其各自的市场份额没有超过 30% 的，均可以豁免。另外，对于那些严重限制竞争的"赤裸裸的限制"和"被排除的限制"，2004 条例都区别相互竞争的企业订立限制性协议和相互没有竞争的企业订立限制性协议，其构成条件是不同的，前者豁免的条件更为严格。

10.1.4 日本对专利技术转移中限制性条款规定的历史沿革

1947 年 3 月 31 日，日本颁布《垄断禁止法》，与美国反垄断法相似并禁止多种阻碍竞争的活动，日本是将专利权的滥用直接置于反垄断法的范围之内，即在判断这种知识产权转移合同条款的违法性的时候，适用《垄断禁止法》的规定。《垄断禁止法》中第 6 条（1）款专门规制国际许可协议，第 6 条（2）款要求任何国际专利许可协议在其合同签订 30 天内都通知日本公平贸易委员会（JFTC）。为此，JFTC 颁布了关于国际许可协议的相关行政指南来实现这些反垄断条款。最早的是 1968 年《国际许可协议的反垄断指导方针》，要求涉及日本的专利、实用新型和技术秘密的国际许可证协议，主要是技术引进合同，在签订 30 天内必须将合同呈报 JFTC。

10.1.4.1 1989 年《专利和技术秘密许可协议中的不公正交易方法的指南》

该指南于 1989 年 2 月 15 日由 JFTC 颁布，1999 年被废止，但对考察当时日本政府对专利许可协议限制性条款的态度仍有意义。该指南规定了JFTC 规制国际专利许可协议中的限制性条款时的适用标准。该指南包括三个许可条款的清单。

（1）"白色清单"指为 JFTC 接受的贸易做法，在专利的有限期、范围、使用领域或者生产水平内对被许可人的限制，允许许可人：

①要求在双方义务平等情况下对改进技术的非独占回授；

②指定使用特定零部件，该零部件对该发明的质量和效用起关键作用；

③限制出口领域，该领域许可人具有专利权，有已开发的市场或已授予第三方独占许可。

（2）"黑色清单"，列举不公平的许可条款，包括：

①限制专利产品在日本的销售或转售价格；

②要求被许可人不从事竞争性产品；

③在专利协议终止后还限制使用该被许可技术；

④限制被许可人研发能力；

⑤要求对改进技术的独占回授。

（3）称为"灰色清单"，包括介于白色和黑色清单之间、可能会被认为不公平的许可条款，JFTC 会根据合理性规则的分析来判断落入"灰色清单"的情形，包括在"灰色清单"的许可做法有：

①对那些许可人不积极的地域限制出口；

②搭售；

③控制出口价格；

④要求通过许可人销售；

⑤对零部件建立质量要求。JFTC 通常接受这些许可条款，除非有人投诉或者这些条款出现在受控制市场。

在某些方面，JFTC1989 年指南明显借鉴了美国法和欧盟法。它在将限制条款分为"白色条款"、"灰色条款"和"黑色条款"三类方面，明显类似于欧盟的集体豁免制度。而另一方面，它在对特定类型限制的必要性与它对竞争不利影响的可能性之间进行权衡方面，又表现出与美国的合理分析原则的类似。

10.1.4.2 1999 年《专利和技术秘密许可协议的反垄断法指南》

1999 年 7 月 30 日，JFTC 又颁布了《专利和技术秘密许可协议中的反垄断法指南》（1999 年指南），1989 年指南被废止。1999 年指南根据 20 世纪 90 年代以来的日本国内和国际的新情况，尤其是经济全球化和日本国内放松政府管制的新情况，对在知识产权领域适用禁止垄断法的问题提出了全面、系统的指导意见。其中，关于专利许可合同中的限制性条款进行了分类，分成如下类型：

1."黑色清单"，包含下列限制即违反反垄断法：

（1）对再次销售价格的限制；

（2）对销售价格的限制。

2."黑灰色清单"，极有可能违法的限制性条款，包括：

（1）对使用技术的限制以及在专利权过期之后支付提成费的义务；

（2）对研究开发活动的限制；

（3）转让改进发明的权利和批准独占性许可的义务；

（4）在许可合同终止之后对制造、使用竞争产品的限制以及对采用竞争技术的限制；

（5）在许可合同终止后对销售竞争产品的限制。

上述 5 项在 1989 年指南中属于"黑色条款"，现在为了显示与"黑色条款"之间的细微差别作了区分。

3．"灰色清单"，下列限制条款在特定情况下构成违法，包括：

（1）对地域范围的限制；

（2）对技术领域的限制；

（3）根据产品的生产量来支付提成费；

（4）以一揽子方式许可两项或多项专利；

（5）禁止被许可人对专利权有效性提出异议；

（6）规定被许可人不得提出关于拥有专利权的要求；

（7）单方终止条件；

（8）对改进发明批准非独占许可等的义务；

（9）对产量和使用时间的限制；

（10）对竞争产品的制造和使用等行为的限制以及对采用竞争技术的限制；

（11）对原材料、组件等来源的限制；

（12）对专利产品、原材料、组件等的质量限制；

（13）对销售量的限制；

（14）对消费者的限制；

（15）对销售竞争产品的限制；

（16）使用商标等的义务；

（17）对出口价格的限制；

（18）对出口量的限制；

（19）对出口区域的限制。

10.1.4.3　日本规制专利许可协议的程序

1．国际许可协议的备案告知（Filing Notification）

根据日本的垄断禁止法配套规定，国际许可协议须向 JFTC 提出备案告知，确保国际许可协议不包括非法限制条款，但该备案不影响合同生效。该备案告知要求适用于专利技术的进口和出口，但当日本方为被许可人即技术输入时 JFTC 进行详细审查更有可能。因此，日本方被许可人必须在协议完成 30 天内备案告知，即向 JFTC 提交一份列明该交易的特定信息的文件和一份协议的复印件。尽管 JFTC 不要求所有国际许可协议备案，仅要求有技术背景的许可协议备案，即包括专利、实用新型（utility right）、技术秘密、商标和版权相关的许可，协议不备案的结果是低于 500 万日元的罚款。被许可人备案后，JFTC 评价其是否可能违反许可规则和反垄断法，但是 JFTC 完成了评估并不通知当事人。如果 JFTC 在 90 天内没有行动，就表示 JFTC 不会有任何质询或异议。

2. 证明书机制（The Clearance System）

作为告知程序的选择办法，并且除了列举的具体许可条款是允许或禁止的以外，JFTC 规定了一个"证明书机制"，允许外国许可人和日本被许可人请求 JFTC 确认他们的许可协议中没有条款构成不公平贸易做法。证明书机制是可选的，被设计用来辅助许可双方订立合法协议。在协议生效前，许可双方可以通过把该协议提交给 JFTC 的证明书机制来决定协议里的特定许可条款的合法性。当 JFTC 认定该协议没有任何违法限制，JFTC 会向请求方提供一份认定的通知。JFTC 的证明书向许可双方保证其协议不会受到法律质疑。但是，如果其决定周围的情况改变，JFTC 可能会撤回其证明书。

10.2 我国有关技术转移中限制性条款的规定

10.2.1 我国对技术转移中限制性条款的原则性规定

10.2.1.1 《民法通则》的规定（1987 年 1 月 1 日起实施）

《民法通则》第 7 条规定，民事活动应尊重社会公德，不得损害社会公共利益，破坏国家经济计划，扰乱社会经济秩序。第 58 条规定，违反法律或者社会公共利益的当为无效。

当事人的技术转移活动属于民事行为，当受此法调整。

10.2.1.2 《合同法》的规定（1999 年 10 月 1 日实施）

《合同法》第 52 条规定：有下列情形之一的，合同无效：

（一）一方以欺诈、胁迫的手段订立合同，损害国家利益；

（二）恶意串通，损害国家、集体或者第三人利益；

（三）以合法形式掩盖非法目的；

（四）损害社会公共利益；

（五）违反法律、行政法规的强制性规定。

第 329 条规定：非法垄断技术、妨碍技术进步或者侵害他人技术成果的技术合同无效。

第 343 条规定：技术转让合同可以约定让与人和受让人实施专利或者

使用技术秘密的范围，但不得限制技术竞争和技术发展。

《合同法》对于技术合同可能涉及的限制性做法虽然没有作出类型化规定，但确定了基本原则，即技术合同涉及"非法垄断技术、妨碍技术进步或者侵害他人技术成果"以及"限制技术竞争和技术发展"的约定应当属于限制性条款。

【案例1】天津市××钢板有限公司与卢某技术合同纠纷一案（（2007）津高民三终字第53号）

【当事人】上诉人（原审被告）：天津市××钢板有限公司（以下简称钢铁公司）

被上诉人（原审原告）：卢某

【案情简介】卢某为"钢铁工业酸洗废弃盐酸再生利用并回收草酸亚铁的方法"发明专利申请技术的权利人。国家知识产权局于2006年3月20日正式受理了该项技术的发明申请。

2006年7月10日，卢某与钢板公司就该项技术签订《专利申请技术实施协议书》，协议约定：钢板公司分三期向卢某支付实施费32万元，第一期为本协议签订后立即支付10万元（卢某同时向钢板公司交付专利申请技术资料、项目建议书等全部技术资料）；第二期10万元为卢某指导钢板公司实施该技术并负责生产第一批10吨合格产品时支付；第三期12万元，为卢某专利申请技术向全国公开日支付。实施期限为自2006年7月10日至2021年7月10日，实施范围为以钢板公司坐落地点为中心，方圆50公里范围内，此范围只限钢板公司独家实施。协议还约定，本协议签订后，由卢某按钢板公司要求组织确定人员技术培训及该项目所需各种设备采购、安装、调试等方面的指导服务等。双方约定了保证期，即卢某有责任、有义务在本协议签订后三个月内确保该项目总体投产运行，技术员持证上岗，钢板公司也确保所有安排该项目的人员高度负责，不流动、不泄密，三个月后钢板公司自行安排，卢某随时指导服务。该协议第6条还对双方的违约责任做了约定。

该协议生效后，钢板公司于2006年7月22日支付了10万元，次日卢某将该项专利申请技术的相关资料交付给了钢板公司。之后，钢板公司利用其现有的设备和设施，并在添置了一些必要的设备的基础上进行了小规模的试生产，协议履行初期，卢某也提供了一定的技术指导。现该技术实施协议未能如期继续履行，双方经多次交涉未果而成讼。

2006年10月11日，该项专利申请公开，现该项专利申请已进入实质审查程序，但尚未授权。卢某在专利申请公开后多次催促钢板公司履行合同义务及支付剩余的使用费，但钢板公司仍未能履行协议义务。卢某于2006年12月7日以书面形式再次催告钢板公司，直至2007年1月7日书面通知钢板公司终止该协议，而后诉至法院。

【法院判决】一审法院认为：当事人之间就申请专利的技术成果所订立的许可使用合同，专利申请公开以前，适用技术秘密转让合同的有关规定；发明专利申请公开以后授权以前，参照专利实施许可合同的有关规定。到目前为止，涉案的该项专利申请技术尚未通过实质审查。故此案纠纷的解决应当适用《合同法》的规定。卢某与钢板公司签订《专利申请技术实施协议书》是双方当事人真实的意思表示，双方已经部分实际履行。该项技术转让合同的目的是彻底解决钢铁工业的废水污染问题，且钢板公司仍然有继续履行合同的愿望，因此从鼓励交易的原则出发，卢某要求解除合同的请求不予支持，合同应当继续履行。此外，双方签订的《专利申请技术实施协议书》第4条约定"以乙方（钢板公司）坐落地点为中心，方圆50公里范围内实施甲方专利申请技术，此范围只限乙方独家实施"，以及第6条第3项约定"若属甲方责任出现协议范围内第二家使用本技术工艺生产草酸亚铁的，追究甲方责任，由甲方向乙方赔偿800万元损失；若属乙方责任，乙方向甲方赔偿800万元损失"的问题。考察这两条约定的内容，可以发现，协议之所以这样规定，显然是钢板公司为了一己之私，而不顾市场需求和技术进步，利用合同的形式，达到阻碍权利人按照合理方式充分实施合同标的技术，从而垄断该项发明专利申请技术的目的。《中华人民共和国合同法》第329条规定：非法垄断技术，妨碍技术进步的技术合同无效。因此，协议书中的这两项约定，显然违背法律规定，应确认无效。因此，一审判决：1. 自判决生效之日起，钢板公司立即支付给卢某技术实施费22万元，逾期给付按照同期金融机构贷款利率加倍支付迟延给付期间的债务利息；2. 宣告《专利申请技术实施协议书》第4条及相关罚责无效，予以废止；3. 驳回卢某其他诉讼请求。钢铁公司不服，提起上诉。

二审法院认为，此案的焦点问题是双方签订的《专利申请技术实施协议书》是否应继续履行，以及该协议第4条及相关罚责是否有效。此案是因实施专利申请技术合同引起的纠纷，非专利侵权纠纷。卢某与钢板公司签订的《专利申请技术实施协议书》是双方的真实意思表示，合法有效，其中有关在一定地域独家实施的约定，是法律允许的许可方式，原判认定该条款及相关罚则无效，适用法律错误，应予纠正。该协议生效后，双方已部分实际履行，钢板公司在卢某未进行技术指导的情况下，已能够小批量生产出产品，有证据证明该技术方案目前可以基本实现，该合同应当继续履行。现协议约定钢板公司支付第三期使用费的条件已成就，应予全额给付；因双方对合格产品技术参数约定不明，协议履行过程中又缺乏必要的协调和沟通，致双方对合同履行产生争议，对此双方均负有一定的责任，故钢板公司支付的第二期使用费可酌情减少。综上，二审法院认定原审判决认定事实清楚，但适用法律部分不当，变更一审判决第 1 点有关实施费的数额，撤销一审判决第 2 点，维持一审判决的第 3 点。

【评析】案例 1 涉及《合同法》第 329 条中"非法垄断技术，妨碍技术进步的技术合同无效"的认定问题。以《合同法》第 329 条的规定主张技术转移协议条款无效的，其认定标准应当严格把握。案例 1 中，一审法院将专利申请技术独占实施许可之被许可人的合法权利范围约定认定为是"非法垄断技术，妨碍技术进步"，是对《合同法》第 329 条理解过于宽泛，确属适用法律错误，对此二审法院予以纠正。从案例 1 中可知，《合同法》第 329 条的规定过于原则化，技术转移协议中哪些条款构成"非法垄断技术、妨碍技术进步"的标准不一，因此后来最高法院颁布司法解释对此进行了细化规定，参见本节下文阐述。

10.2.1.3 《反垄断法》的规定（2008 年 8 月 1 日实施）

《反垄断法》附则第 55 条规定，经营者依照有关知识产权的法律、行政法规规定行使知识产权的行为，不适用本法；但是，经营者滥用知识产权，排除、限制竞争的行为，适用本法。因此，如果在技术转移中，有涉及排除、限制竞争的行为，就有可能涉嫌非法垄断，而受到《反垄断法》的规制。

10.2.2 我国对技术转移中限制性条款的具体规定

10.2.2.1 《对外贸易法》的规定（2004 年 7 月 1 日实施）

《对外贸易法》第 30 条规定：知识产权权利人有阻止被许可人对许可合同中的知识产权的有效性提出质疑、进行强制性一揽子许可、在许可合同中规定排他性回授条件等行为之一，并危害对外贸易公平竞争秩序的，国务院对外贸易主管部门可以采取必要的措施消除危害。

《对外贸易法》是直接参照 TRIPS 第 40 条的规定，采用不完全列举方式，指出三种限制性做法的类型。

10.2.2.2 《反不正当竞争法》的规定（1993 年 12 月 1 日实施）

《反不正当竞争法》第 12 条规定，经营者销售商品，不得违背购买者的意愿搭售商品或者附加其他不合理的条件。即，明确禁止"搭售"这种限制性做法。

10.2.2.3 《合同法》的规定（1999 年 10 月 1 日实施）

《合同法》除对技术合同中限制性条款的原则性规定外，还针对专利实施许可作出具体规定：

第 344 条："专利实施许可合同只在该专利权的存续期间内有效。专利权有效期限届满或者专利权被宣布无效的，专利权人不得就该专利与他人订立专利实施许可合同。"

可见，《合同法》将就过期/无效专利订立实施许可合同的行为视为限制性做法。

10.2.2.4 《技术进出口管理条例》的规定（2002 年 1 月 1 日实施）

《技术进出口管理条例》第 29 条规定，技术进口合同中，不得含有下列限制性条款：

（一）要求受让人接受并非技术进口必不可少的附带条件，包括购买非必需的技术、原材料、产品、设备或者服务；

（二）要求受让人为专利权有效期限届满或者专利权被宣布无效的技术支付使用费或者承担相关义务；

（三）限制受让人改进让与人提供的技术或者限制受让人使用所改进的技术；

（四）限制受让人从其他来源获得与让与人提供的技术类似的技术或者与其竞争的技术；

（五）不合理地限制受让人购买原材料、零部件、产品或者设备的渠道或者来源；

（六）不合理地限制受让人产品的生产数量、品种或者销售价格。

（七）不合理地限制受让人利用进口的技术生产产品的出口渠道。

《技术进出口管理条例》侧重保护国内企业，禁止技术进口合同含有搭售、就过期/无效专利收取使用费、限制技术改进等 7 种限制性条款。

10.2.2.5 《最高人民法院关于审理技术合同纠纷案件适用法律若干问题的解释》的规定（2005 年 1 月 1 日实施）

《最高人民法院关于审理技术合同纠纷案件适用法律若干问题的解释》第 10 条规定，下列情形，属于《合同法》第 329 条所称的"非法垄断技术、妨碍技术进步"：

（一）限制当事人一方在合同标的技术基础上进行新的研究开发或者限制其使用所改进的技术，或者双方交换改进技术的条件不对等，包括要求

一方将其自行改进的技术无偿提供给对方、非互惠性转让给对方、无偿独占或者共享该改进技术的知识产权;

（二）限制当事人一方从其他来源获得与技术提供方类似技术或者与其竞争的技术;

（三）阻碍当事人一方根据市场需求,按照合理方式充分实施合同标的技术,包括明显不合理地限制技术接受方实施合同标的技术生产产品或者提供服务的数量、品种、价格、销售渠道和出口市场;

（四）要求技术接受方接受并非实施技术必不可少的附带条件,包括购买非必需的技术、原材料、产品、设备、服务以及接收非必需的人员等;

（五）不合理地限制技术接受方购买原材料、零部件、产品或者设备等的渠道或者来源;

（六）禁止技术接受方对合同标的技术知识产权的有效性提出异议或者对提出异议附加条件。

该司法解释是根据《合同法》第 329 条的原则性规定,在《技术进出口管理条例》第 29 条规定的基础上,增加了权利不争条款、不合理回授条款等限制性做法的规定。

【案例 2】吴某与北京××科技发展有限公司技术合同纠纷上诉案（（2007）高民终字第 592 号)

【当事人】上诉人（原审原告）吴某

上诉人（原审被告）北京××科技发展有限公司（以下简称"科技公司"）

【案情简介】2001 年 11 月 29 日,吴某（乙方）与科技公司（甲方）签订《联合商品化靶浓度输注麻醉泵系列产品协议书》（简称"协议书"）,就联合商品化靶浓度输注麻醉泵系列产品达成协议。协议书的主要内容为:1. 产品的名称为"靶浓度输注（Target controlled infusion,TCI）麻醉注射泵"系列产品并列举了其功能;2. 由双方尽快开发出单通道和三通道样机,作为向国家食品药品监督管理局申报之用;3. 乙方负责在软件模块设计上保证能够实现上述协议第 1 条中所述的功能,乙方负责完成单通道、三通道样机软件模块功能;4. 乙方作为技术投资方,负责提供产品生产、改进、提高所需的核心技术,提供产品市场推广和售后服务的技术支持;5. 签订协议书之前的核心软件技术成果属于乙方所有,以此申报成果仍属于乙方所有。签订协议书后,在产品商品化过程中、产品改进过程中对原有技术的改进和形成的新技术的知识产权归双方共同所有,并以甲方名义申报所有合法化手续，有条件以商品申报成果属双方共同所有，甲方占利润比例75％，乙方占利润25％；6. 乙方负责产品技术方面改进、软件升级研究和实现工作，甲方给予支持配合；7.（1）签订协议书后，甲方考虑到乙方前期所投入的费用，同意预支15万元技术使用费给乙方。支付办法：a. 签订协议书时支付第一期5万元；b. 在质量检测过关后，临床验证前，支付5万元；c. 余款在试产证批出后支付。如果本产品最终未能取得国家食品药品监督管理局产品试产证，乙方必须返还此费用给甲方。乙方可以在获得利润分配后才报税，在今后产品获利按股份比例分配利润时，乙方同意将上述费用在乙方应得利润中先扣除再分配。（2）双方商定所有单通道和三通道产品CPU芯片（包含内嵌软件）由乙方提供及负责质量和数量控制，甲方在正常运作中不参与，保障乙方对产品销售知情权。（3）在获得产品试产证后3个月内，甲方同意暂时按照单通道、三通道产品的CPU芯片分别为6600元人民币、2400元人民币的价格向乙方支付技术使用费（即将乙方25％应得利润折成芯片价格支付乙方，含芯片成本价格）；3个月后，成本明朗化后，按甲方占利润75％，乙方占利润25％比例双方再协商折算单通道、三通道产品CPU芯片的价格。在以后运作中每当产品有重大技术改进或市场营销环境发生重大变化，对产品销售构成重大影响时，为保障双方利益，双方同意再进行协商调整。此费用每季度结算一次。第8条第1款约定，双方同意属独家合作方式，双方将持续开发上述系列产品，除此合作之外，双方不能重复与第三者进行合作，否则属严重违约，必须承担法律责任，赔偿守约方所有损失。第3款约定，甲方不得通过其他方法获得具有靶浓度输注功能的单片机芯片。否则视为违约，需支付乙方损失的双倍给乙方。

2002年2月23日至9月30日，吴某参加了科技公司就有关麻醉泵的样机生产及测试问题的一系列会议。会议决定由吴某修改、完善软件，解决光电编码器处理技术，负责产品使用说明书的编写，测试电位器等相关部件，设计驱动电路板、恒速泵的面模PCB板等工作。2003年2月17日，科技公司开会决定恒速泵先做20套试验，软件由吴某负责。2003年4月4日，科技公司召开了会议，结论主要为：技术合作方同意将利润分配时间延期至本年度6月底，到时看市场销售情况、产品回款时间，再商定利润分配办法。双方准备采用以下两种方法中任何一种方法：一种是按纯利分成；另一种是吴某以单片机的价格与科技公司结算。如果以科技公司购买吴某单片机结算，吴某愿意将纯利润折算成销售额的百分比分得利益，并提供一定量的试用芯片，科技公司有权不征得吴某同意制定产品销售价格。公司决定生产恒速泵之事以半卖半送姿态出现，主要目的为配合提高 TCI 销量及避免直接减价。由于吴某提供部分恒速泵软件程序并参与了主要工作。经双方协商，恒速泵利润吴某占纯利润的 5％。

2001 年 12 月至 2003 年 5 月，吴某与科技公司就恒速单位的换算方法、恒速泵的电路图与电路板的设计、面膜设计图、注射泵的输出数据等问题通过电子邮件进行交流。2002 年 9 月 5 日，科技公司就"靶控注射泵"向国家知识产权局提出实用新型专利申请。2003 年 8 月 20 日，该专利申请获准授权，专利号为 022534954，专利登记簿副本载明的设计人为吴某，专利权人为科技公司。2003 年 1 月至 4 月，吴某共交付科技公司 126 片芯片。

2002 年 8 月 2 日，科技公司获得了北京市食品药品监督管理局颁发的《医疗器械生产企业许可证》，取得了生产医疗器械产品的许可。2002 年 9 月 27 日，其取得了北京市食品药品监督管理局颁发的《医疗器械注册证》，该注册证载明，科技公司生产的 TCI－I 型注射泵符合医疗器械产品市场准入审查规定，准许注册。自批准之日起有效期两年。2004 年 4 月 2 日，科技公司就 TCI－I 型注射泵取得了北京市食品药品监督管理局颁发的《医疗器械注册证》，有效期为四年。同年 7 月 2 日，科技公司就 TCI－II 型注射泵取得了北京市食品药品监督管理局颁发的《医疗器械注册证》，有效期为四年。2001 年 11 月至 2003 年 1 月，吴某向科技公司借款共计 13 万元，该借款为合作开发靶控注射泵系列产品的费用。科技公司主张该 13 万元借款为其按照协议书预支给吴某的技术使用费。

科技公司为证明吴某用以与其合作的技术为职务发明创造，提交了鲁卫科教国合函 ［2001］ 96 号《科学技术成果鉴定书》。该鉴定书载明的成果名称为"靶控静脉输注技术用于儿童麻醉的临床研究"，完成单位为山东大学齐鲁医院。针对科技公司的主张及证据，吴某提交了山东大学齐鲁医院于 2004 年 11 月 8 日出具的证明。内容为：我院职工吴某的科研成果"靶浓度输注麻醉泵"未经我院和其他科研基金的立项和资助，并非执行本职工作，也未利用本单位的物质技术条件，为其本人业余时间自主完成，属非职务技术成果。

【法院判决】一审法院认定，山东大学齐鲁医院证明吴某的"靶浓度输注麻醉泵"技术系非职务发明，吴某因与科技公司履行协议发生纠纷，是此案适格当事人。《联合商品化靶浓度输注麻醉泵系列产品协议书》第 8 条第 3 款约定科技公司不得通过其他方法获得具有靶浓度输注功能的单机芯片，限制了科技公司从其他来源获得类似的技术，依据《合同法》第 329 条规定，属无效条款。吴某根据该约定主张科技公司支付经济损失 426.72 万元于法无据。协议书系吴某与科技公司在平等协商的基础上自愿达成，该协议第 8 条第 3 款虽属无效，但不影响协议其他部分的有效性。根据协议书第 5 条的约定，该专利权应当归双方所有。对吴某请求确认该专利权归双方所有的主张应予支持。因双方对利润分配的具体计算方式没有约定，亦未对利润情况进行核算，应当按照协议书第 7 条约定的芯片价格结算技术使用费，其中应扣除已经预支的 13 万元。确认吴某交付给思路高公司芯片为 126 片。由于吴某推算恒速泵销售数量的依据不能成立，依据科技公司获准生产恒速泵的时间、双方约定的销售方式、科技公司的年销售额以及吴某主张的恒速泵的纯利润，酌定吴某应得的利润分成。吴某没有提供证据证明其给科技公司提供了恒速泵软件程序的源代码，其请求科技公司停止使用恒速泵软件程序并不得泄露该软件程序的源代码没有事实和法律依据。科技公司单独将靶控注射泵申请专利违反了协议书的约定，也没有按照双方的约定在 2003 年 6 月底分配利润，其行为已经构成违约。双方实际上在 2003 年 6 月后未再继续履行合同，吴某请求解除双方的协议符合法律规定。因此，一审法院依照《合同法》第 94 条第（四）项、第 109 条的规定，判决：1. 解除吴某与科技公司之间的协议书；2. 第 022534954 号"靶控注射泵"实用新型专利权归吴某和科技公司共同所有；3. 科技公司于判决生效之日起 10 日内支付吴某技术使用费 17.24 万元；4. 科技公司于判决生效之日起 10 日内支付吴某恒速泵利润 2 万元；5. 驳回吴某的其他诉讼请求。吴某、科技公司均不服原审判决，提起上诉。

吴某上诉请求之一，是认为原审法院认定协议书第 8 条第 3 款的约定无效，属于适用法律错误。对此，二审法院认为，该条款规定科技公司"不得通过其他方法获得具有靶浓度输注功能的单片机芯片。否则视为违约，需支付乙方损失的双倍给乙方"，《合同法》第 329 条规定非法垄断技术、妨碍技术进步或者侵害他人技术成果的技术合同无效，《最高人民法院关于审理技术合同纠纷案件适用法律若干问题的解释》第 10 条的规定，限制当事人一方从其他来源获得与技术提供方类似技术或者与其竞争的技术属于《合同法》第 329 条所称的"非法垄断技术，妨碍技术进步"的情形，因此原审法院认定该条款无效正确，吴某的该项上诉请求不能成立，二审法院不予支持。经审理，二审法院认定上诉人吴某、科技公司的上诉理由均不能成立，判决驳回上诉，维持原判。

【评析】案例 2 与案例 1 类似，涉及《合同法》第 329 条"非法垄断技术，妨碍技术进步"认定问题。因为《最高人民法院关于审理技术合同纠纷案件适用法律若干问题的解释》第 10 条针对《合同法》第 329 条的原则性规定作出了细化规定，明确列举了哪些情形属于"非法垄断技术，妨碍技术进步"，有利于实务操作。案例 2 中被认定无效的条款恰好落入该司法解释第 10 条第（二）项规定的"限制当事人一方从其他来源获得与技术提供方类似技术或者与其竞争的技术"情形。由此可见，在签订技术转移协议时，需注意某些约定内容属于我国法律所禁止的限制性条款，否则，即使合同得以签订，此类条款仍属无效条款。

10.3　专利技术转移与反垄断

10.3.1　专利与垄断的关系

垄断作为一种经济现象，古已有之，是指"特定经济主体为了特定目的通过构筑市场壁垒从而对目标市场所做的一种排他性控制状态"。[1] 因此分析某企业垄断地位时主要看市场结构，尤其是该企业所占的市场份额（market share）大小。所谓事实垄断，是指某企业事实上在市场中已经取得排他性控制地位，即市场支配力（market power），例如所占市场份额达到 50% 以上。这种市场支配力的取得，可以是因为生产技术的规模效应而取得的自然垄断；也可以是企业之间的联合行为所致的人为垄断。法定垄断是指通过国家法律法规或者政策所致的垄断，例如国家允许自然垄断行业的存在。[2]

专利权是国家赋予专利权人在一定时期内排除他人擅自使用其发明创造的权利。鉴于这种排他性，专利权实际上是一种法定的独占权。然而，拥有法定独占权未必就拥有事实上的市场垄断地位，因为获得专利授权并不代表能将该发明创造进行成功的商业应用。

由此看见，垄断是一种中性现象，垄断现象本身无所谓合法或违法与否。由于垄断是与自由竞争相反的市场状态，有的垄断可以增强效率而对规模经济有益，但很多企业在垄断状态下采取的行为往往阻碍市场竞争。所以各国都制定反垄断法来规制滥用垄断地位的垄断行为。简言之，反垄

[1] 戚丰东. 中国现代垄断经济研究［M］. 北京：经济科学出版社，1999：10. 转引自王先林. 知识产权与反垄断法——知识产权滥用的反垄断问题研究［M］. 北京：法律出版社，2001：53.
[2] 王先林. 知识产权与反垄断法——知识产权滥用的反垄断问题研究［M］. 北京：法律出版社，2001：54.

断法所规制的垄断是指在相关市场具有排他性控制力的特定经济主体实施的阻碍或限制竞争的行为。

如前所述，专利权人对其专利技术拥有在一定时期内的法定独占权，专利权人有权排除他人擅自实施其专利技术，因此在商业化过程中专利权人就拥有技术优势，但并非一定就拥有市场垄断地位。专利制度赋予专利权人这种优势地位目的是为了激励创新，"为天才之火添加利益之油"，因而被认为是能增强效率。这与反垄断法所规制的阻碍或限制竞争的垄断行为不同，因此美国法律早期专利权豁免于反垄断审查。在随后的很长一段时间内，美国通说转而认为反垄断法和专利法的目的是相反的，反垄断法是为了促进竞争，而专利法是授予发明人临时垄断权，保护其禁止他人实施其专利。根据这一观点的推论，法院假设专利持有人必然在其产品专利或方法专利上享有市场支配力。到了当代，美国政府与法院对专利的经济意义有了更成熟的观点，认为专利权人并不必然在相关市场享有经济上的市场支配力，更不用说垄断权了❶。反垄断法和专利法在目的上具有互补性，反垄断法以保护竞争为要务，而专利法是通过激励创新来促进竞争，如专利权的授予实际上是企业获得了一种竞争手段，最终都是增进消费者的福利和促进创新。

10.3.2　专利技术转移中的反垄断规制

10.3.2.1　反垄断法对专利权的态度

虽然当代美国对反垄断法和专利法的关系有了观念上的转变，但是这种观点上的转变并没有改变反垄断法和专利法交叉点上反垄断基本原则的适用。当代美国《反垄断法》对专利权的态度是：专利权的行使既不特别地免受反垄断审查，也不特别地有反垄断嫌疑。即，专利权的行使不能豁免于反垄断法。因此，如果专利技术在转移过程中涉嫌违法垄断行为，仍然要受到反垄断法的审查。

我国《反垄断法》第 55 条规定，经营者依照有关知识产权的法律、行政法规规定行使知识产权的行为，不适用本法；但是，经营者滥用知识产权，排除、限制竞争的行为，适用本法。由此可见，我国《反垄断法》对专利权的态度是：专利权是一种合法的独占权，依法行使专利权的行为是作为《反垄断法》适用除外的对象；但是，如果专利权人滥用其依法获得

---

❶Atari Games Corp. v. Nintendo of America, Inc., 897 F. 2d 1572, 1576（Fed. Cir. 1990）; Deborah A. Coleman: Antitrust Issues in the Litigation and Settlement of Infringement Claims, Akron Law Review Akron Law Review（2004）.

的独占权，非法排除、限制竞争，就会构成对《反垄断法》的违反。因此，我国《反垄断法》对专利权行使的基本原则是与国际上的通行做法一致，即对依法行使专利权的反垄断法适用除外以及滥用专利权的反垄断法规制并存。

10.3.2.2 我国对专利技术转移的反垄断规制

在本章第 10.1 节关于国际技术转移协议中限制性条款的规范中，不论是国际性规范，还是美国、欧盟以及日本的国内规定，都是从垄断法或者竞争法的角度对国际技术转移协议中的限制性条款作出规制，这些规定同时都适用于国际专利技术转移。在本章第 10.2 节关于我国技术转移中的限制性条款的规范，也适用于专利技术转移。

根据上述规定，可以总结出我国目前对专利技术专利中包含的限制性条款应当进行反垄断规制的一些类型。

1. 拒绝许可

拒绝许可是专利权人的自由权，是专利权人行使其许可权的一个核心部分。正如美国专利法把专利权人"拒绝许可或使用该专利的任何权利"列入专利权滥用的例外。但是，如果专利权人处于垄断地位或者在特定情况下，专利权人拒绝许可伤害到市场竞争的，就有可能受到反垄断法的规制。

2. 强制性一揽子许可

专利的一揽子许可（package license），或称打包许可或包裹授权，是专利持有人通过一个许可协议或一组相关许可协议进行多项专利的许可。多项专利之间若具有互补性，那么这种一揽子许可有可能是有效率的。但是，被许可人有选择单独许可和一揽子许可的自由。如果专利权凭借其技术优势地位，强迫被许可人接受一揽子许可，则不利于公平竞争。尤其是在打包许可的多项专利之间没有必然关系时，这种强制性一揽子许可实际上有可能构成非法搭售。所以 TRIPS 和各国法律都规定强制性一揽子许可。我国《对外贸易法》第 30 条参照 TRIPS 的规定，规定国务院对外贸易主管部门对强制性一揽子许可可以采取必要的措施消除危害。

3. 独占性回授条款

专利许可协议当中往往包含回授条款，即要求被许可人将在被许可的专利技术改进开发的技术回授给许可人。回授条款具有两面性，一方面有利于促进技术研发并保障许可人的利益，另一方面如果回授条件不合理则有可能阻碍被许可人创新的积极性。为鼓励被许可人创新积极性，就不能过多剥夺被许可人对其改进技术的控制权，例如独占性回授就严重影响被许可人对其改进技术的控制权，从而降低其进行改进创新的积极性。所以TRIPS 和各国法律都禁止独占性回授条款。我国《对外贸易法》第 30 条参照 TRIPS 的规定，规定国务院对外贸易主管部门对许可合同中规定排他性返授条件可以采取必要的措施消除危害。《最高人民法院关于审理技术合同纠纷案件适用法律若干问题的解释》第 10 条第（一）项将"限制当事人一方在合同标的技术基础上进行新的研究开发或者限制其使用所改进的技术，或者双方交换改进技术的条件不对等，包括要求一方将其自行改进的技术无偿提供给对方、非互惠性转让给对方、无偿独占或者共享该改进技术的知识产权"列为无效合同。

4. 搭售条款

搭售具有两面性。如果被搭售的产品对搭售产品来说是不可分离的一部分或必然附带的产品，两者结合可能会有重大经济效益，那么这种搭售是有利于竞争的；如果被搭售产品对搭售产品来说是可分离的，专利权人滥用其优势地位强迫被许可人购买被搭售产品，这就可能损害竞争。因此，"可分离性"是判断搭售违法与否的关键所在。

我国现行法律禁止在技术转移合同中含有非法搭售条款，《反不正当竞争法》第 12 条规定"经营者销售商品，不得违背购买者的意愿搭售商品或者附加其他不合理的条件"；《最高人民法院关于审理技术合同纠纷案件适用法律若干问题的解释》第 10 条第（四）项规定"要求技术接受方接受并非实施技术必不可少的附带条件，包括购买非必需的技术、原材料、产品、设备、服务以及接收非必需的人员等"为"非法垄断技术、妨碍技术进步"，这种条款属于无效条款。《技术进出口管理条例》也有禁止非法搭售的规定。

5. 期限限制性条款

期限限制性条款，主要是指专利许可合同期限超过了专利权有效期间。专利权人无权就过期/无效专利收取许可使用费，因为专利过期/无效后就进入公有领域任何人都可以使用。《合同法》第 344 条规定："专利实施许可合同只在该专利权的存续期间内有效。专利权有效期限届满或者专利权被宣布无效的，专利权人不得就该专利与他人订立专利实施许可合同。"《技术进出口管理条例》第 29 条第（二）项也规定技术引进合同中不得含有"要求受让人为专利权有效期限届满或者专利权被宣布无效的技术支付使用费或者承担相关义务"的限制性条款。

6. 限制技术竞争和技术创新条款

专利制度的最终目的是为了鼓励创新，促进技术进步。但是，专利权人为了追求自身利益的最大化，排挤竞争对手并打压潜在竞争对手，往往在专利许可合同中包含限制技术竞争和技术创新条款。《合同法》第 343 条明确规定"技术转让合同可以约定让与人和受让人实施专利或者使用技术秘密的范围，但不得限制技术竞争和技术发展。"《最高人民法院关于审理技术合同纠纷案件适用法律若干问题的解释》第 10 条第（二）项将"限制当事人一方从其他来源获得与技术提供方类似技术或者与其竞争的技术"列为无效合同。《技术进出口管理条例》第 29 条第（三）、（四）项也规定技术引进合同中不得含有"限制受让人改进让与人提供的技术或者限制受让人使用所改进的技术"和"限制受让人从其他来源获得与让与人提供的技术类似的技术或者与其竞争的技术"此类限制性条款。

7. 禁止有效性质疑的条款

已经获得授权的专利权如果具有瑕疵，可以通过专利无效程序宣告其无效，无效后的专利自始无效，该技术进入公有领域，任何人都可以无偿使用。任何人都可以提出专利无效请求，包括特定专利权的被许可人。所以，TRIPS 和各国法律都规定专利许可协议中不能包含禁止对专利权有效性提出质疑的条款。《对外贸易法》第 30 条参照 TRIPS 的规定，规定国务院对外贸易主管部门针对禁止有效性质疑的条款可以采取必要的措施消除危害；《最高人民法院关于审理技术合同纠纷案件适用法律若干问题的解释》第 10 条第（六）项规定将"禁止技术接受方对合同标的技术知识产权的有效性提出异议或者对提出异议附加条件"纳入无效合同行列。

8. 其他限制性条款

除前述限制性做法外，我国也禁止在专利技术转移合同中包含产量限制、价格限制、出口限制、原材料等来源限制等。《最高人民法院关于审理技术合同纠纷案件适用法律若干问题的解释》第 10 条第（三）项将"阻碍当事人一方根据市场需求，按照合理方式充分实施合同标的技术，包括明显不合理地限制技术接受方实施合同标的技术生产产品或者提供服务的数量、品种、价格、销售渠道和出口市场"和第（五）项将"不合理地限制技术接受方购买原材料、零部件、产品或者设备等的渠道或者来源"此类条款列为无效合同。《技术进出口管理条例》第 29 条第（五）、（六）和（七）项也规定技术引进合同中不得含有"不合理地限制受让人购买原材料、零部件、产品或者设备的渠道或者来源"、"不合理地限制受让人产品的生产数量、品种或者销售价格"和"不合理地限制受让人利用进口的技术生产产品的出口渠道"这种限制性条款。

10.4 专利技术转移与反滥用

10.4.1 美国法规专利权滥用原则

任何权利有其法定权利范围，专利权亦如此，专利权人行使其专利权不得超过正当范围，否则就有可能构成专利权滥用。专利权滥用原则（doctrine of patent misuse）是美国法院通过判例法而发展出来的一项原则。20世纪初，美国法院出于对专利许可协议中搭售的担忧，从"不洁之手"这一衡平原则的适用发展出专利权滥用原则中，旨在禁止专利权人行使权利时不当扩大其专利权的权利范围。在美国法规中，专利权滥用主要是一项抗辩性原则，一般在专利侵权指控中由被告方提出，原告若有专利滥用之情形，法院可以拒绝该专利权之强制执行力（nonenforceable），除非原告清除该滥用情形。美国专利权滥用原则是司法判例发展而来，请见案例3。

【案例3】美国专利权滥用原则案例

美国法院在1917年的电影专利公司诉通用胶片公司案❶中所面临的问题就是，专利权人是否有权利在销售自己的专利产品时附加条件，要求购买人必须同时购买那些"并非专利机器的一部分，本身也没有取得专利的物品"。法院判定，试图对未取得专利的物品销售附加的任何限制都是不适当的，完全违反了美国最高法院所解释的专利法，因而这种限制应被判定无效。在该案后的几十年里，法院通过司法判例不断扩大专利滥用的范围。

1931年美国最高法院审理的"卡倍克"❷案件是美国专利历史上的一个重要里程碑，在该案中最高法院首次认可了"滥用专利"行为应受到专利法和联邦反垄断法的禁止。卡倍克案件涉及对非专利产品的搭售问题，原告卡倍克公司在专利许可时要求被许可人在接受许可的同时必须购买不属于专利产品的干冰，将购买干冰作为专利许可的先决条件。被告出售可用于原告专利产品的干冰，并在对方向法院提起专利侵权诉讼后以原告滥用专利进行抗辩。最高法院认为专利权人的这种搭售条件属于不正当行为，是企图将其专利的保护范围扩大到非专利产品上，专利权人的行为与专利

❶ Motion Picture Patent Company v. Universal Film Manufacturing Company et al. ，243 U. S. 502（1917）．
❷ Carbice Corp. v. American Patents Development Corp.，283 U. S. 27（1931）．

法和联邦反垄断法中所体现的公共政策相违背，专利权人无权取得任何形式的补偿（包括法律救济和平衡救济）。

美国专利权滥用原则在发展过程中，出现扩大适用的趋向，为使专利侵权人不能藉专利权滥用原则来逃脱责任，1952年美国国会修改了专利法，加入专利权滥用的例外规定，1988年通过的《专利权滥用改革法》又增加了两项例外❶，这五项例外分别为：

（1）从某种行为中获得收入，而该行为如由他人不经其同意而实施，将构成对专利的共同侵权；

（2）签发许可证授权他人实施某些行为，而该行为如由他人不经其同意而实施，则将构成对其专利的共同侵权；

（3）企图实施其专利权以对抗侵权或共同侵权；

（4）拒绝订立许可合同或拒绝转让专利权；

（5）订立专利许可合同或购买专利产品的前提，是订立有关另一项专利权的许可合同，或购买另外的单独产品，除非是专利权人在相关市场对后一专利权或后一产品拥有市场控制力。

10.4.2　我国民法禁止权利滥用原则

古罗马法学家西塞罗曾曰"法之极，恶之极"，譬如自由，没有任何约束的自由实为不自由，同理，凡权利皆受限制，无不受限制的权利。所谓禁止权利滥用原则，是指一切民事权利之行使，不得超过其正当界限，行使权利超过其正当界限，则构成权利滥用，应承担侵权责任。❷

我国《宪法》第51条规定：中华人民共和国公民在行使自由和权利的时候，不得损害国家的、社会的、集体的利益和其他公民的合法的自由和权利。这是禁止权利滥用的体现，可见禁止权利滥用原则是我国宪法上的一项基本原则。

《民法通则》第7条规定：民事活动应尊重社会公德，不得损害社会公共利益，破坏国家经济计划，扰乱社会经济秩序。同时第58条规定：违反法律或者社会公共利益的当为无效。专利权人行使专利权的行为属于民事行为，当受此法调整。可见，《民法通则》也有禁止权利滥用的原则规定。

宪法是母法，专利法又是民事法律规范，因此禁止权利滥用原则也是我国专利法适用的一项基本原则。

---

❶参见35 U.S.C.§271(d)(1)～(5).
❷参见梁慧星.民法总论［M］.北京：法律出版社，2001：53.

我国《专利法》适用禁止权利滥用原则，但没有明确规定专利权滥用的条文。根据禁止权利滥用原则，如果专利权人在行使其专利权时超出了法定范围，即构成专利权滥用。

实际上，我国在相关司法解释中已有将滥用专利权作为侵权抗辩的规定。《北京市高级人民法院专利侵权判定若干问题的意见（试行）》第90条规定：被告以原告恶意取得专利权，并滥用专利权进行侵权诉讼的，应当提供相关的证据。恶意取得专利权，是指将明知不应当获得专利保护的发明创造，故意采取规避法律或者不正当手段获得了专利权，其目的在于获得不正当利益或制止他人的正当实施行为。我国司法实践中已经存在这种专利权滥用案例。

【案例4】美国伊莱利利公司诉江苏豪森制药公司专利侵权纠纷一案

1996年3月22日，美国伊莱利利公司就一项关于治疗精神病的药物及其制造方法在中国申请专利，国家知识产权局专利局依法受理了该申请，并经过实质审查，于2001年1月13日公告授予专利权。之后，美国伊莱利利公司将该专利的药物产品投放中国市场。

在该专利申请过程中，江苏豪森制药公司投资上千万元，与上海某研究院联合研制该药物，取得成功，并取得国家药品食品监督管理局颁发的生产许可证。

2001年初，在该专利授权后，美国伊莱利利公司发现江苏豪森制药公司取得了该药物的生产许可证，遂以豪森制药公司和某研究院已经做好生产该专利药物和使用该专利方法的全部准备工作，并取得国家食品药品监督管理局的生产和销售许可，以全面实施专利侵权为由，于2001年5月15日向法院提出诉前证据保全申请，并提供2万美元的担保。法院依法受理并裁定：扣押豪森制药公司和某研究院为获得涉及该专利的生产和销售批准证书而提交的所有申请文件；扣押其向省食品药品监督管理局以及国家食品药品监督管理局提交的为获取涉及该专利的药品生产和销售批准证书的所有申请文件；扣押其为获取涉及该专利的药品生产和销售批准证书而向地方和国家食品药品监督管理局提供的临床试验药品原样各一份；扣押地方食品药品监督管理局初审所审查的原始资料；扣押地方食品药品监督管理局初步批准生产的意见书；扣押其有关药样检验、试验单位对涉及该专利的药样技术审查报告和试验报告、生产许可证及有关技术文件、资料等；查封豪森制药公司用于生产涉及该专利的药品生产线一条。之后，美国伊莱利利公司向法院正式提起专利侵权诉讼。

豪森制药公司和某研究院在应诉期间，一方面取得了美国伊莱利利公司在中国销售的该专利药物，另一方面通过专利文献检索，找到了该中国专利引用的对比文件，发现该对比文件引用的专利系美国伊莱利利公司于1992年5月22日在美国申请的专利。比较该美国专利与中国专利，两者的唯一区别是中国专利的药物晶型与美国专利不同。而中国专利没有提供药物晶型的典型 X—射线粉末衍射图，仅提供了所谓晶型 Ⅱ 的晶面界距参数，从专利文件给出的参数看，两者确系"不同"。为此，豪森制药公司和某研究院历时近三年，对美国伊莱利利公司在中国销售的该专利药物进行多次反复实验检测，并委托权威检测机构检测。结果表明该中国专利之药物与美国专利之药物两者典型 X—射线粉末衍射图及其晶型的晶面间距参数是一样的，即根本不存在所谓新的晶型 Ⅱ，美国伊莱利利公司在中国申请新晶型专利的数据是编造的。因此，被告于2004年底向专利复审委员会提出该专利的无效宣告请求。在专利复审委员会公开开庭审理中，无效宣告请求人要求专利复审委员会委托专业检测机构对中国专利和美国专利之药物进行典型 X—射线粉末衍射检测试验。专利复审委员会口审时，专利权人当场宣布放弃该专利权。

【评析】案件4是典型的专利权滥用行为，美国伊莱利利公司将已经获得国外专利权的发明创造向中国申请专利，明知不符合授予专利权的条件，故意利用专利审批制度不可能对所有发明创造做实验验证的缺陷，通过伪造实验数据的方法，获取专利权，再指控竞争对手专利侵权，谋取竞争优势，实为进行不正当竞争行为。

10.4.3　专利技术转移中的反滥用规制

10.4.3.1　专利技术转移中反滥用与反垄断的关系

专利权滥用原则和反垄断规制两者的角度不同，前者是专利权的行使超出了其正当权利范围，主要是从行为本身来判断是否合法；而反垄断规制则以是否阻碍竞争为标准，即从行为效果对市场竞争的影响来判断行为本身是否合法。虽然两者角度不同，但在规制专利权行使上，专利权滥用原则与反垄断法往往存在重叠，但是专利权滥用原则的适用范围大于反垄断法，因其产生于"限制做法本身没有违反反垄断法，但从专利权中获得阻碍竞争力量，因此被认为违反公共政策。"[1]即，专利权行使构成违反反

---

[1] U. S. Philips Corporation, v. International Trade Commission and Princo Corporation, Princo America Corporation, Gigastorage Corporation, TAIWAN, Gigastorage Corporation USA, and Linberg Enterprise Inc., 424 F. 3d 1179（2005）.

垄断法的，同时也构成专利权滥用，但是专利权滥用的例外除外；专利权行使未构成违反反垄断法，也有可能构成专利权滥用。

10.4.3.2 专利技术转移中的反滥用规制

虽然专利权反滥用规制范围大于反垄断规制，但是在两者适用重叠的时候，反垄断法对滥用专利权的限制竞争行为具有优先适用效力。在我国目前已经出台《反垄断法》的情形下，一般来说，当权利人在行使专利权超出法定范围，排除或限制了竞争，与《反垄断法》通过保护竞争所要实现的社会整体目标相冲突时，《反垄断法》应当优先适用，从而对滥用专利权的行为加以必要的规制，而不适用《专利法》的有关规定。❶当专利权人行使专利权的行为没有明显的反竞争效果，但与《专利法》的宗旨相违背时，这时就需要用禁止专利权滥用原则来进行规制，例如运用专利法中的强制许可制度。

10.4.4 我国专利强制许可制度

10.4.4.1 专利强制许可制度的发展

目前，大多数国家的专利法都规定了专利强制许可制度，这源于1925年《巴黎公约》第5条以强制许可制度取代了专利撤销制度。TRIPS第31条"未经权利持有人许可的其他使用"规定专利强制许可制度。强制许可作为对专利权人滥用专利权的制裁措施而普遍存在。

10.4.4.2 我国专利强制许可的种类

TRIPS允许各成员在四种情形下可以实施专利强制许可：（1）专利权人未实施或者充分实施其专利；（2）从属专利的权利人要实施其专利，却受到基本专利的权利人不合理的阻止；（3）国家为公共利益，或在紧急状态下的需要；（4）国家出口的需要。❷

我国《专利法》在TRIPS的基础上，只就上述（1）～（3）种情形规定了强制许可。

1. 未实施或未充分实施且被认定为垄断行为的情形下的强制许可

参见《专利法》第48条规定。

须注意，这种强制许可情形下涉及的专利权是有条件限定的。

2. 因紧急情况和公共利益需要的强制许可

《专利法》第49条规定，在国家出现紧急状态或者非常情况时，或者为了公共利益的目的，国务院专利行政部门可以给予实施发明专利或者实

❶ 尚明. 中华人民共和国反垄断法的理解与适用［M］. 北京：法律出版社，2007：279.
❷ 郑成思. WTO知识产权协议逐条讲解［M］. 北京：中国方正出版社，2001：116.

用新型专利的强制许可。

3. 为了公共健康目的，而对取得专利权的药品采取的强制许可具体参见《专利法》第 50 条的规定。

4. 从属专利相关的强制许可

《专利法》第 51 条规定，一项取得专利权的发明或者实用新型比前已经取得专利权的发明或者实用新型具有显著经济意义的重大技术进步，其实施又有赖于前一发明或者实用新型的实施的，国务院专利行政部门根据后一专利权人的申请，可以给予实施前一发明或者实用新型的强制许可。

在依照前款规定给予实施强制许可的情形下，国务院专利行政部门根据前一专利权人的申请，也可以给予实施后一发明或者实用新型的强制许可。

10.4.4.3　给予专利强制许可的请求

根据我国《专利实施强制许可办法》的规定，由国家知识产权局负责受理和审查强制许可、强制许可使用费裁决和终止强制许可的请求并作出决定。

1. 请求的提出

（1）请求书

专利使用人请求给予强制许可的，应当向国家知识产权局提交强制许可请求书，写明下列各项：

①请求人的姓名或者名称、地址；

②请求人的国籍或者其总部所在的国家；

③被请求强制许可的发明专利或实用新型专利的名称、专利号、申请日及授权公告日；

④被请求强制许可的发明专利或实用新型专利的专利权人姓名或者名称；

⑤请求给予强制许可的理由和事实；

⑥请求人委托专利代理机构的，应当注明的有关事项；请求人未委托专利代理机构的，其联系人的姓名、地址、邮政编码及联系电话；

⑦请求人的签字或者盖章；委托代理机构的，还应当有该专利代理机构的盖章；

⑧附加文件清单；

⑨其他需要注明的事项。

请求书及其附加文件应当一式两份。

请求书应当使用中文。请求人提交的证件、证明文件是外文的，应当同时提交中文译文，未按规定提交中文译文的，视为未提交该证件、证明文件。

请求人委托专利代理机构提出强制许可请求的，应当同时提交委托书，写明委托权限。

（2）请求的单一性原则

强制许可请求涉及多项发明专利或者实用新型专利的，如果涉及两个或者两个以上的专利权人，应当按不同专利权人分别提交请求书。

2. 请求的审查

（1）请求不予受理

强制许可请求有下列情形之一的，国家知识产权局不予受理，并通知请求人：

①被请求强制许可的发明专利或者实用新型专利的专利号不明确或者难以确定；

②请求文件未使用中文；

③明显不具备请求强制许可的理由。

（2）请求文件的补正和请求费的缴纳

国家知识产权局在收到请求文件后，属于可以受理的情况，如果发现文件不符合《专利实施强制许可办法》第6条、第7条规定的形式要件的，通知请求人进行补正。请求人应当在收到通知之日起15日内进行补正，期满未补正的，该请求视为未提出。

请求人应当自提出强制许可请求之日起1个月内缴纳强制许可请求费；逾期未缴纳或者未缴足的，该请求视为未提出。

（3）通知专利权人

强制许可请求受理后，国家知识产权局应当将请求书副本送交专利权人。专利权人应当在指定期限内陈述意见。期满未答复的，不影响国家知识产权局作出决定。

（4）请求的审查

国家知识产权局应当对请求人陈述的理由和提交的有关证明文件进行审查。需要实地核查的，国家知识产权局应当指派两名以上工作人员实地核查。

请求人陈述的理由和提交的有关证明文件不充分或不真实的，国家知识产权局在作出驳回强制许可请求的决定前应当通知请求人，给予其陈述意见的机会。

（5）听证

听证程序并不是必备的，且因紧急情况和公共利益需要的强制许可不适用听证。对于拒绝许可情形下的强制许可和从属专利相关的强制许可，只有在请求人或者专利权人要求听证的情形下，由国家知识产权局组织听证。

国家知识产权局应当在举行听证 7 日前通知请求人、专利权人和其他利害关系人。

除涉及国家秘密、商业秘密或者个人隐私外，听证公开进行。

国家知识产权局举行听证时，请求人、专利权人和其他利害关系人可以进行申辩和质证。

举行听证时应当制作听证笔录，交听证参加人员确认无误后签字或者盖章。

3. 请求的撤回

请求人可以随时撤回其强制许可请求。请求人在国家知识产权局作出决定前撤回其请求的，强制许可请求的审查程序终止。

在国家知识产权局作出决定前，请求人与专利权人订立了专利实施许可合同的，应当及时通知国家知识产权局，并撤回其强制许可请求。

4. 请求的决定

（1）驳回强制许可请求

有下列情形之一的，国家知识产权局应当作出驳回强制许可请求的决定，并通知请求人：

①请求人不具备申请强制许可的主体资格；

②请求给予强制许可的理由不符合《专利法》第 48 条、第 49 条、第 50 条、第 51 条关于申请强制许可的实质要件；

请求人对驳回强制许可请求的决定不服的，可以自收到通知之日起 3 个月内向人民法院起诉。

（2）决定给予强制许可

强制许可请求经审查没有发现驳回理由的，国家知识产权局应当作出给予强制许可的决定，写明下列各项：

①取得实施强制许可的个人或者单位的姓名或者名称、地址；

②被强制许可的发明专利或实用新型专利的名称、专利号、申请日及授权公告日；

③给予强制许可的范围、规模和期限；

④决定的理由、事实和法律依据；

⑤国家知识产权局的印章及负责人签字；

⑥决定的日期；

⑦其他有关事项。

国家知识产权局作出的给予实施强制许可的决定，应当限定强制许可实施主要是为供应国内市场的需要。

给予强制许可的决定应当及时通知请求人和专利权人。专利权人对给予强制许可的决定不服的，可以自收到通知之日起 3 个月内向人民法院起诉。

已生效的给予强制许可的决定应当在专利登记簿上登记并在国家知识产权局专利公报、政府网站和中国知识产权报上予以公告。

取得实施强制许可的单位或者个人不享有独占的实施权，并且无权允许他人实施。

10.4.4.4　强制许可使用费裁决请求

取得实施强制许可的单位或者个人应当付给专利权人合理的使用费，其数额由双方协商；双方不能达成协议的，由国家知识产权局裁决。我国将裁定强制许可使用费作为一个完全独立的程序，与给予强制许可的程序分开规定。

1. 请求和受理

《专利实施强制许可办法》规定，请求国家知识产权局裁决强制许可使用费的，应当符合下列条件：

①给予强制许可的决定已公告；

②请求人是专利权人或者取得实施强制许可的单位或者个人；

③双方经协商不能达成协议。

请求裁决强制许可使用费的，请求人应当提交强制许可使用费裁决请求书，写明下列各项：

①请求人的姓名或者名称、地址；

②请求人的国籍或者请求人总部所在的国家；

③给予强制许可的决定的文号；

④被请求人的姓名或者名称、地址；

⑤请求裁决强制许可使用费的理由；

⑥请求人委托专利代理机构的，应当注明的有关事项；请求人未委托

专利代理机构的，其联系人的姓名、地址、邮政编码及联系电话；

⑦请求人的签字或者盖章；委托代理机构的，还应当有该专利代理机构的盖章；

⑧附加文件清单；

⑨其他需要注明的事项。

请求人应当提交请求书及其附加文件一式两份，请求书及其附件都应当使用中文，外文的则应当提交中文翻译件。

强制许可使用费裁决请求有下列情形之一的，国家知识产权局不予受理，并通知请求人：

①所涉及的给予强制许可的决定不明确或者尚未公告；

②请求文件未使用中文；

③明显不具备请求裁决强制许可使用费的理由。

请求文件不符合形式要件规定的，国家知识产权局通知请求人补正。请求人应当在收到通知之日起 15 日内进行补正。期满未补正的，该请求视为未提出。

请求人应当自提出请求之日起 1 个月内缴纳强制许可使用费的裁决请求费；逾期未缴纳或者未缴足的，该请求视为未提出。

对于符合《专利法》《专利法实施细则》以及《专利实施强制许可办法》规定的强制许可使用费裁决请求，国家知识产权局应当予以受理，并将请求书副本送交对方当事人，对方当事人应当在指定期限内陈述意见。期满未答复的，不影响国家知识产权局作出决定。

请求人可以随时撤回其裁决请求。请求人在国家知识产权局作出决定前撤回其裁决请求的，裁决程序终止。

2. 审查和决定

强制许可使用费裁决过程中，当事人双方可以提交书面意见。国家知识产权局可以根据案情需要听取双方当事人的口头意见。国家知识产权局应当自收到请求书之日起 3 个月内作出强制许可使用费的裁决决定。

强制许可使用费裁决决定应当写明下列各项：

①取得实施强制许可的个人或者单位的姓名或者名称、地址；

②被强制许可的发明专利或实用新型专利的名称、专利号、申请日及授权公告日；

③裁决的内容及其理由；

④国家知识产权局的印章及负责人签字；

⑤决定的日期；

⑥其他有关事项。

强制许可使用费裁决决定应当及时通知双方当事人。

专利权人和取得实施强制许可的单位或者个人对强制许可使用费的裁决决定不服的，可以自收到通知之日起3个月内向人民法院起诉。

10.4.4.5 专利强制许可的终止请求

国家知识产权局给予实施强制许可的决定，应当根据强制许可的理由规定实施的范围和时间。

给予强制许可的决定规定的强制许可期限届满时，强制许可自动终止。强制许可自动终止的，国家知识产权局应当在专利登记簿上登记并在国家知识产权局专利公报、政府网站和《中国知识产权报》上予以公告。

给予强制许可的决定规定的强制许可期限届满前，强制许可的理由消除并不再发生的，专利权人可以请求国家知识产权局作出终止强制许可的决定。国家知识产权局应当根据专利权人的请求，经审查后作出终止实施强制许可的决定。

《专利实施强制许可办法》将终止强制许可请求也作为一个独立程序作出规定。

1. 请求和受理

专利权人请求终止强制许可的，应当提交终止强制许可请求书，写明下列各项：

①专利权人的姓名或者名称、地址；

②专利权人的国籍或者其总部所在的国家；

③被请求终止的给予强制许可的决定的文号；

④请求终止强制许可的理由和事实；

⑤专利权人委托专利代理机构的，应当注明的有关事项；专利权人未委托专利代理机构的，其联系人的姓名、地址、邮政编码及联系电话；

⑥专利权人的签字或者盖章；委托代理机构的，还应当有该专利代理机构的盖章；

⑦附加文件清单；

⑧其他需要注明的事项。

专利权人应当提交请求书及其附加文件一式两份。请求书及其附件都应当使用中文，外文的则应当提交中文翻译件。

终止强制许可请求有下列情形之一的，国家知识产权局不予受理，并通知请求人：

①请求人不是被强制许可的发明专利或者实用新型专利的权利人的；

②未写明请求终止的给予强制许可的决定的文号；

③请求文件未使用中文；

④明显不具备终止强制许可的理由。

终止强制许可请求文件不符合形式要件的，国家知识产权局通知请求人进行补正，请求人应当在收到通知之日起 15 日内进行补正。期满未补正的，该请求视为未提出。

对符合规定的终止强制许可请求，国家知识产权局应当将请求书副本送交取得实施强制许可的单位或者个人。取得实施强制许可的单位或者个人应当在指定期限内陈述意见。期满未答复的，不影响国家知识产权局作出决定。

专利权人可以随时撤回其终止强制许可请求。专利权人在国家知识产权局作出决定前撤回其请求的，相关程序终止。

2. 审查和决定

国家知识产权局应当对专利权人陈述的理由和提交的有关证明文件进行审查。需要实地核查的，国家知识产权局应当指派两名以上工作人员实地核查。

专利权人陈述的理由和提交的有关证明文件不充分或不真实的，国家知识产权局在作出决定前应当通知专利权人，给予其陈述意见的机会。

（1）驳回请求

经审查认为请求终止强制许可的理由不成立的，国家知识产权局应当作出驳回终止强制许可请求的决定。

专利权人对驳回终止强制许可请求的决定不服的，可以自收到通知之日起 3 个月内向人民法院起诉。

（2）决定终止强制实施许可

终止强制许可的请求经审查没有发现驳回理由的，国家知识产权局应当作出终止强制许可的决定，写明下列各项：

①专利权人的姓名或者名称、地址；

②取得实施强制许可的个人或者单位的姓名或者名称、地址；

③发明专利或实用新型专利的名称、专利号、申请日及授权公告日；

④给予强制许可的决定的文号；

⑤决定的事实和法律依据；

⑥国家知识产权局的印章及负责人签字；

⑦决定的日期；

⑧其他有关事项。

终止强制许可请求的决定应当及时通知专利权人和取得实施强制许可的单位或者个人。

取得实施强制许可的单位或者个人对终止强制许可的决定不服的，可以自收到通知之日起3个月内向人民法院起诉。

已生效的终止强制许可的决定国家知识产权局会专利登记簿上登记并在国家知识产权局专利公报、政府网站和《中国知识产权报》上予以公告。

10.4.4.6　专利强制许可的应用

我国专利强制许可制度，对于拒绝许可以及从属专利和基础专利之间实施阻碍这两种专利权滥用行为具有有效规制作用。但是，至今我国大陆本土企业未就此提出过强制许可请求。

我国台湾地区曾就飞利浦CD－R专利颁发过强制许可。

【案例5】飞利浦VS国硕科技：台湾高科技首例专利强制许可案❶

【案情简介】飞利浦与国硕科技之间的专利纠纷发生于2002年，飞利浦向美国国际贸易委员会（ITC）提出侵权指控，初裁结果为：国硕侵权成立，但飞利浦也在滥用专利。飞利浦不满，并向台湾地区新竹法院、ITC提出诉讼，要求禁止国硕在美国销售使用其专利的光盘。

2004年3月，美国ITC重审裁决认定飞利浦构成专利权滥用。

2004年7月，台湾智慧财产局7则强制要求飞利浦须向国硕授权5件CD－R专利，这也是台湾地区首次据专利法裁定的强制许可案例。飞利浦随后向中国台湾地区"经济部诉愿审议委员会"提出复审。

2006年6月，中国台湾地区"经济部诉愿审议委员会"宣布维持该强制许可决定。随后飞利浦就此向中国台北"高等行政法院"提起行政诉讼。目前尚无结果。

【评析】案例5中，台湾国硕科技面对飞利浦的专利联营许可使用费居高不下、谈判不成的情况下，转而求助专利法上"专利强制许可"这一制度，并得到了强制许可的授予。这一做法，在美国、欧盟引起很大反响，认为中国台湾地区是在知识产权制度上的倒退；而欧盟已经表示要对国硕案进行审查。实际上，强制许可对台湾其他CD－R制造商能否真的起作用

❶ 飞利浦不满光盘专利强制许可控台湾地区偏袒［EB/OL］．［2007－04－01］．http://www.ccw.com.cn/news2/corp/htm2007/20070305＿243527.shtml.

呢？因为强制许可效力限于本土，而台湾 CD－R 主要用于出口，在该专利联营有专利布局的国家仍然要受到限制。除非台湾厂商都放弃飞利浦 CD－R 专利联营权利覆盖的国家，主要是欧洲和北美市场，就像国硕科技在四五年前就退出美国市场转向第三世界国家的市场。

我国对强制许可的授予条件规定比较严苛，而且强制许可只使用于本土市场，大陆本土企业一方面出于市场考虑等因素，另一方面是强制许可制度应用的不熟悉，致使目前我国大陆尚无一例专利强制许可。实际上，本土企业面对跨国公司的专利使用费的高额要价或者拒绝许可的强势态度，以及为了改进技术的实施与创新，在必要情况下，可以应用专利强制许可，作为应对跨国公司专利权滥用行为的方法之一。

本章思考与练习

1. 美国、欧盟以及日本对国际技术转移中限制性条款的规范有何发展趋势？

2. 我国反垄断法对专利权行使的态度如何？

3. 专利技术转移有哪些限制性条款会受到我国《反垄断法》的规制？

4. 我国专利法上有无专利权滥用原则的规定？

5. 专利技术转移中反滥用与反垄断的关系如何处理？

6. 我国专利强制许可规定与 TRIPS 的规定有何差别？

7. 我国专利强制许可规定是否存在缺陷？

8. 对我国专利强制许可应用的建议。

第十一章　专利技术转移与技术标准

本章学习要点

1. 专利保护与技术标准之间的关系。
2. 与技术标准有关的专利技术转让的特殊性。
3. 与技术标准有关的专利技术转移的原则。
4. 技术标准中专利技术许可的特殊规则。
5. 技术标准中专利技术转让的特殊规则。

11.1　专利技术转移与技术标准关系概论

随着世界经济向区域化、全球化方向的发展以及现代科学技术在生产、贸易中作用的日益凸现，出现了技术标准与专利权相结合的现象。事实证明技术标准和专利权的结合是科学技术和社会经济发展的必然结果，而二者的结合可以提升专利权人的技术或者产品的市场竞争力，而"技术专利化—专利标准化—标准国际化"已经成为高科技领域、特别是通讯电子领域专利权人一种新的专利技术转移模式，或者说是一种新的企业专利经营战略。❶受技术标准本身的性质限制以及标准化组织自身组织规则的限制，纳入技术标准框架体系下的专利技术必须遵守若干特殊原则，而这些特殊原则是企业采取"专利标准化"战略所必须首先明了的。

11.1.1　专利技术与技术标准结合的必然性

11.1.1.1　技术标准的概念和种类

依据国际标准化组织（ISO）在其指南 2—1991《标准化和有关领域的通用术语及其定义》的规定，标准是指"为在一定的范围内获得最佳秩序，对活动和其结果规定共同的和重复使用的规则、指导原则或特性文件。该

---

❶参见张平，马骁. 标准化与知识产权战略［M］. 北京：知识产权出版社，2004.

文件经协商一致制定并经一个公认的机构的批准。（注：标准应该以科学、社会效益为目的）"[1]而技术标准是在标准化领域中，需要协调统一的技术事项所制定的标准，是根据生产技术活动的经验和总结，作为技术上共同遵守的规则而制定的各项标准。[2]

技术标准是标准中的一种，也是目前数量最多，具有重要意义和广泛影响的一类标准。[3]其本身还可进一步分类，例如按照技术标准所规范的对象划分，可以分为基本技术标准、产品技术标准、安全卫生环境保护技术标准和检验试验技术标准等。按照技术标准的强制程度分，可以分为强制性技术标准和推荐性技术标准。按技术标准的级别分类分，可以分为国际技术标准、国际区域性技术标准、国家技术标准、行业技术标准、地方技术标准和企业技术标准。在此需要一提的是美国学者提出的标准分类方法。美国学者根据标准制定人的不同将标准分为两大类：一是由政府标准化组织（government standard setting organizations），或政府授权的标准化组织制定的标准，也称"法定标准"（de jure standards）；二是单个企业或者具有垄断地位的极少数企业建立的标准，也可以称作"事实标准"（de facto standards）。而事实标准又可以分为两类：一类是单个企业由于市场优势形成的产品格式的统一或者产品格式的单一，其典型代表即是 Microsoft 的 Windows 操作系统和 Intel 微处理器，故美国学者又称之为"WinTel 事实标准"。这类事实标准的特点在于厂商本身并未就该技术方案从事实际的标准化工作，而是因其技术被市场参与者所广泛接纳而获得统治地位，达到统一该技术领域的效果。另一类事实标准是企业出于标准化工作或标准许可的目的联合起来制定的非法定标准，即"私有化标准组织（private standard setting organization）建立的普通标准"。[4]这种标准化组织代表的是组成标准化组织的企业的利益而并非社会公共利益。这种标准化组织有的是开放型的，即允许其他企业参与到标准的制定工作之中，而其如果经过官方机构调整和确认，就可以转化为法定标准；有的则是封闭型的，即标准化组织只允许建立时的企业成员或该领域的一定企业参与标准的制定工作。

---

[1]我国对标准的定义基本与 ISO 的定义相同。我国在 GB3935.1－1996 中对标准的定义是："为在一定的范围内获得最佳秩序，对活动或者结果规定共同的和重复使用的规则、导则或特性的文件。该文件经协商一致并经一个公认的机构批准（注：标准应以科学/技术和经验的综合成果为基础，以促进最佳社会效益为目的）。"参见舒辉. 标准化理论与实务［M］. 北京：经济管理出版社，2000：18.

[2]刘耀威. 竞争优势新要素——国际贸易标准化规范与实施［M］. 北京：中国经济出版社，1997：17.

[3]如果按性质来划分标准可以将其划分为技术标准、管理标准和工作标准。

[4]参见张平，马骁. 标准化与知识产权战略［M］. 北京：知识产权出版社，2002：22.

11.1.1.2　技术标准与专利权结合的原因分析

（1）标准的科学性与"专利灌丛"现象

众所周知，标准的制定和贯彻必须以科学、技术和经验的综合成果为依据。标准的制定不是源于制定者的随心所欲，而是受某一时期、某一领域的科学技术发展水平高低的限制。然而，在知识经济时代，新技术存在的状态较过去有了很大的改变。新技术的掌握者大多寻求以专利权保护自己的新技术。❶而且一项尖端技术往往包含多个技术方案并分别为不同的专利权所有人所掌握，❷附有内容不同的专利权。当某一技术领域存在多项专利技术时，要将该技术推向商业化就必须获得多次授权，美国学者将这种现象称之为"专利灌丛"（Patent Thicket）。❸标准的制定实施也会遇到类似于专利灌丛的问题，因此近二十年来，特别是近十年来，越来越多的标准化组织意识到自己制定标准的工作已经无法回避对专利问题的处理。

【案例1】IEFT 对待专利问题的态度转变

在互联网技术发展的第一个十年里，还没有什么专利技术对该领域有重大的影响，因此互联网工程特别工作组（Internet Engineering Task Force，IETF）原来在标准化工作中对专利技术的观点是："尽量采用那些非专利技术的优秀技术，因为 IETF 的目的是使其所制定的标准广为适用，如果涉及专利问题，标准的适用将涉及专利权的授权问题，从而影响人们采用该标准的兴趣。"❹但到了互联网技术发展的第二个十年，由于软件技术、电信技术和互联网技术紧密结合，使得互联网相关标准在建立时无法回避专利技术。由此 IETF 不得不改变了其对专利技术的态度，开始制定新的专利权政策，以专门调整与相关技术专利权所有人的关系。

【评析】专利权与标准的结合是社会科学技术、经济活动发展的必然结果，特别在高科技领域几乎是无可避免的，其决定性的因素是该技术市场的实际状况，因此人为地将专利技术排除在技术标准或者某些技术标准之外是不科学的。

---

❶例如在 1998 年，仅关于"微处理器"一项美国专利，美国专利商标局就授予了近 5000 项专利。又如仅关于第三代移动通讯技术的 CDMA 领域，美国高通公司就拥有 1400 余项专利技术。参见郑卫华. 标准作用的再认识［C］. 中国技术标准发展战略暨国家技术标准体系建设高层论坛优秀论文集：15.

❷例如据美国有关专家统计，在美国微处理器领域大约有 9 万多项有效专利，掌握在 1 万多个专利权人手中，在半导体器件以及系统方面大约有 42 万件专利，掌握在 4 万多个专利权人手中。参见 To Promote Innovation：The Proper Balance of Competition and Patent Law and Pclicy［EB/OL］.［2004-03-15］. http://www. ftc. gov/opa/2003/10/cpreport. htm.

❸参见 CARL SHAPIRO. Navigating the Patent Thicket：Crcss Licenses，Patent Pools，and Standard-Setting［EB/OL］.［2003-11-01］. http://repositories. cdliborg/iber/cpc/cpc00-001.

❹参见董颖. 数字空间的反共用问题［J］. 电子知识产权，2001（12）：39.

（2）标准的协商基础与专利权的专有性

当一些标准化组织发现从技术层面上讲某些标准的制定难以回避含有专利权的技术方案时，其最初的反应是要求专利权人放弃权利，但事实证明这种简单化的解决思路根本无法付诸实践。

【案例2】欧洲电信协会专利政策的转变

1982 年当欧洲电信协会（Conference Europeenne des et des telecommunications，CEPC）主持起草 GSM（全球移动通讯系统，Global System for Mobile Communications，GSM）标准时，要求掌握相关核心技术的公司都无偿许可使用其专利技术，否则该公司将不能在合同中就通讯设备自由定价。这一提案遭到了众多专利权人的强烈反对，致使 GSM 标准迟迟无法出台。为此欧洲委员会在 1988 年特别成立了一个独立的欧洲标准化机构——欧洲电信标准学会（European Telecommunications Standards Institute，ETSI）。1993 年 3 月，ETSI 出台了所谓的"缺席许可规则"，规定：如果专利权人不特别声明则推定其同意"公平、合理、非歧视性"的许可；在标准化会议将该专利技术纳入标准后的 180 天内，专利权人有权提出收回许可。这一许可方案又遭到了包括 Motorola（摩托罗拉）在内的专利权人的反对。由于单 Motorola 一家公司就拥有支持 GSM 标准的 18 项核心专利技术，所以没有其支持，GSM 标准根本无法实施（参见图 11-1）。1994 年 11 月，ETSI 最终决定专利权人仍有决定是否许可的自由。❶

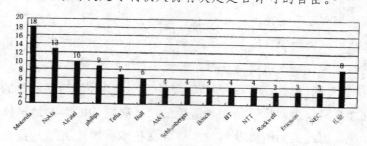

图 11-1　GSM 专利所有者拥有的专利数量（单位：件）
资料来源：根据 Bekkers et al（2002）的资料整理。

【评析】ETSI 对 GSM 标准最初采取的专利许可政策，反映出众多标准化组织最初遭遇专利问题的态度，但是事实证明，这种简单化的处理规则无法解决颇为复杂的技术标准下专利许可的系列问题。其实只要我们理解

❶参见 TOBAN VERBRUGGEN, ANNA IORINER. Patent and Technical Standards［J］. International Review of Industrial Property and Copyright Law, 2002（2）：129.

了标准化的原理和专利权的特性，就不难理解大多数标准化组织在解决技术标准制定过程中专利问题时的尴尬处境。依据桑德斯（T. R. B Sanders）在《标准化的目的与原理》一书中的论述，标准的制定应以全体一致同意为基础，而其实施也只有通过一切有关者的互相协作才能成功。标准化的效果只有在标准被实行时才能表现出来，否则即使被硬性出版了，标准不实施也毫无价值可言。❶所以完全舍弃专利权人合法利益的做法只能导致丧失专利权人作为标准参与者的支持，最终影响标准本身的制定和实施。

另外从法理的角度分析，标准化组织完全否定专利权人利益的做法也是行不通的。专利权是法律赋予专利权所有人对一定无形财产的专有权，具有"专有性"，是一种"对世权"（right in rem），可以针对除权利人以外的一切人主张权利。专利权作为私权的一种，非经法定程序、非因法律规定的原因不被剥夺。世界上大多数标准化机构都是非政府组织，其在民事主体地位上与专利权人是平等的，故而无权擅自剥夺专利权人的合法权利。由此可见，在标准制定中预先排除专利权是不可行的。

（3）标准的本质与专利权权利的行使

标准的本质在于统一。在某一领域内，凡是接受标准的参与者都会遵守该标准的规定，按照其要求进行生产经营。由此可见，标准化过程本身是一个减少技术多样性的技术筛选和优化的过程，而这个过程从某种程度上排除了技术之间的竞争。"标准化过程减少了可替代技术的竞争。对于兼容性高的标准，标准竞赛往往至关重要，标准的选择实际上是排除竞争技术，而不仅仅是不利于竞争技术。"❷

---

❶桑德斯在国际标准化组织 1972 年出版的《标准化的目的与原理》一书中提出了标准化必须遵守的 7 个原理：

原理 1：标准化从本质上来看，是人们有意识使其统一的活动。标准化不仅是为了减少目前的复杂性，而且也以预防将来产生不必要的复杂化为目的。

原理 2：标准化不仅是经济活动也是社会活动，应该在所有有关者的相互协作下推动工作。制定标准的方法应以全体一致同意为基础。

原理 3：标准化的效果只有在标准被实行时才能表现出来。实施时可能会为了多数利益而牺牲必要的少数利益。

原理 4：决定标准的活动实质上就是选择可取的方案并在一段时间内将其固定化，以便于实施。

原理 5：标准在规定的时间里，应该按照需要进行重新认识与修改。修改与再修改之间的间隔时间根据各个不同情况而决定，但大概所有标准从出版后，最多 10 年内有必要进行实质性的修改。

原理 6：起草产品标准主要规定产品的特征、使用中所期望的性能、产品的材料、标准应该采用的试验方法和试验设备。

原理 7：标准是否采用法律规定而强制实施的问题必须慎重考虑，包括标准的性质和社会的工业化水平以及预期执行此种标准的一个或数个国家的宪法与法律而决定。

以上内容，参见桑德斯. 标准化的目的与原理 [M]. 北京：中国科学技术情报研究所，1974：7.

❷RAPP, RICHARD T., STIROH, LAUREN J. (2002). Standard Setting and Market Power [EB/OL]. [访问日期不详]. http://www.ftc.gov/opp/intellect/020418rappstiroh.pdf：3.

具体而言，技术标准制定过程可能会成为专利权人获取市场竞争优势的契机：❶

（1）标准制定的技术遴选过程给予了标准大赛胜利者（专利技术）公信度，对获胜的技术向市场发出肯定性的质量评价，而对替代技术的质量，则可能发出否定性的评价。

（2）标准制定的技术遴选可以影响市场对未来商业运行的期望，这对网络效应明显的市场更为重要，因为买方关于市场未来销售和市场规模的预期可以左右网络市场的需求。标准组织支持某一个技术，将会导致巨大的甚至决定性的市场利益。"在这种情况下，胜利不必属于高效或价廉的技术：低劣的技术可以击败优良的技术，如果广泛的期望如此。"❷

（3）标准制定如果遴选专利技术，被许可人就会承担技术特异性的投资，从而导致相当高的转产成本。比如，采纳某一标准，就会有特定的学习成本，以及消化技术更新、升级的成本。这些沉没投资将会导致很高的转产成本，形成所谓的"锁定"现象，也就是说，被许可人采用其他替代技术的能力大大地受到限制。

由此可见，标准化过程，其实就是专利技术的"博展会"、"推销会"，是专利技术市场化的捷径。但是，标准化过程所创造的支配力既不来自市场的竞争，也不来自于"优越的产品，商业运作的机制，也不是历史性的偶然"。❸竞争市场的制衡之外诞生的市场支配力，如果缺乏法律规制，它就倾向于去操纵市场，去主宰其他市场主体的命运。也正是如此，在标准化过程中的专利技术转移应该得到应有尊重，但也必须受到标准化组织专利政策和相关法律法规的制约，否则利益的天平就会在标准化组织、专利权人和标准使用者之间出现失衡。

11.1.2 专利保护与技术标准实施中的纠纷表现

如前所述，当技术标准涉及某专利技术的时候，实际上是涉及三方主体的利益：标准化组织、专利权人和标准使用者。如果对此三方利益没有

---

❶SWANSON，DANIEL G.（2002）. Evaluating Market Power In Technology Markets When Standards Are Selected In Which Private Parties Own Intellectual Property Rights［EB/OL］.［访问日期不详］. http：//www. ftc. gov/opp/in-tellect/020418danielswanson. pdf；3.

❷STANLEY M. BESEN, JOSEPH FARRELL. Choosing How to Compete：Strategies and Tactics in Stand-ardization, B J. ECON. PERSPECTIVES 117, 118（1994）.

❸参见 U. S. Department of Justice and the Federal Trade Commission, Antitrust Guidelines for the Licensing of Intellectual Property（issued April 6，1995）. 2.2 Intellectual property and market power［EB/OL］.［访问日期不详］. http：//www. bowie-jensen. com/links/iplicensingguides. html＃N＿1.

很好地进行平衡，就会产生利益冲突，引起纠纷。就目前而言，专利保护与技术标准实施中出现的纠纷主要表现为以下几种类型。

（1）出现在技术标准中的专利技术是没有获得专利权人许可的，导致标准使用人无可适从

【案例3】"真空预压加固软土地法"专利纠纷

【案情简介】天津港湾工程研究所（原交通部第一航务工程局科学研究所）于1996年7月8日，以建设部综合勘察研究设计院侵犯其所拥有的发明名称为"真空预压加固软土地法"、发明专利号为85108820的发明专利权为由，向北京市第二中级人民法院提起专利侵权的诉讼。该发明专利的申请日为1985年12月4日，颁证日是1987年2月26日。该专利的技术内容是在含水分较大的软土地上进行地基加固使软土地固化，以便施工。采用该专利，可以使地面下降，固结度达90%，满足施工要求。

原告诉称：被告未经原告许可，在1995年4月至1996年4月在华能丹东电厂软地基加固工程中采用了所述专利，加固约7万平方米地基，构成侵权，提出"被告立即停止侵权行为，公开承认侵权，挽回原告声誉；赔偿经济损失73万元，承担诉讼费用"的诉讼请求。

被告在诉讼期间，采取了两项措施，一是以该发明不具备新颖性和创造性为由，提出了专利无效的请求，二是向法院提交了中止诉讼的请求，其中，中止诉讼的理由是"真空预压加固软土地法"专利技术被编入了1992年9月1日开始实施的、由国家建设部发布的"JGJ 79—91〔中国行业标准〕《建筑地基处理技术规范》及1994年1月1日开始实施的DL 5024—93〔中国电力行业标准〕《火力发电厂地基处理技术规定》"中。根据《中国标准化法》和《中国标准化法实施条例》，工程建设标准是强制性标准规范，而被告是按照标准实施所谓"真空预压法专利"的，不应视为侵犯专利权。

【法院裁定】对于所述的中止诉讼请求，法院裁定的结果是，如果该专利有效并且被引用于强制性规范中，会涉及不特定第三人，因此于1997年2月18日下达了"中止诉讼"的裁定书。另外，专利局根据该专利技术已在申请日前公开使用的事实和有关国外对比文件，宣布此项专利无效。

【评析】当未经授权的专利技术被纳入技术标准之后，容易使标准的使用者处于进退两难的境地，如果适用标准，则可能被控侵权，如果不适用标准，则可能因为其生产施工不符合相关标准的要求而承担相应的不利后果。之所以会出现这种情况，有两方面的原因：一是标准化组织在制定标

准的过程中，对所涉及技术是否有专利权没有给予必要的关注；二是部分专利申请人将公知技术申请专利，而专利审查中没有注意对技术标准所引用技术的检索，结果对不应该授权的专利技术授予了专利权。上面所列的案例就属于后一种情况。要解决这个问题，一是标准化组织在制定相关标准的过程中要注意制定相关的专利政策，对所涉及技术的权利状况给予必要的关注；二是标准化组织应该与国家专利局之间建立一定的联系，例如共享数据库，以减少专利审查的漏洞。国家专利局与标准化组织的合作是避免产生此类纠纷的最重要的途径，这一方面能够减少技术标准实施的不确定性，另一方面也能够提高授权专利的质量。目前，欧洲专利局已经开始积极寻求与包括 ISO/IEC 和 ITU（国际电信联盟）在内的多个国际标准化组织进行合作，共享工作文件，并提供专利检索支持。对此我国知识产权局也应该给予重视。

（2）专利权人在标准制定过程中故意不披露相关知识产权信息以获取不正当利益

如前文所述，技术标准的强制性和权威性吸引着许多专利权人积极寻求将自己含有专利权的技术与技术标准相结合，为自己的竞争实力增添砝码。但出于公共利益的考虑，多数标准化组织（私有化标准组织除外）倾向于在同等条件下采用不含有专利权的技术方案。这种倾向对于专利权人而言是不利的，特别是当技术市场上存在着与之相竞争的、可替代技术时。有鉴于此，部分专利权人在参与标准制定工作时，就故意隐瞒其专利权状况，等待该标准出台并被广泛接纳时再以专利权人的身份出现，向所有遵循该标准而使用其专利权的企业请求权利。

【案例 4】Dell 电脑公司案

【案情简介】1992 年美国 Dell 公司加入了声频电子标准联合会（Video Electronics Standards Association，VESA）。该协会是一个由所有美国主要硬件和软件商组成的非营利性标准化组织。1992 年 6～8 月，Dell 公司的代表参加了 VESA 举行的"VL—bus"标准设定会议。❶在该会议上，标准化工作小组要求参与"VL—bus"标准制定的各方代表申报其与该技术标准有关的知识产权状况。Dell 公司的代表曾两次通过书面方式声明："据我所知的范围，该提案没有侵犯任何 Dell 公司所拥有的商标权、版权或者专利

---

❶ VESA 从 1992 年开始"VL—bus"标准化工作。该标准的技术主题是为 486 电脑的中央处理器和电脑外置设备之间传递指令设计技术方案。

权。"而事实上早在约1年前即1991年7月，Dell公司就已经获得了专利号为5 036 481的美国专利（下文简称"481号专利"），而该专利赋予了Dell公司关于"主板上用于接收VL－bus卡的缺口轮廓的排他性权利。

事实证明"VL－bus"标准非常成功，在其被批准8个月后，含有"VL－bus"标准的电脑的销售量即突破了140万台。此时，Dell公司突然通知某些正在使用"VL－bus"标准的电脑制造商：其使用"VL－bus"标准是对Dell排他性权利的侵犯。Dell公司要求这些公司与其代表会晤"以确定确认Dell公司排他性权利的方式"。1995年这些公司向FTC的反垄断仲裁庭提出仲裁请求。❶1996年6月FTC认定Dell公司的行为构成专利权滥用，并以4：1的裁决结果否决了Dell公司收取专利使用费的权利主张。

【评析】诸如Dell电脑公司故意隐瞒其专利信息，不仅仅是要在制定标准的时候排挤其他竞争技术，更在于借助技术标准所带来的竞争优势收取高额专利许可费。因为一旦标准被生产企业所广泛采纳，作为标准使用者的企业就将处于非常被动的地位。可以说，这种专利许可的商业模式本身有不正当竞争的嫌疑。目前美国联邦贸易委员会已经就若干此类案件进行过裁决，判定事先违背标准化组织的专利政策，故意隐瞒知识产权信息，待包含其知识产权的技术方案被采纳为标准后，再收取高额许可费的做法为不正当竞争行为。本章在随后部分还将就一些类似的案例进行介绍和分析。

（3）专利权人利用标准制定过程进行联合抵制，排挤竞争技术

如前文所述，技术标准具有科学性。当出现能更好实现其目的的新的技术方案时，原有的技术标准就应该积极修改采纳新的技术方案。但拥有原有技术的专利权人的利益可能会因此而受到损害。修改标准不仅意味着其无法再利用技术标准实施其专利权，更意味着替代技术将凭借技术标准占据优势地位，从而淘汰其所拥有的专利权。

为了避免这种后果的出现，拥有原来技术的专利权人很可能通过其在标准化组织中的地位联合起来，共同抵制新技术，阻止新技术进入市场。例如在美国就曾发生过标准化组织成员在标准化组织对采用新技术进行表决的年会上利用贿选的办法，组织一批根本不了解技术状况的新成员联合投票反对采用新技术，从而将其排除在技术标准之外的案例。除此之外，

❶ Agreement containing consent order to cease and Desist，In re Dell computer Corp，No931－0097（FTC. 1996）.

专利权人还可能采用其他方式联合抵制其他竞争者进入市场。例如组成封闭性标准化组织，彼此统一技术，再拒绝竞争者的加入，使其技术无法与之兼容而被排挤出竞争市场；又如控制标准化组织不对非成员竞争者进行技术认证，使之无法进入市场等。

（4）事实标准拥有者拒绝进行专利许可使标准适用需求方处于两难境地

如果某些事实标准中包含了一些专利技术或者某些专利技术是某项标准所必需的技术，则可能出现专利权人通过拒绝许可其专利权实现控制该技术标准进而垄断市场的目的。2003 年 1 月发生的美国思科公司诉我国华为技术有限公司及其子公司 Hua Wei America，Inc. 和 Future Wei Technologies，Inc. 案即为一例证。

【案例 5】思科诉华为案

【案情简介】2003 年 1 月 22 日，全球最大的网络设备制造商思科系统公司（Cisco Systems，Inc.）和思科技术公司（Cisco Technology，Inc.，以下统称"思科"）在美国德州马歇尔（Mashall）联邦地区法院向我国最大的电信设备制造商华为技术有限公司及其在美国的 2 家子公司华为美国公司（Huawei America，Inc.）和 Future Wei 技术公司（Future Wei Technologies，Inc.，以下统称"华为"）提起诉讼，指控华为抄袭其命令行界面、术语和模型号，非法复制其用户文档和 IOS❶ 源代码，侵犯其在美国的专利权，并提出了多达 21 项的诉讼请求，涵盖了从版权、专利、商标到不正当竞争等知识产权领域内的几乎所有范畴，这其中包括❷：

（1）请求法院签发临时性或永久性禁令，以防止华为以及和华为协同行动或共同参与的任何人，实施进一步的专利侵权、共同侵权或其他侵权引诱行为；

（2）请求法院签发临时性或永久性禁令，以防止华为以及和华为协同行动或共同参与的任何人，实施侵犯思科在 IOS 软件程序、CLI❸ 和 IOS 用户手册中的著作权的行为，判决华为赔偿思科因著作权侵权而获得的全部收益；

---

❶IOS 是思科公司的一个为网际互联优化的复杂的网络操作系统，它被视作一个网际互联中枢：一个高度智能的管理员，负责管理的控制复杂的分布式网络资源的功能。——作者注。

❷参考 JIM DUFFY. Cisco sues Huawei over intellectual property［EB/OL］.［2007－11－16］. http://www.nwfusion.com/newsletters/optical/2003/0127optical2.html.

❸CLI（command－line interface，命令行界面）。——作者注。

（3）请求法院签发临时性或永久性禁令，以防止华为以及和华为协同行动或共同参与的任何人，发布与华为 QUIDWAY❶ 路由器的运作、性能和互用性相关的虚假或误导性的声明；

（4）请求法院判决没收并销毁与构成侵犯思科著作权或商业秘密的所有路由器、计算机程序和用户手册，包括与之相关的所有版本或修改物（modification）；

（5）请求法院判决华为支付思科专利侵权赔偿金，该赔偿金的数额将在庭审中确定，但至少不低于一个合理的专利权许可费，判决华为支付思科专利侵权惩罚性赔偿金，该赔偿金的数额应当三倍于思科所受的全部损失；

（6）请求法院认定此案为一特殊案件，并判决华为支付思科因此案而发生的合理的律师费，判决支持思科获得相当于思科律师费和其他开支的损害赔偿金；

（7）请求法院为思科提供其他类似或进一步的公正且适当的司法救济等。

2003 年 3 月 17 日此案开始审理，8 天后，华为向法院提交了答辩词，一方面全面反驳了思科的指控，认为华为未侵犯思科的专利权；另一方面指出思科挑起诉讼的真正企图是为了阻止华为进入美国的路由器市场，以维护其在该市场的垄断地位，并据此向审理此案的法庭提出反诉，请求法院判决思科相关专利权无效及思科存在不公平竞争行为。❷

然而，负责此案的德州马歇尔（Mashall）联邦地方法院却并未完全支持华为的主张，还是认为华为的某些行为构成对思科知识产权的侵犯，并因此裁决华为的通用路由选择平台（VRP）软件不能使用这些代码。2003 年 6 月，德州马歇尔的地区法官 T. John Ward 签署了一份初步禁令，禁止华为使用在思科路由器上运行的这部分软件源代码以及与之有关的使用网上求助文档和用户手册。但由于思科未能提供充分的证据表明其源代码被复制或盗用，该法官也拒绝了在更大范围内禁止华为所使用的所有路由器软件，并同时拒绝了思科有关禁止华为使用与其类似的电脑指令的要求。

2004 年 7 月 28 日，此案最终于以华为与思科的和解而告终，华为同意放弃美国互联网设备的高端市场，而思科则在撤诉的同时，让出非洲市场

---

❶QUIDWAY 是华为旗下的一个网络设备品牌。——作者注。

❷王先林. 对思科、华为知识产权之争中的"私有协议"垄断问题的思考［J］. 中南大学学报：社会科学版，2003（8）.

供华为开拓。

【评析】该案虽然因为专利侵权诉讼而起，但是实际上争议的实质却是拒绝许可是否违反反垄断法。由于思科一直拒绝许可其私有协议中所含有的知识产权，所以其他厂商要么不采用思科的私有协议，并因为无法与大量思科的产品兼容而被迫退出市场，要么采用其私有协议而冒被思科起诉的风险。私有协议属于企业标准，而思科的私有协议因为思科本身所占的市场份额而成为一种事实标准。虽然这个案件最后是以调解解决的，但是仍然留给我们一些值得思考的问题：当一个或少数几个企业掌握了绝对的技术优势的时候，完全有可能影响技术标准的制定与推行（例如前文所举 Motorola 公司对于 GSM 标准）甚至将自己的标准上升为事实标准（如思科）。在这种情况下，如果这些企业拒绝就其中关键技术所含专利权进行许可，则可能出现代表公众利益的标准无法出台、市场为少数企业所垄断的情况。标准化组织限于自身的性质是无法全面妥善地解决这个问题的，此时必须动用行政乃至法律的手段加以调整。

（5）与技术标准有关的交叉许可与专利联盟引起的争议

目前，有部分涉及知识产权的国际或者国外的标准化组织都采取了标准制定与专利许可分离的做法。即，制定标准的机构本身不对外进行专利许可，也不负责核查其所涉及的专利信息的真实性和充分性。而为推行该技术标准，相关的成员会成立一个知识产权管理机构或者专利许可机构，对内负责成员之间知识产权的交叉许可，对外负责进行专利许可的谈判和纠纷处理工作。由此形成了标准制定与专利联盟有机结合的商业模式。

如前章所述，所谓交叉许可（cross－license）是指两个以上的知识产权人相互许可使用对方的知识产权。而专利联营（patent pool）是指为了彼此之间分享专利技术或者统一对外进行专利许可而形成一个正式或者非正式的联盟组织。❶交叉许可和专利联营本身并不一定不利于社会公共利益。例如通过交叉许可，掌握互补性专利技术的专利权人可以更好地利用对方的技术，使互补性的技术相互结合，从而在整体利益上取得最优。而专利联营的打包许可可以将多项专利一次性许可给被许可人，避免其逐一

---

❶需要特别注意的是，交叉许可和专利联营虽然在表现形式上有所重叠，但是是两个不同的概念。专利联营不同于交叉许可之处在于：其一，专利联营往往具有一个独立的、统一的专利管理组织实体。这个专利组织实体可以是合伙企业也可以是有限责任公司；而交叉许可只需要两个公司之间达成一个专利交叉许可的协议，并不一定存在单独的组织实体。其二，专利联营是由两个以上的企业所构成的，而专利交叉许可仅指彼此之间进行专利技术许可的两个公司。

进行专利许可谈判。但是有的标准化组织规定成员之间免费或者以极其低的许可费相互许可专利，则有可能造成各个知识产权人相互搭便车，就研发活动进行分派，不再研究可替代的竞争性专利技术，从而降低了创新的积极性。还有的标准化组织将一些对技术标准而言是可用的而非必要的（essential）的专利技术都包括在技术标准之中，而且在对外推广技术标准进行打包许可的过程中并不披露所含专利的翔实内容、权利范围和有效期限等重要信息。而出于符合技术标准的考虑，被许可人又不得不接受整批授权，从而使其合法的利益受到了损害。前章所述 DVD 许可事件即是一个例证，本章不再赘述。

11.2　与技术标准有关的专利技术转移特殊规则

如前文所述，为了平衡专利权人和标准使用者两方的利益，保障技术标准的顺利制定与推行，目前越来越多的标准化组织开始制定和实施自己的专利政策。如果专利权人是该标准化组织的成员，并希望某项技术标准采用自己的专利技术，则其对标准使用者的专利许可和对其他主体的专利转让就会受到其所参加的标准化组织的专利政策的约束。就目前而言，虽然各标准化组织的专利政策各有不同，但是已经普遍形成了从专利进入标准前的信息披露，到技术标准对专利技术的选择，再到对许可和转让的一系列基本规则。这些特殊规则虽然目前还没有被写入各国的法律条文，但是因为专利权人在参加标准化组织之初就必须签署协议接受该标准化组织专利政策约束的声明，所以事实上各国法律是从将这种声明视为有效契约，承认其契约约束力的角度，给予这些特殊规则以法律支撑的。了解与技术标准有关的专利技术转移特殊规则，无论对专利权人，还是对受让人或者被许可人而言，都是必要的。

11.2.1　专利信息披露规则

11.2.1.1　专利信息披露规则的含义及其必要性

与技术标准有关的专利信息披露规则，是指标准化组织中的成员，依据标准化组织的规定，向标准化组织披露其所拥有或控制的专利权信息和其所了解的专利权信息以及标准化组织向社会公众公布其制定的标准中所含有的专利技术的信息。

从其外延上讲，专利信息披露制度既包括标准化组织内部的信息披露，也包括标准化组织对外的信息披露；既包括在标准制定中的信息披露，也包括标准制定后实施前的信息披露，其披露要求既包括信息披露的充分性也包括信息披露的真实性与有效性。

专利信息披露制度是代表公共利益的标准化组织为了防止部分专利权人利用专利技术控制技术标准的制定与实施、谋求市场垄断地位问题而建立起来的，其促成因素主要包括以下两个方面：

首先，标准化组织在标准的制定过程中遇到越来越多的受专利技术保护的技术方案，所以标准化组织回避专利技术制定技术标准的空间越来越小，相应的，因为未经专利权人的同意将专利技术纳入标准化体系而带来的侵权风险也越来越大。为了防患于未然，标准化组织开始要求标准提案人公开提案中所涉及的专利信息。

其次，代表公共利益的标准化组织与专利权人利益取向的差异，导致部分专利权人故意隐瞒专利信息，谋求市场垄断地位，如前文所述 Dell 电脑案即是例证。故意隐瞒专利信息，不仅仅使得标准使用者不得不向专利权人缴纳高额专利许可费，而且会严重影响所涉及技术标准的制定与实施。为此，各标准化组织都在其专利政策中加入了成员披露专利信息的义务条款，由此确立了专利信息披露规则。

11.2.1.2 专利信息披露规则的三种基本模式

就目前而言，国际上通行的专利信息披露规则主要有 3 种：自愿披露模式、自愿事先披露模式和强制事先披露模式，而这 3 种的模式分别以 ITU、IEEE 和 VITA3 个标准组织的专利政策为代表。作为专利权人，在加入标准化组织之前就必须对所参加的标准化组织的专利信息披露规则加以了解，否则一旦违背该规则就有受到法律制裁之风险，甚至可能被要求进行专利免费许可。而标准使用者在面对专利权人的收费要求时，也可以从这个角度出发，审查专利权人的收费要求是否合法合理。

11.2.1.2.1 专利信息自愿披露模式的代表——国际电信联盟的专利披露制度

所谓专利信息自愿披露模式，是指标准化组织鼓励专利权人披露专利信息，但并没有对未披露专利信息的专利权人承担何种责任进行规定。另外在专利信息披露的事项上，标准化组织仅仅要求其就将来许可的原则进行选择（例如免费许可、RAND 许可或者其他），而对其他相关专利信息的披露不作强制性的要求。就目前而言，专利信息的自愿披露模式是各标准化组织比较普遍采纳的专利信息披露原则，而国际电信联盟的专利信息披露政策是这种模式的典型代表。

国际电信联盟（International Telecommunication Union，ITU）成立于 1865 年 5 月 17 日，最初定名为国际电报联盟。1932 年更名为国际电信联盟并沿用至今。1947 年，ITU 成为联合国下属的专门机构。目前，ITU 设有全权代表大会作为最高权力机构，其下设立有理事会、电信标准部（ITU-T）、无线电通信部（ITU-R）和电信发展部（ITU-D）。每个部门设局，例如电信标准局（Telecommunication Standardization Bureau，TSB）、无线通信局（RB）和电信发展局（BDT）等。

ITU 在国际标准化组织中是最早对技术标准制定中的专利问题予以重视的组织。为此 ITU 不仅出台了《ITU-T 专利政策》（ITU-T Patent Policy）和《专利政策实施指南》（Guidelines for Implementation of ITU-T Patent Policy），还成立了知识产权特别工作组，定期就 ITU 的知识产权政策（包括专利政策、软件版权政策和商标政策）进行讨论。需要注意的一点是 ITU 作为国际化的标准组织在专利政策制定方面一直起着主导作用。2007 年 3 月 19 日，ITU、ISO/IEC 发布联合声明，宣布通过共同专利政策（Common Patent Policy），而该政策基本上为 ITU 所起草，相对而言 ISO/IEC 并没有对草案中的实质性条款做任何修改，可见 ITU 在这个问题上的引导作用。

ITU 的专利政策及其指南中就专利信息的披露问题也进行了较详细的讨论，而且其专利政策较为突出地体现了专利信息自愿披露的原则，故本文以此为典型样本之一进行分析。

ITU 的专利信息披露制度主要可以归纳为以下几点：

（1）标准提案者的披露义务

首先，ITU 在其专利政策第 1 条中明确表示："TSB 并不处于就专利及类似权利的证明、有效性和范围给予权威和全面信息的地位，但是 TSB 努力争取尽量充分地提供专利信息，因此，任何提出标准提案的 ITU-T 成员应当从一开始就告知电信标准局局长，建议案中可能涉及的已知专利或已知的未决专利申请（known patent or known pending patent application），无论它们是属于成员自己的还是其他组织的。"❶上述规定中有两点值得注意：一是 ITU 的专利信息披露制度包括了成员的披露义务和 ITU 的对外信息披露，并且以前者为基础，换言之，ITU 本身不主动去检索专利信息，也不保证披露的专利信息真实有效；其二，提出标准提案的成员有义务披

❶参见《ITU-T 专利政策》（ITU-T Patent Policy）第 1 条。

露提案中的专利信息，这个义务是强制性的（should）。

其次，关于《ITU-T 专利政策》第 1 条中规定的"一开始"，其《专利政策实施指南》界定为："这些信息应该尽可能快地提供。"并且进一步解释为："例如，从明确某提案草案将会或者已经完全或者部分包含了专利权保护要素之时开始。"❶可见，ITU 并不是要求提案者在提案提交之时就必须完全、充分地披露所有专利信息，而是在得知提案中有或者可能有专利的第一时间进行披露。

最后，ITU 的《专利政策实施指南》并不要求提案者进行专利检索，而是尽最大努力地提供有关专利信息（Such information should be provided on a "best effort" basis）。何谓"最大努力"，指南并没有解释，可见 ITU 在这里的措辞是比较模糊的。

（2）非标准提案者的其他成员披露义务

ITU 在其《专利政策实施指南》第 3.1 条中规定，非标准提案者的其他成员被请求按照 ITU 的专利政策，在提案表决之前就其专利权或者他人的专利权信息进行披露。可见对于非标准提案者的其他成员，ITU 的政策是鼓励披露而不是强制披露。正是因为如此，《专利政策实施指南》才会通过让成员填写网上专利声明和专利许可申明表的方式来促使非提案者的成员主动披露专利信息。

（3）关于专利声明表

ITU 的专利声明表格是与专利许可申明表联合使用的，其目的主要是在当成员不愿意选择专利许可申明表的第一栏或者第二栏，即不愿意免费许可其专利或者在互惠的基础上进行全球范围内无歧视和合理许可的时候，强制（must）其提供相关专利信息，其被要求提供的专利信息主要包括：专利注册号/专利申请号；建议书中的哪些部分会因此受到影响，要作出说明；用于建议书内的专利要求的描述。相反，如果选择了免费许可和合理非歧视性许可，则 ITU 仅仅鼓励其成员填写专利声明表。

---

❶参见 ITU《专利政策实施指南》第 2.4 条。本文引用的是 ITU 最新版本的《专利政策实施指南》（2005 年 11 月生效）。

General Patent Statement and Licensing Declaration Form
for ITU-T/ITU-R Recommendation

ITU
International Telecommunication Union

General Patent Statement and Licensing Declaration
for ITU-T/ITU-R Recommendation

This declaration does not represent an actual grant of a license

Please return to the relevant bureau:

Director	Director
Telecommunication Standardization Bureau	Radiocommunication Bureau
International Telecommunication Union	International Telecommunication Union
Place des Nations	Place des Nations
CH-1211 Geneva 20,	CH-1211 Geneva 20,
Switzerland	Switzerland
Fax: +41 22 730 5853	Fax: +41 22 730 5785
Email: tsbdir@itu.int	Email: brmail@itu.int

Patent Holder:
Legal Name _____

Contact for license application:
Name &
Department _____
Address _____
_____
_____
Tel. _____
Fax _____
E-mail _____
URL (optional) _____

Licensing declaration:

In case part(s) or all of any proposals contained in Contributions submitted by the Patent Holder above are included in ITU-T/ITU-R Recommendation(s) and the included part(s) contain items that have been patented or for which patent applications have been filed and whose use would be required to implement ITU-T/ITU-R Recommendation(s), the above Patent Holder hereby declares, in accordance with the Common Patent Policy for ITU-T/ITU-R/ISO/IEC (check <u>one</u> box only):

☐ 1. The Patent Holder is prepared to grant a <u>free of charge</u> license to an unrestricted number of applicants on a worldwide, non-discriminatory basis and under other reasonable terms and conditions to make, use, and sell implementations of the relevant ITU-T/ITU-R Recommendation.

Negotiations are left to the parties concerned and are performed outside the ITU-T/ITU-R.

Also mark here ☐ if the Patent Holder's willingness to license is conditioned on <u>reciprocity</u> for the above ITU-T/ITU-R Recommendation.

Also mark here ☐ if the Patent Holder reserves the right to license on reasonable terms and conditions (but not <u>free of charge</u>) to applicants who are only willing to license their patent claims, whose use would be required to implement the above ITU-T/ITU-R Recommendation, on reasonable terms and conditions (but not <u>free of charge</u>).

☐ 2. The Patent Holder is prepared to grant a license to an unrestricted number of applicants on a worldwide, non-discriminatory basis and on reasonable terms and conditions to make, use and sell implementations of the relevant ITU-T/ITU-R Recommendation.

Negotiations are left to the parties concerned and are performed outside the ITU-T/ITU-R.

Also mark here ☐ if the Patent Holder's willingness to license is conditioned on <u>reciprocity</u> for the above ITU-T/ITU-R Recommendation.

<u>Free of charge</u>: The words "free of charge" do not mean that the Patent Holder is waiving all of its rights with respect to the essential patent. Rather, "free of charge" refers to the issue of monetary compensation; *i.e.*, that the Patent Holder will not seek any monetary compensation as part of the licensing arrangement (whether such compensation is called a royalty, a one-time licensing fee, etc.). However, while the Patent Holder in this situation is committing to not charging any monetary amount, the Patent Holder is still entitled to require that the implementer of the ITU-T/ITU-R Recommendation sign a license agreement that contains other reasonable terms and conditions such as those relating to governing law, field of use, reciprocity, warranties, etc.

<u>Reciprocity</u>: As used herein, the word "reciprocity" means that the Patent Holder shall only be required to license any prospective licensee if such prospective licensee will commit to license its essential patent(s) or essential patent claim(s) for implementation of the same ITU-T/ITU-R Recommendation free of charge or under reasonable terms and conditions.

Signature:
Patent Holder _____
Name of authorized person _____
Title of authorized person _____
Signature _____
Place, Date _____

FORM: 1 March 2007

图 11—2　国际电信联盟专利信息披露声明表（1）

Patent Information (desired but not required for options 1 and 2; required in ITU for option 3 (NOTE))				
No.	Status [granted/ pending]	Country	Granted Patent Number or Application Number (if pending)	Title
1				
2				
3				

NOTE: *For option 3, the additional minimum information that shall also be provided is listed in the option 3 box above.*

图 11—3 国际电信联盟专利信息披露声明表（2）

（4）ITU-T 的专利声明数据库

ITU 专利政策的一个亮点，即在于它专门设立了专利声明数据库供公众查阅。这个数据库中包含的信息主要有：某些专利或者未决专利的信息，或者不包括这些信息的、单纯的某组织遵守 ITU-T 专利政策的申明以及部分普通专利声明和许可声明（详见图 11—4：ITU 专利声明数据库专利声明信息范本❶）。可见，该数据库中的专利信息并不是完备的。事实上，截至 2007 年 3 月 30 日，作为拥有 191 个成员代表的国际电信联盟标准化局，在其专利声明数据库中也仅仅收录了 1622 项专利信息，❷而同期欧洲通讯标准学会（ETSI）的专利数据库则收录了 127 家公司的 17 500 件专利，相对而言，ITU 的专利信息数量上是比较少的。另外 ITU 专利声明数据库中披露的专利信息质量也值得怀疑，例如在该数据库很多公司仅仅披露了自己的联系方式、专利许可的原则性条件；公司披露多少件专利、什么时候披露、专利权的法律状况有所改变时是否要更新披露信息，都完全取决于专利权人的自愿行动。正是如此，ITU 的专利政策实施指南特别声明该数据库既不准确也不详尽，只是反映成员与 TSB 之间的信息交流情况，ITU 要使用者把这个数据库中的信息，仅仅看作一个提醒其相关标准中有可能有专利的一个信号。可见，ITU 专利数据库对于标准的使用者而言，其参考价值并不是很高。但是无论如何，如果企业使用到 ITU 制定的各类标准，还是可以通过该数据库事先进行检索，了解该标准可能会涉及的专利权人状况。

❶该范本是笔者从 ITU—T 的专利声明数据库中截取的，截止到 2006 年 12 月 12 日，该数据库中共有 34 份类似的数据信息。

❷具体信息参见 ITU—T 网站：［EB/OL］．［2007－04－10］．http：//www.itu.int/ITU-T/dbase/index.html.

Organization:　3Com
　　　　　　　3Com Corporation

Main Contact:　Mr. Steven F. Borsand, Director of IP Licensing and Litigation
　　　　　　　3800 Golf Road, M/S RM.112
　　　　　　　Rolling Meadows, IL 60008
　　　　　　　United States
　　　　　　　+1 847 262 3304
　　　　　　　+1 847 262 0231
　　　　　　　Steve.Borsand@3com.com

Version of declaration form:　Version prior to 12 March 2005

Licensing declaration:
Option 2_ The Patent Holder is prepared to grant – on the basis of reciprocity for the relevant ITU-T Recommendation(s) – a license to an unrestricted number of applicants on a worldwide, non-discriminatory basis and on reasonable terms and conditions.

Date Patent Statement Received:　29.05.2000

图 11—4　ITU 专利声明数据库专利声明信息范本

（5）标准发布后发现专利的情况

首先，在标准发布后一旦发现有专利，则专利权人应该和在标准发布前发现专利的权利人一样，向 TSB 作出专利披露和专利许可的保证。其次，如果权利人拒绝许可，则 TSB 的局长会建议工作组修改提案并采取适当的行动避免冲突的发生，例如删除产生冲突的条款或者澄清提案与专利权之间的技术关系等。可见对于标准发布后发现的专利，ITU 并没有采取强硬的措施，而是更多地通过修改标准本身来消除纠纷。

（6）非 ITU 成员组织拥有专利权或者未决专利的情况

指南规定，如果非 ITU 成员拥有 ITU-T 提案实施时可能会侵犯的专利权，则可以通过填写专利声明表和专利许可申明表来与 TSB 进行协商。ITU 对专利声明的处理没有成员与非成员之分，而是一视同仁。

11.2.1.2.2　专利信息自愿事先披露模式代表——美国电气及电子工程师学会（IEEE）专利披露制度

所谓专利信息的自愿事先披露模式，是指标准化组织除了要求专利权人披露专利许可原则之外，还鼓励专利权人在标准草案通过之前披露相关许可条款。相对于专利信息的自愿披露原则而言，这个原则增加了对许可具体事项的披露内容，专利权人不能仅仅对外作一个模糊的原则性许可承诺，而是通过对具体许可条款的披露，使标准化组织和标准使用者在标准通过之前和使用标准之前，就能对将来可能出现的许可成本进行较清晰的估算。就目前而言，这项标准化政策正为越来越多有较大影响力的区域性标准化组织和部分外国标准化组织所尝试采用。其中最为典型的代表是美国电气及电子工程师协会。

美国电气与电子工程师协会（Institute of Electrical and Electronics

Engineers，IEEE）是由美国的工程技术和电子专家组成的非营利性科技学会。IEEE 于 1963 年 1 月 1 日由 AIEE（美国电气工程师学会）和 IRE（美国无线电工程师学会）合并而成，是美国目前规模最大的专业学会。IEEE 拥有全球近 175 个国家 36 万多名会员。透过多元化的会员，该组织在太空、计算机、电信、生物医学、电力及消费性电子产品等领域中都是主要的权威。

IEEE 标准协会（IEEE-SA）是制定 IEEE 标准的专门机构，其制定标准的范围包括能源和动力、生物医药和卫生保健、信息技术、运输业、纳米技术等，在世界范围内都有很大的影响。

IEEE 新专利政策见于《IEEE 标准委员会章程》第 6 条第 3 款，其对专利信息披露规则的规定主要内容围绕专利权人向 IEEE 标准委员会提交的保证书（IEEE-SA Letter of Assurance，该保证书以固定表格形式体现，因此以下简称为 LOA 表格）而展开，其内容涉及 LOA 表格的选择方式、提交时间、适用范围、有效性问题、信息更新问题等。

（1）专利许可承诺与 LOA 表格

IEEE 新专利政策规定，当工作组主席发现某个标准提案可能涉及某项"必要专利权利要求"[❶]时，必须向专利权人或者专利申请人寻求获得许可承诺信息。专利权人可以选择以下 5 种方式中的一种答复 IEEE 标准委员会。

①不提供任何许可信息：此时工作组主席必须通知 IEEE-SA 标准委员会下属的专利委员会（PatCom），或者向其提出处理建议，IEEE-SA 标准委员会享有处理的最终决定权。如果此时标准草案已被公布，则 IEEE 会向公众宣布该标准存在必要专利权利要求，而且没有收到权利人的 LOA 表格。

②发表申明表示经过合理和诚恳的调查后，没有发现其拥有潜在的必要专利。

③提交 LOA 表格，承诺不对使用该标准的人主张专利权，此时这种声明不能含有任何附加条件。

④提交 LOA 表格，表示拥有对实施 IEEE 标准而言所必需的专利权利

[❶]根据 IEEE 发布的对于其专利政策的解释，所谓必要专利权利要求（Essential Patent Claim）是指实施某项标准草案的标准条款（无论其是强制性的还是可选择性的）一定会使用到的专利权利要求（包括专利申请的权利要求），而且在该草案被批准之时，没有其他商业上或者技术上可替代的方案存在。必要专利权利要求不包括相关专利中其他的权利要求。

要求，并承诺按照 RAND 规则进行许可。

⑤提交 LOA 表格并承诺最高许可价格或者最苛刻的非价格许可条款，另外还可以提供其他许可条款和许可合同样本。无论专利权人选择了以上 5 种方式中的哪一种方式，IEEE-SA 都会在其网站上公布这些信息，并依据这些信息来评估相关标准提案的成本。

LETTER OF ASSURANCE FOR ESSENTIAL PATENT CLAIMS

Please return via mail,
e-mail (as a PDF), or fax:　PatCom Administrator, IEEE-SA Standards Board Patent Committee
Institute of Electrical and Electronics Engineers, Inc.
445 Hoes Lane
Piscataway, NJ　08854　USA
FAX (+1 732-875-0524)　e-mail: patcom@ieee.org

No license is implied by submission of this Letter of Assurance

A. SUBMITTER:

Legal Name:　　　　　　　　　　　　　　　　　　　　　("Submitter")

B. SUBMITTER'S CONTACT INFORMATION (for the purpose of licensing information):

Contact Name/Title:
Department:
Address:

Telephone:　　　Fax:　　　E-mail:
URL:

Note: The IEEE does not endorse the content, or confirm the accuracy or consistency of any contact information or web site listed above.

C. IEEE STANDARD OR PROJECT (e.g., AMENDMENT, CORRIGENDA, OR REVISION):

In accordance with Clause 6.3.5 of the *IEEE-SA Standards Board Operations Manual*, this licensing position is limited to the following:

Standard/Project Number:
Title:

D. SUBMITTER'S POSITION REGARDING LICENSING OF ESSENTIAL PATENT CLAIMS:

In accordance with Clause 6 of the *IEEE-SA Standards Board Bylaws*, the Submitter hereby declares the following (*Check box 1 or box 2 below*):

Note: Nothing in this Letter of Assurance shall be interpreted as giving rise to a duty to conduct a patent search. The IEEE takes no position with respect to the validity or essentiality of Patent Claims or the reasonableness of rates, terms, and conditions of any license agreements offered by the Submitter.

☐ 1. The Submitter may own, control, or have the ability to license Patent Claims that might be or become Essential Patent Claims. With respect to such Essential Patent Claims, the Submitter's licensing position is as follows (*must check a, b, c, or d and any applicable subordinate boxes*):

　☐ a. The Submitter will grant a license without compensation to an unrestricted number of applicants on a worldwide basis with reasonable terms and conditions that are demonstrably free of unfair discrimination.

　　☐ (Optional) A sample of such a license (or material licensing terms) that is substantially similar to what the Submitter would offer is attached.

　☐ b. The Submitter will grant a license under reasonable rates to an unrestricted number of applicants on a worldwide basis with reasonable terms and conditions that are demonstrably free of unfair discrimination.

　　☐ (Optional) These reasonable rates will not exceed　　　　(e.g., percent of product price, flat fee, per unit).

　　☐ (Optional) A sample of such a license (or material licensing terms) that is substantially similar to what the Submitter would offer is attached.

图 11-5　IEEE 专利许可保证书

（2）LOA 表格提交的时间

虽然 IEEE-SA 标准委员会原则上要求 LOA 表格必须在合理长的时间内尽快提交，但是选择提交 LOA 表格的专利权人必须在相关标准提案为 IEEE-SA 标准委员会批准之前提交。

（3）LOA 表格的提交方式与接收

专利权人提交 LOA 表格，应将完整的 LOA 表格邮寄给 IEEE-SA 专利委员会管理人员。管理人员将记录收取 LOA 表格的情况并确保将 LOA 表格上的内容完整地填写到 IEEE 专利信息统计表中。另外，专利委员会管理人员还负责确定 LOA 表格上的签字效力。一旦 LOA 表格效力被认定，该表格信息就会在 IEEE 网站上进行公布。

（4）LOA 表格承诺的有效期限和适用范围

LOA 表格一旦被 IEEE-SA 接受，就不可撤销，其有效期将从相关标准被 IEEE-SA 标准委员会批准之日起至该标准失效之日止。另外，LOA 表格中的承诺对专利权人及其所有关联企业（专利权人在提交表格时特别指明不受该表格承诺约束的企业除外）以及该专利受让人都有约束力。另外 LOA 表格中的承诺同样适用于相关标准的修改稿、勘误表、编辑文件或者修订版。

（5）更新 LOA 表格信息的责任

如果 LOA 表格的提交者发现了没有为表格所覆盖的其他必要专利权利要求，必须提交新的 LOA 表格表明自己对其他必要专利权利要求许可的态度。

（6）在制定标准过程中使用 LOA 表格中的信息

IEEE-SA 的工作组成员将会使用所有被接受的 LOA 表格中的信息进行标准提案的评估工作，将提案的成本与可替代技术的成本（包括专利许可成本）进行比较。但是 IEEE 明确表示工作组成员将不会在标准制定会议上讨论特定的许可条款。

11.2.1.2.3　专利信息强制性事先披露模式的代表——VITA 专利披露制度

所谓专利信息的强制性事先披露模式，是指标准化组织在其专利政策中明确要求专利权人，在标准草案通过之前披露专利许可的最高许可费用或者最严格的许可条款，并且一旦成员违反该披露义务，则视为其同意进行免费许可。相对于专利信息的自愿性事先披露而言，该原则强调了对最高许可费和最苛刻的许可条件的披露，并且首次明确了不履行披露的后果，应该说是目前标准化组织所采用的最严格的专利信息披露模式。采用该模式的代表是美国标准化组织 VITA。

VITA 成立于 1981 年，是为 ANSI 所认可的一个非营利性标准组织，该组织的主要宗旨是推动计算机领域的物理连接器和逻辑算法之间的标准化。该组织已经制造了 32 个标准并正在制定 26 个新的标准，在这其中最为著名的是 VME 标准。VME 标准主要是应用于 VMEbus 的技术标准。VMEbus（VersaModular Eurocard bus）是一种由 Motorola，Signetics，

Mostek 和 Thompson CSF 设计的总线系统，它被广泛用于全球的交通控制系统、武器控制系统、电信交换系统、数据捕获、视频成像和机器人等领域。VMEbus 系统在抵挡住冲击、振荡以及扩展温度方面都要比桌面计算机的总线好，是适应苛刻条件的理想总线。VMEbus 系统以 VME 标准为基础，而 VME 标准主要是定义机械规格，比如板尺寸、连接器规格和外壳特征，同时还有子总线结构的电器特征、信号功能、计时、信号电压级、主从设置等。

VITA 为了保证其标准的制定过程中不受突然而至的专利授权问题的影响，在 2006 年出台了新的专利政策，其新专利政策中最有特色之处就是有关专利信息披露的规定。概括而言，VITA 的专利信息披露政策主要包括以下几个方面。

（1）工作组的专利披露义务

新专利政策要求每个工作组的成员对其代表的公司所拥有、控制或者许可的专利进行"忠实和合理的调查"，并且公开它认为与 VITA 的标准提案有关的公司所有的、控制的或者拥有许可权的所有专利和专利申请。每一个工作组成员还必须披露它认为与 VITA 标准提案有关任何已知的第三方的专利或者专利申请，在披露时工作组要注意遵守保密协议。

新专利政策还在它的附件 6 里面公布了工作组必须填写的专利披露声明，其中最为引人注目的一点是，VITA 不仅仅要求工作组披露专利状况本身（具体包括：专利号、专利申请号、授予专利权的国家以及专利应用的领域。如果可能的话，工作组成员还要就该 VITA 标准侵犯或者可能侵犯专利技术的概率进行确认），还要求其实现披露最为苛刻的专利许可条件。换言之，工作组成员必须承诺其所代表的 VITA 成员公司在确定的最高许可费（不论是以美元表示，还是以销售价格的百分比来表示）之下以及确定的最苛刻非许可条件之下进行公平非歧视的许可。由此可见，VITA 将专利信息披露的范围进行了极大的扩展，其出发点完全是制定标准的需要，而且直接将专利信息披露与专利授权问题相连接，通过事先披露的授权条件来限制专利权人。这一规定在专利信息披露制度方面可谓具有里程碑的意义。

（2）专利信息披露时间

新专利政策就专利信息的披露时间进行了详细的规定，它将专利信息披露的时间分为两类，一类是在固定时间点上进行的披露，具体而言包括 3 种：第一，在组成工作组起草标准提案之前，拟定提出草案建议的 VITA 成员就申报其专利信息；第二，所有的工作组成员必须在工作组成立起 60

天内进行专利信息披露；第三，所有工作组成员必须在草案公布之后 15 天内对披露的专利信息进行公告。除了这 3 个明确的期限之外，新专利政策还规定了不定期的披露，具体而言是要求每个工作组成员在每次开始工作组当面磋商会议开始时披露所有已有的专利。任何这种在当面磋商会议上披露的信息必须在会后 15 天内就披露专利信息进行公告。

(3) 未披露专利信息的责任

首先，如果工作组的成员在其关于最苛刻许可费率的公告中没有包括非价格的许可条件，则其所代表的公司就不得在其许可中进行以下限制：任何回授许可条款、不可诉讼条款或者防御性待定条款。其次，如果某工作组成员没有披露已知的必要专利和/或没有按照规定的时间程序披露相关的最苛刻许可条件，则必须承诺其所代表的 VITA 成员公司将免费并且在限制的非价格许可条件下向所有对 VITA 标准感兴趣的主体进行许可。

从上文对 3 个标准化组织关于专利信息披露规定的介绍可知，专利权人如果在标准制定之前或者发布之前成为标准化组织的成员，则其必须就日后在相关技术标准下可能进行许可的专利信息进行披露。虽然标准化组织对具体披露信息的内容要求有所不同，但事先披露是所有专利权人意欲在技术标准框架体系下进行专利许可所必须首先履行的义务。违背该义务，不仅有可能因违反标准化组织的专利政策而被取消成员资格，在某些情况下还会被要求进行免费许可，或者被认定为构成不正当竞争，从而不得收取专利使用费。

【案例 6】Rambus 专利许可案

Rambus 公司在 1991 年加入了美国电气与电子工程师协会（IEEE）下属的一个技术标准协会，以讨论制定一项技术标准，但是 Rambus 未向协会披露它有一与该技术标准相关的专利申请。1999 年 Rambus 退出协会。然后又匿名加入了协会监控标准的制定。Rambus 还修改了其专利申请的权利要求，以更全面及准确地覆盖正在拟定中的技术标准。在该标准制定出后，Rambus 试图执行覆盖技术标准的专利，但其在联邦地区法庭一审败诉。陪审团裁定 Rambus 在该标准制定的过程中不向协会披露与标准有关的专利申请，退出后以匿名返回协会监控标准的制定过程均为恶意行为。二审时，联邦上诉法庭裁定协会规章过于模糊，没有明确界定会员的权利和职责，故无法判断 Rambus 是否违反了协会规章。后来，联邦贸易委员会（FTC）对 Rambus 在参与标准制定过程中不披露专利申请行为是否构成欺诈，及 Rambus 是否滥用专利和企图垄断市场进行了调查，并最终判定 Rambus 违反了联邦贸易委员会法。

11.2.2　采纳必要专利规则

11.2.2.1　采纳必要专利规则的含义及其必要性

虽然因为科技和经济发展，在很多技术领域，技术标准的制定已经无法回避专利问题，但是需要特别指出的一点是，并非所有专利权人的专利权都可以和标准相结合。参照国外标准化组织的有关专利政策规定，一般只有必要专利（Essential Patent）才能被纳入到标准之中，而所谓"必要专利"是指为某技术标准所认定的并且是必不可少的技术，而该技术又为专利权人所独占，在相关技术市场上不存在可替代的竞争技术。

与必要专利相关的一个概念是所谓的相关专利。过去很多标准化组织采用的是"相关专利"这个比较模糊的概念，其大约是指与实施标准有关，但并非实施标准所必需的专利技术。它可能包括标准技术方案的替代方案，与标准产品配套的技术方案等。所谓配套技术，比如，采用影音文件格式标准的部件，可能被应用在电视机上，也可能被应用在电脑、DVD、手机等产品上。第三方对包含该标准部件在内的电视机拥有专利，则可能限制该标准产品在电视机领域的应用。此类专利就可能被视为相关专利，而不是影音文件格式标准本身的必要专利。

由此可见，只有那些在技术上是实施标准所必须使用的技术，在许可上许可成本最低、没有可替代竞争技术的专利才能被纳入到技术标准之中。之所以标准化组织会作出仅仅允许必要专利进入技术标准的规定，其根本目的在于尽量减少进入技术标准的专利数量，减少标准实施的障碍，减轻标准使用者的负担。从另一个角度讲，则是将技术标准带给专利权人的市场优势降低到最小，从而保障技术市场竞争的自由公平。

11.2.2.2　标准化组织有关必要专利规则的规定

目前各标准化组织关于必要专利选取规则规定尚不够详尽。作为必要专利的选取，最为重要的一点就是要对何为必要专利进行评估，而为了保证这项评估的公正，标准化组织应该就评估人员的选取和评估流程作出规定。相对而言，目前在这方面规定比较细致的主要有 UMTS 标准和我国的 AVS 标准。

11.2.2.2.1　UMTS 标准对必要专利评估规则的规定

全球移动通信系统（UMTS）是 ITU 主要的 3G 移动通信技术，由美国和欧盟共同合作制定的第三代移动通信 UMTS 标准，该标准组建"必要专利平台"（Essential Patent Platform），"必要专利"由一些大的电信公司许可，专利权人仍然控制这些必要专利。

其对于必要专利的评估程序为：

（1）专利权人自行评估，时间为4周，给出一个自评报告，向许可管理委员会提交申请。

（2）许可管理委员会2周内给出评估意见，认为合格的，提交专家评估小组。许可管理委员会的工作内容包括：接受申请→分类→安排评估人员→评估工作→确认。

（3）专家评估小组在10周内评估。

（4）如果评估专家小组予以确认，则交付许可管理委员会在2周内办妥许可工作。

11.2.2.2.2　AVS标准对必要专利评估规则的规定

中国数字音视频编解码技术标准（AVS技术标准）是我国具备自主知识产权的第二代信源编码标准。AVS技术标准通过AVS专利联营的模式对内处理标准中的专利授权问题，对外进行"一站式"专利许可。

1. 必要专利入池评估

在创建专利联营初期，AVS授权管理实体将邀请潜在必要专利权人至少提交一个专利，其他成员也可以提交专利，但每个希望入池的专利必须单独提出申请。AVS工作组要求进入专利联营的专利应该尽可能是独立、客观和开放的。同时，AVS授权管理实体将聘请独立技术专家和独立法律（专利）专家审核提交的技术专利是否为可以放入AVS专利联营的核心专利，评估专家对专利的必要性给出法律意见并通过书面评估报告表述评估意见，保障标准化的顺利实现，并保障专利权人的收益。包含必要权利要求的专利持有人将该专利提交给独立评估专家并支付评估费。评估费的种类和数目将由专利联营管理机构和预期的独立评估专家在挑选独立评估专家过程中协商决定。

2. 专家评估小组的组成

该小组由工作组聘请的3名以上本领域技术专家（至少具有本领域高级职称者）、法律专家（律师或专利代理人）、专利审查员（至少为高级职称者）组成。独立评估专家，可以单独进行评估或与有资格的技术专家一起评估，将专利权利要求与AVS标准的内容进行比较，并给出是否侵权的法律意见。

3. 评估流程

（1）受理专利入池评估申请，检查文件是否提交齐备。

（2）自受理后的 1 个月内，成立评估小组。

（3）评估小组依据评估基本条件进行评估，评估形式为独立、分散的函审和/或集中的会审，3 个月后，形成认定意见，提交专利联营管理者。

（4）若为标准之必要专利，则通过认定，进入专利联营，资料存档；若并非标准之必要专利，而未通过认定者，拒绝入池，并退回资料。

11.2.3　技术标准下的专利许可规则

就目前而言，在技术标准下进行的专利许可主要有 3 种可选择的模式：免费许可、合理非歧视性许可（FRAND 许可）和拒绝许可。免费许可因为对专利权人而言几乎无利可图，所以甚少被选择，而拒绝许可则不仅有可能影响专利权人在标准化组织和产业界的形象，而且还有被判定构成滥用市场支配地位从而违反反垄断法的风险。因此目前广泛为专利权人所选择的许可模式是 FRAND 许可。

11.2.3.1　FRAND 许可原则的含义

虽然 FRAND 许可原则为目前各标准化组织所广泛采纳，但是究竟何谓 FRAND 许可，学界、实务界还存在着诸多争议。就其最基本的内涵而言，就是专利权人必须对所有标准使用者一视同仁，既不得无理拒绝标准使用者的许可请求，也不得对各标准使用者在许可费收取和其他限制性条件上区别对待。

11.2.3.2　标准化组织有关 FRAND 许可规则的政策性规定

目前，大多数标准化组织对于技术标准所涉及的专利许可问题采取的都是中立地位，即标准化组织本身不介入专利许可事务。例如 ITU 在其专利政策中明确表示其不负责对外进行专利许可，也不保证所涉及的专利信息的真实性与充分性。

相对而言，对技术标准下的专利许可规定比较细致的是我国的 AVS 标准。

按照 AVS 专利政策的规定，会员应该就该必要权利要求提供符合以下条件的许可：（1）对于中华人民共和国授予的专利中包含的必要权利要求，按 RAND RF 条款或通过 AVS 专利联营进行许可；（2）对于中华人民共和国之外授予的专利中包含的必要权利要求，按 RAND RF 条款或 RAND 条款，或通过 AVS 专利联营进行许可。

对于会员，AVS 知识产权政策区分专题组参加会员和非专题组参与会员，对前者要求略高于后者。根据 AVS 知识产权政策规定，如果在某一专题组制订某一 AVS 标准草案期间会员参加了该专题组，而该 AVS 标准草案其后成为最终 AVS 标准，那么对于与该最终 AVS 标准有关的任何必要权利要求，会员可以选择：

（1）按照合理且非歧视性的条款提供免费许可（"RAND RF"）；

（2）参加 AVS 专利联营（"POOL"）；

（3）按照合理且非歧视性的条款（"RAND"）许可。

如果在某一专题组制订某一 AVS 标准草案期间会员并未参加该专题组，而该 AVS 标准草案其后成为最终 AVS 标准，那么对于与该特定的最终 AVS 标准有关的任何必要权利要求，会员可以选择：

（1）按照 RAND RF 条款许可；

（2）参与 AVS 专利联营；

（3）按照 RAND 条款许可；

（4）无许可义务（"NO LICENSE"）。

另外，AVS 的会员有权自行决定采用与其确定的缺省许可义务等同或更优惠的条款对其部分或所有的必要权利要求进行许可。与提案相关的许可义务按照优惠程度从高到低的次序排列如下：

最优惠：按照 RAND RF 条款许可或者参加 AVS 专利联营

第二优惠：按照 RAND 条款许可

最不优惠：无许可义务

为利于最终 AVS 标准的商业应用，AVS 专题组在权衡技术性能和实施成本实质性相同的竞争性提案时将采用以下规则：在相关的专利披露中没有包含潜在的必要权利要求的提案，或者有关潜在的必要权利要求适用 RAND－RF 的缺省许可义务的提案，通常应当得到优先考虑；当每个提案都有专利被披露时，专题组将优先考虑承诺提供更优惠许可条件的提案。

为便利产业界对 AVS 技术标准的采用，工作组支持 AVS 专利联营的建立。经过独立评估确认为必要权利要求的可以加入 AVS 专利联营，参与打包许可与专利许可费的分配。AVS 专利联营的管理应采用"一站式"许可方式，其许可所遵循的基本原则是：（1）最大限度地将所有包含必要权利要求的专利吸收在内的原则；（2）诚实信用原则；（3）自愿参与原则；（4）非排他性原则，以及（5）非歧视性的管理原则。

11.2.4　技术标准下有关专利转让的特殊规则

11.2.4.1　技术标准下专利转让特殊规则产生的原因

如前文所述，在专利权人加入某标准化组织时，往往被要求提交专利许可声明文件，就其在标准化组织的专利许可模式或者特定技术标准所涉及的专利许可模式进行选择。这种声明文件对专利权人本身有法律上的约束力已经没有争议，但是如果专利权人转让其相关专利，该许可声明是否对专利受让人同样具有约束力呢？

对于这个问题的回答，就目前而言还很难在我国现行法律上找到明确答案。虽然《最高人民法院关于审理技术合同纠纷案件适用法律若干问题的解释》第 24 条规定："让与人与受让人订立的专利权、专利申请权转让合同，不影响在合同成立前让与人与他人订立的相关专利实施许可合同或者技术秘密转让合同的效力"，但是专利许可声明仅仅是一种意向性的声明，即便将其视为合同，其性质也与《合同法》所定义的专利实施许可合同或者技术秘密转让合同性质迥异。首先，这种声明并没有实质性的许可内容，除非专利权人选择免费许可，否则该声明并没有涉及专利许可的任何具体、实质性条款；其次，这种声明是专利权人向标准化组织作出的，而非针对具体的标准使用者（专利受让人），而且标准化组织往往在其专利政策中明确规定其专利许可声明表不能代替专利许可合同，标准使用者必须自己与专利权人进行专利许可谈判。所以是否能够适用该条规定还有待推敲。

也许正因为如此，有部分专利权人在其专利被某技术标准所采纳之后就立即将其专利权进行转让，特别是向自己的关联企业进行转让，规避其在标准化组织所作出的专利许可承诺。有鉴于此，部分标准化组织已经开始尝试在其专利政策中加入相关条文，避免这种现象的发生。

11.2.4.2 标准化组织关于技术标准下专利转让的特殊规定

对技术标准下专利转让问题最先作出明确规定的是 IEEE。IEEE 在其专利政策中从以下 3 个方面就这个问题进行了明确规定：（1）LOA 表格一旦被 IEEE-SA 接受，就不可被撤销，其有效期将从相关标准被 IEEE-SA 标准委员会批准之日起至该标准失效之日止。所谓接受承诺书或者接受 LOA 表格，是指该担保书被 IEEE-SA 认定为合格并且公布在其网站上。（2）LOA 表格中的承诺对专利权人及其所有的关联企业（除非专利权人在提交表格之时已经特别指明哪些企业不受该表格承诺的约束）以及该专利权利要求下的任何受让人都有约束力。LOA 表格的提交者不得用专利转让有意规避其在 LOA 表格中作出的承诺。LOA 表格一旦被提交，即表示提交者同意该承诺同样适用于其关联企业和专利受让人。（3）如果 LOA 表格中所包含的专利被转让，则转让人必须通知受让人 LOA 表格所作出的承诺，而受让人必须向 IEEE 提交新的 LOA 表格标明自己的专利权人身份，并同时承诺之前的 LOA 表格不仅对自己，而且对自己的关联企业和自己之后的受让人都同样具有约束力。

同样，我国的 AVS 组织也在其专利政策有类似的规定。首先，AVS 同样禁止成员为规避专利许可义务而转让必要专利。任何从 AVS 成员处获得专利受让的主体都必须承担与转让人同样的成员义务。成员如果已经就其专利许可进行了选择，其所选择的专利许可模式同样适用于受让人。

当然这仅仅是标准化组织自身的政策规定，如果专利权人或者受让人违反该规定究竟应该怎样处理，还有待法律给出更加明确的规定。

11.3 与技术标准有关的专利技术转移纠纷处理

如前文所述，专利权人在技术标准体系内进行专利许可和转让会受到其所参加的标准化组织制定的专利政策的制约。那么如果专利权人违反相关专利政策的规定或者违背了其曾经作出的专利许可承诺，作为被许可人的标准使用者应该怎样保护自己的合法利益呢？标准化组织又怎样维护自己专利政策的权威性呢？这就涉及技术标准下专利技术转移纠纷的处理机制。目前而言，这类纠纷的解决主要有两种方式，标准化组织内部依据其相关规定进行处理和在标准化组织之外寻求法律的救济。

11.3.1 标准化组织内部纠纷处理机制

对于专利权人违反标准化组织的专利政策或者违背自己作出的许可承诺应该怎样处理，大多数标准化组织都没有规定。目前对此问题给予明确规定的只有 VITA 的专利政策。

VITA 在其专利政策第 10.5 条第 1 款中规定，如果任何 VSO 成员认为某一工作组成员或者其代表的 VITA 成员单位未遵守本专利政策规定的义务，都可以向工作组主席请求督促其履行相关义务。如果该要求未在其被提出后的 15 天内得到满足，那么该工作组主席就将启动组织争端解决程序。●

根据 VITA 新专利政策第 10.5 条第 2 款的规定：仲裁庭将由 3 人组成：一人由要求履行义务方选定，一人由被要求履行义务方选定，第三人由双方共同选定。前两人不得与存在争议的工作组中的 VITA 成员有关联，但是可以与其他的 VITA 成员存在关联。仲裁庭的第三人为仲裁庭庭长，

● 参见新《VITA 专利政策》第 10.5 条第 1 款的规定。

他不得与任何 VITA 成员或者 VITA 组织本身存在关联。整个仲裁庭必须在上述的工作组主席启动仲裁程序后的 15 天内形成。VITA 技术总监将作为无表决权的监督方负责仲裁庭的召集、监督和记录仲裁庭的各项活动。VITA 法务部门将负责指导整个仲裁的程序流程，包括参与争议的各方的确定以及与争议事项有利害关系的第三人的参与。

仲裁庭将在仲裁程序开始以后的 45 天内就争议事项向 VITA 执行总监提交一份处理建议，VITA 执行总监在收到该份处理建议后的 15 天内，将以该处理建议为基础，在听取 VITA 董事会的意见后作出处理决定。任何 VSO 成员如果对仲裁庭作出的处理意见不满，都可以向 VITA 董事会请求对争议事项予以重审。VITA 董事会将在收到请求后的 30 天内重新考察该处理意见并作出最终的处理决定。❶

应该说，VITA 关于内部纠纷的处理规定是比较全面的，但是受标准化组织自身组织方式的限制，VITA 的做法并没有被其他标准化组织所广泛采纳。

11.3.2 标准化组织外部纠纷处理机制

就技术标准中的专利许可纠纷应该用何种法律进行规制，现在司法界尚无定论。从救济的途径来看，在我国标准化管理委员会作为我国标准化组织的管理机构可以承担起部分纠纷处理的职能，另外反垄断执法机构和法院也可以从不同的角度预防和解决相关争议。

11.3.2.1 纠纷预防机制

根据我国现行《标准化法》的规定，标准化管理委员会是标准的制定和实施工作的行政管理机构，其对于国家标准的制定实施更负有组织职责。根据《标准化法》的规定，我国的国家标准分为两类，强制性国家标准和推荐性国家标准。与美国和欧盟各国的做法不同，我国的国家标准化工作基本上由国家主导制定和实施。根据《标准化法》第 6 条的规定："对需要在全国范围内统一的技术要求，应当制定国家标准。国家标准由国务院标准化行政主管部门制定。"又根据《国家标准管理办法》《全国专业标准化技术委员会章程》《关于调整国家标准计划项目编制方式的通知》《关于国家标准制修订计划项目管理的实施意见》《关于国家标准复审管理的实施意见》《国家标准制定程序的阶段划分及代码》（GB/T16733）《关于加强强制性标准管理的若干规定》《关于强制性国家标准通报工作的若干规定（试行）》

❶ 参见新《VITA 专利政策》第 10.5 条第 3、第 4 款的规定。

等法律法规的规定，不论是强制性标准还是推荐性标准，其制定均由国务院标准化行政主管部门按照国家的政策及法律，提供经费，组织人员按照一定的程序❶进行制订、审批，以有关行政主管部门名义发布实施。在国家标准发布实施以后，有关行政主管部门还要对国家标准的实施情况进行监督检查。可见我国基本上是将国家标准的制定与实施工作纳入了政府管理职能之中。由此决定了我国的标准化组织并不是完全处于中立地位的民间组织，而是具有一定行政色彩性质的事业机构。因此其相关专利政策可以更加强硬，对相关纠纷的处理也应该发挥其应有的作用。

另外，我们还可以借鉴美国司法部反垄断的做法，从反垄断审查的角度对技术标准下的专利许可纠纷进行预防。例如近年来美国各标准化组织在出台新专利政策的时候，都纷纷向美国司法部提出反垄断商业审查请求。究其原因无非有三：第一，随着专利技术的不断涌现，标准化组织不得不正视其在标准制定中可能会涉及专利权的事实，并主动完善自身政策规则以平衡各方利益，减少因专利许可问题而带来的纠纷和对标准制定与实施的阻碍。但是，标准制定中的专利问题并不仅仅是，甚至主要不是专利法问题，而更多地涉及诸如联合抵制、价格固定、单方拒绝许可等反垄断法问题。鉴于反垄断法问题的复杂性而大多数标准化组织又缺少这方面的专家进行指导，因此向美国司法部反垄断司获取最权威的建议就成为最有效率的选择。第二，反垄断诉讼的成本非常高，而大多数标准化组织作为非营利性的组织，其财源有限，一旦涉足反垄断诉讼，无论最终诉讼的结果如何，都会使标准化组织背上沉重的经济负担。❷因此未雨绸缪，在其可能涉嫌垄断的专利政策出台之前，如果能够得到最权威的反垄断执法机构的首肯，则无异于得到了一张豁免券，不仅可以在日后出现的纠纷中占据有利地位，还可以对有意提起反垄断诉讼者产生震慑作用。最后，虽然近年来与标准制定过程中行使专利权有关的反垄断纠纷时有出现，但反垄断执法机构以及法院在对相关案件的处理上态度并不十分明确，其分析结论亦

---

❶ 中国国家标准制定程序划分为 9 个阶段：预阶段、立项阶段、起草阶段、征求意见阶段、审查阶段、批准阶段、出版阶段、复审阶段、废止阶段。

对下列情况，制定国家标准可以采用快速程序：

（1）对等同采用、等效采用国际标准或国外先进标准的标准制、修订项目，可直接由立项阶段进入征求意见阶段，省略起草阶段；

（2）对现有国家标准的修订项目或中国其他各级标准的转化项目，可直接由立项阶段进入审查阶段，省略起草阶段和征求意阶段。

❷ 参见 Soundview 案［EB/OL］．［2007－09－10］．http：//www.ctd.uscourts.gov/Opinions/071601.JBA.Sony1.pdf．

有出入。❶因此标准化组织在制定其专利政策的时候也往往产生疑问：自己在处理相关问题时应该或者可能走多远？各标准化组织都在积极探索新的内部约束机制，力求将纠纷发生的可能性降到最低，而在这些约束机制出台之前，提交美国司法部进行审查，也可以看做是对反垄断执法机构意图的一种试探。2006 年 10 月和 2007 年 4 月，美国司法部就分别对 VITA 和 IEEE 的新专利政策给出了反垄断商业审查函件，就专利信息事先披露的合法性给予了肯定，并就技术标准下专利许可的注意事项给出了一定的指示。加之 2007 年 4 月 17 日美国联邦贸易委员会（Federal Trade Commission，FTC）与 DOJ 联合发表了名为《反垄断执法与知识产权：促进创新与竞争》的报告（*Antitrust Enforcement and Intellectual Property Rights*：*Promoting Innovation and Competition*，以下简称"IP2 报告"），以专章对标准制定中的专利问题进行讨论。美国反垄断执法机构在有关专利信息披露、专利许可事项事先披露以及专利许可价款讨论等问题上的态度逐步明朗，这不仅有利于 VITA 和 IEEE 推行其新专利政策，也给其他标准化组织通过制定内部规则避免相关纠纷的出现给予了指引。我国的《反垄断法》于 2008 年 8 月 1 日起正式实施，而在这之前，有关部门也正在积极组建我国的反垄断执法机构。新组建的反垄断执法机构完全可以借鉴美国的模式，就技术标准下有关专利许可可能涉及的纠纷预防给出指导性的意见。

11.3.2.2 纠纷解决机制

在技术标准下的专利许可转让事宜发生纠纷的时候，当事人可以寻求的法律救济途径主要有 3 个：《合同法》《反不正当竞争法》和《反垄断法》。

首先，如果专利权人出现违反标准化组织的专利政策或者其所作出的许可承诺，通过不正当的方式进行专利许可，标准使用者可以援用我国《合同法》第 52 条、第 329 条和第 343 条的规定，请求法院认定相关许可合同无效。❷

❶参见 ALDEN F. ABBOTT, THEODORE A. GEBHARD. STANDARD—SETTING DISCLOSURE POLI-CIES: EVALUATING ANTITRUST CONCERNS IN LIGHT OF RAMBUS. Summer, 2002 , 16 Antitrust ABA 29.

❷《合同法》第 52 条规定：有下列情形之一的，合同无效：
（一）一方以欺诈、胁迫的手段订立合同，损害国家利益；
（二）恶意串通，损害国家、集体或者第三人利益；
（三）以合法形式掩盖非法目的；
（四）损害社会公共利益；
（五）违反法律、行政法规的强制性规定。
《合同法》第 329 条规定：非法垄断技术、妨碍技术进步或者侵害他人技术成果的技术合同无效。第 343 条规定：技术转让合同可以约定让与人和受让人实施专利或者使用技术秘密的范围，但不得限制技术竞争和技术发展。

其次，如果进入技术标准的部分专利权不符合必要专利规则，则标准使用者可以援用我国《反不正当竞争法》第12条规定，"经营者销售商品，不得违背购买者的意愿搭售商品或者附加其他不合理的条件"，请求认定这种许可行为构成不正当竞争。另外，对于专利权人故意隐瞒专利信息，以及专利权人通过专利转让规避其所作出的专利许可承诺，虽然目前尚难以在我国的《反不正当竞争法》中找到法律条文支撑，但是在国外已经有类似的判例，在今后我国的《反不正当竞争法》的修订和实施工作中也可以加以借鉴。

【案例 7】Broadcom 诉 Qualcomm 案

【案情简介】2005 年 10 月 14 日，高通公司起诉博通公司制造、销售、许诺销售遵循 H. 264 标准的相关产品，侵犯其美国专利第 5，452，104 号和第 5，576，767 号（以下简称 104 和 767 号专利）。2006 年 12 月 8 日，博通公司提交修改后的答辩意见和反诉请求，主张：（1）由于高通公司的行为不当，其 104 号专利应该不具有法律执行力；（2）由于高通公司自动放弃对 104 号和 767 号的专利权，上述专利不具法律执行力。

法院首先考察了 JVT 及相关标准化组织的知识产权政策对高通公司行为的约束力。高通是 ANSI 成员，并通过 ANSI 参加 ITU-T 和 ISO/IEC 组建 JVT 项目中，参与并影响 H. 264 标准的制定。JVT 在其授权范围内，要求参与标准制定的成员遵循 ITU-T 和 ISO/IEC 的知识产权政策。ITU-T 和 ISO/IEC 在其知识产权政策中，规定了标准中涉及专利时的相关披露和许可义务，JVT 强调其成员须以"尽最大努力和诚实信用原则"（a best effort, good faith basis）履行该义务。

法庭审理后认定，早在 2002 年 1 月，高通公司就参加了 JVT。JVT 成员以 JVT 知识产权政策赋予成员义务，披露可能覆盖 H. 264 标准的必要专利，而高通也明知成员如此对待 JVT 的知识产权政策。法院援引 Philips 公司发送给 ISO 和 JVT 成员的信笺，以及高通自己员工及法律咨询意见为证据。然而，高通公司在 JVT 开发 H. 264 标准的各个阶段，密切关注 H. 264 标准的制定工作。高通公司的雇员通信表明，尽管早在 2002 年 3 月，它就知道自己拥有的 104 和 767 号专利可能是 H. 264 标准实施所必需的专利，它却故意隐瞒。法院认定，高通公司采取周密的行动计划，有意隐蔽上述专利，希望 H. 264 实施侵犯其专利权，而自己成为世界上制造 H. 264 产品所必需的专利授权人。事实上，高通公司在 2006 年 4 月 25 日，也就是它提起诉讼，指控博通公司专利侵权后的 6 个月，它才向 ISO/IEC

和 ITU-T 披露 104 和 767 号专利。

法院认定高通具有披露专利的义务，但是，法院却没有找到有关如何适用法律救济的专利判决。Rambus Inc. v. Infineon Techs. AG 案中，虽然联邦巡回上诉法院确立了专利披露义务（obligation to speak），但是，该案却没有讨论违反该义务时，如何进行法律救济，因为该案中，违反披露义务没有拥有覆盖或直接使用于标准发展过程中的知识产权。因此，法院只能依照类比的原理，适用专利权人于 USPTO 专利审查中从事不当行为而应该适用的法律救济。

Afga Corp. v. Creo Prods. Inc. 案中，联邦巡回上诉法院认为，于 USPTO 专利审查中，从事不当行为，已授权专利被宣告不具法律执行力，其效力延及原专利的继续申请或再授权专利。然而，原专利的分案申请可能不受此影响，如果"其权利要求未被不当行为玷污……并且已授权的权利要求与权利人删节的在先技术无关"。❶

法院最后判定，104 号和 767 号专利及其继续申请（continuations）、部分继续申请（continuations-in-part）、分案（divisions）、再发授权（reissues）及其从属或者派生专利，均不具法律执行力。

【评析】Broadcom 诉 Qualcomm 案可以被看做是 Rambus 案的继续。在 Rambus 案的判决中，法院认为相关标准化组织的专利政策过于模糊，从而不能确定 Rambus 的行为构成合同法上的欺诈，从而没有明确否定 Rambus 的做法。但是随后美国联邦贸易委员会从反不正当竞争的角度给予了 Rambus 以制裁，由此出现了法院判决与反不正当竞争法执行机构裁决之间的矛盾。真是如此，到了 Broadcom 案中，法院转变了思考角度，也从反不正当竞争的角度对该案进行判决，从而使得日后对该类案件的处理方法更加明确化。

最后，2008 年 8 月 1 日起正式实施的我国《反垄断法》，也可以为相关纠纷的处理提供法律上的支持。首先，《反垄断法》第 55 条规定，"经营者依照有关知识产权的法律、行政法规规定行使知识产权的行为，不适用本法；但是经营者滥用知识产权，排除、限制竞争的行为，适用本法。"这一规定已经扫清了就技术标准下专利转移纠纷适用《反垄断法》的障碍。其次，技术标准下的专利纠纷虽然表现形式各有不同，但是如果细加分析，都不难在《反垄断法》中找到相关条文支撑。例如，关于专利权人拒绝就

---

❶参见 Baxter Int' l, Inc. v. McGaw, Inc., 149 F.3d 1321, 1332 (Fed. Cir. 1998).

事实标准或者法定标准所必需的专利权进行许可的问题，可以适用《反垄断法》第 17 条第 3 款的规定："没有正当理由，拒绝与交易相对人进行交易"；关于专利权人利用技术标准的制定程序，将替代性的竞争技术排挤在技术标准之外的行为，可以适用《反垄断法》有关联合抵制行为的规定，即第 13 条第 5 款；关于专利权人违反 FRAND 许可规则，对不同标准使用者采取不同的许可标准的问题，可以适用《反垄断法》第 17 条第 6 款的规定："没有正当理由，对条件相同的交易相对人在交易价格等交易条件上实行差别待遇。"当然具体案件的处理还需要有相关司法部门依据具体案情而定。但是从《反垄断法》角度给予技术标准下专利转让纠纷以救济途径，是目前各国正在努力尝试的做法，我国在这方面也可以进行积极的探索。

本章思考与练习

1. 技术标准与专利权结合的原因有哪些？

2. 技术标准下专利技术转移的特殊规则包括哪几个方面？

3. 目前标准化组织在处理技术标准下，专利技术转让问题上有哪些特殊的规定？

4. 技术标准下专利技术转让纠纷的种类有哪些？其解决途径有哪些？